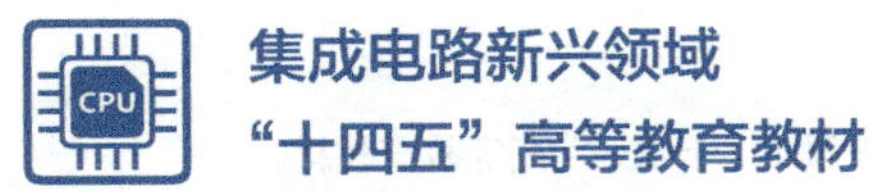

微电子器件可靠性（第2版）

贾新章　刘红侠　游海龙　恩云飞　郑雪峰　编著
张德胜　主审

中国教育出版传媒集团
高等教育出版社·北京

内容简介

本书被列入集成电路新兴领域"十四五"高等教育教材。

全书共 7 章，以硅微电子器件为中心，在介绍可靠性基本概念、梳理可靠性基本理念的基础上，重点介绍微电路可靠性设计技术、可靠性的工艺保证要求和控制方法、微电路可靠性试验与评价，以及支撑这些技术的可靠性数学、可靠性物理和失效分析技术。本书同时介绍了氮化镓器件的主要失效机理和可靠性设计对策。

本书提供了重要工艺技术视频，读者可扫码观看。

本书可作为集成电路和设计与集成系统、微电子科学与工程专业的本科生和研究生教材，也可作为从事芯片设计、集成电路制造、可靠性试验和失效分析等集成电路领域的工程技术人员的参考书。

图书在版编目（CIP）数据

微电子器件可靠性 / 贾新章等编著 . --2 版 . 北京 : 高等教育出版社, 2025. 4 . -- ISBN 978-7-04-063764-9

Ⅰ. TN4

中国国家版本馆 CIP 数据核字第 2024YV1810 号

Weidianzi Qijian Kekaoxing

策划编辑 平庆庆　责任编辑 平庆庆　封面设计 姜　磊　版式设计 杨　树
责任绘图 邓　超　责任校对 马鑫蕊　责任印制 高　峰

出版发行 高等教育出版社
社　　址 北京市西城区德外大街 4 号
邮政编码 100120
印　　刷 固安县铭成印刷有限公司
开　　本 787 mm×1092 mm　1/16
印　　张 18. 25
字　　数 450 千字
购书热线 010-58581118
咨询电话 400-810-0598
网　　址 http://www.hep.edu.cn
　　　　 http://www.hep.com.cn
网上订购 http://www.hepmall.com.cn
　　　　 http://www.hepmall.com
　　　　 http://www.hepmall.cn
版　　次 1999 年 4 月第 1 版
　　　　 2025 年 4 月第 2 版
印　　次 2025 年 4 月第 1 次印刷
定　　价 45.00 元

本书如有缺页、倒页、脱页等质量问题，请到所购图书销售部门联系调换

物 料 号 63764-00

丛书序言

集成电路是现代电子工程技术的重要分支，涉及半导体材料、半导体器件、集成电路设计与制造、集成电路封装与测试、集成电路装备与仪器等领域。集成电路是推动信息化与智能化技术和产业发展的重要支撑，对提升电子产品计算性能、减低电子系统能耗和成本、实现电子装备微小型化和高可靠性，以及促进科技进步和经济发展等方面具有重要意义，已经成为现代科技和信息社会的基石。当前集成电路技术已进入后摩尔时代，如何适应信息化和智能化的需求，进一步实现集成电路芯片高算力、低功耗、高密度（集成度）、多功能、低成本，是集成电路科学与工程面临的重要挑战。

随着全球半导体产业格局不断重塑，我国集成电路产业正站在一个新的历史起点上，既面临着国际竞争的激烈挑战，也承载着国内产业升级与技术创新的巨大需求。在这样的背景下，培养一批高质量集成电路拔尖创新人才，成为推动国家科技进步、保障产业链安全、提升国际竞争力的关键所在。党的二十大报告指出“教育、科技、人才是全面建设社会主义现代化国家的基础性、战略性支撑。必须坚持科技是第一生产力、人才是第一资源、创新是第一动力，深入实施科教兴国战略、人才强国战略、创新驱动发展战略，开辟发展新领域新赛道，不断塑造发展新动能新优势”。习近平总书记在2024年全国科技大会上指出“要坚持以科技创新需求为牵引，优化高等学校学科设置，创新人才培养模式，切实提高人才自主培养水平和质量”。

高校是教育、科技、人才的集中交汇点，为积极响应国家号召，满足新时代集成电路领域对高素质人才的需求，我国集成电路领域优势学科高校、领军企业的近100名一线教师和业内专家，共同编撰完成了这套战略性新兴领域——新一代信息技术（集成电路）“十四五”高等教育系列教材，共同推进教育、科技、人才“三位一体”协同融合发展。系列教材一共17册，内容全面覆盖了集成电路专业概览与启蒙、半导体材料与器件、集成电路设计与工艺制造、集成电路封装与测试等专业核心课程、实验实践课程和交叉课程，是一套体系完备的集成电路学科相关专业本科教育教学用书。

我们在这套系列教材编制过程中，一是注重理论教学、实践教学和产业实际案例深度融合，使学生在掌握相关理论知识的同时，注意提升解决实际问题的能力；二是积极探索数字教材的新形态，在部分教材中提供动图动画、MOOC视频、工程案例、虚拟仿真实验等数字化教学资源，以适应数字化时代学生多样化学习需求；三是紧盯国际集成电路科技和产业发展前沿，立足集成电路发展的中国特色，力求教材内容更具前瞻性和实用性。

系列教材的出版是集成电路领域人才培养核心要素改革的一项重要探索，也是不断更新、不断完善的有力实践。科技在发展、知识在更新、社会在进步，系列教材也需不断完善和发展。大家共同努力，为适应集成电路领域学科专业教育教学需求，培养具有竞争力的高素质集成电路专业人才，为推动我国集成电路产业高质量发展注入更新的活力与动能。

中国科学院院士 郝跃

前言

在信息社会的各个领域，从手机等常用电器到载人飞船和人工智能机器人高端电子系统，微电子器件的核心作用越来越突出，其可靠性也是不可忽略的重要指标。任何电子产品都是一样，即使其功能很好，特性再优秀，但是如果可靠性差，这种产品也是没有用的，如果使用可能会产生灾难性的后果。因此伴随着“芯片”持续强劲发展的同时，微电子器件的可靠性问题也得到越来越多的关注。

为了保证微电子器件的可靠性，核心问题是产品研制方应该保证器件的可靠性，产品使用方需要评价器件的可靠性，并正确使用器件产品。因此本教材分 7 章介绍相关概念和技术。

第 1 章介绍可靠性基本概念，分析微电子器件设计、制造、应用各阶段对可靠性的影响，并基于可靠性基本理念，分析微电子器件可靠性保证和评价的主要技术途径。

第 2 章集中介绍可靠性涉及的数学问题，包括可靠性的定量表征、微电路寿命概率分布函数与分布参数提取，以及可靠性模型。

第 3 章从可靠性物理的角度介绍 Si 基微电子器件中 TDDB、HCI、NBTI、EM、ESD、辐射效应等主要失效机理，同时从可靠性的角度出发，针对失效的主要原因，讨论应该采取何种有效措施，防止器件失效，提高器件可靠性。此外，还简要介绍了氮化镓器件的电应力退化和辐射效应问题。

第 4 章在讨论微电子器件失效的基本类型、主要失效模式的基础上，介绍了失效分析的基本内容和流程、失效分析的主要技术和相关仪器设备，最后给出了几个典型失效案例分析。

第 5 章重点介绍微电路可靠性设计的基本概念、设计特点和主要的设计技术，包括针对单一失效机理以及应用环境的可靠性设计方法、电路级可靠性设计技术、器件寿命以及微电路特性参数退化的可靠性模拟技术。

第 6 章在分析微电子器件固有可靠性与工艺水平高低以及制造过程质量控制状态相关性的基础上，介绍相关的实用技术，包括采集工艺参数的微电子测试图技术、工序能力指数 *Cpk* 评价与 6σ 设计技术、试验设计（DOE）和统计过程控制 SPC 等。

第 7 章介绍可靠性试验的作用、试验项目类型、实施要求以及出厂产品质量评价方法。同时结合实例介绍加速寿命试验、可靠性模型参数提取的数学原理以及数据分析方法。

本教材在编写中注意体现下述特点：

全书总的编写指导思想是从物理概念入手，结合工程实例，全方位介绍微电子器件可靠性，从可靠性概念和核心理念、微电路可靠性设计技术、可靠性的工艺保证要求和控制方法到微电路可靠性试验和评价技术，同时还介绍支撑这些技术的可靠性数学、微电子器件可靠性物理以及微电路失效分析技术，对学生进行微电子器件可靠性的全方位教育，为以后参与微电子器件工作奠定必要的基础。

因此本教材既关注基本概念和基本理论，同时列举大量案例，具有很强的实用性。

考虑到可靠性涉及微观机理，相对比较抽象。同时器件失效又是实际发生的现象，因此本教材除采用了几十张失效分析的照片外，还配合录制了 80 余个知识点授课视频：一部分内容是采用短视频方式帮助读者观看可靠性试验过程、失效器件微观图像、失效分析过程；还有一部分是结合实例解读实用的可靠性工程问题，例如微电子器件加速寿命试验方法和数据分析处理过程、可靠性模型参数优化提取过程。这里对提供大部分短视频和失效器件照片的工业和信息化部电子第五研究所、苏试宜特（上海）检测技术股份有限公司、荣湃半导体（上海）有限公司、芯派科技股份有限公司表示衷心的感谢。

每章后面有思考题和练习题，便于读者检查学习效果。

本教材由西安电子科技大学贾新章教授和刘红侠教授负责编写第1章、第2章、第3章，贾新章教授和游海龙教授编写第5章、第6章和第7章。其中3.7节和3.8节由郑雪峰教授编写，3.9节由华为技术有限公司焦慧芳研究员编写。工业和信息化部第五研究所恩云飞研究员和林晓玲研究员负责编写第4章。最后全书由贾新章统稿。

张德胜教授任本教材主审，对本教材提出了许多有益的修改意见和评论，在此表示衷心的感谢。同时向本教材所引用的论文、图表和书籍的作者致以深切的谢意。对高等教育出版社的大力支持和编辑的辛勤付出也表示衷心的感谢。

本书适用于作为集成电路设计与集成系统和微电子科学与工程专业的本科生和研究生教材，也可作为从事芯片设计、集成电路制造、可靠性试验和失效分析等集成电路领域的工程技术人员的参考书。本教材参考学时为32/48学时。

由于本教材涉及面广，内容发展更新快，教材中难免有不妥和不足之处，敬请读者和老师批评指正。联系方式：xzjia@xidian.edu.cn。

编者

2024年6月30日

目录

第 1 章　可靠性概述 /1
1　1.1　可靠性定义和基本概念
1　1.1.1　可靠性的定义及对其的解读
2　1.1.2　与可靠性相关的名词术语
5　1.1.3　浴盆曲线
6　1.2　可靠性等级划分以及研制应用过程对可靠性的影响
6　1.2.1　器件可靠性定量评价
6　1.2.2　器件可靠性等级划分
8　1.2.3　器件研制应用全过程对可靠性的影响
9　1.3　基于可靠性基本理念的可靠性保证与评价技术
9　1.3.1　保证/评价产品质量可靠性常规方法存在的问题
13　1.3.2　关于质量可靠性的基本理念
17　1.3.3　保证和评价产品可靠性的技术途径
18　1.4　本书内容安排
18　思考题与习题
第 2 章　可靠性数学 /19
19　2.1　可靠性的数量特征
19　2.1.1　失效概率密度 $f(t)$ 与 $F(t)$ 以及 $R(t)$ 的关系
20　2.1.2　失效率 $\lambda(t)$ 与可靠度 $R(t)$ 的关系
20　2.1.3　寿命与可靠度 $R(t)$ 的关系
21　2.1.4　总结：可靠性各主要特征量之间的关系
22　2.2　微电子器件常见的失效分布
22　2.2.1　正态分布
26　2.2.2　对数正态分布
26　2.2.3　威布尔分布
27　2.2.4　指数分布
29　2.2.5　描述计点值数据的泊松分布
30　2.2.6　描述计件值数据的二项分布
32　2.3　试验数据的描述与分布参数提取
32　2.3.1　直方图
34　2.3.2　概率纸与经验累积分布函数
39　2.3.3　基于试验数据的分布参数点估计
44　2.3.4　分布拟合与参数提取
47　2.4　可靠性模型
47　2.4.1　可靠性框图与可靠性模型
49　2.4.2　串联系统模型
50　2.4.3　并联系统模型
52　2.4.4　混联系统
54　思考题与习题
第 3 章　可靠性物理 /55
55　3.1　栅氧化层的经时击穿（TDDB）
55　3.1.1　氧化层电荷
57　3.1.2　隧穿电流与 TDDB
59　3.1.3　TDDB 模型
60　3.1.4　TDDB 试验评价
62　3.2　热载流子注入（HCI）
62　3.2.1　HCI 对器件性能的影响
64　3.2.2　HCI 模型
65　3.2.3　应对 HCI 的 LDD 结构
65　3.3　负偏压温度不稳定性
66　3.3.1　NBTI 机理和特点
66　3.3.2　NBTI 模型
68　3.3.3　针对 NBTI 的改进措施
68　3.4　电迁移（EM）
68　3.4.1　EM 物理过程分析
70　3.4.2　EM 模型
71　3.4.3　抗电迁移的措施
71　3.5　CMOS 电路的闩锁效应
72　3.5.1　闩锁效应物理过程
73　3.5.2　闩锁效应检测
73　3.5.3　抑制闩锁效应的途径
74　3.6　静电放电损伤
74　3.6.1　ESD 与 ESD 损伤相关概念
75　3.6.2　ESDS 分级与 ESD 试验
77　3.6.3　ESD 防护措施
78　3.7　氮化镓器件电应力退化机理
78　3.7.1　关态应力下的退化

80　3.7.2　开态应力下的退化
83　3.7.3　电流崩塌效应
85　3.7.4　高温反偏（HTRB）效应
87　3.7.5　射频应力下的退化
88　3.8　辐射效应
88　3.8.1　辐射环境
89　3.8.2　辐射效应
90　3.8.3　氮化镓器件的总剂量效应
94　3.8.4　氮化镓器件的位移损伤效应
98　3.8.5　氮化镓器件的单粒子效应
100　3.9　软错误
100　3.9.1　软错误产生机理
102　3.9.2　软错误的影响因素
103　3.9.3　如何应对软错误
103　3.10　水汽的危害
103　3.10.1　水汽的来源与作用
103　3.10.2　铝布线的腐蚀
104　3.10.3　外引线的腐蚀
104　3.10.4　电特性退化
105　3.10.5　改进措施
105　思考题与习题
第 4 章　失效分析 /106
106　4.1　失效分析的意义和作用
106　4.1.1　失效的基本类型
108　4.1.2　失效分析的目的和意义
109　4.1.3　失效分析技术
115　4.1.4　失效分析技术面临的挑战
116　4.2　微电子器件主要失效模式及失效机理
116　4.2.1　失效模式与失效机理
116　4.2.2　主要失效机理的影响
121　4.3　失效分析的一般程序
121　4.3.1　失效分析的基本内容
122　4.3.2　失效分析的一般流程
127　4.4　微分析技术
127　4.4.1　X 射线透视
128　4.4.2　扫描声学显微镜分析
130　4.4.3　聚焦离子束系统
131　4.4.4　扫描电子显微镜及 X 射线能谱仪分析
133　4.4.5　俄歇电子能谱仪
134　4.4.6　二次离子质谱
136　4.4.7　透射电子显微镜分析
137　4.4.8　显微红外热像仪
138　4.4.9　光发射显微镜分析
140　4.4.10　内部气氛分析
141　4.5　微电子器件典型失效分析案例
141　4.5.1　塑封料与芯片界面分层导致焊点拉脱失效
142　4.5.2　静电和过电（ESD/EOS）损伤导致击穿失效
143　4.5.3　热设计不当导致芯片焊接脱落
144　4.5.4　内引线键合点腐蚀失效
145　4.5.5　管壳烧结空洞导致热烧毁失效
146　思考题与习题
第 5 章　可靠性设计 /147
147　5.1　可靠性设计基本概念
147　5.1.1　微电路可靠性设计技术
148　5.1.2　微电路可靠性设计的特点
149　5.2　电路级可靠性设计技术
150　5.2.1　降额设计
152　5.2.2　简化设计
153　5.2.3　冗余设计
155　5.2.4　灵敏度分析
157　5.2.5　最坏情况分析与鲁棒性设计
158　5.2.6　动态设计
160　5.2.7　蒙特卡洛分析与成品率分析
162　5.3　可靠性模拟
162　5.3.1　可靠性模拟的作用
163　5.3.2　基于可靠性模拟的电路寿命预计
167　5.3.3　电路特性退化的可靠性模拟
168　思考题与习题
第 6 章　可靠性的工艺保证 /169
169　6.1　可靠性工艺保证的含义与关键技术
169　6.1.1　“可靠性工艺保证”的基本概念
170　6.1.2　“可靠性工艺保证”的关键技术
173　6.2　工艺参数监测技术
173　6.2.1　概述

175 6.2.2 监测方块电阻的测试图
180 6.2.3 测量金属-半导体接触电阻的测试图
185 6.2.4 标准评价电路 SEC
185 6.2.5 提取可靠性特征参数的 TCV
186 6.2.6 PM 测试图的使用与数据处理
188 6.3 *Cpk* 评价与 6σ 设计
188 6.3.1 工序能力与工序能力指数 *Cp*
191 6.3.2 实际工序能力指数 *Cpk*
196 6.3.3 *Cpk* 的应用以及微电路工艺特殊 *Cpk* 计算问题
198 6.3.4 6σ 设计
201 6.4 试验设计（DOE）与工艺优化
201 6.4.1 DOE 的含义和实施流程
203 6.4.2 确定关键因子
208 6.4.3 “最优”条件范围的搜索
209 6.4.4 试验设计与工艺试验
211 6.4.5 建立工艺模型
213 6.4.6 工艺条件优化
214 6.5 统计过程控制（SPC）
214 6.5.1 SPC 与控制图
216 6.5.2 确定控制限的“3σ 法则”
216 6.5.3 工艺过程受控/失控的判断规则
217 6.5.4 常规控制图
223 6.5.5 适用于微电路生产的特殊控制图
227 思考题与习题
第 7 章 可靠性试验与评价 /229
229 7.1 可靠性试验概述
229 7.1.1 可靠性试验的作用与关键问题
230 7.1.2 微电子器件可靠性试验标准
231 7.1.3 单项试验项目作用与分类
236 7.2 可靠性筛选
236 7.2.1 集成电路筛选试验的作用与要求
239 7.2.2 筛选试验的优化
240 7.2.3 基于威布尔分布拟合的老炼时间优化
243 7.3 鉴定与质量一致性检验
243 7.3.1 “鉴定”与“质量一致性检验”关系
243 7.3.2 GJB548 规定的“鉴定与质量一致性检验”试验项目
246 7.3.3 GJB7400 规定的 TCV 评价
247 7.4 加速寿命试验与数据处理
247 7.4.1 加速寿命试验
249 7.4.2 指数分布情况寿命/失效率的评价
257 7.4.3 基于威布尔分布的累积失效概率评价
258 7.4.4 可靠性模型参数的优化提取
265 7.5 抽样技术
265 7.5.1 抽样检验作用和风险
267 7.5.2 接收概率与抽样特性
269 7.5.3 抽样方案的制订
271 7.5.4 计量值抽样方法
272 7.6 集成电路出厂产品质量评价
273 7.6.1 微电路参数一致性筛选
274 7.6.2 成品率与失效模式分布波动性评价与筛选
275 7.6.3 出厂产品平均质量水平 PPM 评价
276 思考题与习题
参考文献 /278

第 1 章　可靠性概述

在信息社会的各个领域，从手机等常用电器到载人飞船和人工智能机器人高端电子系统，微电子器件的核心作用越来越突出，其可靠性是不可忽略的重要指标。任何电子产品都一样，即使其功能很好，特性再优秀，但是如果可靠性差，这种产品也是没有用的，如果使用可能会产生灾难性的后果。例如，1957 年美国发射的“先锋号”卫星由于一个价值 2 美元的器件出了故障，而发射失败；1971 年苏联“礼炮”1 号宇宙飞船由于一个部件失灵，三名宇航员丧生。这方面的惨痛教训数不胜数。

为了保证微电子器件的可靠性，核心问题是产品研制方应该保证器件的可靠性，产品使用方需要评价器件的可靠性并正确使用器件产品。因此，涉及可靠性的工作人员应该理解可靠性基本概念，掌握可靠性设计、制造以及试验保障等技术，而这些都离不开可靠性物理以及可靠性数学的基础理论支撑。以上就是本书讨论的主要内容。

本章主要介绍可靠性基本概念，分析微电子器件设计、制造、应用各阶段对可靠性的影响，并基于可靠性基本理念，介绍保证和评价微电子器件可靠性的主要技术途径。

1.1　可靠性定义和基本概念

本节基于“可靠性”的定义，介绍相关的基本概念。

1.1.1　可靠性的定义及对其的解读

针对微电子器件可靠性问题，首先必须对“可靠性”的含义有深入的理解。

1.“可靠性”的定义

按照 GJB451 标准给出的定义，产品可靠性指“产品在规定的条件下和规定的时间内，完成规定功能的能力”。

应该注意到定义中涉及三个“规定”。前两个规定指器件的工作条件以及工作时间要求，第三个规定指工作任务要求。同一种元器件，具有的功能相同，但是不同的工作条件以及不同的工作时间要求对器件可靠性的要求也不同。

说明：“规定的时间”有两种含义。本书中“产品”指微电子器件，“规定的时间”对应工作时间长短，即“寿命”要求。有些产品包括元器件，其工作模式是以“计数次数”描述寿命要求，例如继电器，工作寿命是指接通/断开的次数。

2. 对“可靠性”定义的解读

（1）关于“规定的条件下”

对于器件可靠性问题，首先需要考虑工作场景的工作条件特点。

例如，火箭要求其使用的元器件在发射过程中极大加速度以及巨大冲击力的条件下能正常工作；卫星要求其使用的元器件在真空、大温度变化、辐照环境下能正常工作；远洋船舶上采用的元器件则要求元器件在盐雾、潮湿环境下能正常工作……

不同“条件”下元器件承受的应力类型以及强度相差很大，对可靠性有不同的影响。如果不能全面分析特殊应用场景的工作条件并采取针对性的措施，可能使得器件性能快速劣化、寿命缩短，进而导致任务失败。

这方面典型案例是 1986 年美国航天飞机“挑战者号”起飞 73 s 后发生爆炸，七名宇航员丧生。其原因是一个橡胶密封圈密封失效，导致燃料泄漏，起火爆炸。实际上橡胶密封圈可单独承受严酷的振动，也可单独承受低温，但在高空低温和伴随加速起飞引起的剧烈振动两种强应力共同作用下则很容易失效，从而导致了悲剧的发生。

（2）关于“规定的时间”

对于器件可靠性问题，还需要考虑工作时间长短的要求。工作时间长短要求不同，对器件寿命的考虑因素也会不同。

例如，目前卫星工作寿命通常要求为 15 年～20 年，使用的元器件则要求具有长寿命；工业电子雷管用引信模块只是起引爆作用，工作时间很短，并不关注长寿命问题；导弹发射过程工作时间并不长，但是可能在库房中存放时间很长，因此存储寿命是导弹使用的元器件必须关注的问题……

因此不同的“时间”内涵对元器件可靠性有不同要求。

1.1.2　与可靠性相关的名词术语

下面简要介绍“可靠性”相关的名词术语。第 2 章将从数学角度对它们进行定量分析和表征。

1. 可靠度 $R(t)$

可靠度是指产品在规定的条件下，在规定的时间内，完成规定功能的概率。概率是用数量来表示的，所以是定量化的描述。显然，在器件工作全寿命周期中，随着工作时间的增加，完成规定功能的概率会降低，因此可靠度是时间的函数，通常记作 $R(t)$，也称为可靠度（函数）。从概率论的角度 $R(t)$ 可表示为

$$R(t)=P\{\xi>t\} \tag{1.1.1}$$

式中，ξ 为随机变量，这里指产品寿命。

在工程实践中，可采用有限个数样本 N 工作到 t 时刻失效的总个数 $n(t)$，近似表示为

$$R(t)\approx\frac{N-n(t)}{N} \tag{1.1.1a}$$

式中，N 为工作产品总数，$n(t)$ 为工作到 t 时刻失效的总个数。$R(t)$ 描述了产品在$(0,t]$时间段内完好的概率。

显然，刚开始工作时，$R(t=0)=1$。随着工作时间增加，失效个数不断增加，因此可靠度 $R(t)$ 随着时间增长而单调下降，直到最终全部失效，从数学上表示为 $R(t\to\infty)=0$，如图 1.1.1 所示。

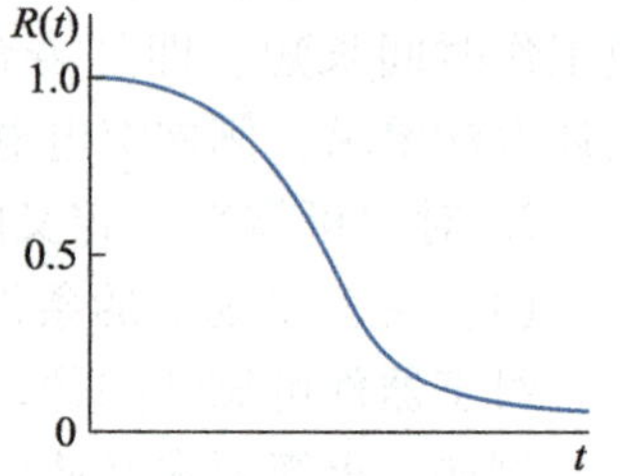

图 1.1.1　可靠度 $R(t)$ 随时间的变化曲线

可靠度 $R(t)$ 指器件在 t 时间内不失效的概率。

2. 失效

产品丧失规定的功能称为失效。对可修复产品也称为故障。按照失效模式不同，失效可进一步分为

（1）致命失效：指产品完全丧失功能。

(2) 漂移失效：指产品尚具有基本功能，但是其参数发生漂移变化，超出规范要求，判为失效，有时也称为退化。

例如，随着使用时间达到一定时间后，彩色电视机图形分辨率变差，色彩鲜艳度减弱，都是参数发生退化的结果。

(3) 软失效：是一种未造成器件发生物理损坏的失效，又称为软错误、软误差。

通常产品发生软失效后，未经修复而经过一定时间又能自行恢复其功能。典型实例是半导体存储器存储数据位出现数据丢失或变化的问题，但是在下次写入时存储器又能正常工作，它完全是随机地发生，所以称之为软失效。

3. 失效概率 $F(t)$

(1) 失效概率 $F(t)$ 的含义

失效概率 $F(t)$ 表示产品工作到 t 这段时间内失效的概率，又称为累积失效概率。

从概率论的角度 $F(t)$ 可表示为

$$F(t)=P\{\xi\leqslant t\} \tag{1.1.2}$$

式中，ξ 为随机变量，这里指产品寿命。

在工程实践中，可采用有限个数样本 N 工作到 t 时刻失效的总个数 $n(t)$，近似表示为

$$F(t)\approx\frac{n(t)}{N} \tag{1.1.2a}$$

显然，刚开始工作时，失效数为 0，因此 $F(t=0)=0$。随着工作时间增加，失效个数不断增加，因此失效概率 $F(t)$ 随着时间增长而单调上升，直到最终全部失效，从数学上表示为 $F(t\to\infty)=1$，如图 1.1.2 所示。

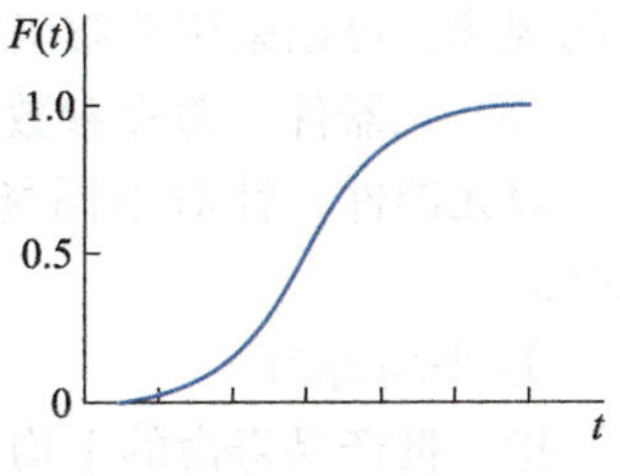

图 1.1.2 失效概率 $F(t)$ 随时间的变化曲线

(2) 失效概率 $F(t)$ 与可靠度 $R(t)$ 的关系

产品在规定时间内失效与不失效、完成规定功能与不完成规定功能是互相对立的，因此有时也称 $F(t)$ 为不可靠度。由于 $F(t)$ 与 $R(t)$ 是一对互补的函数，是对立事件，其概率之和应为 1，可用下式表示：

$$R(t)+F(t)=\frac{N-n(t)}{N}+\frac{n(t)}{N}=1 \tag{1.1.3}$$

因为在开始工作时，所有的产品都是合格品。即 $n(0)=0$，$R(0)=1$，$F(0)=0$。随着时间增加，失效数也不断增加，可靠度相应减小。所有产品，不管寿命有多长，使用到最后总是要失效的，即 $n(\infty)=N$，$F(\infty)=1$，$R(\infty)=0$。因此，可靠度函数是 [0,1] 区间的递减函数，其取值范围为 $0\leqslant R(t)\leqslant 1$；相应的失效概率为递增函数，取值范围也为 $0\leqslant F(t)\leqslant 1$。

4. 失效率 (failure rate) $\lambda(t)$

失效率 $\lambda(t)$ 指一批产品在工作时，从 t 时刻起单位时间内失效的产品数相对于 t 时刻尚未失效的产品数的比例。或者说，$\lambda(t)$ 是 t 时刻失效概率。

失效率 $\lambda(t)$ 是标志产品可靠性的常用数量特征之一。失效率愈低，可靠性愈高。对于长寿命的电子元器件经常用浴盆曲线上偶然失效阶段（参见图 1.1.3）的失效率 $\lambda(t)$ 来表征产品的可靠性水平。

$\lambda(t)$ 的基本单位为 1/h，工程实践中常用 10^{-9}/h 或者 1×10^{-6}/kh，记为 Fit（菲特）。1 个

非特的物理含义可理解为 100 万个器件工作 1 000 h 后只出现一个失效，或者 10 亿个产品，在 1 小时内有一个产品失效，即为 1 Fit。

目前国际上 CPU 的失效率已小于 10 Fit，一般集成电路的失效率则低于 0.1 Fit。

5. 寿命

元器件寿命是一个很重要的概念，也是表征器件可靠性的重要参数之一，应从多方面加深对其含义的理解。

(1) 元器件寿命与失效时间

元器件发生失效的时间称为“失效时间”。失效前的存在时间称为“寿命”。因此元器件寿命也就是元器件失效时间，只是在不同场合的不同叫法。

进行可靠性试验时统计不同器件样本的“失效时间”，表征元器件总体质量水平时通常采用“寿命”参数。

(2) 对元器件寿命的解读

一组元器件中每个元器件的寿命具有“随机性”，在某个元器件失效前，不可能知道该元器件什么时间会失效。

虽然单个元器件寿命具有“随机性”，但是一组元器件中不同元器件的寿命分布具有确定的规律，可以采用分布函数描述一组元器件的寿命分布（参见 2.2 节）。

(3) 元器件“寿命参数”

对元器件，针对不同场合，引入不同的寿命参数表征一批元器件的总体质量可靠性水平。

① 平均寿命

指一批产品寿命的平均值。这是表征元器件总体质量水平通常采用的参数。

对不可修复电子系统，通常采用“平均寿命”表征该电子系统质量水平，也称为 *MTTF* (mean time to failure)，即产品失效前平均工作时间。

对可修复产品，则采用 *MTBF* (mean time between failure) 表征其质量水平，称为平均无故障工作时间。

② 中位寿命

由于元器件失效时间分布通常不是对称的，因此描述失效时间与工作应力之间关系的可靠性模型通常采用“中位寿命”，即 50%元器件失效的时间。

如果失效时间分布呈现对称特点，则中位寿命就等于平均寿命，否则这两个寿命参数是不相等的。

③ 可靠寿命与特征寿命

产品可靠度下降到 r 时的工作时间记为 t_r，称为可靠寿命。显然中位寿命就是 $r=0.5$ 时的寿命。

$r=1/e$ 时的寿命称为产品的特征寿命。若失效时间服从威布尔（Weibull）分布（参见 2.2.3 节），特征寿命就是描述 Weibull 分布的一个参数。

(4) 元器件寿命与失效率

失效率和寿命是定量表征产品可靠性的两个物理量。在寿命分布为指数分布情况下，失效率和寿命具有互为倒数的关系。

第 2 章将详细分析寿命与失效率这两个参数之间相互关系以及不同分布函数对应的寿命

与失效率计算公式。第 7 章将结合实例介绍如何用实际试验数据计算寿命与失效率。

1.1.3 浴盆曲线

实践表明，许多产品，特别是元器件，在其寿命周期中，失效率 $\lambda(t)$ 与时间的关系曲线通常为两头高中间低，如图 1.1.3 所示，通常称之为浴盆曲线（bathtub curve）。

由图可知，元器件寿命周期可分为三个不同阶段。下面说明不同阶段导致失效的不同原因。每个阶段失效率服从的分布规律和采用的评价方法将在第 2 章和第 7 章介绍。

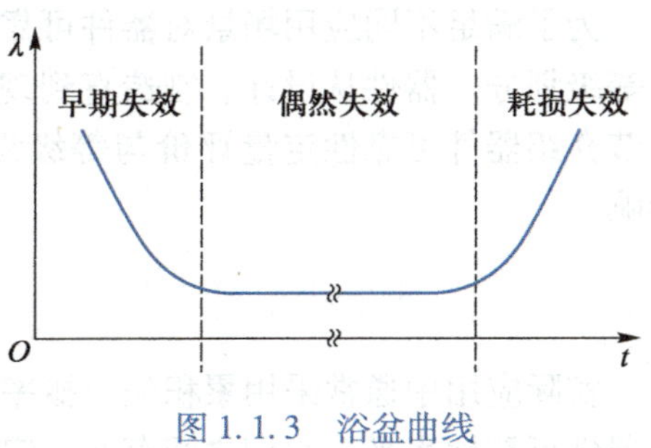

图 1.1.3 浴盆曲线

1. 早期失效阶段

这一阶段元器件失效原因是原材料和制造工艺导致元器件内部存在“缺陷”（例如金属互连线严重变窄、芯片有源区明显划伤等），使得元器件刚开始工作时失效率较高，但是随着工作时间的增加，存在明显缺陷的产品已全部失效后，失效率明显下降，恢复常态。

对质量可靠性要求较高的场合，例如航天、航空应用领域，要求元器件生产厂家在完成工艺加工后，必须采用老炼筛选方法（参见 7.2.1 节）将这部分早期失效的元器件剔除掉，然后对通过老炼筛选的元器件进行参数测试，将满足要求的合格元器件提交给用户。而且要求老炼筛选中被剔除的元器件数不得超过一定比例，说明早期失效不是太严重。否则整批元器件将不得作为正常产品提交。

随着元器件总体水平的提高，目前有些批量特别大的元器件，尤其是民用元器件，出厂前已不再进行老炼筛选。但是作为鉴定试验（参见 7.2.2 节）的一项内容，要求进行早期失效率定量评价试验，证明早期失效率已下降到允许的水平。

2. 偶然失效阶段

这阶段元器件失效是由工艺波动导致元器件内部存在的“随机缺陷”引起的，其特点是失效率较低，而且基本不随时间变化。

如果已通过老炼筛选剔除了早期失效的元器件，则用户应用中发生的元器件失效应该对应偶然失效阶段的失效。基于这一阶段失效率的特点，因此又称为使用寿命期，英文称之为“intrinsic or useful life”。

失效率达到偶然失效阶段的时间点，即早期失效与偶然失效的时间分界点又称为交付使用时间点。

偶然失效阶段失效率的高低反映了产品设计和制造工艺的总体水平。

器件失效率评价试验主要就是确认偶然失效阶段失效率的高低，反映元器件产品的固有可靠性水平。

3. 耗损失效阶段

随着元器件使用时间的增长，失效率突然快速增大，元器件则进入耗损失效阶段。

耗损失效是由于长时期工作应力作用下，元器件内部出现了因磨损、疲劳、老化等引起的物理化学性能变化，特别是半导体器件本征失效机理（例如第 3 章介绍的电迁移、热载流子注入等）影响明显，使得元器件功能退化，失效率快速增加，采用元器件的电子系统已不能满足正常应用的要求。

因此，失效率达到耗损失效的时间又称为更新时间点。

1.2 可靠性等级划分以及研制应用过程对可靠性的影响

为了满足不同应用场景对器件可靠性的不同要求，可以从不同方面对器件可靠性水平进行等级划分。器件从设计、制造直到现场应用全过程对器件可靠性也都产生了不同的影响。本节介绍器件可靠性定量评价与等级划分，并剖析产品研制应用各个阶段对器件可靠性的影响。

1.2.1 器件可靠性定量评价

实际应用中通常采用累积失效概率 $F(t)$、失效率 λ、平均寿命 $MTTF$ 三种不同方式表征元器件可靠性水平，它们之间存在一定关系，分别适用于不同场合。

由于失效概率、失效率以及平均寿命是一种统计分析结果，不是精确值，因此实际应用中一般采用置信水平为 $c\%$ 的概率值表示可靠性水平，记为 $F(t,c\%)$、$\lambda(c\%)$ 和 $MTTF(c\%)$。第 7 章将结合实例说明 $F(t,c\%)$、$\lambda(c\%)$ 和 $MTTF(c\%)$ 的评价方法。

1. 元器件早期可靠性的表征：累积失效概率 $F(t,c\%)$

元器件早期可靠性指器件现场应用后的一个时间段（一般为几个月）范围内的可靠性水平。

如果器件未进行筛选，或者筛选不充分，器件开始工作时仍然处于早期失效阶段，失效时间服从形状参数 $m<1$ 的 Weibull 分布，失效率不是常数，就只能采用一段确定时间 t 范围内的累积失效概率 $F(t,c\%)$ 表征可靠性水平。累积失效概率的单位为 ppm（parts per million）

实际应用中，置信水平 $c\%$ 一般取 60%或者 90%。

2. 元器件长期可靠性的表征：失效率 $\lambda(c\%)$

如果元器件经过充分筛选已进入偶然失效阶段，元器件处于常规工作状态，表现出的可靠性称为长期可靠性。

在偶然失效阶段失效率近似为常数，失效时间服从指数分布，就可以直接采用以 FIT 为单位的失效率 $\lambda(c\%)$ 定量表征器件的长期工作可靠性水平。

实际应用中，置信水平 $c\%$ 一般取 60%或者 90%。

3. 元器件平均寿命 $MTTF(c\%)$

正常情况下，器件在常规工作阶段已处于浴盆曲线的偶然失效阶段，失效率基本为常数，失效时间服从指数分布，这种情况下器件平均寿命 $MTTF$ 近似等于失效率的倒数。

置信水平为 $c\%$ 的失效率 $\lambda(c\%)$ 的倒数就是置信水平为 $c\%$ 的平均寿命 $MTTF(c\%)$。

1.2.2 器件可靠性等级划分

为了表征器件的可靠性水平，可以按照评价参数以及应用场景的不同，从不同角度划分器件可靠性等级。

1. 按照应用场合和封装类别划分

例如集成电路分为民品级、军品级（B 级水平）和宇航级（S 级水平）。

汽车行业将通过车用集成电路鉴定试验规范的产品称为“车规级”集成电路。

GJB7400 标准将集成电路进一步细分为 6 级：

① V 级：达到 S 级水平的气密性封装器件；

② Y 级：达到 S 级水平的陶瓷非气密封装产品；

③ Q 级：达到 B 级水平的气密性封装器件；

④ P 级：达到 B 级水平的陶瓷非气密封装器件；

⑤ T 级：是经认证的 QML 生产线上生产的，其技术流程按用户的应用要求设计；

⑥ N 级：符合 GJB7400 规范所有适用要求的塑料封装器件。

2. 按照失效率划分

经过老炼筛选后元器件处于失效率曲线的偶然失效阶段，失效率基本为常数。按照失效率大小划分电子元器件可靠性等级的标准如表 1.2.1 所示。

表 1.2.1　按照失效率大小划分的可靠性等级

可靠性等级	亚五级	五级	六级	七级	八级	九级	十级
字母代号	Y	W	L	Q	B	J	S
最大失效率/Fit	30 000	10 000	1 000	100	10	1	0.1

3. 按照抗静电损伤能力划分

不同体系/标准按照抗静电损伤能力划分电子元器件可靠性等级的方式不完全相同。表 1.2.2 是 GJB548 中采用的划分方式。

表 1.2.2　按照抗静电损伤能力划分的可靠性等级

ESDS 等级	电路标志	静电电压
0	△0	<250 V
1A	△A	250 V~499 V
1B	△B	500 V~999 V
1C	△C	1 000 V~1 999 V
2	△△	2 000 V~3 999 V
3A	△△△A	4 000 V~7 999 V
3B	△△△B	≥8 000 V

4. 按照抗辐照能力（RHA：radiation hardness assurance）划分

按照抗辐照能力划分电子元器件可靠性等级的标准如表 1.2.3 所示。

表 1.2.3　按照抗辐照能力划分的可靠性等级

RHA 等级标志	辐射总剂量 [Gy(Si)]
—	无 RHA 要求
M	30

续表

RHA 等级标志	辐射总剂量［Gy(Si)］
D	10^2
P	3×10^2
L	5×10^2
R	10^3
F	3×10^3
G	5×10^3
H	10^4

1.2.3　器件研制应用全过程对可靠性的影响

如图 1.2.1 所示，微电子器件从设计、制造直到应用全过程各个阶段都对器件产品可靠性产生影响。

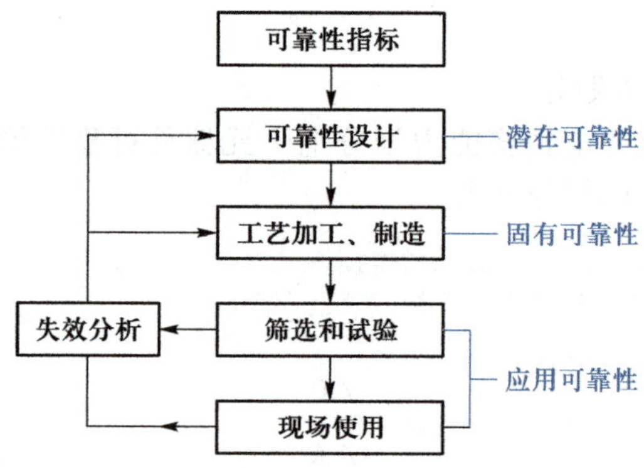

图 1.2.1　产品研制-应用各阶段对可靠性的影响

1. 可靠性设计

按照可靠性的定义，在微电子器件设计阶段，除了需要满足对器件功能和特性参数的要求外，还应该针对器件的预计应用条件以及应用时间的要求，进行可靠性设计，才能满足对器件的可靠性要求。第 5 章将详细介绍微电子器件可靠性设计的概念、思路和实用技术。

需要强调的是，即使完成了可靠性设计，也只是对未来器件满足可靠性要求奠定了基础，按照这种设计生产的产品，可靠性可能高，因此称之为“潜在可靠性”。

2. 工艺加工制造

经过工艺加工制造，“生米煮成熟饭”，形成了器件产品，这时微电子器件可靠性的高低也就随之确定。由于这时产品本身所具有的可靠性已完全确定，因此称之为“固有可靠性”。

显然，只有在可靠性设计的基础上实现了完善的工艺加工，才能使得产品具有较高的“固有可靠性”。如果设计或者工艺加工有一个环节出现问题，产品就不可能具有较高的“固有可靠性”。

第 6 章将详细介绍制造过程中质量控制的概念和关键技术，以保证产品具有较高的“固有可靠性”。

3. 筛选和试验

经过工艺加工制造的产品，除了通过测试剔除不合格的器件外，对质量可靠性要求较高的场合，例如航天、航空应用领域，还需要通过筛选试验，剔除掉图 1.1.3 所示浴盆曲线中的早期失效器件，防止可靠性差的早期失效器件提交给用户，因此筛选试验起到保证应用可靠性的作用。

需要强调的是，筛选试验只能保证应用可靠性，并不会提高产品的“固有可靠性”。

第 7 章将详细介绍筛选试验的要求、原理和方法。

4. 现场使用

通过筛选试验的合格产品就可以提交给用户使用。微电子器件在实际使用中表现出的可靠性称为“应用可靠性”。

需要注意的是多种因素导致“应用可靠性”与“固有可靠性”之间存在的复杂关系。

通常具有较高“固有可靠性”的器件在应用中也会表现出较高的“应用可靠性”。但是也存在下述两种不同的情况。

一种情况是器件本身具有较高的“固有可靠性”，但是由于用户使用过程中操作有误（例如抗静电措施不力），或者使用不当（例如器件工作过程中受到的热电应力过高），而器件很快失效，则表现为“应用可靠性”很差。

但是也存在另一种相反的情况。即使器件“固有可靠性”较低，但是在以后使用过程中由于用户采取有效的补救措施，例如电路设计中采用合理的“降额设计”技术，就可以使得器件表现的“应用可靠性”高于其“固有可靠性”。

因此使用微电子器件的电路系统设计人员应该关注如何保证和提高“应用可靠性”的问题。

5. 失效分析

制造厂对器件进行的筛选试验中以及用户使用过程中都会出现失效的器件。通过对这些失效器件进行失效分析，确认失效机理，通过原因分析就能发现设计和/或工艺加工中的薄弱环节以及存在的问题。针对问题采取有效改进措施，就能够提高器件的固有可靠性。因此失效分析是器件可靠性相关工作中不可缺少的一环。

第 4 章将结合实例详细介绍失效分析原理、作用、常用方法以及相关的仪器设备。

1.3　基于可靠性基本理念的可靠性保证与评价技术

本节剖析产品可靠性保证/评价的常规方法存在的问题，梳理关于产品可靠性的基本理念，介绍可靠性保证和评价的技术途径。

1.3.1　保证/评价产品质量可靠性常规方法存在的问题

1. 保证/评价产品可靠性的常规方法

长期以来，保证/评价产品可靠性的传统方法的核心是进行“测试和检验”，确认是否达到“合格”的要求。

（1）生产过程中的工艺监测

所有制造厂家在生产过程中基本上都是采用“工艺监测”的方法监测生产状态，只要监测结果数据合格，满足加工规范要求，就认为工艺正常，没有问题。

例如，某集成电路生产中的键合工序采用键合拉力强度判断工艺加工结果是否满足要求。每个班次抽取8根键合的内引线进行键合拉力强度测试，记录每根内引线拉断时的拉力值。表1.3.1是连续25个班次工艺参数监测结果数据实例。按照相关标准规定，该工序工艺规范要求是键合拉力强度不小于4 gf（克力），1 gf≈0.01 N。

表1.3.1　键合工序工艺参数监测的拉力强度数据

批次	原始数据 x（每行8个数据组成一批数据）（单位：gf）							
1	8.1	10.6	9.8	9.0	9.4	9.3	10.2	11.7
2	10.2	10.0	10.8	8.0	9.4	8.6	13.4	12.1
3	11.3	10.0	11.5	10.6	11.7	10.2	11.2	11.5
4	14.0	12.6	7.6	10.5	10.3	9.3	12.9	11.0
5	9.6	9.5	9.4	9.1	10.8	9.3	11.8	9.0
6	13.2	11.3	13.1	13.2	9.1	13.6	10.1	11.3
7	14.2	8.7	12.9	8.5	12.3	7.2	10.0	9.1
8	10.3	12.6	11.9	9.8	11.5	13.3	8.5	11.1
9	10.8	8.4	12.4	10.6	11.2	9.7	11.4	10.5
10	11.6	11.5	12.3	9.0	12.1	9.9	9.7	13.5
11	11.2	8.2	11.4	10.2	10.2	10.6	7.5	9.6
12	10.0	10.2	14.1	12.6	9.6	7.5	12.1	11.0
13	11.5	11.9	11.5	10.7	9.7	11.4	8.6	10.8
14	6.4	12.5	10.3	11.4	8.9	12.0	10.7	10.0
15	12.7	7.9	9.8	10.9	10.7	11.7	14.7	11.9
16	8.0	9.3	9.8	9.8	11.0	10.2	8.2	12.3
17	10.3	11.3	11.1	9.7	11.3	11.9	12.4	11.6
18	10.8	8.8	14.7	10.4	10.6	8.6	10.7	11.2
19	13.0	14.5	13.2	11.7	10.1	12.8	11.6	8.2
20	12.0	8.4	11.1	9.3	10.9	11.1	13.3	10.9
21	6.0	11.4	12.1	11.5	7.5	10.4	11.0	10.0
22	9.9	11.4	12.9	11.4	11.5	10.8	8.7	10.4
23	8.6	12.3	8.8	9.2	8.2	7.9	14.2	11.3
24	10.5	6.5	11.2	8.2	10.6	9.3	9.8	8.8
25	9.9	12.5	12.2	11.4	13.0	10.0	12.0	11.3

由表中数据可见，工艺监测得到的拉力强度数据没有出现不合格的情况，而且实际数值均明显高于合格要求。如果仅仅按照合格与否评价该工序，肯定认为该工序的运行状态非常满意。

(2) 产品出厂前的筛选/试验和测试

对于质量要求较高的产品，例如航天用元器件产品，出厂前均要按照有关标准规定对产品进行 100%的筛选和相关试验。

完成筛选和可靠性试验后，再按照产品规范进行测试，剔除不满足产品规范要求的产品，留下合格产品提交给用户。

生产厂家交给用户的是筛选试验后通过测试满足规范要求的合格产品，就认为产品没有问题。

(3) 可靠性寿命试验

对于质量可靠性要求较高的元器件产品，例如卫星用元器件，要求具有长工作寿命。为了评价元器件的可靠性水平，通常按照相关标准的规定，抽取一定数量的样品进行加速寿命试验，通过对试验结果进行数据处理，评价产品的实际可靠性等级水平。

只要通过寿命考核试验或者失效率数据满足要求即认为通过了寿命试验。

(4) 产品交付时的批接收抽样检验

用户在批量采购产品时，为了评价产品质量，按照有关标准的规定，从提交的一批产品中抽取一定数目的样本进行规定项目的测试检验。若抽取的样品能通过检验，则该批产品为合格。如果抽取的样品不能通过检验，则整批产品判为不合格。

(5) 现场使用数据的积累

从现场收集并积累使用寿命数据，也可以评价相应产品的使用质量和可靠性。

(6) 整机单位保证元器件质量的“再筛选”

作为元器件用户的整机单位，按照常规评价方法确定采购的是合乎要求的元器件产品后，往往对采购的元器件还要进行一次“再筛选”，“确保”所使用的元器件具有其期望的可靠性。

2. 常规方法存在的问题

上述常规方法在保证产品质量可靠性方面起到了不可否定的作用。但是随着产品质量水平提高到新的阶段，特别是到 20 世纪 80 年代后期，随着国际上以元器件为代表的现代电子产品质量可靠性的大幅度提高，这种以“合格”为目标、以“事后检验”为特征的传统方法由于存在下述问题，已不能满足当代高可靠产品的质量水平评价，遇到了新的挑战。目前我国微电子行业遇到的问题也与此类似。

(1) 常规工艺监测方法不能精准反映工艺水平的高低

从工艺表征的角度考虑，常规工艺监测方法只能确定工艺加工是否满足加工规范，无法区分实际工艺水平的高低。

随着制造设备的改进和工艺技术的进步，常规工艺监测结果往往都能满足加工规范要求，但是有限样本量的检测结果合格，并不能说明实际工艺总体已经达到什么水平。

例如，基于 6σ 设计（参见 6.3 节）的理念，国际上认为高水平工艺的标志是单道工序的工艺不合格品率不大于 3.4 ppm（parts per million），即不大于百万分之 3.4。国内要求高水平生产线单道工序的工艺不合格品率不大于 32 ppm。对于表 1.3.1 所示键合工序的检测结果，如果工艺监测目的只是确定工艺加工结果是否合格，生产线相关人员肯定对该键合工序生产状态很满意，认为该工序生产不存在问题，无须采取进一步改进措施。但是从表 1.3.1 所示 200 个数据本身并不能表明总体工艺水平高低的实际程度是否已达到国际要求，或是连国内先进水平也未达到。

工艺监测结果合格只能表明工艺加工能满足加工规范要求，并不能保证最终产品具有良好的参数一致性，当然也不能保证产品在价格和使用可靠性方面具有明显的竞争优势。按照 6.3 节分析，表 1.3.1 数据反映的工艺监测结果虽然很好，但是按照参数一致性的评价结果来看，该键合工序的工艺水平还不够高，并未达到国内先进工艺水平的要求，离国际要求差距更大。

（2）筛选试验并不能提高产品的“固有可靠性”

如图 1.1.3 所示，偶然失效阶段失效率的高低主要取决于设计和制造水平的高低，试验筛选包括再筛选，只能剔除早期失效的产品，并不能降低偶然失效期间的失效率，因此筛选并不能提高产品的“固有可靠性”。

（3）批接收抽样检验方法不能反映产品质量可靠性水平的高低

批接收抽样检验相当于给元器件产品是否合格制定了一个“及格”的标准。即使每一批产品都能通过常规批抽样检验，也并不能区分不同厂家、不同批次产品之间必然存在的质量可靠性区别。

20 世纪 70 年代末 80 年代初，在国际电子产品市场上，美国公司的彩色电视机产品与日本同类产品一样，都是满足规范要求、通过检验的合格产品。但是在市场上的表现明显不同，日本产品以价格低、质量可靠性高的优势，将美国等其他国家的同类产品几乎排挤出国际市场，使得一部分美国公司几乎濒临破产。

（4）可靠性寿命试验方法正进入“死胡同”

常规的可靠性寿命试验方法（参见 7.4 节）是依据抽样理论，抽取一定数量样品，进行规定时间的加速试验，然后根据试验结束时的失效样品数，判断该批元器件的可靠性是否达到某一水平。试验所需样品数与可靠性水平密切相关。关于可靠性寿命试验原理和方法将在 7.4 节介绍。表 1.3.2 是针对集成电路的某一种失效机理，进行加速寿命试验对样本要求的具体实例。

表 1.3.2　失效率与可靠性试验样品数的关系（1 000 小时加速寿命试验）

失效率水平	允许 0 个失效	允许 2 个失效
1 000 FIT（6 级）	355	835
100 FIT（7 级）	3 550	8 350
10 FIT（8 级）	35 500	83 500

由表 1.3.2 可见，在可靠性水平为 6 级的情况下，失效率为 1 000 FIT，进行加速寿命试验只需几百个元器件。如果可靠性水平达到 8 级，失效率下降至只有 10 FIT 左右，采用加速寿命试验方法评价其可靠性时则需要几万个样品。

目前我国集成电路可靠性水平为 6~7 级（失效率为 100~1 000 FIT），加速寿命试验需要几百至几千个元器件，在实践中还可以承受。但是，随着产品可靠性水平达到 7 级，即失效率低至 100 FIT 以下的情况下，“可靠性加速寿命试验”这条路因要求的样本量太大，将进入“死胡同”。

(5) 现场数据采集与积累方法的“滞后性”

显然，采用现场数据积累方法需要经过一定的现场使用时间以后才能对一种元器件的质量和可靠性水平做出评价。对于新研制的品种，这种“滞后性”问题更加突出。如果考虑到由于保密和其他人为因素给数据采集和积累带来的困难，更加限制了现场数据采集与积累方法在评价产品质量和可靠性方面的适用性。

(6) 元器件“再筛选”方法有效性的考虑

由于筛选试验只能剔除早期失效的产品，并不能降低偶然失效期间的失效率。因此只有在元器件生产厂家未进行筛选或者筛选工作不到位的情况下，或者用户对元器件提出常规筛选试验中未考虑的特殊要求，用户进行一次“再筛选”才可以起到进一步把关的作用。如果不是这种情况，用户进行的再筛选将起不到作用。特别是如果再筛选应力过大，还可能使合格元器件受到潜在的损伤。

由上述分析可见，随着现代产品质量和可靠性水平的提高，常规的保证和评价方法已受到严峻的挑战，不能完全满足要求。这就驱使人们开拓新的思路，研究采用新的保证和评价技术。

1.3.2 关于质量可靠性的基本理念

保证和评价产品可靠性的相关技术是基于下述基本理念提出的。

1. 基本理念一

关于产品可靠性的首要理念是：可靠性是设计、制造出来的，筛选试验并不能提高产品的固有可靠性。

如图 1.1.3 浴盆曲线所示，生产厂家通过筛选试验只能剔除早期失效的产品，只有通过设计和制造才能降低偶然失效期间的失效率，推迟耗损失效的发生时间，真正起到提高元器件内在质量和可靠性的作用。或者说，如果采用了可靠性设计技术，工艺水平也很高并且处于统计受控状态，则产品的固有可靠性就得到了保证。

因此，应该改变依靠对最终产品进行评价的传统方法，而将重点放在通过提升设计水平和工艺水平来保证和评价产品的内在质量和可靠性，这才是提高产品固有可靠性的根本道路。

2. 基本理念二

关于产品可靠性的第 2 个重要理念是：产品质量可靠性与成品率有很强的相关性。

按照这一理念，只有在生产成品率很高的情况下生产的合格产品才会具有较高的可靠性。如果生产成品率很低，虽然也可以从中挑选出少数满足规范要求的合格产品，但是这种在低成品率下挑出来的合格产品，其可靠性是不会高的。

实际上 $t=0$ 时的“失效”决定了成品率，$t>0$ 以后的失效表现为可靠性。因此产品的可靠性与成品率之间必然存在相关性。理论分析和试验结果都证实了这一结论的正确性。

20 世纪 90 年代，英特尔公司通过对大量芯片进行试验，结果表明，合格产品的可靠性与成品率表现出很强的正相关关系，如图 1.3.1 所示。

由此可见，提高成品率不但有利于降低成本，提高经济效益，而且也提高了其中合格产品的可靠性。同时通过对产品成品率的评价也能反映产品的质量可靠性水平。

为了理解并接受这一重要结论，下面结合实例从“功能成品率”和“参数成品率”两方面进一步解读可靠性与成品率之间的正相关关系。

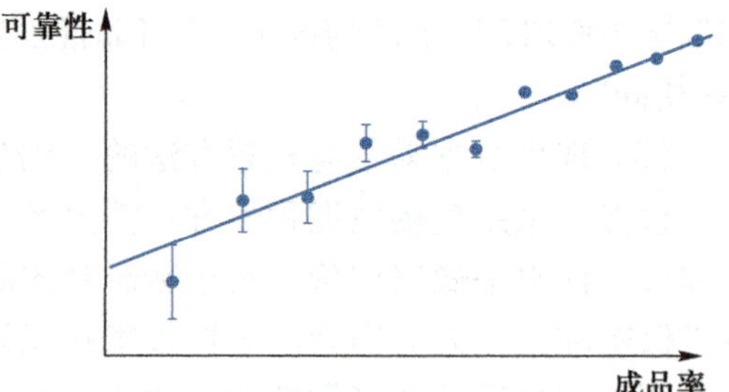

图 1.3.1　合格产品可靠性与成品率的关系

生产中不合格的元器件有两种情况。一种是没有“功能”，完全是废品。没有功能的废品越多，则功能成品率越低。另一种情况是虽然具有一定的功能，但是电参数不完全满足规范要求。参数不合格的产品越多，则参数成品率越低。生产中导致功能不合格以及导致参数不合格的因素也同时会影响合格元器件产品的可靠性，因此产品质量可靠性与生产成品率之间必然存在相关关系。

(1) 从工艺“缺陷”理解可靠性与功能成品率之间的关系

图 1.3.2 是受到尘埃影响的集成电路芯片内部照片实例。

(a) 大缺陷导致互连线开路

(b) 小缺陷导致互连线局部变窄

图 1.3.2　工艺缺陷对“功能成品率”以及“可靠性”的影响

图 1.3.2 (a) 照片显示的实例是较大颗粒尘埃落在芯片互连线上，导致金属互连线开路，使得该芯片失去应有的功能，成为废品。

图 1.3.2 (b) 显示的是颗粒较小尘埃落在芯片互连线上的情况。虽然颗粒较小，没有导致互连线开路，但是引起互连线局部变窄，导致集成电路内部存在潜在缺陷。如果不存在其他问题，这种带有潜在缺陷的产品就会顺利通过检验，作为合格产品提供给用户。在以后的现场使用中，由于集成电路中“电迁移”效应，含有这种“互连线局部变窄”潜在缺陷的芯片由于电流密度偏大，将比其他不存在这种潜在缺陷的正常芯片产品提前失效，表现为可靠性差。

显然，集成电路生产中如图 1.3.2 所示的芯片表面缺陷数的多少与生产环境的洁净度水平密切相关（参见图 6.1.2 以及 6.1.2 节分析）。洁净度差的环境，大、小颗粒尘埃数分别多于洁净度好的环境中的大、小颗粒尘埃数。大尺寸尘埃导致生产的元器件中完全没有功能的废品增多，因此功能成品率低。而小尺寸尘埃导致合格的产品中存在潜在缺陷的概率较高，在现场使用中失效率增大，可靠性较差。

因此“缺陷”使得可靠性与产品的功能成品率之间呈现一定的相关关系。

(2) 从参数“一致性”理解产品可靠性与参数成品率之间的联系

解剖前面列举的案例，即 20 世纪 70 年代末 80 年代初，为什么日本彩色电视机产品能够以价格低、质量可靠性高的优势，几乎将美国等其他国家的同类产品排挤出国际市场，可以理解参数一致性是如何导致产品可靠性与参数成品率之间的正相关关系。

通过对产品特性和质量的进一步分析，发现美国公司提供给市场的彩色电视机虽然都是合格产品，但是与日本同类产品相比，在市场上表现截然不同的原因主要在于产品特性参数的一致性不同。

正常生产情况下，产品的特性参数基本服从正态分布。例如，美国彩色电视机产品某一个特性参数的数据分布如图 1.3.3（a）所示，其中 T_U和 T_L分别是确定该参数是否满足要求的上、下规范值，参数值超出规范值的产品为不合格品。对同一个特性参数，日本彩色电视机该参数的数据分布如图 1.3.3（b）所示，其参数值的一致性明显优于美国产品，表现为相应正态分布的标准偏差 σ_2明显小于美国彩色电视机该参数相应正态分布的标准偏差 σ_1。

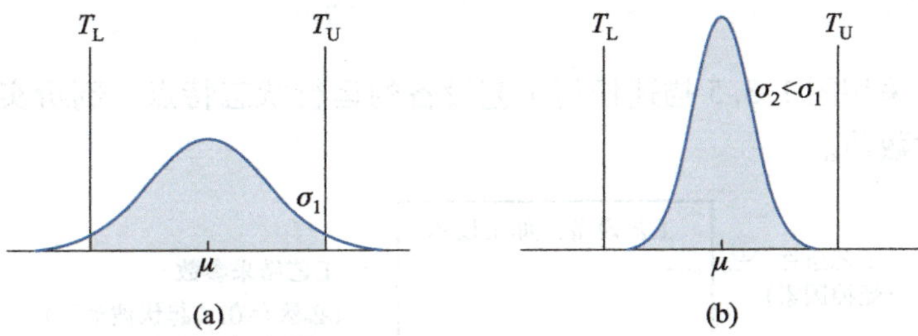

图 1.3.3　美国彩色电视机和日本彩色电视机产品特性参数分布一致性的比较

同一规格产品的特性参数规范值要求相同，但是由于参数一致性不同，即参数分布的标准偏差不同，表明日本彩色电视机的生产成品率明显优于美国同类产品，因此日本彩色电视机的价格必然低于美国产品。

合格彩色电视机产品在使用过程中，由于热、电等各种应力的作用，特性参数不可避免地会发生“漂移”。日本彩色电视机参数比较集中，因此“容许”参数漂移的范围就比较大，表现为使用寿命长，即可靠性高。美国彩色电视机产品中，虽然有一部分产品的参数值位于规范中心附近，容许参数漂移的范围也较大，使用寿命也较长。但是也有一定比例的产品特性参数值就在规范值附近，或者说是刚刚合格的产品，“容许”参数漂移的范围就较小，使用寿命短，使得美国彩色电视机产品表现出的总体使用可靠性较差。

因此工艺参数“一致性”使可靠性与产品的参数成品率之间呈现一定的相关关系。

由此可见，我们不能只满足于产品是符合规范要求的合格产品，而应该要求参数值越集中越好，具有较大的裕度。

3. 基本理念三

关于可靠性的第三个理念是：全面认识、理解影响工艺加工结果的三大因素，确认生产过程受控是保证产品可靠性的关键一环。

下面结合集成电路制造工艺中的氧化实例，说明生产水平的高低以及生产过程是否处于统计受控状态是如何影响产品的参数一致性与稳定性，从而决定了产品成品率的高低。因此如图 1.2.1 所示，产品的固有可靠性取决于生产过程控制的好坏。

图 1.3.4 为氧化工艺示意图。生长氧化层可以采用干氧、湿氧或者水汽氧化技术，设备为高温氧化炉，同一炉可以同时氧化几十到上百片晶圆，如图 1.3.4（a）所示。工艺中，按照氧化层厚度的要求，确定工艺条件，包括温度、时间、气流等。氧化后通常抽取一片晶

片，在晶片中心以及上、下、左、右一共五个位置测量氧化层厚度，检测氧化工艺结果，如图 1.3.4（b）所示。如果希望获得更多信息，也可以从石英舟的前、中、后三个位置抽取三片晶片，在每片晶片上的五个位置检测氧化层厚度。

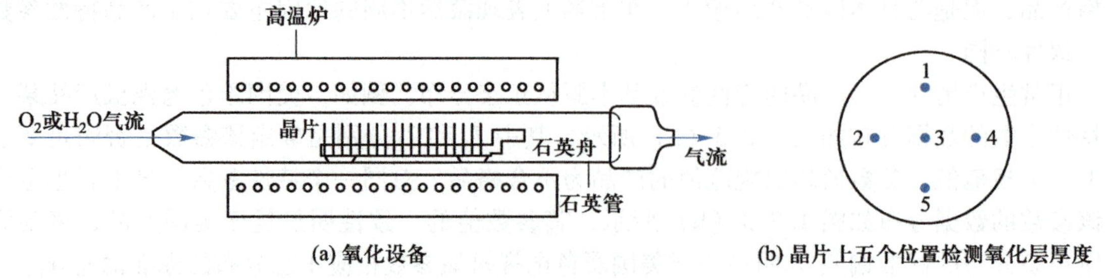

图 1.3.4　氧化工艺示意图

实际上，可以采用图 1.3.5 描述任何工艺设备的运行状态特点，剖析实际上有哪些因素影响工艺结果参数数值。

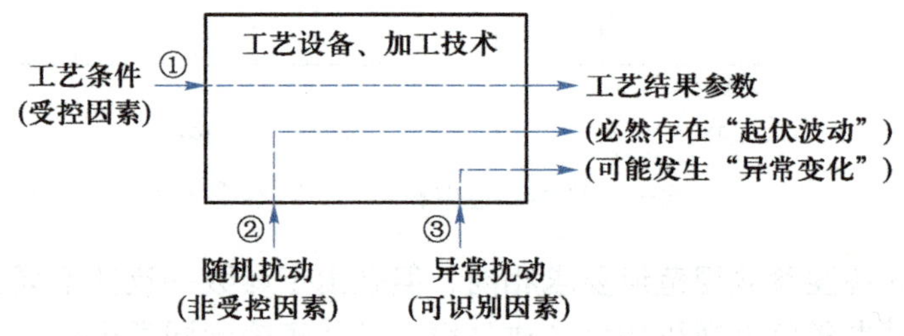

图 1.3.5　工艺加工结果与输入因素的关系

（1）受控因素

显然，对确定的工艺设备和加工技术，工艺结果参数主要取决于输入的工艺条件，如图 1.3.5 中数字①所示。例如，如果要求生长厚度为 100 Å 的氧化层，操作人员按照 100 Å 目标要求，选择设备工艺菜单，设置温度、时间、气流等工艺条件。这种由操作人员按照工艺加工要求设置的工艺条件称为“受控因素”。

（2）随机扰动

实际情况表明，尽管作为受控因素的工艺条件保持不变，但是工艺结果参数不可能完全相同。例如氧化工艺中按照 100 Å 目标同时加工的一批晶圆，同一片晶圆不同位置的氧化层厚度不会相同，通常服从正态分布。同一片晶片上不同位置氧化层厚度均值也不会精确等于 100 Å。

如果从同一炉石英舟的前、中、后三个位置抽取三片晶片测量氧化层厚度，每片氧化层厚度平均值也不会相同。如果采用相同工艺条件加工多个批次，每批氧化层厚度平均值也会有所差别。即使是在“全自动”生产线上生产的产品也不例外。

为什么作为受控因素的工艺条件保持不变，但是工艺结果参数不可能完全相同？这是因为在实际生产中，尽管作为“受控因素”的工艺条件看上去“保持不变”，生产过程中决定产品质量的六大因素，即人（man）、机（machine）、料（material）、法（method）、环（environment）、测（measurement）这六种因素（又称为 5M1E 因素），绝对保持不变是不可能的，而必然存在“随机扰动”。例如，图 1.3.4 所示氧化工艺设备，尽管氧化过程中设置的温度值确定不变，但是同一根氧化炉管中不同位置的温度不可能完全一样，同一片硅片上不同位置的温度也不可能相同。其结果是，同一片硅片上不同位置的氧化层厚度不完全相同，石英舟的前、中、后三个位置硅片上氧化层厚度平均值也不一样。这就是说，即使在相同的工艺条件作用下，由于“随机扰动”的影响，工艺结果参数数值不可能完全相同，必然存在“起伏波动”，表现为工艺结果参数具有一定分散性，这就是参数一致性问题。

需要强调指出的是，“随机扰动”是客观存在不可避免的，因此参数的分散性问题也是不可避免的，在图 1.3.5 中用数字②标示。

（3）异常因素

生产过程中，如果出现异常因素的影响，例如氧化炉设备的温度控制系统工作出现异常，将导致加工结果发生异常变化，表现为氧化层厚度的大幅度波动。当然，这类异常因素并不是必然出现的。但是一旦存在异常因素，将导致参数一致性和稳定性出现异常，甚至出现大批不合格产品，这时生产人员必然要查找原因，解决问题。因此异常扰动又称为可识别因素，在图 1.3.5 中用数字③标示。

显然，起伏波动越大，则参数一致性越差，成品率就越低；如果出现异常变化，将导致参数稳定性差，成品率将受到更大影响。

因此应该通过生产过程质量控制，减少随机扰动导致的工艺参数起伏波动的幅度，同时还应该能够即时识别甚至提前预警异常扰动的影响。

4. 基本理念四

关于可靠性的第四个理念是：通过常规的筛选试验只是保证产品可靠性的基本要求。应该改变筛选试验中采用的以“合格”为判据的“计数”模式，同时吸收先进筛选试验技术，并采用“计量”方法分析筛选试验数据，全面正确地评价产品可靠性。

5. 基本理念五

关于可靠性的第五个理念是：对微电子器件可靠性的评价不能只是依靠对最终产品的筛选试验评价，而应该从对设计平台水平、工艺制造过程控制状态、试验平台水平等影响微电子器件可靠性的各个环节进行能力评价，全方位评价产品可靠性。

1.3.3 保证和评价产品可靠性的技术途径

针对常规方法存在的问题，按照可靠性的基本理念，应该改变以“合格”为目标的事后检验传统观念，在产品研制全过程采取技术措施保证和评价产品质量可靠性。

（1）产品设计阶段的可靠性设计

产品设计不仅仅要满足功能和特性参数指标的要求，还必须针对可靠性要求进行可靠性设计（DFR：design for reliability），这是对器件可靠性的基本保证。在功能以及特性参数与可靠性有矛盾时应该优先考虑可靠性要求。

第 5 章将详细介绍可靠性设计的含义与主要技术。

（2）制造过程的统计质量控制

针对图 1.3.5 所示影响工艺加工结果的三种因素，在制造过程中不应该只是检测工艺结果参数是否合格，满足加工要求，还应该实施包括 Cpk、SPC、DOE 等技术的统计过程质量控制，保证产品是在高水平生产线上、在统计受控的环境下生产的，提高参数一致性和稳定性，保证产品具有较高的可靠性。

第 6 章将详细介绍可靠性工艺保证的原理、相关技术以及实施中需要注意的问题。

（3）对微电路厂家的设计、制造、试验全过程的能力评价

我国标准 GJB7400 以及美国标准 MIL-PRF-38535 均规定，对集成电路供货方需要进行合格制造厂名录（QML：qualified manufacturer listing）认证，要求从设计能力、晶圆制造以及封装能力、试验能力等方面进行全方位审查评价，充分保证微电子器件的可靠性。

（4）改进常规筛选试验模式

随着微电子器件可靠性的提高，为了更全面地评价产品质量可靠性，需要对常规筛选试验模式进行两方面改进。

首先，除了常规的筛选测试和可靠性试验考核外，应该引入新的筛选试验技术。例如美国汽车电子标准规定，对车用集成电路的鉴定试验考核，还包括单一失效机理（如互连线电迁移、热载流子注入损伤、TDDB 等）评价、产品成品率高低以及成品率与主要不合格品模式波动性评价、产品特性参数一致性评价。

此外，对于每项筛选试验项目，不应该只按照合格判据统计样本失效数，而是应尽可能测量试验数据，进行计量值分析。例如美国汽车电子标准规定，对车用集成电路的键合拉力强度试验、芯片粘接强度试验、试验后的电参数测试等鉴定试验项目，是否通过考核的判据不再是失效数的要求，而是要求 *Cpk* 值不小于 1.67。

关于 *Cpk* 的含义以及评价方法将在 6.3 节详细介绍。7.6 节将详细介绍新的筛选试验要求。

1.4　本书内容安排

本章作为概述，在介绍可靠性基本概念和基本理念的同时，还结合保证/评价微电子器件可靠性的各种技术，说明了本教材第 5 章可靠性设计、第 6 章可靠性的工艺保证和第 7 章可靠性试验与评价的内容和作用。对于失效器件，为了确认导致器件失效的机理，为改善可靠性设计水平和提升工艺可靠性保障能力提供信息，离不开失效分析技术，这就是本教材第 4 章介绍的内容。

理解并掌握这些工程实用技术，离不开可靠性物理以及可靠性数学的基础理论支撑，因此本教材第 2 章可靠性数学介绍相关的可靠性数学基本理论，第 3 章可靠性物理介绍微电子器件主要失效模式与机理。

思考题与习题

1. 如何理解可靠性的定义中包括“三个规定”的要求，即“规定的条件”“规定的时间”和“规定的功能”？

2. 如何解释“浴盆曲线”三个阶段失效率随时间变化的不同趋势？

3. 说明“潜在可靠性”“固有可靠性”“应用可靠性”的差别与联系。哪些因素影响这三种可靠性？

4. 如何理解合格产品的可靠性与产品成品率存在强相关？

5. 为什么产品的参数一致性、稳定性与生产过程控制密切相关？

6. 在产品研制全过程应该从哪几个方面采取技术措施保证产品的可靠性？

第 2 章　可靠性数学

定量表征微电子器件可靠性需要进行的定量数学分析，主要涉及可靠性的定量表征、概率分布函数与分布参数提取、可靠性模型三部分内容，这也是通常所说的可靠性数学主要内容。本章简要介绍相关的基本概念和理论，以及在可靠性评价和表征中的应用要点。

2.1　可靠性的数量特征

第 1 章 1.1 节介绍了可靠性的基本概念，包括表征可靠性的可靠度、失效概率、寿命、失效率等指标的含义。为了定量表征可靠性水平高低，需要定量描述这些指标的计算方法和相互关系。其中寿命是核心指标。

由于产品的寿命是一个随机变量，由概率论知道，随机变量的取值不能事先知道，但它有两个特征：即它的取值有一定范围以及取某个特定值有一定的概率。因此可以基于概率论与数理统计的基本原理进行定量分析。

2.1.1　失效概率密度 $f(t)$ 与 $F(t)$ 以及 $R(t)$ 的关系

1. 失效概率密度 $f(t)$ 与累积失效概率 $F(t)$

定量联系可靠度、失效概率、寿命、失效率之间相互关系的是失效概率密度 $f(t)$。

失效概率密度 $f(t)$ 是指产品在 t 时刻的单位时间内发生失效的概率，描述了器件在各时刻失效的可能性，$f(t)\mathrm{d}t$ 表示在 $t \sim (t+\mathrm{d}t)$ 范围内的失效概率。

显然，$f(t)$ 是累积失效概率 $F(t)$ 的微商（时间变化率）。如 $F(t)$ 连续，则

$$f(t)=F'(t) \tag{2.1.1}$$

即

$$F(t)=\int_0^t f(x)\,\mathrm{d}x \tag{2.1.2}$$

式（2.1.1）可近似表示为

$$f(t)\approx\frac{F(t+\Delta t)-F(t)}{\Delta t}=\frac{\dfrac{n(t+\Delta t)}{N}-\dfrac{n(t)}{N}}{\Delta t}=\frac{\Delta n(t)}{N\Delta t} \tag{2.1.3}$$

式中，$\Delta n(t)$ 表示 $(t,t+\Delta t)$ 时间间隔内失效的器件数。

产品在失效前的存在时间就是“寿命”。因此 $f(t)$ 和 $F(t)$ 也分别是寿命这一随机变量的概率密度函数和累积分布函数。通常所说的器件失效分布类型就是指 $f(t)$ 或 $F(t)$ 的函数类型。

2. $f(t)$、$F(t)$ 与可靠度 $R(t)$ 的关系

可靠度 $R(t)$ 是指产品在规定的条件下，在规定的时间内，完成规定功能的概率。如式（1.1.1）所示 $R(t)=P\{\xi>t\}$。

代入式（1.1.2）及（2.1.2）可得

$$R(t)=P\{\xi>t\}=1-P\{\xi\leqslant t\}=1-F(t)=\int_t^{\infty}f(x)\,\mathrm{d}x \tag{2.1.4}$$

显然 $R(0)=1$，而 $R(\infty)=\lim\limits_{t\to\infty}R(t)=0$，即产品开始处于完好状态，而最终都要失效。

公式（2.1.4）描述了 $f(t)$、$F(t)$ 和 $R(t)$ 之间的关系。只要确定了 $f(t)$ 或 $F(t)$，可靠度函数 $R(t)$ 就随之确定。

2.1.2　失效率 $\lambda(t)$ 与可靠度 $R(t)$ 的关系

失效率 $\lambda(t)$ 指在时刻 t 尚未失效的器件在单位时间内失效的概率，描写了各个时刻仍在正常工作的器件发生失效的可能性。在时刻 t 完好的产品，在 $[t,t+\Delta t]$ 时间内失效的概率为

$$P\{t<\xi\leqslant t+\Delta t\,|\,\xi>t\}$$

在单位时间内失效的概率为

$$\lambda(t,\Delta t)=\frac{P\{t<\xi\leqslant t+\Delta t\,|\,\xi>t\}}{\Delta t} \tag{2.1.5}$$

因为事件 $t<\xi$ 被包含在 $t<\xi\leqslant t+\Delta t$ 之中，若事件 $t<\xi\leqslant t+\Delta t$ 发生，则必导致 $t<\xi$ 事件的发生，所以有

$$(t<\xi\leqslant t+\Delta t)=(t<\xi\leqslant t+\Delta t)\cap(t<\xi)$$

按概率乘法公式

$$P\{t<\xi\leqslant t+\Delta t\,|\,\xi>t\}=\frac{P\{(t<\xi\leqslant t+\Delta t)\cap(t<\xi)\}}{P\{\xi>t\}}=\frac{P\{t<\xi\leqslant t+\Delta t\}}{P\{\xi>t\}}$$

所以有

$$\lambda(t,\Delta t)=\frac{P\{t<\xi\leqslant t+\Delta t\}}{\Delta t\cdot P\{\xi>t\}}=\frac{F(t+\Delta t)-F(t)}{\Delta t\cdot P\{\xi>t\}}$$

取极限得

$$\lim_{\Delta t\to 0}\lambda(t,\Delta t)=\lim_{\Delta t\to 0}\frac{F(t+\Delta t)-F(t)}{\Delta t}\cdot\frac{1}{R(t)}=\frac{f(t)}{R(t)}=\frac{f(t)}{1-F(t)}$$

即

$$\lambda(t)=\frac{f(t)}{R(t)}=\frac{F'(t)}{1-F(t)}=-\frac{R'(t)}{R(t)} \tag{2.1.6}$$

由（2.1.6）得

$$\lambda(t)\,\mathrm{d}t=-\frac{1}{R(t)}\mathrm{d}R(t)$$

两边取积分，得

$$\int_0^t-\frac{1}{R(t)}\mathrm{d}R(t)=\int_0^t\lambda(t)\,\mathrm{d}t$$

即

$$R(t)=\mathrm{e}^{-\int_0^t\lambda(t)\,\mathrm{d}t} \tag{2.1.7}$$

2.1.3　寿命与可靠度 $R(t)$ 的关系

1. 平均寿命与可靠度 $R(t)$ 的关系

平均寿命 *MTTF* 是器件失效前的平均时间，也常记作 θ。由概率论关于随机变量的数学

期望的定义，有

$$E(\xi)=t_{MTTF}=\theta=\int_0^{\infty} tf(t)\,\mathrm{d}t=\int_0^{\infty} t\mathrm{d}F(t)=-\int_0^{\infty} t\mathrm{d}R(t)=\int_0^{\infty} R(t)\,\mathrm{d}t \tag{2.1.8}$$

对于可修复产品，平均寿命就要用平均无故障工作时间 t_{MTBF} 表示：

$$t_{MTBF}=\sum_{i=1}^{N}\frac{t_i}{N} \tag{2.1.9}$$

式中，t_i 为第 i 台设备无故障工作时间，N 为产品的数量。

2. 可靠寿命与可靠度 $R(t)$ 的关系

产品的可靠度是时间的递减函数，当 $t=0$ 时，$R(t)=1$，随着 t 增加，产品的可靠度 $R(t)$ 逐渐下降。根据可靠度函数 $R(t)$ 可以求得任意时间的可靠度。对于给定的可靠度值 r_{L}，也可求出产品的可靠度下降到 r_{L} 时的工作时间。

对于一些电子产品，当其可靠度下降到 r 时的工作时间记为 t_r，称为产品的可靠寿命，即

$$R(t_r)=r_{\mathrm{L}} \tag{2.1.10}$$

$r=1/\mathrm{e}$ 时的寿命称为产品的特征寿命。

2.1.4 总结：可靠性各主要特征量之间的关系

汇总前面的分析结果，可以采用图 2.1.1 描述可靠性主要特征量之间的关系。

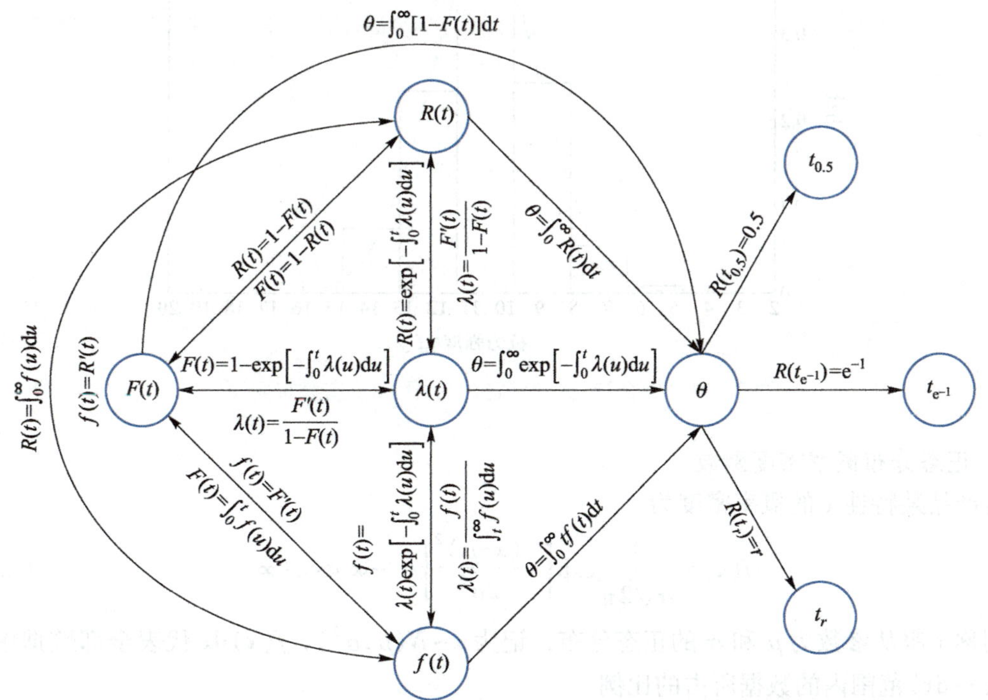

图 2.1.1 可靠性主要特征量之间的关系

2.2 微电子器件常见的失效分布

2.1 节分析结果表明，只要确定了失效分布函数，就可以对可靠性试验数据进行定量分析，得到表征器件可靠性的信息，包括可靠度、失效率、寿命等。

本节基于数理统计概率论基础介绍可靠性工作中经常使用的几种分布函数，包括正态分布、对数正态分布、威布尔分布、指数分布四种连续型分布函数以及二项分布、泊松分布两种离散型分布函数。在介绍每种分布函数主要结论的基础上说明使用中应用要点。

2.3 节将结合实例说明如何根据可靠性试验数据确定其服从的分布以及分布参数。

2.2.1 正态分布

正态分布又称高斯分布，是在可靠性工程实践中使用较多的基本分布类型。正常情况下，微电子器件工艺加工过程中工艺参数（例如栅氧厚度、方块电阻等）、器件电特性参数都服从正态分布。

例如，对第 1 章表 1.3.1 所示 200 个键合拉力强度数据，采用直方图工具绘制的直方图如图 2.2.1 所示，如果不断增加数据个数，同时减小分组的间距，直方图中条形图形顶部折线将趋于一条曲线，如图 2.2.1 中曲线所示。该图显示的曲线实例就是最常见的正态分布。

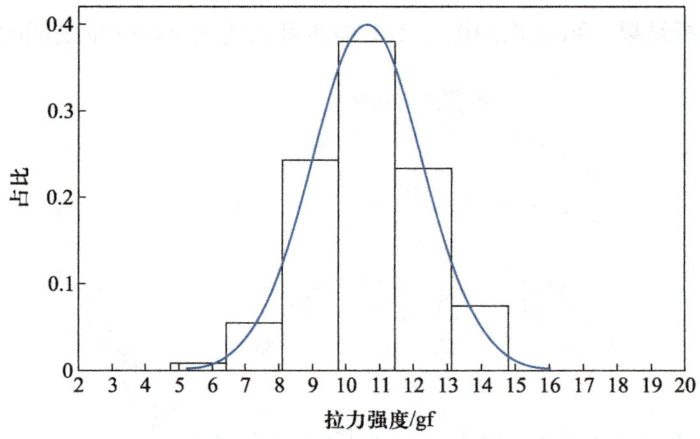

图 2.2.1 键合拉力强度数据直方图和正态分布曲线

1. 正态分布概率密度函数

若产品某特性 x 的概率密度为

$$f(x)=\frac{1}{\sigma\sqrt{2\pi}}\exp\left[-\frac{(x-\mu)^2}{2\sigma^2}\right] \quad -\infty<x<+\infty \tag{2.2.1}$$

则称 x 服从参数为 μ 和 σ 的正态分布，记为 $x\sim N(\mu,\sigma^2)$，$f(x)\mathrm{d}x$ 代表全部数据中取值在 $x\sim(x+\mathrm{d}x)$ 范围内的数据所占的比例。

正态概率密度函数包括 μ 和 σ 两个参数，其中 μ 为期望值，σ^2 为方差，σ 又称为标准偏差。

下面从不同方面解读正态分布概率密度函数的几个特点。

(1) 期望值与均值

正态分布概率密度函数式（2.2.1）中的期望值μ是全部数据的均值。

若有n个数据，用下式计算均值作为参数μ的近似值。

$$\bar{x}=\frac{1}{n}\sum_{j=1}^{n}x_j \tag{2.2.2}$$

在直角坐标系中，概率密度函数曲线为钟形，关于$x=\mu$对称，并且在$x=\mu$处达到最高。若σ不变，不同μ对应的曲线的形状相同，仅仅位置不同，如图2.2.2所示。因此μ值又称为位置参数，反映了曲线的位置。

实际生产中，控制工艺的目标之一是使工艺参数的均值μ尽量等于工艺参数规范中心值。

(2) σ与标准偏差s

正态分布概率密度函数式（2.2.1）中的参数σ是全部数据的标准偏差，反映了不同数据之间的离散程度，σ^2称为方差。

若有n个工艺参数数据，通常用下式计算的s作为标准偏差的近似值：

$$s=\sqrt{\frac{1}{n-1}\sum_{j=1}^{n}(x_j-\bar{x})^2} \tag{2.2.3}$$

若μ相同，不同σ对应的正态分布概率密度函数曲线的形状不同。σ大的曲线矮胖，σ小的曲线瘦高，如图2.2.3所示，因此σ称为形状参数，也称为尺度参数。

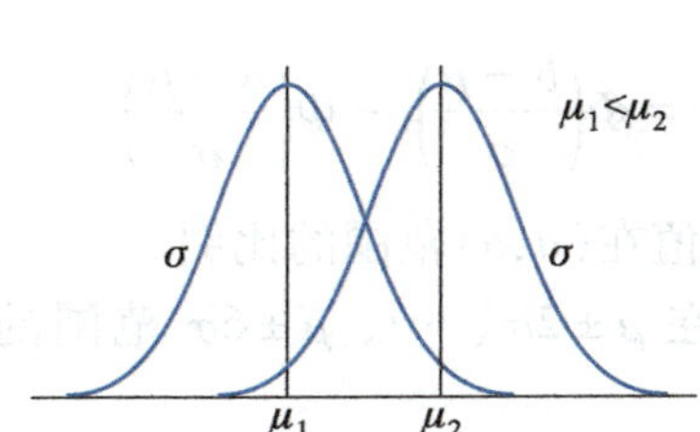

图2.2.2 σ相同μ不同的正态分布

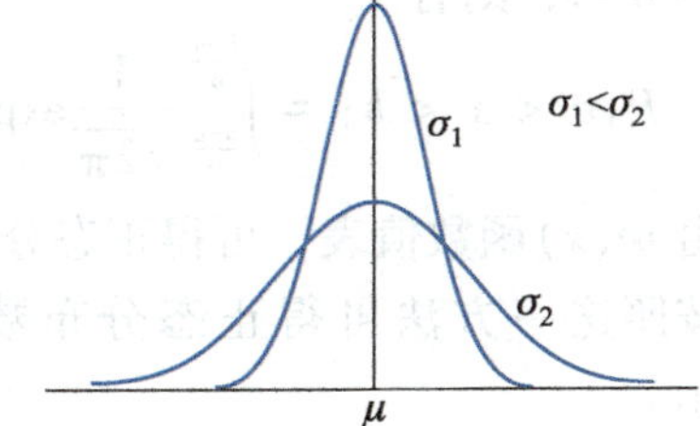

图2.2.3 μ相同σ不同的正态分布

σ小表示数据比较集中，参数一致性好。显然，在生产中，希望工艺参数数据尽量集中，也就是希望参数σ尽量小。在6.3节中将详细分析生产中工艺参数数据的σ大小如何直接反映工艺水平的高低。

2. 正态分布累积分布函数

取值小于等于x的数据所占比例称为累积分布函数，记为$F(x)$。由于取值在$x\sim(x+\mathrm{d}x)$范围内的数据所占的比例为$N(\mu,\sigma^2)\mathrm{d}x$，因此$F(x)$和$N(\mu,\sigma^2)$之间的关系为

$$F(x)=\int_{-\infty}^{x}N(\mu,\sigma^2)\mathrm{d}x \tag{2.2.4}$$

显然$F(x)$的取值在0~1之间。

3. 标准正态分布

(1) 标准正态分布概率密度函数

若正态分布函数中的参数$\mu=0$，$\sigma=1$，记为$N(0,1)$，则称为标准正态分布。由正态分布概率密度函数表达式可得，标准正态分布概率密度函数为

$$N(0,1)=\frac{1}{\sqrt{2\pi}}\exp\left(-\frac{x^2}{2}\right) \tag{2.2.5}$$

(2) 标准正态分布累积分布函数

标准正态分布累积分布函数记为 $\Phi(x)$，将式（2.2.5）代入式（2.2.4）可得

$$\Phi(x)=\int_{-\infty}^{x}\frac{1}{\sqrt{2\pi}}\exp\left(-\frac{t^2}{2}\right)\mathrm{d}t \tag{2.2.6}$$

由上述 $\Phi(x)$ 的表达式可得

$$\Phi(-x)=1-\Phi(x) \tag{2.2.7}$$

在一般的数理统计书和数学手册中都有附表，给出与不同 x 对应的 $\Phi(x)$ 函数值。

(3) 正态分布转换为标准正态分布

任何一个正态分布 $x\sim N(\mu,\sigma^2)$，通过数据变换 $t=(x-\mu)/\sigma$，则变量 t 服从标准正态分布。这就是说，任何一个正态分布函数都可以转化为标准正态分布。

4. 正态分布数据取值在 (a,b) 范围的累积概率

工序能力指数分析中经常要引用正态分布数据取值在某个范围的比例。

若工艺参数 x 服从正态分布，其取值在 (a,b) 范围的比例记为 $P\{a<x<b\}$，由定义得

$$P\{a<x<b\}=\int_{a}^{b}\frac{1}{\sqrt{2\pi}\sigma}\exp\left(-\frac{1}{2\sigma^2}(x-\mu)^2\right)\mathrm{d}x \tag{2.2.8}$$

设 $(x-\mu)/\sigma=t$，则有

$$P\{a<x<b\}=\int_{\frac{a-\mu}{\sigma}}^{\frac{b-\mu}{\sigma}}\frac{1}{\sqrt{2\pi}}\exp\left(-\frac{t^2}{2}\right)\mathrm{d}t=\Phi\left(\frac{b-\mu}{\sigma}\right)-\Phi\left(\frac{a-\mu}{\sigma}\right) \tag{2.2.9}$$

因此，由 $\Phi(x)$ 函数值表，可得正态分布数据取值在 (a,b) 范围的比例。

例如，按照这一方法可得正态分布数据取值在 $\mu\pm2\sigma$、…、$\mu\pm6\sigma$ 范围的比例，如图 2.2.4 所示。

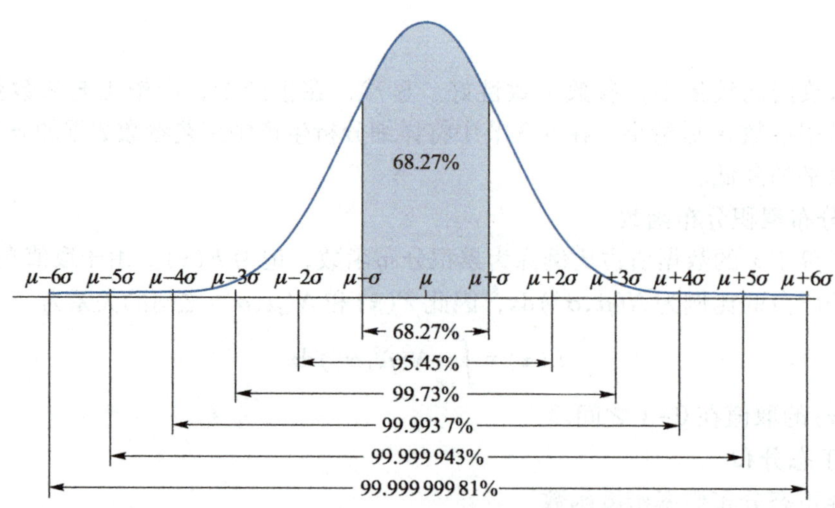

图 2.2.4　正态分布数据取值在不同范围的比例

第 6 章介绍的工艺生产过程质量控制技术中要用到这些数据，特别是下述两个结果：服从正态分布的一组数据，取值在$(\mu-3\sigma)$到$(\mu+3\sigma)$范围的比例为 99.73%；取值在$(\mu-6\sigma)$到$(\mu+6\sigma)$范围的比例为 99.999 999 81%。

说明，通常数理统计教材或者数学手册只给出 x 小于 4 范围的累积正态分布函数值，已不能满足现代生产过程质量控制对正态分布函数的计算要求。表 2.2.1 补充给出了采用高精度计算模块计算的 x 由 4~7.9 内正态分布函数 $\Phi(x)$ 结果，完全能够满足目前工艺水平评价要求（参见 6.3 节）。

其中：
$$\Phi(x)=\int_{-\infty}^{x}\frac{1}{\sqrt{2\pi}}e^{-\frac{t^2}{2}}dt$$

表 2.2.1 正态分布函数高精度计算结果

x	$\Phi(x)$	x	$\Phi(x)$	x	$\Phi(x)$	x	$\Phi(x)$
4.0	$0.9^4 6833$①	5.0	$0.9^6 7133$	6.0	$0.9^9 0134$	7.0	$0.9^{11} 8720$
4.1	$0.9^4 7934$	5.1	$0.9^6 8302$	6.1	$0.9^9 4697$	7.1	$0.9^{12} 3762$
4.2	$0.9^4 8665$	5.2	$0.9^7 0036$	6.2	$0.9^9 7177$	7.2	$0.9^{12} 6989$
4.3	$0.9^5 1460$	5.3	$0.9^7 4210$	6.3	$0.9^9 8512$	7.3	$0.9^{12} 8561$
4.4	$0.9^5 4587$	5.4	$0.9^7 6668$	6.4	$0.9^{10} 2231$	7.4	$0.9^{13} 3191$
4.5	$0.9^5 6602$	5.5	$0.9^7 8101$	6.5	$0.9^{10} 5984$	7.5	$0.9^{13} 6809$
4.6	$0.9^5 7888$	5.6	$0.9^7 8928$	6.6	$0.9^{10} 7944$	7.6	$0.9^{13} 8519$
4.7	$0.9^5 8699$	5.7	$0.9^8 4010$	6.7	$0.9^{10} 8958$	7.7	$0.9^{14} 3197$
4.8	$0.9^6 2067$	5.8	$0.9^8 6684$	6.8	$0.9^{11} 4769$	7.8	$0.9^{14} 6905$
4.9	$0.9^6 5208$	5.9	$0.9^8 8182$	6.9	$0.9^{11} 7400$	7.9	$0.9^{14} 8605$

① 表中 9^n 表示连续 n 个 9。

5. 正态分布的有关可靠性数量特征

将正态分布概率密度函数表达式带入式（2.1.4）、式（2.1.2）和式（2.1.6），推导可得

$$R(t)=\int_{\frac{t-\mu}{\sigma}}^{\infty}\frac{1}{\sqrt{2\pi}}e^{-\frac{x^2}{2}}dx=1-\Phi\left(\frac{t-\mu}{\sigma}\right) \tag{2.2.10}$$

$$F(t)=\int_{0}^{\frac{t-\mu}{\sigma}}\frac{1}{\sqrt{2\pi}}e^{-\frac{x^2}{2}}dx=\Phi\left(\frac{t-\mu}{\sigma}\right) \tag{2.2.11}$$

$$\lambda(t)=\frac{f(t)}{R(t)}=\frac{\dfrac{1}{\sigma\sqrt{2\pi}}e^{-\frac{1}{2}\left(\frac{t-\mu}{\sigma}\right)^2}}{\displaystyle\int_{\frac{t-\mu}{\sigma}}^{\infty}\frac{1}{\sqrt{2\pi}}e^{-\frac{x^2}{2}}dx}=\frac{\varphi\left(\dfrac{t-\mu}{\sigma}\right)\sigma^{-1}}{1-\Phi\left(\dfrac{t-\mu}{\sigma}\right)} \tag{2.2.12}$$

式中 $\varphi\left(\frac{t-\mu}{\sigma}\right)$ 为标准正态分布概率密度函数值。

在微电子器件可靠性工作中，工艺参数、器件电特性参数通常服从正态分布。

2.2.2 对数正态分布

若随机变量 t 的对数服从正态分布，则称该随机变量 t 服从对数正态分布。在分析微电子器件的失效分布时，常用到对数正态分布。

随机变量 t 的对数服从正态分布时，其概率密度函数为

$$f(t)=\frac{1}{\sigma t\sqrt{2\pi}}\mathrm{e}^{-\frac{(\ln t-\mu)^2}{2\sigma^2}} \tag{2.2.13}$$

称随机变量 t 服从对数正态分布。式中 μ 称为对数均值，σ^2 称为对数方差。如果对随机变量不取自然对数值，而取常用对数 lg 值，其规律相同，结果仅差常数值。

将对数正态分布概率密度函数表达式（2.2.13）带入式（2.1.2）、式（2.1.4）、式（2.1.6）和式（2.1.8），推导可得有关特征量为

$$F(t)=\int_0^t\frac{1}{\sigma x\sqrt{2\pi}}\mathrm{e}^{-\frac{(\ln x-\mu)^2}{2\sigma^2}}\mathrm{d}x=\frac{1}{\sqrt{2\pi}}\int_0^{\frac{\ln t-\mu}{\sigma}}\mathrm{e}^{-\frac{t^2}{2}}\mathrm{d}t=\Phi\left(\frac{\ln t-\mu}{\sigma}\right) \tag{2.2.14}$$

$$R(t)=1-\Phi\left(\frac{\ln t-\mu}{\sigma}\right) \tag{2.2.15}$$

$$\lambda(t)=\frac{\varphi\left(\frac{\ln t-\mu}{\sigma}\right)(\sigma t)^{-1}}{1-\Phi\left(\frac{\ln t-\mu}{\sigma}\right)} \tag{2.2.16}$$

$$\theta=\mathrm{e}^{\mu+\frac{\sigma^2}{2}} \tag{2.2.17}$$

寿命方差

$$\sigma'^2=\theta^2(\mathrm{e}^{\sigma^2}-1) \tag{2.2.18}$$

$$t_r(R)=\mathrm{e}^{\mu+Z_p\sigma} \tag{2.2.19}$$

式中，$\varphi\left(\frac{\ln t-\mu}{\sigma}\right)$ 为标准正态分布概率密度函数值。

从数理统计可知，若某一随机变量受许多随机因素和的影响，则它服从正态分布；若其受许多随机因素乘积的影响，则它服从对数正态分布。此时，只要将有关数据取对数，就可方便地按正态分布处理。

对数正态分布常用于设备维修时间的分布及材料的疲劳寿命方面，半导体器件的寿命分布中也有应用。

2.2.3 威布尔分布

威布尔分布是基于最薄弱环节的原理导出的，相当于一根链条受到拉伸应力，如果有一个链环断裂，整个链条就断裂，这也就是下面要说的串联模型。整个链条的寿命取决于最薄弱环节的强度。由于威布尔分布有三个参数，能适应各种条件变化，调节余地大，一定条件下可转化为其他的失效分布；且参数的取值范围反映了产品故障特性，它对各种类型的试验数据适应能力较强，在可靠性工程中比较重要。

威布尔分布概率密度函数为

$$f(t)=\frac{m}{t_0}(t-\gamma)^{m-1}\mathrm{e}^{-\frac{(t-\gamma)^m}{t_0}} \quad \gamma\leqslant t<\infty \tag{2.2.20}$$

将威布尔分布概率密度函数表达式（2.2.20）带入式（2.1.2）和式（2.1.6），推导可得威布尔分布的累积分布函数及失效率分别为

$$F(t)=1-\mathrm{e}^{-\frac{(t-\gamma)^m}{t_0}} \tag{2.2.21}$$

$$\lambda(t)=\frac{m}{t_0}(t-\gamma)^{m-1} \tag{2.2.22}$$

式中有 3 个参数，m 称形状参数，它决定了概率密度曲线的基本形状。$m<1$ 时的曲线随时间呈单调下降，常用来描述器件早期失效阶段（浴盆曲线的第一阶段）的寿命分布。$m=1$ 时威布尔分布变成指数分布

$$f(t)=\frac{1}{t_0}\exp\left(-\frac{t-\gamma}{t_0}\right)=\frac{1}{t_0}\mathrm{e}^{-\frac{t}{t_0}} \quad (\gamma=0\text{ 时}) \tag{2.2.23}$$

它是威布尔分布的一个特例，此时 $\lambda(t)=1/t_0$ 是一常数，与浴盆曲线的偶然失效阶段相符，在实际工作中得到广泛应用。

$m>1$ 时曲线有一峰值，m 越大曲线越接近于正态分布（$m\approx4$），此时 $\lambda(t)$ 随时间而上升，可用来描述浴盆曲线的损耗老化失效阶段的寿命分布。

t_0 称尺度参数，在 m 和 γ 值固定时，不同的 t_0 值，其概率密度函数 $f(t)$ 曲线的形状基本相同，而只是沿坐标轴缩放的程度不同，相当于轴的刻度不同，它反映了产品工作时的负荷条件，负荷重，相应尺度参数要小些。当 $t=t_0^{\frac{1}{m}}$，$F(t)=1-1/\mathrm{e}=0.632$，称为特征寿命，用 η 表示。

γ 称位置参数，它决定 $f(t)$ 曲线的起点，γ 值表示随后产品开始有失效的可能，一般情况下 γ 为零，则威布尔分布成为 2 参数分布。

威布尔分布的平均寿命为

$$\theta=\int_0^{\infty} tf(t)\,\mathrm{d}t=\gamma+\eta\Gamma\left(1+\frac{1}{m}\right) \tag{2.2.24}$$

式中 $\Gamma\left(1+\frac{1}{m}\right)$ 为 Γ 函数。

寿命方差为

$$D(\xi)=\sigma^2=\eta^2\left[\Gamma\left(1+\frac{2}{m}\right)-\Gamma^2\left(1+\frac{1}{m}\right)\right] \tag{2.2.25}$$

可靠性寿命为

$$t_r(R)=\gamma+\eta\,(-\ln R)^{\frac{1}{m}} \tag{2.2.26}$$

2.2.4 指数分布

威布尔分布函数中，若形状参数等于 1，就称为指数分布

$$f(t)=\lambda\mathrm{e}^{-\lambda t} \quad (0\leqslant t<\infty,0<t<\infty)$$

或

$$f(t)=\frac{1}{\theta}\mathrm{e}^{\frac{-t}{\theta}} \quad \left(\lambda=\frac{1}{\theta}\right) \tag{2.2.27}$$

失效率 λ 是

$$\lambda(t)=\frac{f(t)}{R(t)}=\frac{\lambda \mathrm{e}^{-\lambda t}}{\mathrm{e}^{-\lambda t}}=\lambda \tag{2.2.28}$$

λ 是指数分布的参数，是一个与时间无关的常量，可用来描述 $\lambda \sim t$ 浴盆曲线偶然失效期的失效情况；θ 是指数分布的平均寿命。其他的寿命特征是

寿命方差

$$D(\xi)=\frac{1}{\lambda^2}=\theta^2 \tag{2.2.29}$$

可靠寿命

$$t_r(R)=\frac{1}{\lambda}\ln\frac{1}{R} \tag{2.2.30}$$

中位寿命

$$t_r(0.5)=0.693\frac{1}{\lambda} \tag{2.2.31}$$

指数分布是在可靠性工作中很重要的一种分布，它的最大特点是失效率为一常数，计算简单，参数估计容易，故障率具有可加性，而且其正是电子元器件处于偶然失效的阶段的描述，在可靠性分析中得到了广泛应用。

由前面分析可知，可靠度 $R(t)$、失效分布函数 $F(t)$、失效分布密度函数 $f(t)$、失效率函数 $\lambda(t)$、平均寿命 θ、可靠性寿命 t_r、中位寿命 $t_{0.5}$ 等，构成了可靠性的基本指标，它们之间有密切的内在联系。四种常用连续型随机变量概率分布函数的各个特征量如表 2.2.2 所示。

由表 2.2.2 可知，只要知道 $R(t)$、$F(t)$、$f(t)$、$\lambda(t)$ 四个函数中的任何一个，就可以求出相应的可靠性指标。

表 2.2.2　常用连续型概率分布

分布形式及参数	分布密度函数	累积分布函数	失　效　率	可　靠　度
指数分布 θ 或 λ	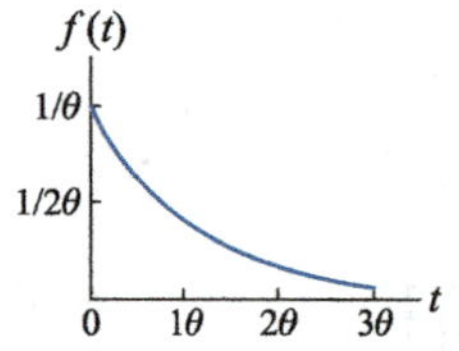	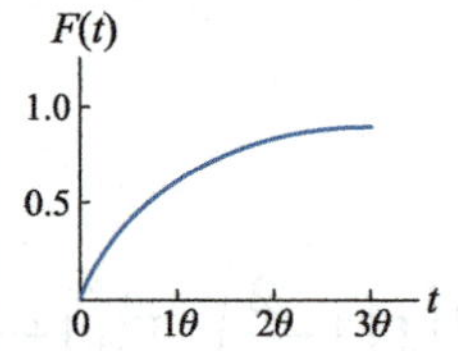	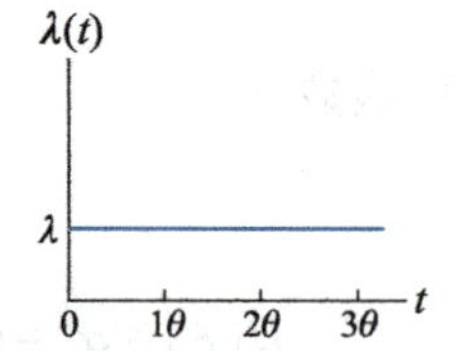	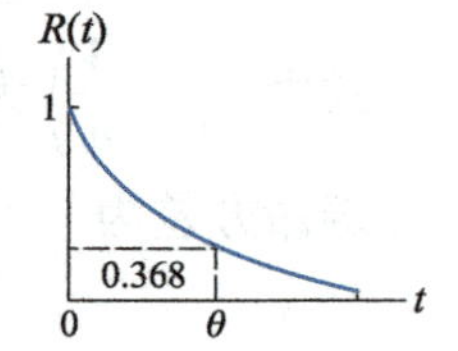
正态分布 μ，σ	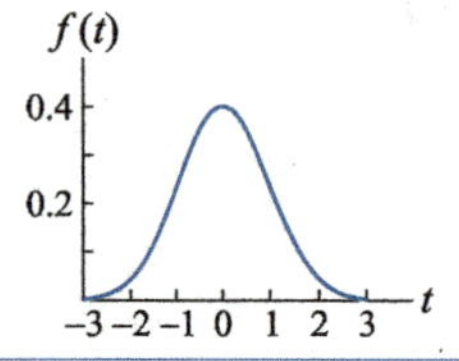	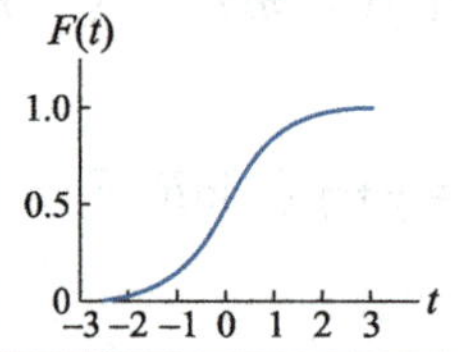	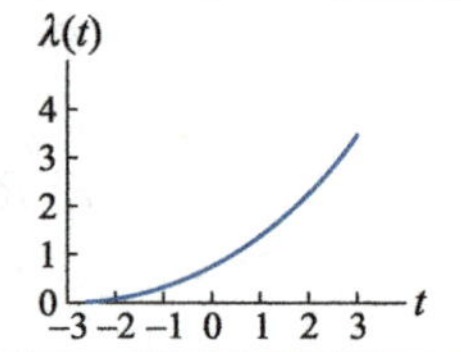	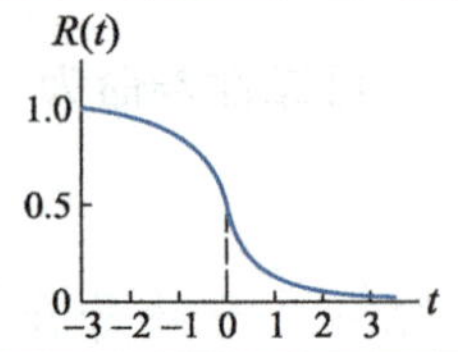
对数正态分布 μ，σ	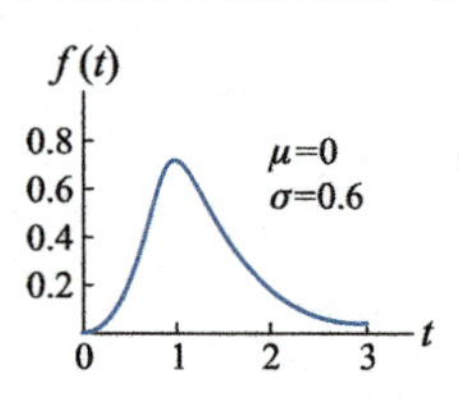	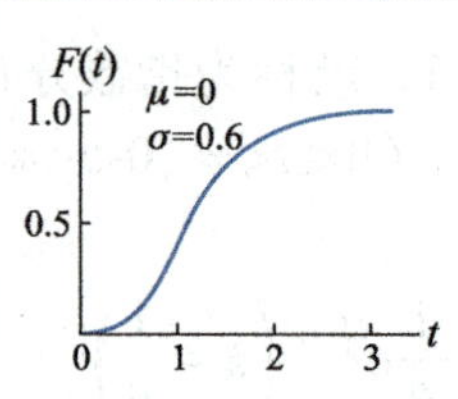	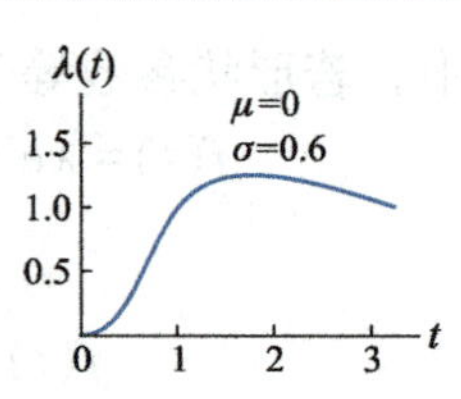	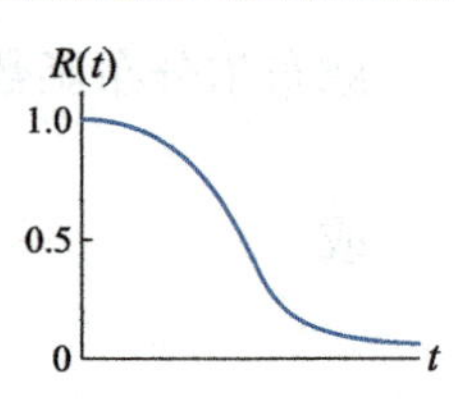

续表

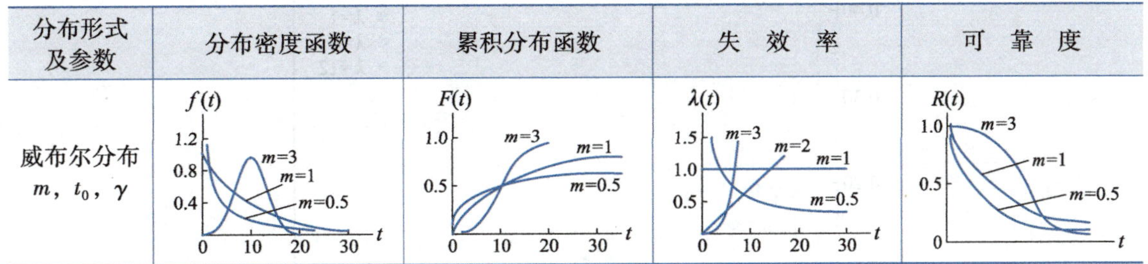

分布形式及参数	分布密度函数	累积分布函数	失效率	可靠度
威布尔分布 m, t_0, γ				

2.2.5 描述计点值数据的泊松分布

在分析缺陷数这类计点值数据时，需要采用泊松分布。本节简要介绍泊松分布特点和特征值计算方法，同时说明采用正态分布近似描述泊松分布需要满足的条件。第 6 章分析计点值控制图时需要引用相关结论。

1. 泊松分布函数

（1）泊松分布概率密度函数

监测工艺过程产生的缺陷时，经常以一定数目的产品为对象检测其中出现的缺陷数。如果每个缺陷的出现是相互独立的，或者说一个位置是否出现缺陷与当前已有缺陷的情况没有任何关系，则出现缺陷数 x 的概率服从泊松分布，即在监测一批产品时，发现缺陷数目为 x 的概率为

$$p(x)=\frac{e^{-\lambda}\lambda^{x}}{x!}\quad (x=0,1,2,\cdots) \tag{2.2.32}$$

式中，λ 是描述泊松分布的重要参数。

（2）泊松分布累积分布函数

对泊松分布，缺陷数小于等于 x_0 的累积概率值为

$$F(x_0)=p(x\leqslant x_0)=\sum_{x=0}^{x_0}\frac{e^{-\lambda}\lambda^{x}}{x!} \tag{2.2.33}$$

针对不同的参数 λ，相应的泊松分布函数值以及小于等于 x_0 的累积概率值均可从相关的数学书或者数学手册中查得。

2. 泊松分布的均值和标准偏差

泊松分布均值与方差都等于参数 λ，即泊松分布数据的均值等于 λ，标准偏差为 $\sqrt{\lambda}$。

3. 泊松分布函数的正态分布近似

一般情况下，泊松分布函数呈现不对称的偏斜分布，向右有一个拖尾。图 2.2.5 为参数 λ 取几种典型值对应的泊松分布函数。

若 $\lambda=1$，泊松分布函数曲线基本为向右单调减小拖尾。若 $\lambda=4$，泊松分布函数曲线呈现不对称的凸峰分布，向右有一个拖尾。随着参数 λ 值的增大，不对称性减弱。若 λ 大于 10，则泊松分布函数曲线基本以 $x=\lambda$ 对称，并且泊松分布轮廓线（x 只能取离散值）也逐步向正态分布靠近。

因此在实际应用中采用正态分布来近似描述泊松分布，需要满足参数 λ 不能太小的条件，这是在第 6 章 6.5 节使用记点值控制图时需要注意的一个问题。

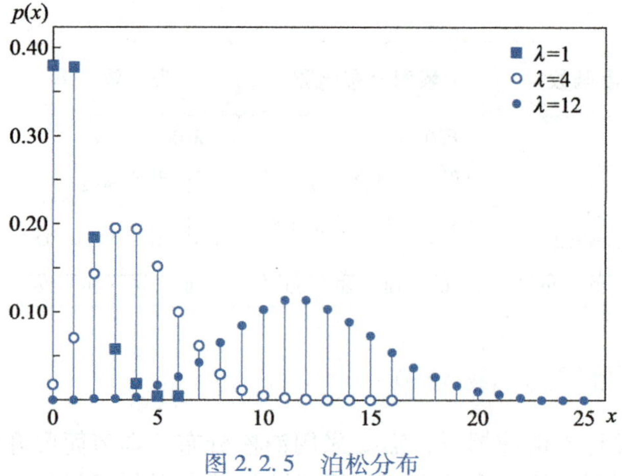

图 2.2.5 泊松分布

2.2.6 描述计件值数据的二项分布

二项分布是一种离散型分布，常用于相同单元平行工作的冗余系统以及成败型系统的成功概率计算中。在分析成品率这类计件值数据时，也需要采用二项分布。本节简要介绍可靠性实践工作中需要采用的二项分布特点和特征值计算方法，并说明采用正态分布近似描述二项分布需要满足的条件。第 6 章分析计件值控制图时需要引用相关结论。

1. 二项分布函数

(1) 二项分布概率密度函数

若产品的总体不合格品率为 p，每个产品只能为“合格”和“不合格”两种可能。如果生产过程处于统计受控状态，连续生产出的产品是相互独立的，即一个产品是否合格与当前已生产出的产品合格情况没有任何关系，则每个产品不合格的概率就是 p。

若每批加工 n 个产品，其中不合格品的数目为 D，则 D 服从参数为 n 和 p 的二项分布，即

$$P\{D=x\}=\binom{n}{x}p^{x}(1-p)^{n-x} \quad x=0,1,\cdots,n \tag{2.2.34}$$

式中$\binom{n}{x}$是从 n 个不同元素中取出 x 个元素的组合数，计算公式为

$$\binom{n}{x}=\frac{n!}{x!(n-x)!}$$

二项分布概率密度函数曲线形态与参数 p、n 相关。

(2) 二项分布累积分布函数

对二项分布，x 值小于等于 x_0的累积概率值为

$$F(x_0)=p(x\leqslant x_0)=\sum_{x=0}^{x_0}\binom{n}{x}p^{x}(1-p)^{n-x} \tag{2.2.35}$$

针对不同的参数 n 和 p，小于等于 x_0的累积概率值均可从相关的数学书或者数学手册中查得。

2. 二项分布的均值与标准偏差

根据数理统计理论，随机变量不合格品数 D 的均值和标准偏差分别为

$$\mu_D = np \tag{2.2.36}$$

$$\sigma_D = \sqrt{np(1-p)} \tag{2.2.37}$$

3. 不合格品率的均值和标准偏差

每批样品的不合格率 p_i 为样本中不合格产品的数目 D_i 和该批样本总数 n_i 的比率，即

$$p_i = D_i / n_i \tag{2.2.38}$$

根据数理统计理论，随机变量 p 的均值就等于描述二项分布的参数 P

$$\mu_p = P \tag{2.2.39}$$

随机变量 p 的标准偏差为

$$\sigma_p = \sqrt{P(1-P)/n} \tag{2.2.40}$$

4. 二项分布函数的正态分布近似

对参数 n 和 p 的不同取值，计算得到二项分布函数值，就可以采用曲线形式显示相应的二项分布曲线。图 2.2.6 和图 2.2.7 显示的是几种不同 n 和 p 取值情况下的二项分布曲线。

一般情况下二项分布函数呈现不对称的偏斜分布。偏斜程度与参数 n 和 p 的取值密切相关。

针对制造过程情况，不合格品率参数 p 值不可能过大。下面分析图 2.2.6 所示 $n=200$，参数 p 取 0.01、0.05、0.1 三种情况下二项分布曲线的特点。

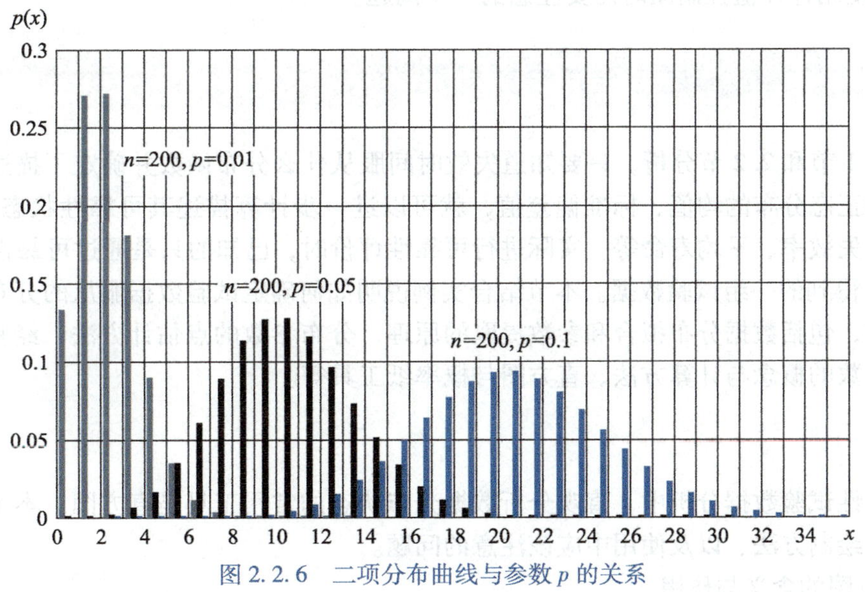

图 2.2.6 二项分布曲线与参数 p 的关系

由图 2.2.6 可见，随着不合格品率 p 增大，二项分布曲线逐渐呈现对称情况，接近正态分布。或者说，若不合格品率 p 值很低，二项分布与正态分布偏离明显。

若固定不合格品率 $p=0.03$，则参数 n 取 20、100、500 三种情况下的二项分布曲线如图 2.2.7 所示。

由图 2.2.7 可见，随着样本数 n 增大，二项分布曲线逐渐呈现对称情况，接近正态分布。或者说，若样本数 n 值很低，二项分布与正态分布偏离明显。

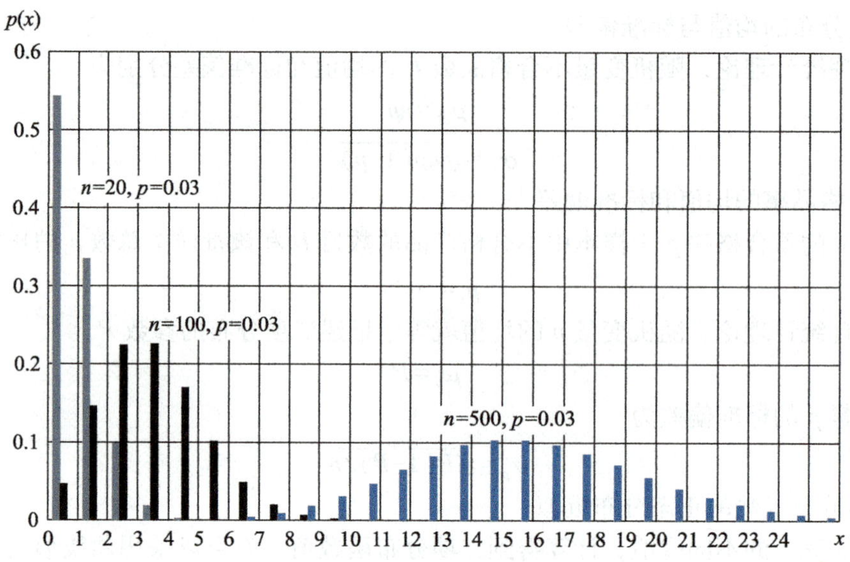

图 2.2.7　二项分布曲线与参数 n 的关系

因此在实际应用中采用正态分布来近似二项分布，需要满足参数 p 和 n 不能太小的条件。如果参数 p 和 n 乘积大于 5，二项分布就可以近似为正态分布。如果样本量 n 不太大，不合格品率又较低，则采用正态分布来近似二项分布将会导致结果存在较大偏差，这是在第 6 章 6.5 节使用计件值控制图时需要注意的一个问题。

2.3　试验数据的描述与分布参数提取

根据 2.1 节和 2.2 节分析，只要知道失效时间服从什么分布函数并确定了描述分布函数的参数，如正态分布的均值、标准偏差值，就可以进一步计算描述其可靠性状态的特征值，如可靠度、失效率、平均寿命等。实际进行可靠性评价时，已知的只是通过可靠性试验（参见第 7 章）得到的一组试验数据。本节结合实例说明如何确定试验数据服从的分布规律并确定分布参数，包括数据分布拟合和参数提取的原理、分布参数的点估计方法、经验累积分布函数和分位数的概念与计算方法、直方图与概率纸工具等。

2.3.1　直方图

在可靠性试验数据分析中，直观分析数据分布状态的常用工具是直方图。本节介绍直方图的概念、绘制方法、以及使用中应该注意的问题。

1. 直方图的含义与作用

实际生产中，为了监测工艺运行状态，分析产品质量可靠性情况，都要按时检测相关参数数据。例如，第 1 章中表 1.3.1 就是某微电子器件生产线内引线键合工序监测键合拉力强度的一部分数据，连续 25 批，每批 8 个数据，共 200 个监测数据。

显然，从数据表中只能对这些数据的大小情况有个大概印象，不能形成非常清晰的图像。如果采用直方图表示该批参数的分布情况，就可以直观地反映出不同键合拉力强度值出现的频次、数据的中心值及分散程度，进而初步判断数据的分布形态和分布规律。

例如，对表1.3.1所示200个数据绘制的直方图如图2.3.1所示。由图可见，数据分布呈现基本对称的中间高两侧低的山峰形状，接近正态分布。此外直方图还直观反映出数据的平均值为10.5，数据分散在6~15范围，其中在10~11.5范围内的频次最高。

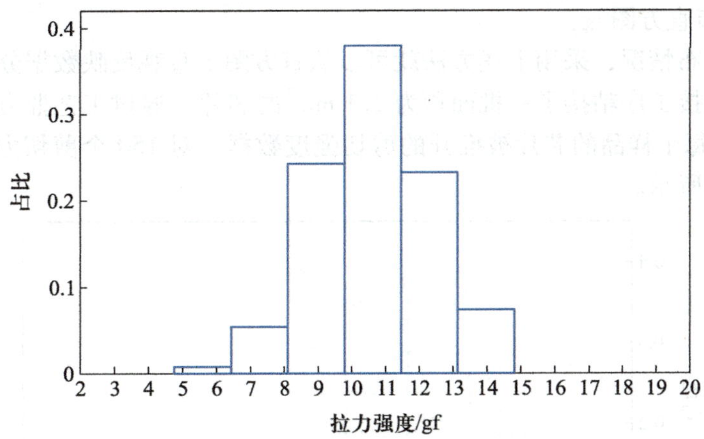

图2.3.1 键合拉力强度数据直方图

2. 直方图的绘制步骤

下面结合图2.3.1所示直方图，说明绘制直方图的基本步骤。

（1）测量数据预处理，将所有的 n 个数据按照从小到大的顺序排序，同时得到由最大值和最小值所确定的数据取值范围。

一般情况下，数据个数最好不要小于100个。至少不要小于30个，否则直方图绘制效果较差。使用直方图要求数据个数不能太少，这也是直方图的一个缺陷。采用2.3.2节介绍的概率纸则对数据个数的要求放宽了很多。

（2）将全部 n 个数据分成 K 个等间隔分组。通常可以按照数据个数 n 的开方确定分组数 h。有些教材上建议采用所谓斯特奇斯法则，即区间数 $h=1+\lg 2n$。

实际情况表明，直方图效果与区间数选择关系密切。特别是数据较少时，区间数不同会导致不同形状的直方图。

生产过程中，许多工艺参数数据服从正态分布。对于正态分布数据，如果首先计算所有数据的平均值以及标准偏差 S，然后在直方图上划分7个区间，中间5个区间的宽度为标准偏差 S。其中，中间一个区间的中心值为平均值，也就是说，中间一个区间的范围是从（平均值 $-S/2$）到（平均值 $+S/2$）。最左边区间为小于（平均值 $-5S/2$），最右边区间为大于（平均值 $+5S/2$）。

采用这种划分区间方法绘制的直方图将能更加直观地显示数据是否服从正态分布。图2.3.1所示直方图就是采用上述方法绘制的，明显表现出正态分布所具有的中间高两侧低的对称山峰形状。

（3）根据数值范围和划分的间隔数，确定组间距和每组间距的边界位置。

（4）统计每个区间中的数据个数 V_i，称为该区间中的频数。

（5）计算每个区间中数据个数所占的比例 $f_i=V_i/n$，称为该区间中数据出现的频率，简称“占比”。

（6）以参数数据为横坐标，对每一分组，以区间为底，以频数或频率为纵坐标，绘制长方形状的图形，即构成直方图。

说明：现在已有自动绘制直方图的软件工具。读入数据后，软件工具将自动绘制出读入数据的分布直方图。

3. 非正态分布直方图

对于非正态分布情况，采用上述方法就可以从直方图上直观反映数据分布形状。

例如某芯片粘接工序粘接了一批面积为 1.1 mm^2的芯片，通过工艺监测一共抽样测试了 150 个样品，测量每个样品的芯片被推开的剪切强度数据。对 150 个剪切力测试数据绘制的直方图如图 2.3.2 所示。

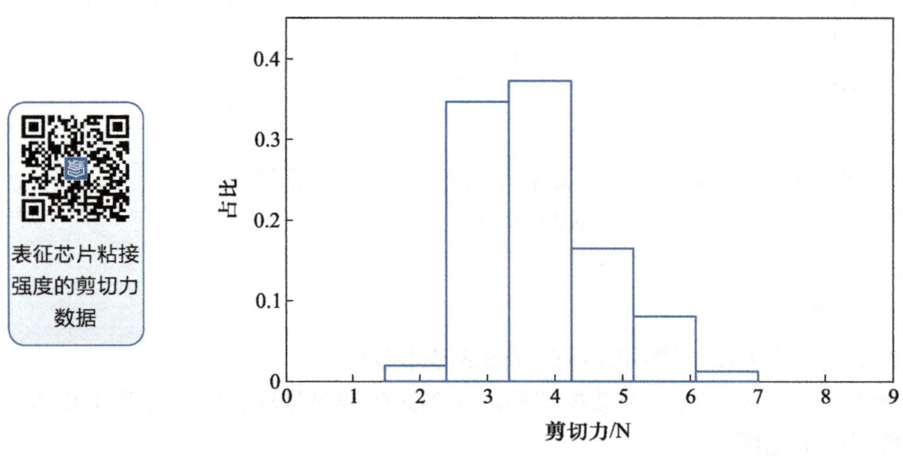

图 2.3.2 非正态分布数据的直方图

直方图明显不对称，向右偏斜，说明不是正态分布。

2.3.2 概率纸与经验累积分布函数

与直方图相比，用概率纸不但可以直观判断一组数据是否服从某种分布，还可以从概率纸上得到描述该分布的参数。特别是采用概率纸对数据个数的要求较低，因此在数据分析中得到了广泛应用。可靠性分析中常用的概率纸包括正态概率纸、对数正态概率纸和威布尔概率纸。本节结合正态概率纸详细介绍概率纸的结构原理与应用。同时说明对数正态概率纸和威布尔概率纸在分析试验数据的分布和确定分布参数方面的应用。

使用概率纸采用的是经验累积分布函数值，因此本节同时介绍经验累积分布函数的概念和计算方法。

1. 什么是概率纸

常见的分布函数，例如正态分布函数，在直角坐标系中是一条曲线。如果通过坐标变换，使分布函数在新的坐标系中成为一条直线，则印有这种新坐标系的专用坐标纸就称为概率坐标纸，简称为概率纸。

要判断一组数据是否服从某种分布，只要观察这组数据点在相应的概率纸上是否基本为一条直线。从直线上还可以得到分布参数，例如正态分布的均值和标准偏差。

根据坐标变换方法的不同，常用的概率纸有正态概率纸、对数正态概率纸和威布尔概率纸等。

2. 正态概率纸的结构原理

若连续型随机变量 x 服从参数为 μ 和 σ 的正态分布，即 $x \sim N(\mu,\sigma^2)$，则正态分布的累

积分布函数（简称为分布函数）$F(x)$可表示为

$$F(x)=\int_{-\infty}^{x}N(\mu,\sigma^2)\,\mathrm{d}x=\int_{-\infty}^{Z}\varphi(Z)\,\mathrm{d}Z=\Phi(Z) \tag{2.3.1}$$

式中：

$$Z=(x-\mu)/\sigma=(-\mu/\sigma)+(1/\sigma)x \tag{2.3.2}$$

$\varphi(Z)$为标准正态分布概率密度函数；$\Phi(Z)$为标准正态分布的累积分布函数。

显然，在纵坐标为Z、横坐标为x的坐标系中，式（2.3.2）表示的$Z\sim x$关系是一条直线，如图2.3.3所示。

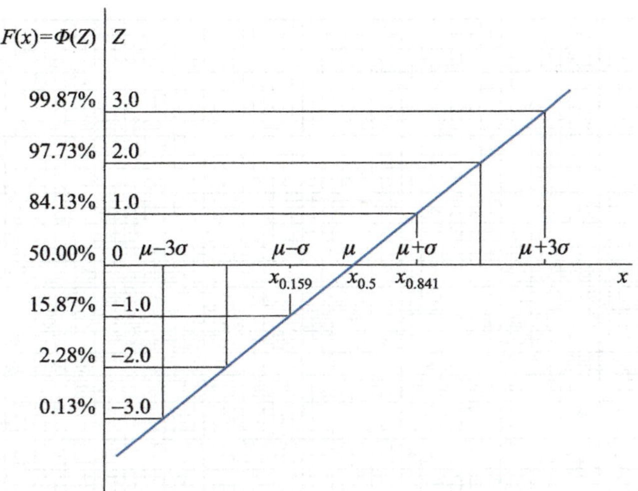

图2.3.3　正态概率纸的构成原理

在纵坐标上，若对每一个Z值，按式（2.3.1）关系$F(x)=\Phi(Z)$标出对应的$F(x)$值，如图2.3.3纵坐标左侧标识所示，横坐标仍采用均匀刻度的x，则采用这种$F(x)$和x刻度的坐标系就构成了正态概率纸。在这种新的$F(x)\sim x$坐标系中表示正态分布函数的数据点$(F(x_i),x_i)(i=1,2,\cdots,n)$，相当于在$Z\sim x$坐标系中表示数据点$(Z_i,x_i)(i=1,2,\cdots,n)$。而如式（2.3.2）所示，$Z\sim x$关系是一条直线，因此正态分布函数的数据点$(F(x_i),x_i)(i=1,2,\cdots,n)$在$F(x)\sim x$坐标系中是一条直线。

实际使用的正态概率纸如图2.3.4所示，纵坐标直接给出$F(x)$值，不必再标注Z值。作为均匀刻度的横坐标上则不标注具体数值，由用户使用时根据实际数据情况确定横坐标数值。

3. 正态概率纸的特点

由图2.3.3和图2.3.4可见，正态概率纸具有下述几个特点：

（1）由于$F(x)=0$对应$Z\to-\infty$；$F(x)=1$对应$Z\to\infty$，而在纵坐标Z上不可能标注出$+\infty$和$-\infty$，因此正态概率纸上不可能标注出$F(x)=0$和$F(x)=1$这两点。

（2）由式（2.3.2）得，$x=\mu$时，$Z=0$，则$F(x)=\Phi(0)=0.5$，因此，直线上纵坐标为0.5的数据点的横坐标（记为$x_{0.5}$）等于均值（见图2.3.3），即

$$x_{0.5}=\mu \tag{2.3.3}$$

（3）由式（2.3.2）得，$x=(\mu+\sigma)$时，$Z=1$，则$F(x)=\Phi(1)=0.841$，因此，直线上纵坐标为0.841的数据点的横坐标（记为$x_{0.841}$）等于均值与标准偏差之和（见图2.3.3），即

$$x_{0.841}=\mu+\sigma$$

同理可得，直线上纵坐标为0.159的数据点的横坐标（记为$x_{0.159}$）等于均值与标准偏差

之差（见图2.3.3），即

$$x_{0.159}=\mu-\sigma \tag{2.3.4}$$

由上述两个表达式得

$$\sigma=x_{0.841}-x_{0.5}=x_{0.5}-x_{0.159} \tag{2.3.5}$$

因此从直线上得到纵坐标分别为84.1%、50%和15.9%的三点的横坐标 $x_{0.841}$、$x_{0.5}$ 和 $x_{0.159}$，代入式（2.3.5）即可很方便地得到标准偏差。

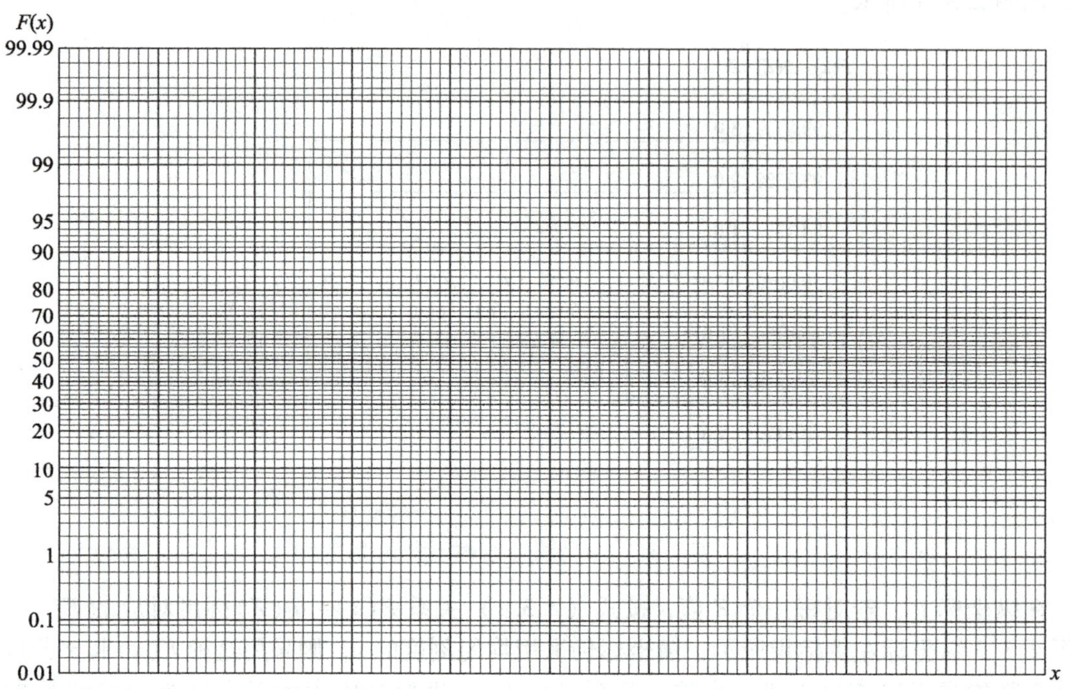

图2.3.4　正态概率纸

4. 经验累积分布函数

正态概率纸纵坐标为累积分布函数值，在实际生产中或者可靠性试验中直接测得的只是有限 n 个样本数据，例如表1.3.1所示键合拉力强度数据等。为了采用概率纸，可以按照下述方法确定与这些数据对应的累积分布函数值 $F_n(x)$，称之为经验累积分布函数。

（1）将 n 个测量数据按照从小到大顺序排列为 $x_i(i=1,2,\cdots,n)$，其中 i 为其顺序编号。

（2）采用公式 $F_n(x_i)=i/n$ 可以确定其值小于等于 x_i 的数据个数所占的比例，即为与数据 x_i 对应的经验分布函数值。但是当数据较少时，此式计算有较大的误差。为了减少误差，在经验累积分布函数的计算中，通常从下列3个计算公式中选用一种。

Hansen 公式：　$$F_n(x_i)=(i-0.5)/n \tag{2.3.6}$$

数学期望公式：　$$F_n(x_i)=i/(n+1) \tag{2.3.7}$$

近似中位秩公式：　$$F_n(x_i)=(i-0.3)/(n+0.4) \tag{2.3.8}$$

5. 正态概率纸的应用

下面以正态概率纸处理表2.3.1所示一组试验数据为例，说明使用概率纸的基本步骤。

（1）测量数据预处理

将测得的 n 个数据按照从小到大的顺序排列为 x_i，再从式（2.3.6）~式（2.3.8）中选用一种累积分布函数计算公式计算相应的 $F_n(x_i)$ 值，这样就由 n 个试验数据得到 n 组数据 $(x_i,F_n(x_i))\ i=1,2,\cdots,n$。

例如，某企业对 10 个晶体管进行高温储存试验，按照从小到大顺序记录的每个器件失效时间（单位为时）分别是 5、6.21、6.8、7.5、8.04、8.54、9.09、9.61、10.31、11.45。为了简便起见，采用式（2.3.6）计算累积分布函数值，结果如表 2.3.1 所示。

表 2.3.1　样本数据的累积分布函数值

i	1	2	3	4	5	6	7	8	9	10
x_i	5	6.21	6.8	7.5	8.04	8.54	9.09	9.61	10.31	11.54
$F(x_i)=(i-0.5)/n$	0.05	0.15	0.25	0.35	0.45	0.55	0.65	0.75	0.85	0.95

（2）描点

在正态概率纸上描出 n 组数据点 $(x_i,F_n(x_i))$，$i=1,2,\cdots,n$。

对表 2.3.1 所示数据进行描点，结果如图 2.3.5 所示。

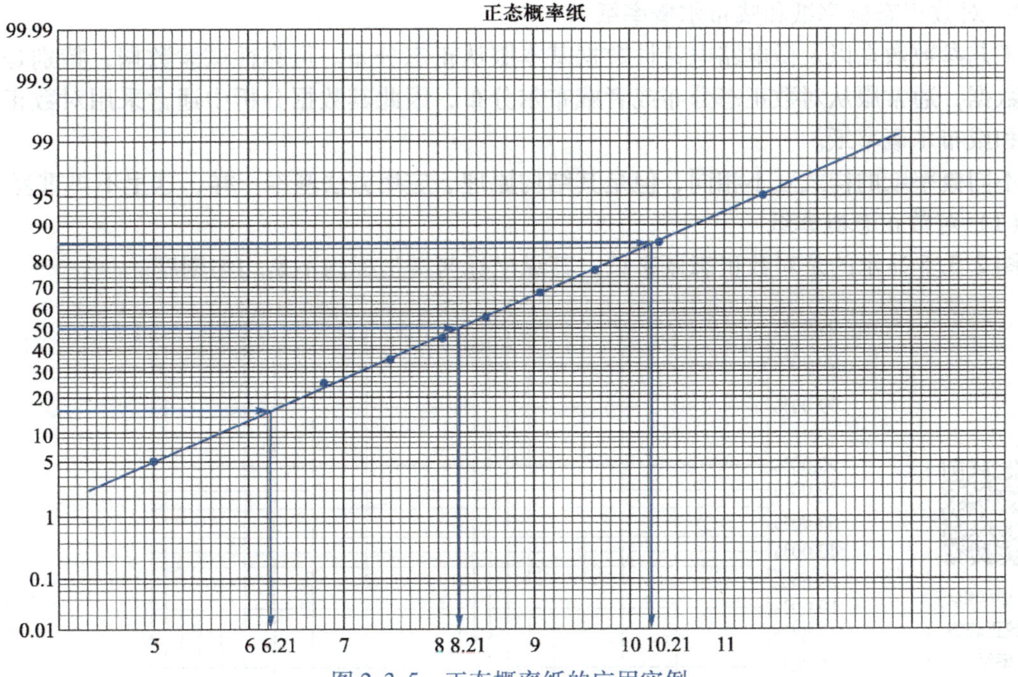

图 2.3.5　正态概率纸的应用实例

（3）绘直线

在正态概率纸上为描出的数据点配置一条直线，使各个数据点都尽量靠近这条直线，特别是 $F_n(x)=0.3\sim0.7$ 附近的点，结果如图 2.3.5 所示。

在数学上相当于是对正态概率纸上的数据点进行直线分布拟合。

（4）分析样本数据正态分布状况

如图 2.3.5 所示，数据点基本在一条直线上，说明表 2.3.1 所示样本数据服从正态分布。

如果数据分成两段或三段，而各段近似在一条直线上，说明是复合分布或混合分布。

如果绝大多数点近似地成一条直线，只是个别数据远离直线，若该点在两端，可按其他点画直线，若在中间则应对此数据进行复查。

若各点排列无规律，说明试验数据有问题。

（5）计算正态分布参数

由式（2.3.3）和式（2.3.5），从直线上得到纵坐标分别为 84.1%、50% 和 15.9% 三点的横坐标 $x_{0.841}$、$x_{0.5}$ 和 $x_{0.159}$，就可很方便地得到正态分布均值和标准偏差。

如图 2.3.5 所示，$x_{0.841}=10.21$、$x_{0.5}=8.21$ 和 $x_{0.159}=6.21$，因此由式（2.3.3）和式（2.3.5）计算得到这组器件平均寿命 μ 为 8.21 h，寿命标准差 σ 为 2 h。

说明：上述实例也说明了使用概率纸对数据个数要求不高的突出优点。尽管只有 10 个数据，但是采用概率纸可以确定这组数据是否服从正态分布，并且还可以得到描述正态分布的均值和标准偏差这两个参数的值。由于只有 10 个数据，个数较少，绘制直方图的效果将较差。

目前已出现多种概率纸自动生成软件工具。用户只要输入测量数据，软件工具即自动给出概率纸的分析结果，包括在概率纸上描述数据点、进行最佳直线拟合以及分布参数的计算结果，还可以给出描述直线拟合结果线性度好坏的相关系数值。如果数据为理想的直线，则相关系数为 1.0。如果相关系数达到 0.9 以上，说明线性度较高。

6. 对数正态概率纸和威布尔概率纸

工艺参数数据以及微电路电特性数据基本服从正态分布。可靠性试验数据，特别是寿命试验数据，通常服从对数正态分布或者威布尔分布，因此其数据分析中通常采用对数正态概率纸和威布尔概率纸。

不同概率纸的样式互不相同，但是其结构原理、应用方法基本一样，这里不再重复。

（1）对数正态概率纸

图 2.3.6 显示的是对数正态概率纸，其纵坐标与横坐标均不是均匀刻度。

正态概率纸与对数正态概率纸

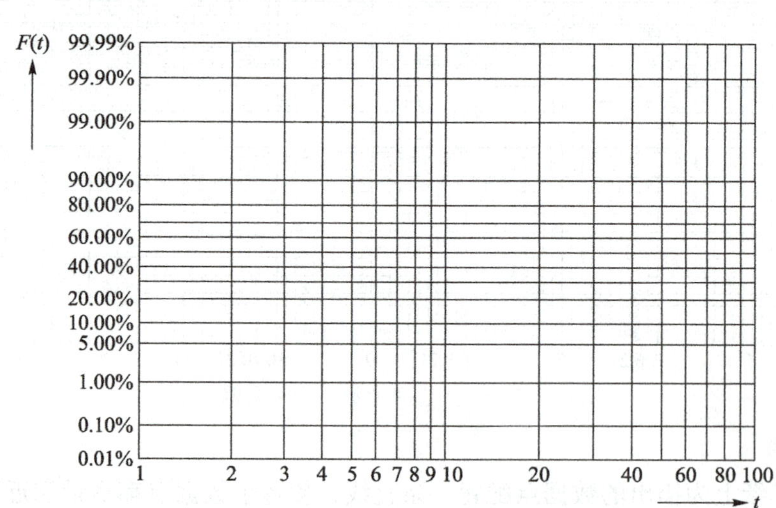

图 2.3.6 对数正态概率纸

（2）威布尔概率纸

图 2.3.7 显示的是威布尔概率纸，不但其纵坐标与横坐标均不是均匀刻度，而且在概率纸上方以及右方还带有标尺，明显比正态概率纸以及对数正态概率纸复杂得多，但是概率纸的基本原理基本相同。

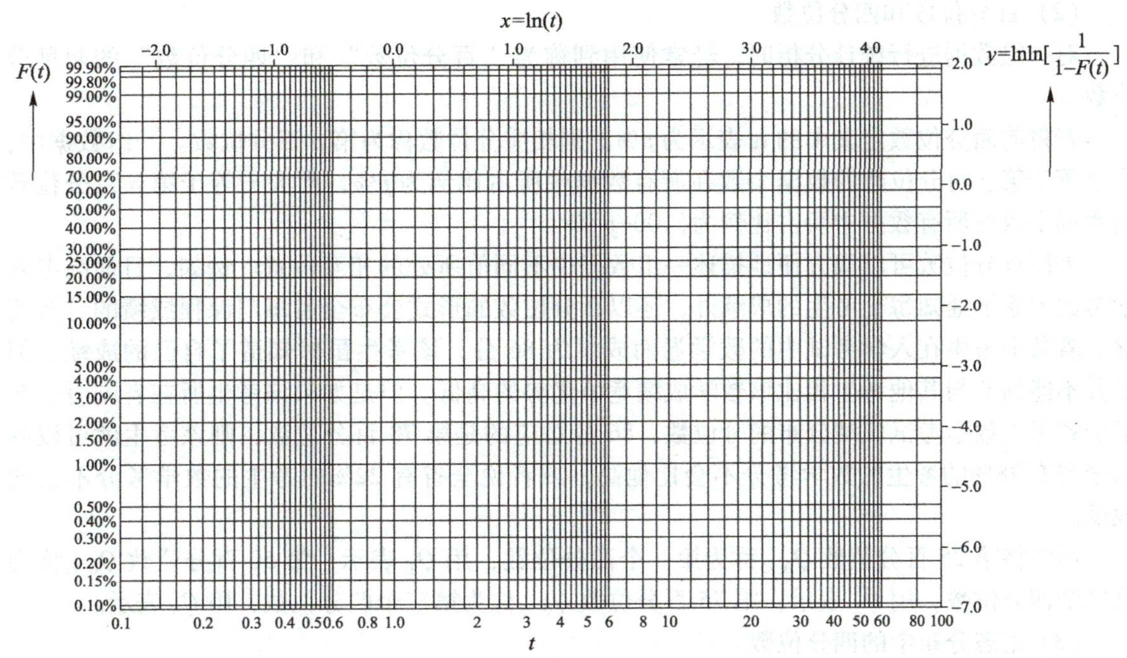

图 2.3.7 威布尔概率纸

2.3.3 基于试验数据的分布参数点估计

分析工艺参数、器件特性参数以及可靠性试验数据时，通常采用点估计方法计算描述正态分布参数值。本节结合正态分布介绍基于样本数据计算均值μ和标准偏差σ的方法。

分析过程中经常需要确定“分位数”，因此本节同时介绍“分位数”的概念和计算方法。

1. 分位数

(1) 分位数的含义

分位数描述了一组数据中不同数据在最小值与最大值之间的分布情况。对于一组数据，按照从小到大的顺序进行排序，如果有一个数x_α将这组数据按照大小关系分为两个部分，其中小于等于x_α的数据个数所占比例为$\alpha(0<\alpha<1)$，而大于等于x_α的数据个数所占比例为$(1-\alpha)$，则x_α就称为该组数据的α分位数。

从数学的角度分位数的定义为：对于累积分布函数$F(x)$，若与x_α对应的累积分布函数值为α，即$F(x_\alpha)=\alpha$，则称值x_α为该分布函数的下侧α分位点，或者称为下侧α分位数，简称α分位数，记为Q_α。

例如，对于均值为μ、标准偏差为σ的正态分布函数，取值小于等于$(\mu-3\sigma)$的数据所占比例为0.001 35，即累积分布函数$F(\mu-3\sigma)=P[x\leqslant(\mu-3\sigma)]=0.00135$，因此正态分布函数的0.001 35分位数$Q_{0.00135}=\mu-3\sigma$。

对该正态分布函数，取值小于等于$(\mu+3\sigma)$的数据所占比例为0.998 65，即$F(\mu+3\sigma)=P[x\leqslant(\mu+3\sigma)]=0.99865$，因此正态分布函数的0.998 65分位数$Q_{0.99865}=\mu+3\sigma$。

第6章6.5.2节计算控制限时就涉及上述两种分位数的使用。

（2）百分位数和四分位数

对一组数据进行统计分析时，经常使用到称为“百分位数”和“四分位数”的两种分位数。

若将前面分位数定义中的 α 表示为 $p\%$，则相应分位数称为第 p 百分位数。一组数据中，小于等于第 p 百分位数的数据个数在所有数据中所占比例为 $p\%$，而大于等于第 p 百分位数的数据个数在所有数据中所占比例为 $(100-p)\%$。

采用百分位数可以很方便地描述一组数据中不同值所处的相互位置。例如，目前高考入学考试中除了通知每个考生的成绩外，还以百分位数的形式公布全省每门课程成绩的分布情况。若某个考生在入学考试中的数学卷面成绩为 86 分。该考生虽然知道了自己的成绩，但是并不能判断与其他考生相比该数学成绩竞争优势的高低。但是如果该考生所在省同时公布了全省考生数学考试成绩分布的分位数，86 分对应的是第 78 百分位数，则该考生就可以确认全省有 78%的考生的数学考分不会比他高，或者说全省有 22%的考生的数学考分不会比他低。

通常将第 25 百分位数 $Q_{0.25}$ 称为第一个四分位数，用 Q_1 表示；第 50 百分位数 $Q_{0.50}$ 称为第二个四分位数，用 Q_2 表示；第 75 百分位数 $Q_{0.75}$ 称为第三个四分位数，用 Q_3 表示。

（3）正态分布中的四分位数

采用点估计方法计算正态分布参数时 μ 和 σ 需要引用四分位数。下面分析计算这几个四分位数与正态分布参数的关系。

① 第三个四分位数 $Q_{0.75}$

$Q_{0.75}$ 表示该组数据中有 75%数据的值小于等于 $Q_{0.75}$，如图 2.3.8（a）所示。

按照分位数定义，对正态分布，$Q_{0.75}$ 满足 $F[(Q_{0.75}-\mu)/\sigma]=0.75$，查正态分布函数表得

$$(Q_{0.75}-\mu)/\sigma=0.6745$$

因此

$$Q_{0.75}=\mu+0.6745\sigma$$

对标准正态分布，$\mu=0$，$\sigma=1$，因此得 $Q_{0.75}=0.6745$

② 第二个四分位数 $Q_{0.5}$

$Q_{0.5}$ 表示该组数据中有 50%数据的值小于等于 $Q_{0.5}$，如图 2.3.8（b）所示。

按照分位数定义，对正态分布，$Q_{0.5}$ 满足 $F[Q_{0.5}-\mu)/\sigma]=0.5$，查正态分布函数表得

$$(Q_{0.5}-\mu)/\sigma=0$$

因此得：$Q_{0.5}=\mu$，即正态分布的 0.5 分位数 $Q_{0.5}$ 就等于均值 μ。

对标准正态分布，$\mu=0$，$\sigma=1$，因此 $Q_{0.5}=0$

③ 第一个四分位数 $Q_{0.25}$

$Q_{0.25}$ 表示该组数据中有 25%数据的值小于等于 $Q_{0.25}$，如图 2.3.8（c）所示。

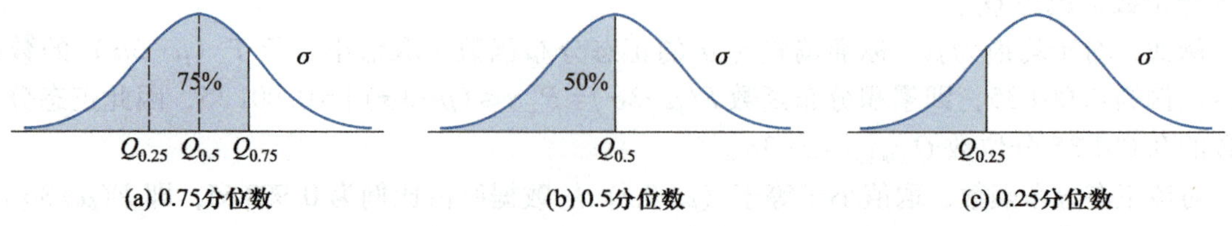

图 2.3.8　几种典型的分位数

由图可见，对正态分布，$Q_{0.25}$与$Q_{0.75}$以μ对称，因此$Q_{0.25}=\mu-0.6745\sigma$

对标准正态分布，$\mu=0$，$\sigma=1$，因此得$Q_{0.25}=-0.6745$

(4) 分位数的数点计算法

计算一组数据中第p百分位数的计算步骤为

第1步：将n个原始数据按照从小到大的递增顺序重新排列。

第2步：计算指数$i=n\times(p\%)$

第3步：按照指数i是否为整数的两种不同情况，按照下述方法确定第p百分位数的值。

若i不是整数，将i进位取整，则序号等于该整数的那个数据的值即为该组数据的第p百分位数。

若i是整数，则第p百分位数取为序号为i的那个数据与序号为$(i+1)$的那个数据的平均值。

例一：对下述5个（$n=5$）数据：1 250、1 265、1 245、1 260、1 275，计算第50%分位数。

将它们按照从小到大顺序排列，为1 245、1 250、1 260、1 265、1 275。

计算指数$i=n\times(p\%)=5\times50\%=2.5$，不是整数，进位取整为3，因此第50%分位数即为第3个数的值1 260。

例二：对下述12个（$n=12$）数据：120.5，120.4，120.7，120.9，120.2，121.1，120.3，120.1，120.9，121.3，120.5，120.8，计算其第一、第二和第三个四分位数。

将这些数据按照从小到大的顺序排列，为：120.1，120.2，120.3，120.4，120.5，120.5，120.7，120.8，120.9，120.9，121.1，121.3。

第一个四分位数（即25%分位数）Q_1的计算：指数$i=n\times(p\%)=12\times24\%=3$，因此25%分位数为第3个数与第4个数的平均值$(120.3+120.4)/2=120.35$；

第二个四分位数（即50%分位数）Q_2的计算：指数$i=n\times(p\%)=12\times50\%=6$，因此50%分位数为第6个数与第7个数的平均值$(120.5+120.7)/2=120.6$；

第三个四分位数（即75%分位数）Q_3的计算：指数$i=n\times(p\%)=12\times75\%=9$，因此75%分位数为第9个数与第10个数的平均值$(120.9+120.9)/2=120.9$。

2. 正态分布特征值的统计特性

在工艺参数、器件特性参数和可靠性试验数据的分析中，经常要求计算一组数据的多种特征值参数，并且需要确定它们与母体分布参数之间的关系。

如果母体服从均值为μ、标准偏差为σ的正态分布，$x\sim N(\mu,\sigma^2)$，若抽取容量为n的子样$x_1,\cdots,x_n$，计算得这n个样本数据的均值$\bar{x}$、极差R和标准偏差S，根据数理统计理论可以确定这些子样特征值与母体正态分布参数μ和σ之间的关系。

(1) 样本均值$\bar{x}$

样本均值服从下述正态分布

$$\bar{x}\sim N(\mu,\sigma^2/n) \tag{2.3.9}$$

即样本均值的期望值就等于母体均值μ，而样本均值的标准偏差等于$\sigma/\sqrt{n}$，其中n为样本中的子样个数。

(2) 样本标准偏差S

样本标准偏差S的期望值为

$$\overline{S}=C_2(n)\sigma \tag{2.3.10}$$

S 的标准偏差为

$$\sigma_S=C_3(n)\sigma \tag{2.3.11}$$

其中 C_2 和 C_3 是与每组样本中的子样个数 n 有关的常数（见表2.3.2）。

（3）样本极差 R

样本极差的期望值为

$$\overline{R}=d_2(n)\sigma \tag{2.3.12}$$

样本极差的标准偏差为

$$\sigma_R=d_3(n)\sigma \tag{2.3.13}$$

其中 d_2 和 d_3 是与每组样本中的子样个数 n 有关的常数（见表2.3.2）。

表2.3.2 系数 C_2、C_3、d_2 和 d_3 与样本量 n 的关系

样本量 n	C_2	C_3	d_2	d_3
2	0.797 9	0.602 8	1.128	0.853
3	0.886 2	0.463 2	1.693	0.888
4	0.921 3	0.388 8	2.059	0.880
5	0.940 0	0.341 2	2.426	0.864
6	0.951 5	0.307 6	2.534	0.848
7	0.955 4	0.282 2	2.704	0.833
8	0.965 0	0.262 1	2.847	0.820
9	0.969 3	0.245 8	2.970	0.808
10	0.972 7	0.232 2	3.078	0.797
11	0.975 4	0.220 7	3.173	0.787
12	0.977 6	0.210 7	3.258	0.778
13	0.979 4	0.201 9	3.336	0.770
14	0.981 0	0.194 2	3.407	0.763
15	0.983 2	0.187 2	3.472	0.756
16	0.983 5	0.181 0	3.532	0.750
17	0.984 5	0.175 4	3.588	0.744
18	0.985 4	0.170 2	3.640	0.739
19	0.986 2	0.165 5	3.698	0.734
20	0.986 9	0.161 1	3.735	0.729
21	0.987 6	0.157 1	3.778	0.724
22	0.988 2	0.153 4	3.819	0.720
23	0.988 7	0.149 9	3.858	0.716
24	0.989 2	0.146 6	3.895	0.712
25	0.989 6	0.143 6	3.931	0.708

根据上述结论，只要知道样本的某个特征值，就可以得到母体分布的标准偏差 σ 值。如果有多组样本数据，则采用这几组数据的特征值的平均值作为样本数据特征值。

在分析工艺参数、器件特性参数和可靠性试验数据时，将要采用这些结论。

3. 均值的点估计计算方法

若连续采集 k 批参数，每批有 n 个样本数据，记第 j 批的第 i 个数据为 $x_{ji}(j=1,2,\cdots,k;i=1,2,\cdots,n)$，可以采用两种方法直接由样本数据计算均值 μ 的估计值。

（1）基本计算方法

通常采用下式计算所有样本数据的平均值作为工艺参数分布均值 μ 的估计值

$$\bar{x}=\frac{1}{kn}\sum_{j=1}^{k}\sum_{i=1}^{n}x_{ji} \tag{2.3.14}$$

（2）鲁棒均值（*robust mean*）

对于服从正态分布的数据，由于多种实际因素影响，测量的样本数据与基本分布的数据相比，个别数据值可能明显偏大/偏小，按照式（2.3.14）所示常用方法计算的均值大小受这些个别异常数据的影响较大。

由于正态分布的均值等于0.5分位数，采用0.5分位数确定均值的数值基本不受个别异常数据的影响，因此称之为鲁棒均值，能够真正描述基本分布数据的均值

$$Robust\ Mean=x_{0.5} \tag{2.3.15}$$

4. 标准偏差计算方法

若连续采集 k 批参数，每批有 n 个样本数据，记第 j 批的第 i 个数据为 $x_{ji}(j=1,2,\cdots,k;i=1,2,\cdots,n)$，可以采用下面介绍的几种方法由样本数据计算得 s，作为母体分布标准偏差 σ 的估计值。

（1）总体标准偏差法

① 基本计算方法

采用下式，直接用全部 $k\times n$ 个数据计算母体标准偏差的估计值 s

$$s=\sqrt{\frac{1}{kn-1}\sum_{j=1}^{k}\sum_{i=1}^{n}(x_{ji}-\bar{x})^2} \tag{2.3.16}$$

这是使用较多的一种方法。实际上计算中只要将不同批次采集的所有数据一起代入公式中计算即可，对这些数据的采集方式无任何要求。

② 鲁棒标准偏差（*robust sigma*）

与计算均值情况类似，由于多种实际因素影响，测量的一组数据与基本分布的数据相比，个别数据值可能明显偏大/偏小，按照式（2.3.16）所示常用方法计算的标准偏差大小受这些个别异常数据的影响较大。

如果采用分位数计算确定标准偏差数值，基本不受异常大小数据的影响，因此称之为鲁棒标准偏差，真正描述了基本分布数据的标准偏差。

由图2.3.8，$Q_{0.75}=\mu+0.6745\sigma$，$Q_{0.25}=\mu-0.6745\sigma$，相减得 $Q_{0.75}-Q_{0.25}=1.35\sigma$。由此得到的标准偏差称为鲁棒标准偏差，即

$$robust\ sigma=(Q_{0.75}-Q_{0.25})/1.35 \tag{2.3.17}$$

汽车电子相关标准中推荐采用式（2.3.15）和式（2.3.17）计算正态分布数据的均值和标准偏差。7.5.1节将说明如何应用鲁棒均值和鲁棒标准偏差计算方法评价元器件产品的参

数一致性。

(2) 分组标准偏差法

首先计算每批 n 个数据之间的标准偏差，得到与 k 批数据对应的 k 个标准偏差值。然后计算这 k 个标准偏差值的均值$\bar{s}$。由式（2.3.10），母体正态分布的标准偏差估计值 s 为

$$s=\bar{s}/C_2(n) \tag{2.3.18}$$

其中 $C_2(n)$ 是与每批数据个数 n 有关的常数，如表 2.3.2 所示。

(3) 分组极差法

首先计算每批 n 个数据的极差，得到与 k 批数据对应的 k 个极差值。然后计算这 k 个极差值的均值$\bar{R}$。由式（2.3.12），工艺参数母体正态分布的标准偏差估计值 s 为

$$s=\bar{R}/d_2(n) \tag{2.3.19}$$

其中 $d_2(n)$ 是与每批数据个数 n 有关的常数，如表 2.3.2 所示。

说明：第 6 章 6.5 节计算控制限时将分别采用标准偏差的不同计算方法。6.3 节将结合 Cpk 评价说明标准偏差不同计算方法的作用以及选用原则。

2.3.4 分布拟合与参数提取

2.3.3 节介绍的计算分布参数不同点估计方法，简单方便。从数学角度考虑，如果采用优化拟合技术则可以进一步提高精度。

针对可靠性试验数据的不同类型，可以采用两种不同的方法。

对于描述半导体器件本征失效的电迁移、热载流子注入效应等可靠性模型，通常采用基于线性拟合的方法提取模型参数值。对于微电子器件寿命等可靠性试验数据，通常采用基于构建目标函数的优化拟合方法。目前已出现多种数学分析软件工具平台，实现分布函数自动拟合和分布参数自动提取。

本节介绍这两种方法的基本原理。第 7 章 7.2.2 节将结合老炼筛选条件优化实例说明基于线性拟合方法的应用。7.4 节将结合加速寿命试验数据分析实例，介绍应用典型数学分析软件工具进行分布函数自动拟合和分布参数优化提取的方法。

1. 基于线性拟合的模型参数提取

在确定器件可靠性模型中的模型参数值时，通常都是对模型表达式进行变换，转化为线性表达式，再用试验数据提取模型参数值。

下面以表征电迁移失效的可靠性模型为例，说明基于线性拟合的模型参数提取方法。

式（2.3.20）所示电迁移模型称为 Black 方程（参见第 3 章），描述了电迁移导致的互连线中位失效时间 t_{50} 与电流密度 J 以及温度 T 之间的关系

$$t_{50}=\frac{A}{J^n}\times\exp\left(\frac{E_a}{kT}\right) \tag{2.3.20}$$

式中：k 为玻耳兹曼常数；J 是试验中流过金属互连线的电流密度；T 为试验中金属互连线所处的温度；A 是与试验中施加应力无关的常数。

式（2.3.20）中 n 和 E_a 就是描述电迁移失效模型的两个模型参数，分别称为电流密度的指数因子和激活能。其值大小取决于互连线材料以及互连线工艺。即使采用相同的互连线材料生产相同的集成电路产品，但由于不同工艺线水平不可能完全相同，因此不同工艺线生产的集成电路产品中，电迁移失效模型中的模型参数 n 和 E_a 的数值也不可能相同。

由式（2.3.20）可见，在一定的电流密度 J 和温度应力 T 的作用下，电迁移模型参数 n 越小，E_a越大，则互连线寿命越长，因此电迁移模型参数 n 和 E_a的大小直接表征了互连线可靠性水平的高低，而且可用于预测微电路正常工作条件下由电迁移决定的互连线工作寿命。因此在5.3节可靠性模拟、6.2.5节工艺水平表征、7.4节加速寿命试验中都需要知道电迁移模型参数 n 和 E_a的值。

对一定互连线样本进行应力试验，可以按照本节介绍的方法提取确定模型参数 n 和 E_a值。

（1）模型参数 E_a的优化提取：适用于电流应力 J 不变的情况

由式（2.3.20）可见，若对几组互连线样本进行电迁移应力试验过程中电流密度保持不变，每组只是试验温度 T 不同，则对公式（2.3.20）两边取对数可得

$$\ln t_{50}=\frac{E_a}{k}\times\frac{1}{T}+C \tag{2.3.21}$$

式中 C 是代表电迁移模型中 A 和 n 的作用的常数。

由式（2.3.21）可见，$\ln t_{50}$与 $1/T$ 之间为线性关系，其斜率为 E_a/k，就是模型参数 E_a与玻耳兹曼常数 k 之比，如图2.3.9所示。

因此只要从几组温度应力不同的电迁移试验中得到每组中位失效时间 t_{50}与温度关系数据$[(\ln(t_{50})_i,(1/T)_i),i=1,2,\cdots]$，进行一元线性回归分析，就可以从最佳直线拟合的斜率 E_a/k 得到模型参数 E_a的最小二乘样本估计。

（2）模型参数 n 的优化提取：适用于温度应力 T 不变的情况

由式（2.3.20），若在几组电迁移应力组合试验中，温度保持不变，只改变电流密度，则对公式（2.3.20）两边取对数得

$$\ln t_{50}=-n\ln J+B \tag{2.3.22}$$

式中 B 是常数，代表电迁移模型中 A 和 E_a的作用。

由式（2.3.22）可见，$\ln t_{50}$与 $\ln J$ 之间关系为一条斜直线，其斜率为（$-n$），对应模型参数 n，如图2.3.10所示。

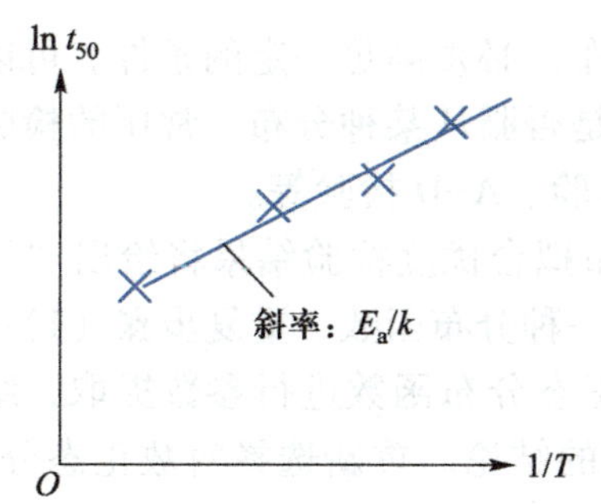

图2.3.9　$\ln t_{50}\sim\ln(1/T)$之间关系曲线

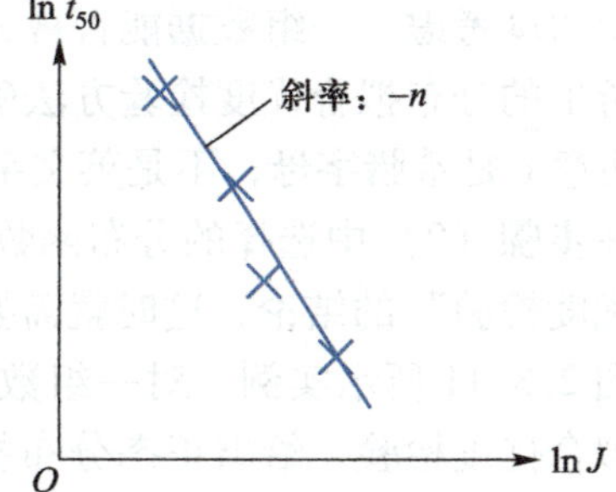

图2.3.10　$\ln t_{50}\sim\ln J$之间关系曲线

因此，只要从几组电流密度应力不同的电迁移试验中，得到几组中位失效时间与电流密度关系的数据$[\ln(t_{50})_i\sim(\ln J)_i,\ (i=1,2,\cdots)]$，进行一元线性回归分析，就可以从斜率值得到模型参数 n 的最小二乘样本估计。

（3）模型参数 E_a和 n 的优化提取：适用于温度应力 T 和电流应力 J 同时变化的情况

如果试验中电流密度和温度同时变化，就可以采用二元线性回归方法，同时提取 n 和 E_a

这两个模型参数的样本估计值。

上面说明了基于线性拟合提取模型参数的基本原理。7.4 节将结合可靠性试验实例，说明采用二元线性回归方法同时提取 n 和 E_a 两个模型参数样本估计值的详细过程。

2. 分布拟合与分布参数优化提取

下面结合可靠性加速寿命试验数据实例，说明如何按照下述步骤，采用优化拟合方法确定寿命数据服从的分布、提取分布参数。

（1）计算“经验累积分布函数值”

若寿命试验的样本数为 n，通过寿命试验，记录这 n 个样本的失效时间 $t_i(i=1,2,\cdots,n)$。采用式（2.3.6）~式（2.3.8）计算得到与这些数据对应的经验累积分布函数值 $F_n(t_i)$。

（2）计算“累积分布函数值”

选择一种分布函数，计算与 n 个样本失效时间 $t_i(i=1,2,\cdots,n)$ 对应的累积分布函数值 $F(\theta,t_i)$，其中 θ 代表描述该分布函数的参数。

（3）构造目标函数

如果模型和模型参数绝对精确，则这两个值应该相等，即

$$F_n(t_i)=F(\theta,t_i) \tag{2.3.23}$$

由于实际测量数据存在误差，试验数据服从的分布规律不一定与选择的分布函数完全一致，因此式（2.3.23）不可能完全成立。但是如果寿命分布基本与选择的分布函数一致，试验数据误差在允许的工程误差范围，则上述两个值之差应该比较小。数学表示即

$$MIN\left\{\sum_{i=1}^{n}\left[F_n(t_i)-F(t_i,\theta)\right]^2\right\} \tag{2.3.24}$$

这就是采用优化拟合方法提取分布参数的“目标函数”。

（4）优化提取描述分布函数的参数 θ

根据数学最优化算法原理，只要知道寿命试验数据以及经验累积函数值$[F_n(t_i),t_i(i=1,2,\cdots,n)]$，就可以采用优化算法从式（2.3.24）所示目标函数中确定参数 θ 值。

（5）分布拟合优度检验

从数学角度考虑，一组数据能否视为服从某种分布，必须满足一定的条件。可以采用数理统计分析中的分布拟合优度检验方法确认一组数据是否服从某种分布。常用的检验方法有 χ^2 检验（注意 χ 是希腊字母，不是英文字母）、K-S 检验、A-D 检验等。

如果在步骤（2）中选择的分布函数不合适，分布拟合优度检验结果将给出“不能通过分布拟合优度检验”的结论，这时就需要重新选择另一种分布函数，重复步骤（1）~（4）。

例如图 2.3.11 所示实例，对一组数据开始选择正态分布函数进行参数提取，结果未能通过分布拟合优度检验，给出正态分布拟合结果失败的结论。重新选择对数正态分布函数，结果成功。

实际上从直方图显示分布明显不对称，选择正态分布函数显然不合适。

讨论：关于分布函数的“自动拟合”和分布参数的“自动提取”。

上面是人为选择分布函数进行参数提取的步骤，其中步骤（3）和步骤（4）涉及较复杂的数学问题，如果开始选择的分布函数不合适，还可能需要重新进行，加大了工作量。目前已出现实用的数学分析软件工具平台，可以实现分布函数自动拟合和分布参数的优化提取。

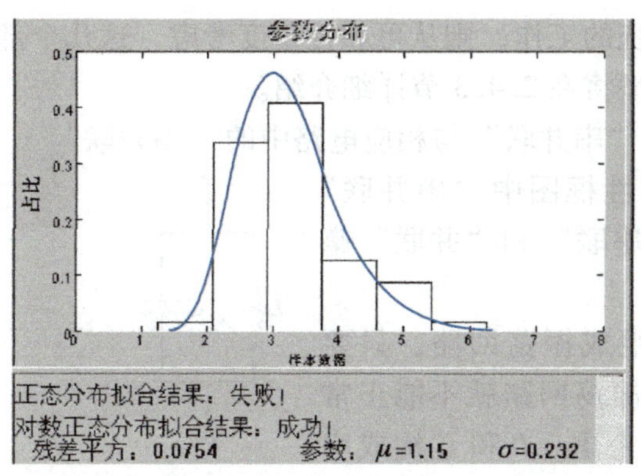

图 2.3.11 分布拟合优度检验结果显示

第 7 章 7.4 节将结合加速寿命试验数据分析实例，介绍应用典型数学分析软件工具进行分布函数自动拟合和分布参数优化提取的方法。

2.4 可靠性模型

对电子系统进行可靠性设计时需要采用可靠性模型进行系统可靠性预计和可靠性分配。微电子器件进行可靠性设计时，例如进行简化设计、冗余设计以及分析芯片可靠性与单一失效机理可靠性的关系，也需要采用可靠性模型。

本节主要介绍可靠性模型的概念以及几种基本模型，为定量描述产品的可靠性奠定基础。

2.4.1 可靠性框图与可靠性模型

1. 可靠性框图与可靠性模型的含义

任何系统都是由单元（子系统、部件或元器件）组成的。在电路系统中，人们用“串联”和“并联”描述元器件之间的连接关系，并建立了相应的串并联定律用于分析电路特性。

分析系统的可靠性时，人们借用了“串联”和“并联”这两个术语描述系统中各个部件之间可靠性的关系。从可靠性角度将系统中各个部件连接起来的拓扑图就成为可靠性框图。根据部件之间的串并联关系分析系统可靠性与部件可靠性之间的关系，就是可靠性系统模型。

2. 可靠性框图中“串联”和“并联”的含义

（1）可靠性串联系统

如果系统中任何一个单元出故障都会导致整个系统发生故障，或者说，只有当系统中所有单元都正常工作时，系统才能正常工作，则称该系统为可靠性串联系统。

对于没有采用冗余技术的系统，各单元之间的可靠性关系均为串联关系，而不管它们之间的电学连接关系是串联还是并联。

串联系统的可靠性模型将在 2.4.2 节详细介绍。

（2）可靠性并联系统

为了保证关键部件的可靠性，有时在系统中采用多个相同的部件，只要其中有一个还能正常工作，就不会影响系统的工作，则从可靠性角度考虑，这几个部件构成纯并联系统。

并联系统的可靠性模型将在2.4.3节详细介绍。

（3）可靠性框图中的“串并联”与相应电路中的“串并联”

需要注意的是，可靠性框图中“串并联”的含义与电路元器件的“串联”和“并联”毫不相关。

例如，若L、C并联组成振荡回路，只要L或C有一个出现故障，振荡回路就不能正常工作，因此从可靠性角度考虑，L和C构成串联系统，尽管L和C在电学上是并联连接。如图2.4.1所示。

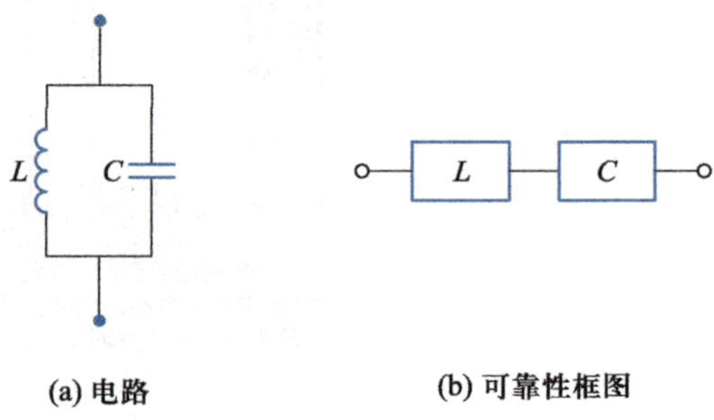

图2.4.1 LC振荡回路及其可靠性框图

有时，同一个电路，按照其所完成的功能不同，相应可靠性框图中可能是串联关系，也可能是并联关系。

例如图2.4.2（a）所示电路中两个串联开关，按照在电路中的不同用途，对应可靠性框图不会相同。

如果其功能是接通电路，则需两个开关都完好，需要接通时都能接通，电路才能接通，其可靠性框图中为串联关系，如图2.4.2（b）所示。若其功能关系是为了防止电路切不断，则只需要一个开关完好（要断开时可以断开），电路就能切断，其可靠性框图中为并联关系，如图2.4.2（c）所示。

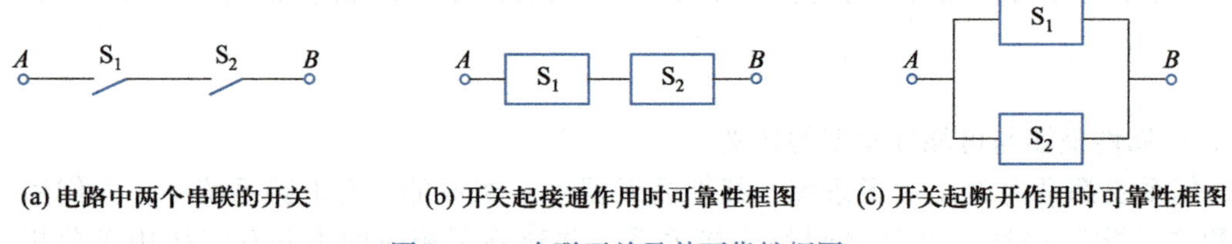

图2.4.2 串联开关及其可靠性框图

3. 可靠性框图的分类

根据组成系统各单元之间的功能关系，系统的可靠性框图可按图2.4.3分类。本节介绍串联、并联及混联系统可靠性模型。

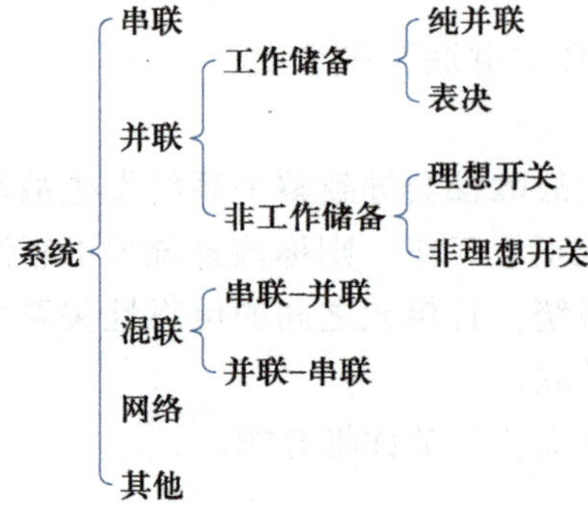

图2.4.3 系统可靠性框图的分类

2.4.2 串联系统模型

1. 串联系统可靠度

系统中任何一个单元（部件）出故障都会导致整个系统出故障，或者说只有当系统中所有单元都正常工作时系统才能正常工作的系统，称为可靠性串联系统。

串联系统的可靠性框图如图 2.4.4 所示。

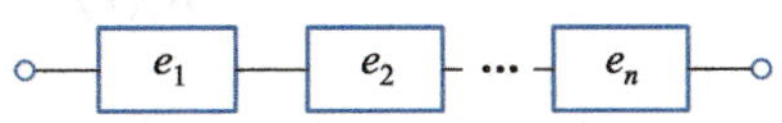

图 2.4.4 串联系统的可靠性框图

由定义知系统寿命 ξ_s 等于各单元寿命 ξ_i 中的最小者，即 $\xi_s=\min\limits_{1\leqslant i\leqslant n}\xi_i$。设单元 e_i 的可靠度为 $R_i(t)$，且 $\xi_1,\xi_2,\cdots,\xi_n$ 相互独立，系统的可靠度为

$$\begin{aligned}R_s(t)&=P\{\xi_s>t\}=P\{\min_{1\leqslant i\leqslant n}\xi_i>t\}\\&=P\{\xi_1>t,\xi_2>t,\cdots,\xi_n>t\}\\&=P\{\xi_1>t\}P\{\xi_2>t\}\cdot\cdots\cdot P\{\xi_n>t\}\\&=\prod_{i=1}^{n}R_i(t)\end{aligned}\tag{2.4.1}$$

因此串联系统可靠度 $R_s(t)$ 是组成该系统的各单元可靠度 $R_i(t)$ 的连乘积，这就是串联系统可靠性的数学模型。

串联系统的系统可靠度与串联单元数的关系如图 2.4.5 所示，串联系统的可靠度要低于组成该系统的每个单元的可靠度，并且随串联数量增大而迅速降低。

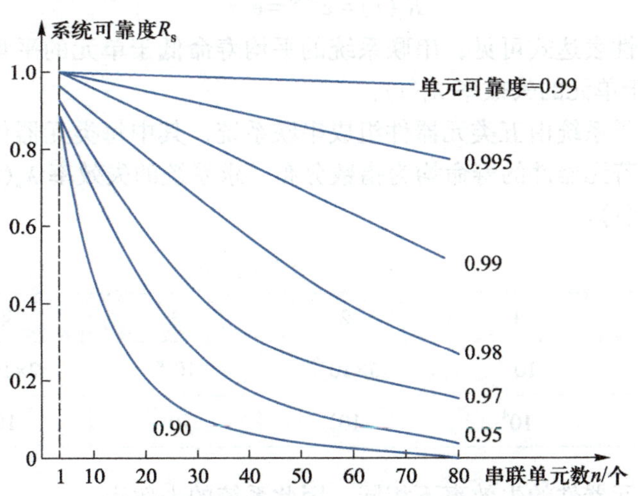

图 2.4.5 串联系统的系统可靠度与串联单元数的关系

要提高串联系统的可靠度，必须减少串联中的单元数和提高单元的可靠度。

2. 串联系统其他可靠性参数

由 $F(t)+R(t)=1$ 可得，串联系统的失效分布函数为

$$F_s(t)=1-R_s(t)=1-\prod_{i=1}^{n}R_i(t)=1-\prod_{i=1}^{n}[1-F_i(t)]\tag{2.4.2}$$

系统的失效分布密度函数为

$$f_s(t) = \sum_{i=1}^{n} f_i(t) \prod_{\substack{i=1 \\ j\neq 1}}^{n} [1 - F_j(t)] \tag{2.4.3}$$

系统的失效率 $\lambda_s(t)$ 为

$$\lambda_s(t) = \frac{f_s(t)}{R_i(t)} = \frac{\sum_{i=1}^{n} f_i(t) \prod_{\substack{i=1 \\ j\neq 1}}^{n} R_j(t)}{\prod_{i=1}^{n} R_i(t)} = \sum_{i=1}^{n} \frac{f_i(t)}{R_i(t)} = \sum_{i=1}^{n} \lambda_i(t) \tag{2.4.4}$$

当 n 个单元均工作在偶然失效期时，即 $\lambda_i(t)=\lambda_i$ 是一常数，于是有

$$\lambda_s = \sum_{i=1}^{n} \lambda_i \tag{2.4.5}$$

$$R_s(t) = e^{-\lambda_s t} \tag{2.4.6}$$

上式说明：系统中各单元均遵从指数分布时，串联系统也遵从指数失效时间分布。因指数分布的 t_{MTTF}（均值，θ）等于失效率的倒数，可得系统 t_{MTTFs} 与各单元 $t_{\mathrm{MTTF}i}$ 之间的关系为

$$t_{\mathrm{MTTFs}} = \frac{1}{\sum_{i=1}^{n}\left(\frac{1}{t_{\mathrm{MTTF}i}}\right)} \tag{2.4.7}$$

当各单元的失效率相等，即 $\lambda_1=\lambda_2=\cdots=\lambda_n=\lambda$ 时

$$\lambda_s = n\lambda \tag{2.4.8}$$

$$R_s(t) = e^{-n\lambda t} = e^{-\frac{nt}{\theta}} \tag{2.4.9}$$

由前面可靠性特性表达式可见，串联系统的平均寿命低于单元的平均寿命。而串联系统的失效率 $\lambda_s(t)$ 则大于单元的失效率 $\lambda_i(t)$。

例：已知一个电子系统由五类元器件组成串联系统，其中每类元器件的失效率和使用个数如表 2.4.1 所示。若元器件的寿命均为指数分布，求系统的失效率 $\lambda_s(t)$、可靠度 $R_s(t)$ 和 $t=10$ h 时的可靠度 $R(t)$。

表 2.4.1 例 2.4.1 数据

种　类	1	2	3	4	5
失效率 $\lambda_i/\mathrm{h}^{-1}$	10^{-7}	5×10^{-7}	10^{-6}	2×10^{-5}	10^{-4}
元器件个数 n_i/个	10^4	10^3	10^2	10	2

解：由于系统各元器件的失效率不相同，因此系统的失效率

$$\lambda_s = \sum_{i=1}^{5} n_i\lambda_i = (10^{-7}\times10^4 + \cdots + 10^{-4}\times 2)\,\mathrm{h}^{-1} = 0.002\ \mathrm{h}^{-1}$$

系统的可靠度 $R_s(t)=e^{-\lambda_s t}=e^{-0.002t}$

$t=10$ h 时的可靠度 $R(t)=e^{-0.002\times10}=0.98$。

2.4.3 并联系统模型

1. 并联系统类型

并联系统又称并联冗余系统。为使系统工作更可靠更保险，在系统工作过程中其所需单

元有一定的储备，可分为工作储备（又称为“热冗余”）和非工作储备（又称为“冷冗余”）两种情况。

工作储备系统是使用多个单元来完成同一个任务的组合，在该系统中所有单元同时工作，但只要其中有任一个单元工作，就能独立地支撑整个系统的运行，也就是说系统中只要不是全部单元都失效，系统就可正常工作。有的工作储备系统要求有两个以上单元（如 k 个）正常工作，系统才能正常工作，这种情况称为“表决”或“n 中取 k”系统。

非工作储备系统是指系统中一个或多个单元处于工作状态，其他单元处于“待命”状态，当工作单元出现故障后，处于“待命”状态的单元立即转入“工作状态”。

一般说来，非工作储备系统的可靠度通常高于工作储备系统。这是因为工作储备虽然每个单元均处于不是满负荷状态下运行，但它们毕竟在工作，设备的耗损总是存在的，非工作储备通常不存在这方面的问题。但非工作储备系统存在着将“待命单元”启动转入运行的“开关”可靠性问题，其可靠性高的结论是在转换开关是“理想开关”的前提下得出的。实际上“开关的可靠性”问题总是存在的，因此非工作储备系统又分为理想开关和非理想开关两种情况。

说明：个别特殊情况下，例如太空环境工作的微电子器件，工作储备系统的总剂量损伤低于非工作储备系统。

2. 纯并联系统可靠性

纯并联系统是由 n 个单元组成的，只要其中有一个单元没有失效，系统就能正常工作，其可靠性框图如图 2.4.6 所示。

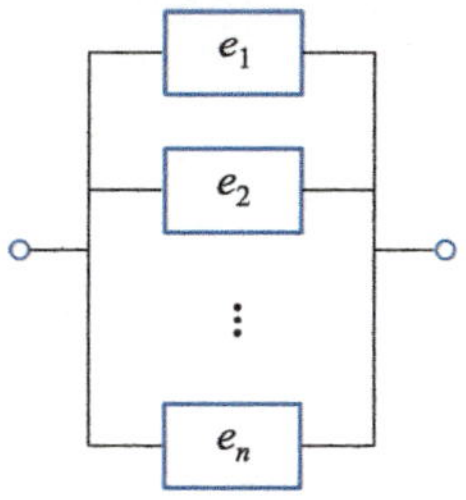

由定义知，纯并联系统的寿命 ξ_s 等于各单元寿命 ξ_i 的最大者，即 $\xi_s=\max\limits_{1\leqslant i\leqslant n}\xi_i$。假定单元 i 的失效分布为 $F_i(t)$，且 $\xi_1,\xi_2,\cdots,\xi_n$ 互相独立，系统的失效分布函数为

$$
\begin{aligned}
F_s(t) &= P\{\xi_s > t\} = P\{\min_{1\leqslant i\leqslant n}\xi_i > t\} = P\{\xi_1 > t,\xi_2 > t,\cdots,\xi_n > t\} \\
&= P\{\xi_1\}P\{\xi_2\}\cdots P\{\xi_n\} \\
&= \prod_{i=1}^{n} F_i(t)
\end{aligned}
\tag{2.4.10}
$$

图 2.4.6 纯并联系统可靠性框图

系统的失效密度分布函数为

$$
f_s(t) = \sum_{i=1}^{n} f_i(t) \prod_{\substack{i=1 \\ j\neq 1}}^{n} F_j(t) \tag{2.4.11}
$$

系统的可靠度为

$$
R_s(t) = 1 - \prod_{i=1}^{n}[1 - R_i(t)] \tag{2.4.12}
$$

若单元的失效率 $\lambda_s(t)$ 为常数，并且各单元的失效服从指数分布，则

$$
\begin{aligned}
R_s(t) &= 1 - \prod_{i=1}^{n}(1 - e^{-\lambda_i t}) \\
&= \sum_{i=1}^{n} e^{-\lambda_i t} - \sum_{1 \leqslant i < j \leqslant n} e^{-(\lambda_i+\lambda_j)t} + \cdots + \sum_{1 \leqslant i < j < k \leqslant n} e^{-(\lambda_i+\lambda_j+\lambda_k)t} + (-1)^{n-1} e^{-\sum_{i=1}^{n}\lambda_i t}
\end{aligned}
\tag{2.4.13}
$$

$$
\begin{aligned}
t_{\mathrm{MTTFs}} &= \int_0^{\infty} R_s(t)\,dt \\
&= \int_0^{\infty} \left[\sum_{i=1}^{n} e^{-\lambda_i t} + \sum_{1 \leqslant i < j \leqslant n}^{n} e^{-(\lambda_i+\lambda_j)t} + \cdots + (-1)^{n-1} \exp\left(-\sum_{i=1}^{n} \lambda_i t\right) \right] dt \\
&= \sum_{i=1}^{n} \frac{1}{\lambda_i} - \sum_{1 \leqslant i < j \leqslant n} \frac{1}{\lambda_i + \lambda_j} + \cdots + (-1)^{n-1} \frac{1}{\sum_{i=1}^{n} \lambda_i}
\end{aligned}
\tag{2.4.14}
$$

$$
\lambda_s(t) = -\frac{1}{R_s(t)} \frac{dR_s(t)}{dt}
\tag{2.4.15}
$$

3. 纯并联系统可靠度与并联单元数的关系

对给定可靠度，由式（2.4.12）可得并联系统可靠度与单元可靠度关系如图 2.4.7 所示。

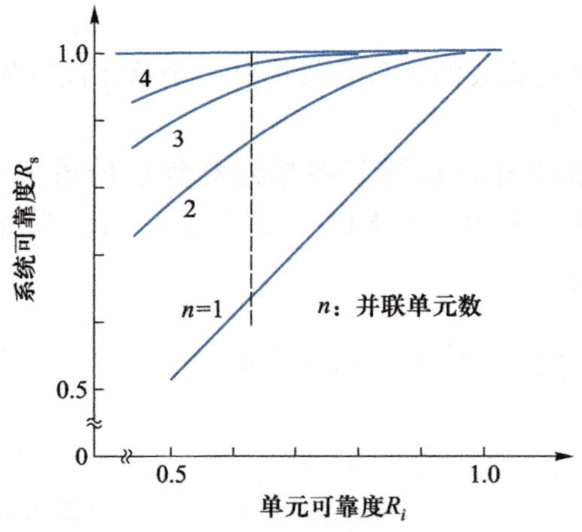

图 2.4.7 并联系统可靠度与单元可靠度之间的关系

如图 2.4.7 所示，系统可靠度随着单元数增加而增加，但是增加趋势变缓。单元数 $n>4$ 时，系统可靠度增量很有限。而随着 n 增加，结构复杂，成本昂贵。因此，权衡多种因素，并不是并联得越多越好。

2.4.4 混联系统

1. 串–并联系统

将 n 个单元并联，再串联 m 个，构成 n–m 串–并系统，如图 2.4.8 所示。

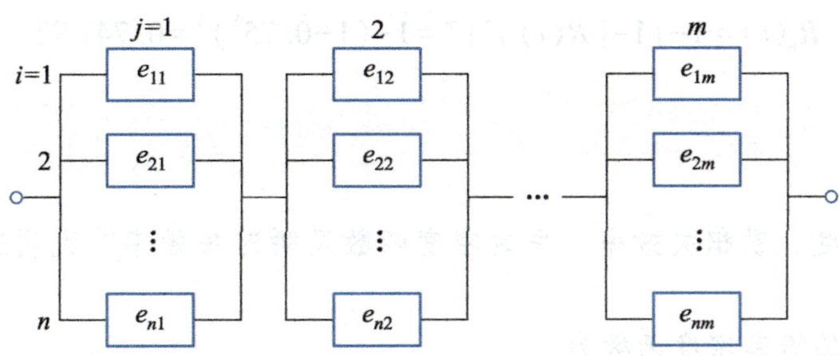

图 2.4.8 串-并联系统

设各单元可靠度为 $R_{ij}(i=1,2,\cdots,n_j;j=1,2,\cdots,m)$，且所有单元的寿命均相互独立，则由串联和并联公式得

$$R_s=\prod_{j=1}^{m}R_j(t)=\prod_{j=1}^{m}\left\{1-\prod_{i=1}^{n}\left[1-R_{ij}(t)\right]\right\} \tag{2.4.16}$$

若各单元可靠度相等，$R_{ij}(t)=R(t)$，则

$$R_s(t)=\{1-[1-R(t)]^n\}^m \tag{2.4.17}$$

有了 $R_s(t)$，系统的其他各参量均可从中求出。

2. 并-串联系统

将 m 个单元串联，再并联 n 个，构成 n-m 并-串联系统，如图 2.4.9 所示。

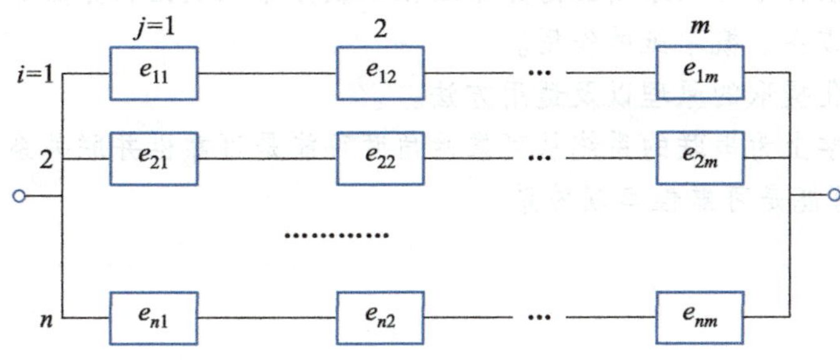

图 2.4.9 并-串联系统

设各单元可靠度为 $R_{ij}(t)(i=1,2,\cdots,n;\ j=1,2,\cdots,m)$，且各单元均相互独立，则由串联和并联公式得

$$R_s(t)=1-\prod_{i=1}^{n}\left[1-R_i(t)\right]=1-\prod_{i=1}^{n}\left[1-\prod_{j=1}^{m}R_{ij}(t)\right] \tag{2.4.18}$$

若各单元可靠度相等，$R_{ij}=R(t)$，则

$$R_s(t)=1-\{1-[R(t)]^m\}^n \tag{2.4.19}$$

下面结合一个实例说明串-并联系统与并-串联系统的差别。

如果在一个 $m=n=5$ 的串-并联系统与一个 $m=n=5$ 并-串联系统中，每个单元的可靠度 $R(t)$ 均为 0.75，试求出这两个系统的可靠度。

解：对于串-并联系统：

$$R_s(t)=\{1-[1-R(t)]^n\}^m=\{1-[1-0.75]^5\}^5=0.995\ 13$$

对于并-串联系统：

$$R_s(t)=1-\{1-[R(t)]^n\}^m=1-(1-0.75^5)^5=0.74192$$

思考题与习题

1. 什么是可靠度、累积失效率、失效密度函数及瞬时失效率？说明这几个参数之间的关系。

2. 威布尔分布的概率密度函数为

$$f(t)=\frac{m}{t_0}(t-\gamma)^{m-1}e^{-\frac{(t-\gamma)^m}{t_0}}\quad t\geqslant\gamma$$

试求其平均寿命、可靠寿命、中位寿命和特征寿命。

3. 某器件的寿命服从指数分布，其概率密度函数为

$$f(t)=\begin{cases}\lambda e^{-\lambda t} & t\geqslant 0\\ 0 & t<0\end{cases}$$

其中 $\lambda=10^{-5}\ h^{-1}$，试求该器件在工作时间为 50 h、100 h、1 000 h 时的可靠度。

4. 某一系统由 100 个元件串联组成，若要求该系统在某时刻的可靠度为 0.95，问各元件的可靠度应为多少？(假定各元件可靠度相同)

5. 说明在什么条件下可以采用正态分布近似二项分布以及泊松分布。

6. 对比说明直方图、概率纸的作用。

7. 说明参数优化提取的原理以及适用方法。

8. 举例说明电学上为串联的系统从可靠性角度可能是可靠性并联关系，电学上为并联的系统从可靠性角度可能是可靠性串联关系。

第 3 章　可靠性物理

本章讨论在外界热、电、机械等应力作用下，微电子器件内部及界面处发生的各种物理和化学变化及效应。这些效应对微电子器件的正常工作具有不良的影响，严重时会引起失效，所以称为失效物理，也称为可靠性物理，即产生失效的原因。

本章主要介绍 Si 基微电子器件中栅氧化层的经时击穿（time dependent dielectric breakdown，TDDB）、热载流子注入效应（HCI）、电迁移（EM）、负偏压温度不稳定性（NBTI）、闩锁效应、静电放电损伤（ESD）、辐射效应、软错误等失效机理，还简要介绍氮化镓器件的电应力退化问题。同时从可靠性的角度出发，针对失效的主要原因，讨论应该采取何种有效措施，防止器件失效，提高器件可靠性。

3.1　栅氧化层的经时击穿（TDDB）

3.1.1　氧化层电荷

1. 氧化层中电荷的性质与来源

Si 基半导体器件表面都有一层 SiO_2，在 Si-SiO_2界面的 SiO_2一侧存在四种氧化层电荷，如图 3.1.1 所示。

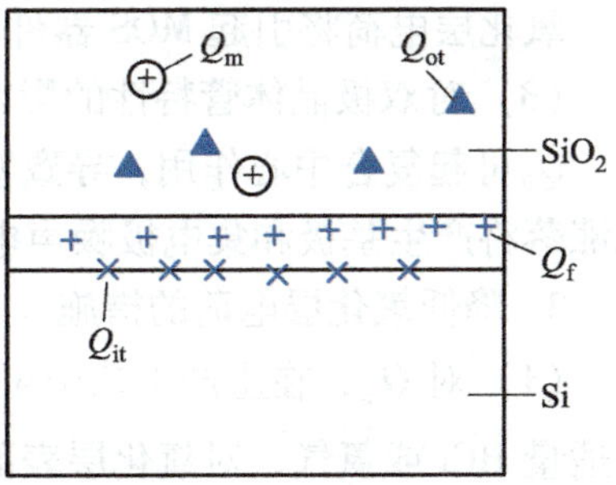

（1）固定氧化层电荷 Q_f

Q_f指 SiO_2一侧距 Si-SiO_2界面小于 2.5 nm 的氧化层内的正电荷。Q_f起源于硅材料在热氧化过程中引入的缺陷，如生成离子化的硅或氧空位，它们都带正电而形成正电荷。这种电荷的特点是，它不随外加偏压和硅表面势变化，与硅衬底杂质类型、浓度和 SiO_2层厚度基本无关。

图 3.1.1　SiO_2中的电荷分布

（2）可移动电荷 Q_m

Q_m主要是由 SiO_2中存在的 K^+、Na^+、Li^+等正离子引起的。负离子及重金属离子在 500℃以下是不动的，影响较小。钠性质活泼，生产中人体沾污及所用的容器、水、化学试剂等都含有 Na^+，它在一定温度及偏压下即可在 SiO_2内部或表面产生横向及纵向移动，调制了器件的表面势，引起器件参数不稳定，对器件可靠性构成一种主要的威胁。如何防止 Na^+沾污一直受到广泛关注。

（3）界面陷阱电荷 Q_{it}

界面陷阱也称快表面态或界面态，起源于 Si-SiO_2界面的结构缺陷、氧化感生缺陷以及金属杂质和辐射等因素引起的其他缺陷。如 Si-SiO_2界面处硅原子在 SiO_2方向晶格结构排列中断而产生的所谓悬挂键，就是一种结构缺陷，这种结构缺陷可接受空穴或电子而带一定电荷，此即界面陷阱电荷。悬挂键与硅表面交换电子或空穴，从而调制了硅表面势，造成器件参数的不稳定性。此外，这种界面陷阱可以同时俘获一个电子或一个空穴，起复合中心的作用，这导致器件的表面漏电、$1/f$ 噪声增加和电流增益（跨导）降低。

(4) 氧化层陷阱电荷 Q_{ot}

Q_{ot}可以是正电荷，也可以是负电荷，取决于氧化层陷阱中俘获的是空穴还是电子。这些被俘获的载流子来自 X 射线、γ 射线或电子束在氧化层中引起的辐射电离，以及沟道内或衬底的热载流子的注入。

以上四种电荷，除了在硅热氧化等生产工艺过程中形成，在随后器件工作时也会不断产生。

外加热、电应力条件下产生的 Q_{it}以及 Q_{ot}，可采用 MOS 电容样品的高频 $C-V$ 曲线进行分析。而电荷泵技术则是研究氧化层内电荷变化特别是 Q_{ot}分布的强有力工具。

2. 对可靠性的影响

氧化层中这四种电荷位置或密度变化时，将调制硅的表面势。因此，凡是与表面势有关的各种电参数均受到影响。在四种电荷中，以可动离子电荷最不稳定，对器件可靠性的影响最大。

结合器件物理原理分析，可知氧化层电荷对器件特性可靠性的影响主要有下述几个方面：

(1) 对 pn 结的影响

氧化层电荷将增加 pn 结的反向漏电，降低结的击穿电压。当氧化层中 Na^+全部迁移至 SiO_2表面时，Q_m等于“零”，Na^+全部集中在 $Si-SiO_2$界面时，Q_m最大。它可使 p 区表面反型，形成沟道漏电。在 npn 晶体管中引起基区表面反型，产生沟道。

(2) 对 MOS 器件影响

氧化层电荷将引起 MOS 器件阈值电压漂移、跨导和截止频率下降。

(3) 对双极晶体管特性的影响

Q_{it}可起复合中心作用，导致双极晶体管小电流下的电流增益降低。产生率/复合率的随机涨落将产生基极和集电极噪声电流，导致 $1/f$ 噪声增大。

3. 降低氧化层电荷的措施

(1) 对 Q_m，在生产工艺中可采取各种防 Na^+沾污的清洁处理措施。热氧化的气氛中加有适量 HCl 或氯气，对氧化层表面加一层磷硅玻璃钝化层，可以固定残存 Na^+并防止外界侵入的二次沾污。

(2) 对硅材料选用（100）晶向，使 Q_f及 Q_{it}最小。

(3) 氧化层生长后进行适当高温退火处理，以降低 Q_f及 Q_{it}。

(4) 在低频噪声工艺中，适当腐蚀发射区表面，降低基区表面掺杂浓度，以及采用减少应变或热感生缺陷的工艺，可降低 Q_{it}，从而降低低频（$1/f$）噪声。

4. 氧化层电荷的定量描述

由于氧化层电荷严重影响器件的成品率、工作的稳定性和可靠性，为了定量表征氧化层电荷量，通常将氧化层电荷的作用等效为 $Si-SiO_2$界面处电荷面密度 $Q(C/cm^2)$，即 $Si-SiO_2$界面处单位面积上的净有效电荷量的作用。实际应用中采用等效电荷数 N 表示，$N=|Q/q|$，q 为电子电荷。

随着氧化工艺技术的进步，目前已使氧化层中 Q_m的含量在 1×10^{10}个/cm^2以下，目前采用 C-V 测试仪已几乎检测不出这么低的可动电荷密度。

3.1.2 隧穿电流与 TDDB

氧化层的 TDDB 过程与氧化层中的隧穿效应密切相关。本节在介绍隧穿现象以及隧穿电流特点的基础上分析 TDDB 的发生过程。

1. 隧穿电流

(1) 隧穿现象与隧穿电流

以 n^+多晶栅-SiO_2-p 型 Si 组成的 nMOS 结构为例，若栅极加正电压，p 型 Si 表面成为 n 型强反型层，存在较多导电电子。按照经典物理概念，由于在 n 型反型层和 n^+多晶栅之间存在有 SiO_2绝缘层，因此反型层中的电子不可能流向处于正电位的 n^+多晶栅极。但是，根据量子理论，强反型层中的电子会具有一定概率“隧穿”通过氧化层，形成栅电流，相当于在 SiO_2绝缘层中形成了一条“隧道”供电子通过，这就是量子理论中的“隧穿现象”，如图 3.1.2 所示。

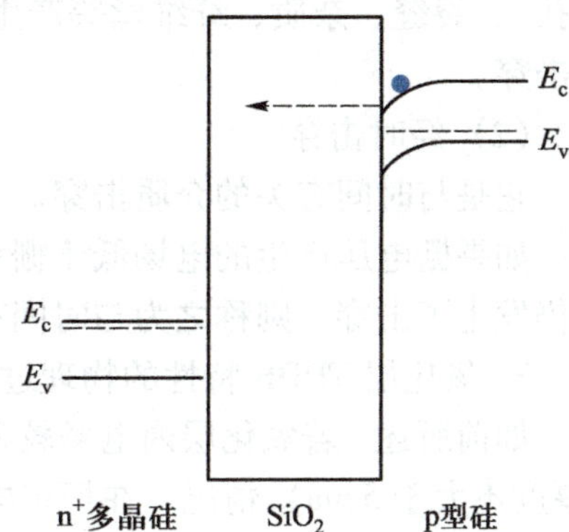

图 3.1.2 隧穿现象

同样，若栅压较负，n^+多晶硅栅中的电子也会隧穿通过氧化层，形成栅电流。

通过“隧穿”效应形成的电流称为“隧穿电流”。

(2) 隧穿电流的类型

根据隧穿通过 SiO_2层的不同方式，隧穿电流分为两种：

① Fowler-Nordheim 隧穿电流：若电子隧穿进入氧化层导带并在氧化层中电场作用下以漂移方式通过氧化层形成隧穿电流，则称之为 Fowler-Nordheim 隧穿电流。关于 Fowler-Nordheim 隧穿的理论比较复杂。若不考虑二阶效应，隧穿电流可表示为

$$J_{FN}=\frac{q^2E_{ox}^2}{16\pi^2\hbar\phi_{ox}}\exp\left[-\frac{4(2qm^*)^{1/2}\phi_{ox}^{3/2}}{3\hbar E_{ox}}\right] \tag{3.1.1}$$

式中 E_{ox}是氧化层中的电场。

上式表明，Fowler-Nordheim 隧穿电流与外加电压在氧化层中形成的电场大小密切相关，并且随着电场的增大而指数增加。

② 直接隧穿电流：若氧化层很薄，例如不超过 4 nm，半导体表面反型层中的电子可以直接隧穿通过 SiO_2层禁带到达 n^+多晶硅栅极而形成的电流，称为直接隧穿电流。

直接隧穿概率与“隧道”长度密切相关，而隧道长度又取决于氧化层厚度以及氧化层中的电场。电场越强，隧道长度越短，则直接隧穿电流就越大。

由以上分析可见，无论哪种隧穿过程，隧穿电流的大小与氧化层中的电场，或者说氧化层两端的电压大小密切相关。

(3) 隧穿电流与氧化层中的缺陷

通过隧穿进入和通过 SiO_2层的电子会在氧化层中和/或 Si-SiO_2界面产生电子陷阱、空穴陷阱或者界面态等不同的缺陷。隧穿通过 SiO_2层的电子和空穴也会被 SiO_2层的陷阱束缚。正是这些缺陷决定了隧穿电流随时间而变化的特性，并在氧化层特性退化以及最终击穿过程起到非常重要的作用。

2. 栅介质击穿分类

栅介质按照击穿时的情况，通常可分为瞬时击穿和经时击穿两类。

(1) 瞬时击穿

它分为本征击穿和非本征击穿两种情况。

若施加电压较大，使得氧化层中电场强度达到或超过该介质材料所能承受的临界场强，导致介质中流过的电流很大而马上击穿，这叫本征击穿。

实际栅氧化层中，如果由于局部位置厚度较薄，电场增强；或者由于存在空洞（针孔或盲孔）、裂缝、杂质、纤维丝等产生介质漏电甚至击穿，由这些缺陷引起的介质击穿叫非本征击穿。

(2) 经时击穿

它是与时间有关的介质击穿。

如果栅电压产生的电场低于栅氧的本征击穿场强，并未引起本征击穿，但经历一定时间后仍发生了击穿，则称之为与时间有关的介质击穿，简称为经时击穿，记为TDDB。

3. 氧化层TDDB特性的物理过程解释

如前所述，若氧化层内电场较强，将会发生电子隧穿。对目前集成电路中常用的薄栅氧（厚度不大于5 nm）情况，在恒定电压作用下薄氧化层隧穿电流随时间变化的情况如图3.1.3所示。其中隧穿电流的突然增大说明氧化层发生了击穿。

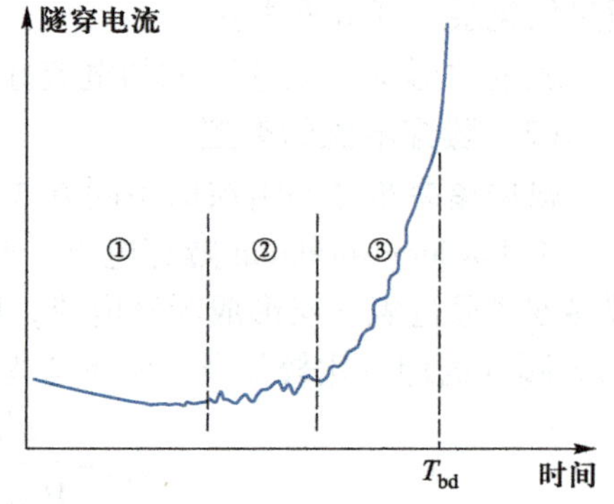

图3.1.3 恒定电压作用下薄氧化层隧穿电流随时间的变化

如图3.1.3所示，整个TDDB过程大概分为三个阶段。

(1) 初始阶段

如图3.1.3中阶段①所示，开始时由于部分隧穿电子被氧化层中的陷阱束缚，使得隧穿电流略有下降。然后由于部分空穴被氧化层中的陷阱束缚以及陷阱增强隧穿效应，使得隧穿电流开始转为增加。

第一阶段通常又称为缺陷产生阶段或者应力诱生泄漏电流阶段。

(2) 软击穿阶段

经过第一阶段后，隧穿电流的变化已经进入隧穿电流产生缺陷以及缺陷增强隧穿过程的正反馈过程。当氧化层中缺陷变得比较多，电子能够相对容易地从一个缺陷中心隧穿到达另一个缺陷中心，以中继接力的方式隧穿通过氧化层。这种通过陷阱增强作用形成隧穿电流的过程具有随机波动的特点，使得隧穿电流的增加呈现“噪声”状的随机起伏波动，这是图中阶段②的主要特点。第二阶段通常又称为软击穿阶段。

(3) 第三阶段

随着缺陷密度继续增加，当达到缺陷相连形成了贯穿整个氧化层的通道，则会发生硬击穿。这种相连缺陷通道成为电子的低阻电导通道。一旦发生硬击穿，电子电流则完全取决于沿着低阻电导通道的流动，而基本上与器件面积关系不大。出现由缺陷组成的低阻电导通道后，电子电流又会导致新缺陷的产生，使得低阻电导通道的横截面积不断增大，进而使得电流增加。因此在这一阶段，电流的增加不是缓变状态，而是呈现阶梯状。隧穿电流的每一次跳变，代表一次击穿事件，直到最终发生致命性击穿，如图 3.1.3 中阶段③所示。

这就是说，在薄氧化层发生致命性损伤前将经历一系列击穿事件，因此第三阶段通常又称为逐次击穿，也称为连续击穿阶段。

通常称发生致命性击穿的时间为“击穿时间”（time to breakdown），记为 T_{bd}。

显然，T_{bd}的大小一方面与所加的电压密切相关，同时也反映了氧化层本身的质量情况。氧化层中的缺陷将使得 T_{bd}大大降低，通过试验测量 T_{bd}的大小能够评价氧化层质量的好坏，因此可作为监测氧化层完整性的工艺控制工具。

3.1.3 TDDB 模型

1. 氧化层 TDDB 特性的表征

通常采用下述几个参数表征氧化层膜的质量。

（1）击穿时间 T_{bd}（time to breakdown）

如前所述，氧化层的击穿时间 T_{bd}是指试验样本在受到偏置作用后到发生击穿所经历的时间。

对一批样本，每个样本的击穿时间不会完全相同，通常采用中位时间 t_{50}描述这批样本的 TDDB 特性。

在集成电路产品设计中，希望在电路寿命结束前 MOS 器件不要发生 TDDB 击穿，因此在产品设计中就希望知道“击穿时间”。

（2）击穿电场

采用图 3.1.3 所示恒定电压测量隧穿电流的方法能够直观地表现 TDDB 过程，并且可以直接得到击穿时间，但是所需时间通常较长，因此有时采用步进电压的方法测量隧穿电流，这时经常用介质击穿时的电场，即击穿时的电压除以氧化层厚度，表征氧化层膜的质量。击穿电场越高，说明氧化层质量越好。质量好的 SiO_2薄膜（<10 nm）通常在电场大于 15 MV/cm 才击穿。

对 MOS 器件，由于应用不同，工作状态下氧化层中实际存在的最大电场差别很大。对数字电路和逻辑电路中的器件，常规工作条件下，最大电场通常在 3~6 MV/cm 范围，而在一些特殊情况下，例如在老炼过程中，最大电场可能达到 5~9 MV/cm。对电可编程非挥发性存储器中的器件，常规工作条件下就包含有通过薄氧化层的隧穿，薄氧化层中的最大电场会超过 10 MV/cm。

（3）击穿电荷 Q_{bd}（charge to breakdown）

除了采用步进电压方法，也可以采用步进电流试验方法表征氧化层质量。击穿电荷 Q_{bd}指达到击穿时在步进电流作用下累积的总隧穿电荷，即

$$Q_{bd} = \int_{t=0}^{t=t_{bd}} I(t)\,dt \tag{3.1.2}$$

式中 t_{bd}为击穿时间。

为了便于比较，实际使用中通常采用单位氧化层面积对应的击穿电荷，即击穿电荷密度 q_{bd}（C/cm^2）表征氧化层的击穿特性。

$$q_{bd} = \frac{Q_{bd}}{A_{oxide}} \tag{3.1.3}$$

2. 描述氧化层 TDDB 的可靠性模型

目前采用的 TDDB 模型描述了氧化层击穿失效时间与应力的关系。由于 TDDB 过程的复杂性，尚不存在统一的 TDDB 模型。针对不同情况，使用较多的有 E 模型、$1/E$ 模型、V（指数）模型、V（幂函数）模型四种。

（1）基本模型

通常可以采用两种由电场决定氧化层寿命的模型（E_{ox}模型和 $1/E_{ox}$模型）分析氧化层击穿数据。如果通过可靠性试验提取出模型参数，再根据常规工作条件下氧化层两端电压计算氧化层中的电场，就可以估算氧化层可靠性。

① E_{ox}模型：这是基于氧化层击穿的热化学模型。根据该模型，击穿时间 T_{bd}与外加电场之间的关系为

$$T_{bd}=\tau_0(T)\mathrm{e}^{-\gamma(T)E_{ox}} \tag{3.1.4}$$

其中 τ_0以及电场加速因子 γ 为模型参数，均与温度（T）有关。

② $1/E_{ox}$模型：这是一种基于隧穿效应与氧化层击穿之间关系的模型。按照该模型，T_{bd}与电场倒数（$1/E_{ox}$）之间存在如下关系

$$T_{bd}=\tau_1(T)\mathrm{e}^{-G(T)/E_{ox}} \tag{3.1.5}$$

其中参数 τ_1以及 G 为模型参数，均与温度（T）有关。

在描述高场（>10 MV/cm）击穿方面 E_{ox}和 $1/E_{ox}$模型与实际击穿数据符合得均很好，但是在预测使用条件下的寿命时，采用两种模型得到的结果之间存在数量级的差别。试验结果表明，对低场击穿数据，E_{ox}模型与实际数据符合程度更好一些。

（2）E_{ox}和 $1/E_{ox}$组合模型

考虑上述两种过程均对氧化层退化有贡献，可以采用一种将 E_{ox}和 $1/E_{ox}$模型组合在一起的氧化层击穿统一模型，T_{bd}表示为

$$1/T_{bd}=1/T_{bd1}+1/T_{bd2} \tag{3.1.6}$$

式中 T_{bd1}和 T_{bd2}分别是采用 E_{ox}和 $1/E_{ox}$模型预计的寿命结果。从物理角度考虑，低场情况下，FN 电流较小，E_{ox}模型为主，而在高场情况下，FN 电流较大，$1/E_{ox}$模型作用明显。

（3）超薄氧情况的 TDDB 模型

实际击穿数据的分析表明，随着氧化层厚度减薄到 5 nm 以下，击穿机理成为电压驱动的过程，因此直接用 V_{ox}描述击穿数据要比 E_{ox}更合适。对超薄氧化层 TDDB 数据，t_{bd}与电压的关系为

$$t_{bd}=\tau_0 V_{ox}^{-n} \tag{3.1.7}$$

3.1.4 TDDB 试验评价

TDDB 试验评价的目的是提取 TDDB 模型中的模型参数，预测器件在常规工作条件下由 TDDB 决定的器件寿命。目前常用的方法有下面介绍的恒定电压应力法（constant voltage stress，CVS）、电压步进法（V-Ramp）、电流步进法（J-Ramp）和受制约的电流步进法（bounded J-Ramp）四种。如何根据试验结果数据应用 TDDB 模型提取可靠性模型参数，可参见 7.4.4 节介绍的方法。

1. 恒定电压应力法（CVS）

采用 CVS 方法试验过程中，维持氧化层两端的外加电压应力不变，定时监测电流，直到

发生预定的击穿条件，表明氧化层已击穿。

本方法的最大特点是试验过程数据直接反映了 TDDB 过程，并且可以直接得到击穿时间 T_{bd}。但是该方法所需试验时间比其他几种方法长得多，因此 CVS 方法主要用于对试验结果精度要求较高的场合，例如新工艺的评价、产品可靠性评价鉴定等，不适合用于批量生产中作为监控氧化工艺的工具。

图 3.1.4 是对 pMOS 电容施加不同的恒定电压时的测试结果。从图中可看出，当给样品施加恒压源时，随着时间的增加，I_g缓慢下降。当达到某一临界值时，I_g突然上升，样品击穿。实验中间并没有观测到I_g有饱和现象出现，说明不断有新陷阱产生。使得 SiO_2层中陷阱密度增加，从而俘获电荷。在恒定电压注入条件下，样品俘获电荷使 I_g下降。

随着 V_g增加，击穿时间 T_{bd}减小。

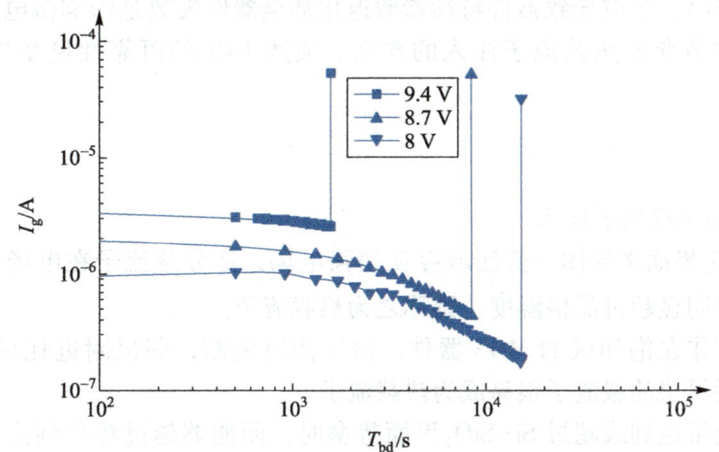

图 3.1.4 恒压偏置下栅电流 I_g随时间 T_{bd}的变化关系

2. 电压步进法（V-Ramp）

V-Ramp 试验从使用条件电压或者更低的电压值开始，然后采用步进或者线性的方式增大，直到发生预定的击穿条件，表明氧化层已击穿。

本方法试验时间比 CVS 小。而且由于本方法开始施加的电压应力较小，因此特别适用于表征较低电场下的氧化层缺陷。

3. 电流步进法（J-Ramp）

J-Ramp 试验从一个起始电流开始，然后采用步进或者线性的方式增大，直到发生预定的击穿条件，表明氧化层已击穿。

J-Ramp 试验中在起始电流值作用下氧化层两端的电压值通常比 V-Ramp 试验的起始电压高得多，足以能产生可测量的隧穿电流，因此对低场击穿情况试验比较粗糙，但能很好地区分高场击穿，而且与 V-Ramp 试验相比，所需的试验时间要短得多，因此特别适合作为对已有氧化工艺进行监控的一种手段。

4. 受制约的电流步进法（bounded J-Ramp）

bounded J-Ramp 试验方法实际上是 J-Ramp 试验的一种特殊情况。该方法中预先指定一个上界电流值 I_{bound}，试验起始阶段与 J-Ramp 试验方法完全相同，但是当电流步进值达到或者超过 I_{bound}时，在随后的试验中的电流应力就一直保持该 I_{bound}电流值不变，直到氧化层击穿。

在前面介绍的J-Ramp和V-Ramp两种步进应力试验中，Q_{bd}发生在最后几个步进中，因此步进的时间间隔以及步进的幅度都对Q_{bd}具有明显影响。而在bounded J-Ramp试验中，在试验后期电流维持不变，每个时间步长对总电荷的贡献近似相同，因此具有Q_{bd}测量精度高、重复性好的特点。如果要定量比较Q_{bd}，应该选用bounded J-Ramp试验方法。

3.2 热载流子注入（HCI）

根据3.1.1节分析，由热载流子注入形成的氧化层界面陷阱、氧化层电荷必然对器件特性产生不良影响，通常称之为热载流子注入效应，简称热载流子效应。热载流子注入（hot carrier injection，HCI）效应导致器件特性参数退化甚至器件失效是影响微电子器件可靠性的重要问题之一。本节介绍热载流子注入的含义、描述HCI的可靠性模型以及应对HCI的措施。

3.2.1 HCI对器件性能的影响

1. 热载流子与热载流子注入

如果在Si-SiO_2界面半导体一侧区域存在较强电场，部分载流子在电场的加速下获得足够能量，有效温度明显超过晶格温度，则称之为热载流子。

例如，对于工作在饱和区的MOS器件，由于沟道夹断，漏极附近耗尽层内电场很强，通过沟道后进入耗尽层的载流子很易成为热载流子。

当热载流子能量达到或超过Si-SiO_2界面势垒时，便能够越过势垒到达氧化层中，称为热载流子注入，如图3.2.1所示。

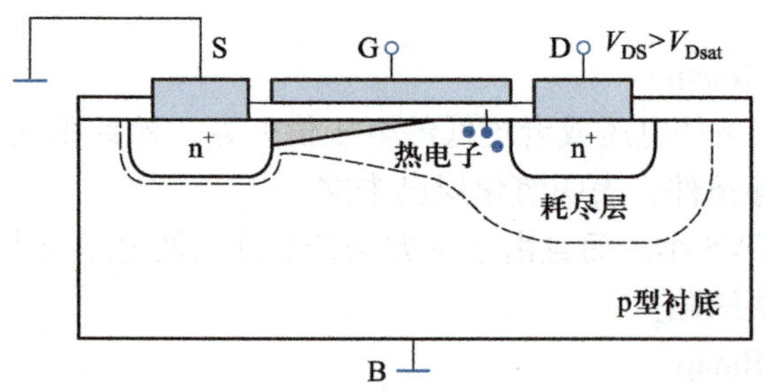

图3.2.1 热载流子注入

Si-SiO_2界面对电子呈现的势垒高度为3.2 eV，对空穴为4.5 eV，因此电子注入所需能量比空穴低，或者说电子更容易从Si中注入SiO_2，使得nMOS器件热载流子效应比pMOS更加明显。

2. 热载流子注入与衬底电流I_{sub}的关系

若漏极附近耗尽层内电场增强到一定程度，漏极附近热载流子可以通过碰撞电离产生电子-空穴对，则称之为雪崩热载流子条件。产生的多数空穴流向衬底，形成I_{sub}，因此衬底电流的大小也反映了热载流子注入程度的强弱。

3. 热载流子效应

热载流子一方面可以打破 Si-SiO_2界面的价键，形成界面陷阱；此外具有较高能量的载流子能克服 Si-SiO_2之间的势垒，注入 SiO_2并被束缚在 SiO_2中，将形成氧化层电荷。

对 MOSFET，界面陷阱和氧化层电荷又进一步影响沟道载流子迁移率以及有效沟道电位分布，导致阈值电压漂移、跨导下降，使得晶体管特性参数退化，甚至失效。

图 3.2.2 为 HCI 引起器件阈值电压随应力时间及温度变化情况的实例。

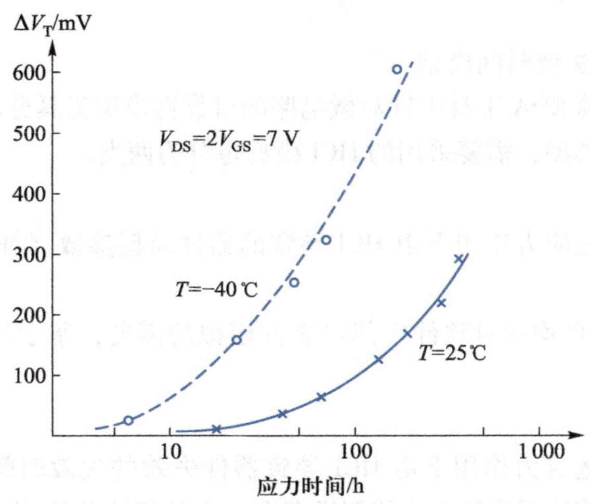

图 3.2.2　HCI 导致 V_T随时间及温度的变化

对双极器件，通过反偏势垒区的载流子受电场加速作用也可能成为热载流子，因此双极晶体管中也会存在热载流子注入效应，包括引起电流增益下降、pn 结击穿电压的蠕变。

4. 影响 HCI 的几个因素

产生 HCI 的基本原因是漏极附近耗尽层内的强电场。下面三个因素也对 HCI 产生影响。

（1）温度的影响

通常情况是环境温度越高，器件退化越严重。而试验结果表明，热载流子的情况则相反，即温度越低，热载流子效应越明显，如图 3.2.2 实例所示，在-40℃时由 HCI 导致的阈值电压退化比室温下更为严重。

热载流子在低温下的加速可这样来解释：低温下，Si 原子的振动变弱，衬底中运动的电子与硅原子间的碰撞减少，电子的自由程增加，从电场中获得能量增加，容易产生热电子，提高了注入氧化层的概率。另外也容易发生电离碰撞产生二次电子，这些二次电子也可成为热载流子，使注入氧化层中的热载流子进一步增多，这就导致低温下热载流子效应的加速。

（2）氢元素的影响

为防止外界水分、杂质等的侵入，芯片表面一般加有保护的钝化膜。近来采用等离子体氮化硅膜钝化层。试验结果表明，这种膜中含有氢，由于氢原子半径很小，极易扩散进入栅下 Si-SiO_2界面处，取代氧与硅形成 Si-H、Si-OH 键。热载流子的注入使 Si-H、Si-OH 键破坏，在氧化层中形成 3.1.1 节介绍的 Q_{it}或 Q_{ot}，从而使热载流子效应更加严重。

如果微电路封装材料中含有氢元素，也会产生同样的影响。因此相关标准（如

GJB7400）明确规定，评价HCI时应该采用封装的样本。

针对氢元素的影响，可用化学气相淀积的氮化硅膜对栅极区作保护以防止氢原子扩散进入。

（3）交流工作状态的影响

一些研究证明，工作在交流条件下器件热载流子的退化比直流条件下更严重。

3.2.2 HCI模型

1. 参数退化模型与失效时间模型

如5.3节介绍，目前EDA工具中针对微电路的可靠性模拟工具分电路特性参数退化模拟和微电路寿命模拟两种类型，需要采用的HCI模型也分为两类。

（1）参数退化模型

参数退化模型是描述应力作用下由HCI导致的器件模型参数（如阈值电压 V_T）随应力作用时间的漂移规律。

目前不同的EDA软件均针对软件内部可靠性模拟的需要，基于试验数据建立专用的参数退化模型。

（2）失效时间模型

失效时间模型是描述应力作用下由HCI导致器件失效的失效时间与应力的关系。由于HCI过程比较复杂，目前尚不能像电迁移那样存在一个从理论到应用实际均得到广泛认可的模型。目前应用较多的热载流子失效时间模型有三种。

2. 失效时间模型分类

下面是应用较多的热载流子失效时间模型。如何通过可靠性试验结果数据应用HCI模型提取可靠性模型参数，可参见7.4.4节介绍的方法。

（1）衬底电流模型

按照衬底电流模型，器件热载流子失效时间与器件衬底电流之间的关系为

$$t_{tar}=C\left(\frac{I_{B,stress}}{W}\right)^{-b} \tag{3.2.1}$$

式中：C 和 b 是模型参数；

W 为晶体管的沟道宽度。

（2）漏源电压加速模型

按照漏源电压加速模型，器件热载流子失效时间与器件所受到的漏源电压有如式（3.2.2）所示的对应关系

$$t_f=t_0\exp\left(\frac{B}{V_{DS,stress}}\right) \tag{3.2.2}$$

式中：t_0和 B 是模型参数。

（3）衬底/漏极电流比模型

按照衬底/漏极电流比模型，如果所有用于热载流子试验的晶体管都具有相同的沟道宽度 W，则器件热载流子失效时间与器件的衬底/漏极电流的比值之间存在如式（3.2.3）所示的关系

$$\frac{t_{\text{tar}} I_{\text{D,stress}}}{W} = H\left(\frac{I_{\text{B,stress}}}{I_{\text{D,stress}}}\right)^{-m} \tag{3.2.3}$$

式中：H 和 m 是模型参数；

W 为晶体管的沟道宽度。

3.2.3 应对 HCI 的 LDD 结构

漏极附近电场强度的增加是引发沟道热载流子效应的基本原因。因此，为了应对 HCI 问题，应该减轻漏极附近的场强。目前微电路中广泛采用的有效措施是 MOSFET 器件采用轻掺杂源漏（lightly doped drain，LDD）结构，能够明显减弱漏极附近耗尽层中的电场强度，如图 3.2.3 所示。

如图 3.2.3（a）所示，采用 LDD 结构 MOSFET 的漏区 pn 结包括两个区域：靠近沟道的部分是一个轻掺杂浅结，MOS 器件工作于饱和区时，该区域全部成为耗尽层，可以减小势垒区中的横向电场，从而能够有效减弱热载流子效应；重掺杂深结区域有利于减小漏极串联电阻。

图 3.2.3（b）对比显示了两种 nMOSFET 电场分布情况。采用 LDD 结构 nMOSFET 漏区附近耗尽层中的电场强度峰值明显低于不采用 LDD 结构器件的，因此起到有效抑制 HCI 的作用。

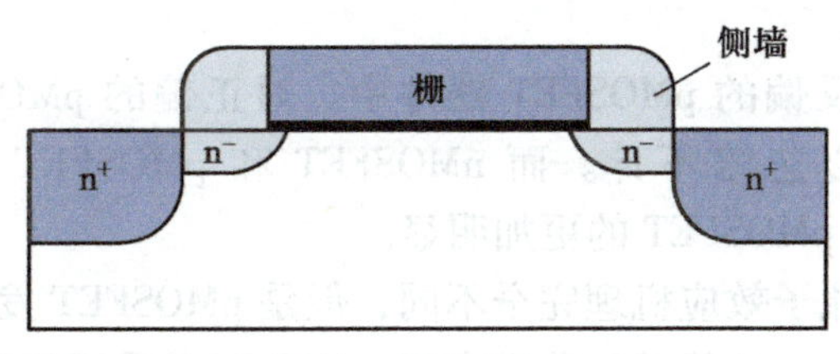

(a) 采用LDD结构的MOSFET

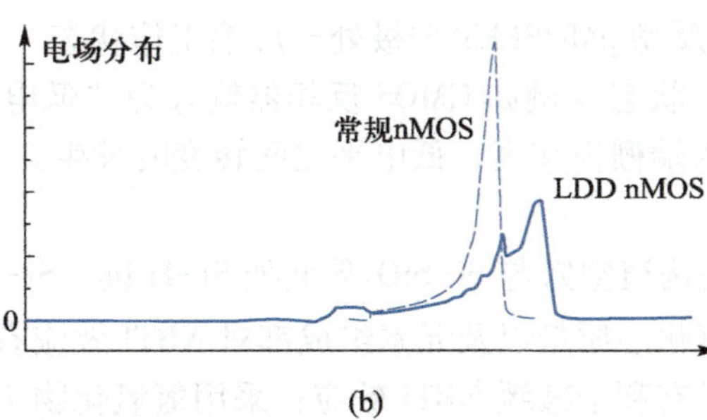

(b)

图 3.2.3 采用 LDD 结构和常规结构 nMOSFET 电场强度的比较

3.3 负偏压温度不稳定性

pMOSFET 在工作过程中呈现的负偏压温度不稳定性（negative bias temperature instability，NBTI）效应是影响微电子器件可靠性的重要本征失效机理之一，可能导致器件特性参数退化甚至器件失效。本节介绍 NBTI 机理和特点、描述 NBTI 的可靠性模型以及针对 NBTI 的改进措施。

3.3.1　NBTI 机理和特点

本节简要分析 NBTI 发生机理和特点，并与 3.2 节介绍的 HCI 进行对比。

1. NBTI 机理分析

对 pMOSFET，在表面已反型形成 p 型沟道的情况下，如果栅极加反偏电压 V_G，则在电场 V_G/d_{SiO2}作用下，沟道中的空穴将与 Si-SiO$_2$界面处 Si-H 键、Si-O 键等发生反应，生成界面态和正固定电荷，导致阈值电压绝对值更高，即阈值电压值更负，使得 pMOSFET 更难开启。同时还会导致跨导降低，饱和电流下降，驱动能力变差。

在栅极反偏或者较高温度环境下，pMOSFET 都会发生 NBTI。但是反偏和高温同时存在的情况下，NBTI 效应更强，影响更大。

通过 NBTI 效应产生的界面态电荷和正固定电荷程度对制造过程中采用的栅氧工艺非常敏感，因此相关标准规定进行 NBTI 试验作为评价栅氧工艺水平和控制状态的一项可靠性试验。

2. NBTI 与 HCI 的对比

对比 NBTI 与 HCI，存在下面几个异同点。

① NBTI 与热载流子效应机理完全不同。NBTI 的“主角”是 pMOSFET 反型沟道中的“通常空穴”，而发生 HCI 必须是“热载流子”，即要求 V_{DS}较高，漏极附近耗尽层中电场足够强才可能产生热载流子。

② NBTI 主要发生在反偏的 pMOSFET 器件中。对正偏的 pMOSFET 以及正偏、反偏的 nMOSFET，NBTI 效应可以忽略不计。而 nMOSFET 和 pMOSFET 均可能发生 HCI，只是 nMOSFET 热载流子效应比 pMOSFET 的更加明显。

③ 虽然 NBTI 与热载流子效应机理完全不同，但是 pMOSFET 发生 NBTI 效应后表现出的器件特性参数退化现象与热载流子效应非常类似，因此两者采用的表征参数都是跨导 g_m、阈值电压 V_T、饱和电流 I_{Dsat}。可靠性试验程序也基本相同。

④ 对 MOS 电路，只要反型 pMOSFET 栅极处于反偏工作状态，就会受到 NBTI 效应影响，因此即使电路处于“待机”状态（例如 CMOS 反相器输入为“低电平”），也会发生 NBTI 效应。而 HCI 效应主要在输入端栅极在高、低电平之间转变时发生。

3. NBTI 效应影响因素

① 发生 NBTI 的机理是沟道空穴与 Si-SiO$_2$界面处 Si-H 键、Si-O 键等发生反应生成界面态和正固定电荷，因此栅氧化层质量以及元素组成都对 NBTI 效应有重大影响。

例如减少栅氧中氢含量有利于减缓 NBTI 效应；采用氮氧化物工艺的栅氧对 NBTI 比热氧化工艺形成的栅氧更敏感。

② NBTI 具有自恢复效应，因此 DC 情况 NBTI 效应明显比 AC 情况严重。如果直流情况下进行的 NBTI 可靠性试验结果表明 NBTI 效应严重，由 NBTI 决定的器件“寿命”较短，并不说明电路在 AC 条件下一定不能正常工作。

3.3.2　NBTI 模型

针对可靠性模拟（参见第 5 章 5.3 节）对器件可靠性模型的要求，NBTI 模型分为描述 NBTI 导致器件参数漂移的模型以及 NBTI 决定的器件寿命模型。

1. 器件参数漂移模型

NBTI 效应导致的器件参数漂移模型描述了温度 T、栅压 V_G应力作用下，器件参数随应力时间的变化，如式（3.3.1）和式（3.3.2）所示。

其中描述温度对参数漂移影响的关系式是广泛采用的指数函数 $\exp(E_a/kT)$，包含一个模型参数激活能 E_a。对 Si 器件，E_a实际数值范围为-0.01~+0.15 eV；

参数漂移与时间的关系采用指数函数 t^n描述，包含一个模型参数 n。对 Si 器件，n 实际数值范围 0.15~0.25；

描述栅压对参数漂移影响的关系式包括幂函数（V_G）$^\alpha$和指数函数 $\exp(\beta V_G)$ 两种形式，分别包含模型参数 α 和 β，对 Si 器件 α 实际数值范围为 3~4。

因此参数漂移模型存在两种形式

$$\Delta V_T = A_o \exp(E_a/kT)(V_G)^\alpha t^n \tag{3.3.1}$$

$$\Delta V_T = A_o \exp(E_a/kT)\exp(\beta V_G)\ t^n \tag{3.3.2}$$

式中 A_o是与栅氧工艺以及 CMOS 技术相关的常系数；V_G是栅压绝对值。

说明：式（3.3.1）和式（3.3.2）直接描述的是阈值电压漂移，如果将 ΔV_T 改为（$\Delta g_m/g_m$）、（$\Delta I_{D(sat)}/I_{D(sat)}$），就可以用于描述跨导以及饱和电流的偏移量。只是对阈值电压，描述的是阈值电压变化值，而对跨导、饱和电流则描述的是相对漂移。

2. 器件寿命模型

为了建立寿命模型，需要确定失效判据。以阈值电压漂移为例，若器件阈值电压漂移失效的判据是$(\Delta V_T)_t$（通常取 50 mV），则常规工作条件下由阈值电压漂移失效决定的器件寿命为

$$TTF = [(\Delta V_T)_t / A_o \exp(E_a/kT_U)\ (V_{G,U})^\alpha]^{1/n} \tag{3.3.3}$$

$$TTF\ =\ [(\Delta V_T)_t / A_o \exp(E_a/kT_U)\exp(\beta V_{G,U})\ ]^{1/n} \tag{3.3.4}$$

式（3.3.3）和式（3.3.4）分别对应式（3.3.1）和式（3.3.2）所示的栅压对参数漂移影响的两种描述关系式。

式中 T_U、$V_{G,U}$分别是实际工作状态下的沟道温度和栅压。

说明：若将$(\Delta V_T)_t$换为跨导漂移失效判据（$\Delta g_m/g_m$）$_t$和饱和电流漂移失效判据（$\Delta I_{D(sat)}/I_{D(sat)}$）$_t$（通常取 10%），则式（3.3.3）和式（3.3.4）就可以用于描述由跨导漂移失效以及饱和电流漂移失效决定的器件寿命。

注意：上述 NBTI 试验中通常采用的失效判据只是用于描述 NBTI 效应的程度，用于表征工艺水平以及工艺控制状态，与实际微电路失效之间并不存在对应关系。

3. 加速因子

根据寿命模型可以确定加速寿命试验中的加速因子 A（参见第 7 章 7.4.1 节）。

对应式（3.3.3），加速因子 A 为

$$A = [(V_{G,A}/V_{G,U})^{\alpha/n}]\ \exp[(E_a/k)(1/T_A - 1/T_U)(1/n)] \tag{3.3.5}$$

式中 T_A、$V_{G,A}$分别是加速可靠性试验中的沟道温度和栅压。

例如，若实际工作状态下的沟道温度 T_U = 50℃、栅压 $V_{G,U}$ = -1.0 V，加速可靠性试验中的沟道温度 T_A = 140℃、栅压 $V_{G,A}$ = -1.5 V。取模型参数值 α = 3.5、n = 0.25、E_a = -0.02 eV，代入式（3.3.5）得

$$A=[(V_{G,A}/V_{G,U})^{\alpha/n}]\exp[(E_a/k)(1/T_A-1/T_U)(1/n)]$$
$$=[(1.5/1)^{3.5/0.25}]\exp[(-0.02/8.62\times10^{-5})(1/(273+140)-1/(273+50))(1/0.25)]$$
$$=546$$

3.3.3　针对 NBTI 的改进措施

针对 NBTI 机理以及影响因素分析，可以采取下述措施来缓解 NBTI 效应。

（1）改善栅氧化层质量并优化栅氧化层元素组成

例如，由于减少栅氧化层中氢含量有利于减缓 NBTI 效应，如果将氟元素扩散进栅氧化层，形成 Si-F 键代替 Si-H 键。由于 Si-F 比 Si-H 稳定得多，因此可以明显减缓 NBTI 效应。

（2）优化器件设计和电路设计

针对 NBTI 效应工作特点，包括小尺寸器件特别是 SRAM 中采用的器件 NBTI 会导致器件 V_T失配严重，NBTI 具有自恢复效应导致 DC 工作状态下 NBTI 最严重，只有同时满足负偏反型的 pMOSFET 才需考虑 NBTI 效应的影响等，有针对性地优化器件设计和电路设计。

3.4　电迁移（EM）

随着器件尺寸不断缩小，微电子器件中互连线宽度变窄导致电流密度迅速上升，微电子器件中长期使用的铝互连存在的电迁移（electron migration，EM）现象更为严重。尽管目前越来越多地采用铜互连，但是电迁移仍然是目前纳米工艺节点阶段影响微电子器件可靠性的重要因素。本节基于金属互连线电迁移物理过程的分析，介绍电迁移可靠性模型以及应对电迁移失效的主要途径。

3.4.1　EM 物理过程分析

1. 电迁移现象

（1）金属互连线中的电迁移

微电子器件工作时，金属互连线中有一定电流通过，金属离子会沿导体产生质量输运，结果使得互连线的某些部位产生空洞或晶须（小丘），这就是电迁移现象。

金属导线传导电流时，通常电流密度较低（$<10^4$ A/cm^2），只在接近材料熔点的高温时才会发生电迁移现象。薄膜材料则不然，例如淀积在硅衬底上的铝互连线，截面积很小，电流密度可高达 10^7 A/cm^2，在较低温度下就会发生电迁移。

（2）电子风

在一定温度下，金属薄膜中存在一定的空位浓度，金属离子通过空位而运动，但自扩散只是随机地引起原子的重新排列，只有受到外力时才可产生定向运动。通电导体中金属离子受到两种力的作用：一种是电场力 F_q，另一种是导电载流子和金属离子间相互碰撞发生动量交换而使离子产生运动的力，这种力称为摩擦力 F_e。对铝、金等金属膜，载流子为电子，这时电场力 F_q很小，摩擦力起主要作用，离子流与载流子运动方向相同。这一摩擦力又称“电子风”，使金属离子向正极移动。

2. 影响电迁移的主要因素

（1）互连线长宽尺寸的影响

从统计观点看，金属条是由许多含有结构缺陷的体积元串接而成的，则薄膜的寿命将由结构缺陷最严重的体积元决定。若单位长度的缺陷数目是常数，随着膜长的增加，总缺陷数也增加。所以，膜条越长寿命越短，寿命随布线长度的增长而呈指数函数缩短，最终趋近常数。

同样，当线宽比材料晶粒直径大时，线宽越大，引起横向断条的空洞形成时间越长，寿命增长。但线宽降到与金属晶粒直径相近或以下时，断面为单个晶粒，金属离子沿晶粒界面扩散减少，随着线宽变窄，寿命也会延长。

电流恒定时线宽增加，电流密度降低，本身电阻及发热量下降，电迁移效应不显著。如果线条截面积相同时，条件允许，增加线宽比增加厚度的效果要好。

在台阶处，由于布线形成过程中台阶覆盖性不好，厚度降低，电流密度 J 增加，易产生断条。

（2）热效应

金属膜的温度及温度梯度（两端的冷端效应）对电迁移寿命的影响极大，当 $J>10^6$ A/cm^2 时，焦耳热不可忽略，膜温与环境温度不能视为相同。特别当金属条的电阻率较大时影响更明显。条中载流子不仅受晶格散射，还受晶界和表面散射，实际电阻率高于该材料体电阻率，使膜温随电流密度 J 增长更快，电迁移效应更加严重。

（3）晶粒大小

实际的铝布线为多晶结构，铝离子可通过晶间、晶界及表面三种方式扩散，在多晶膜中晶界多，晶界的缺陷也多，激活能小，所以主要通过晶界扩散而发生电迁移。在一些晶粒的交界处（例如图 3.4.1（a）中 A 及 B 处），由于金属离子的散度不为零，会出现净质量的堆积和亏损。在图（a）的 A 点，进来的金属离子多于出去的，所以成为小丘堆积，B 点则相反成为空洞。

同样，在小晶粒和大晶粒交界处也会出现这种情况，晶粒由小变大处形成小丘，反之则出现空洞，特别在整个晶粒占据整个线宽时，更易出现断条，如图 3.4.1（b）所示，所以膜中晶粒尺寸要尽量均匀。

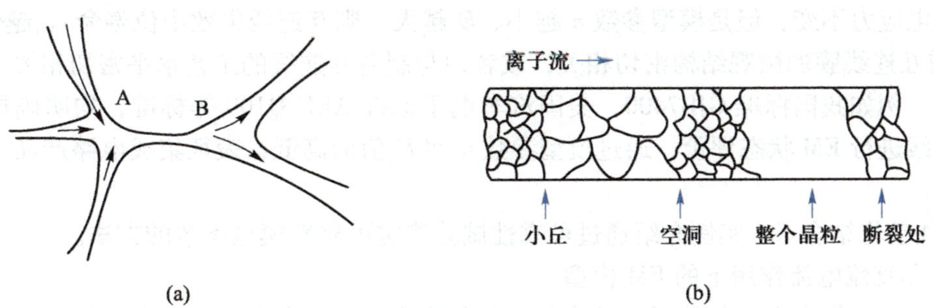

图 3.4.1 金属离子沿晶界扩散引发失效示意图

（4）介质膜

互连线上覆盖介质膜（钝化层）后，不仅可防止金属条的意外划伤，防止腐蚀及离子沾污，也可提高其抗电迁移及电浪涌的能力。介质膜能提高抗电迁移的能力，因为表面覆有介质时降低金属离子从体内向表面运动的概率，抑制了表面扩散，降低了晶体内部肖特基空位浓度。另外，表面的介质膜可作为热沉使金属条自身产生的焦耳热能从布线的双面导出，降低金属条的温升及温度梯度。

(5) 合金效应

铝中掺入 Cu、Si 等少量杂质时，硅在铝中溶解度低，大部分硅原子在晶粒边界处沉积。硅原子半径比铝大，降低了铝离子沿晶界的扩散作用，能够提高铝的抗电迁移能力。但当布线进入深亚微米量级，线条很细，杂质在晶界处集积使电阻率提高，产生电流拥挤效应，这是一个新的挑战。

(6) 脉冲电流

电迁移讨论中大多针对电流是稳定直流的情况，实际电路中的电流可为交流或脉冲工作。此时，t_{MTF}的预计可根据电流密度的平均值以及电流密度绝对值的平均值$|\bar{J}|$计算。参见 3.4.2 节分析。

3.4.2 EM 模型

本节介绍微电路可靠性模拟（参见第5章5.3节）中采用的 EM 模型。

(1) 基本模型

产生电迁移失效的内因是薄膜导体内结构的非均匀性，外因是热（温度）电（电流密度）应力。目前广泛采用式（3.4.1）所示 Black 方程描述直流情况下电迁移导致的互连线失效的中位寿命 t_{MTF}（也可记为 $t_{0.5}$）。

$$t_{MTF}=A_0 J^{-n}\exp\frac{E_a}{kT} \tag{3.4.1}$$

式中 A_0是与线宽有关的一个常数，J 为流过的电流密度（A/cm^2），T 为金属条温度（K），k 为玻耳兹曼常数，值为 8.62×10^{-5}（eV/K）。

n 称为电流密度指数因子，E_a称为激活能（eV），是描述 EM 模型的两个模型参数。

(2) EM 模型参数

由式（3.4.1）可见，电应力 J、T 越大，互连线失效中位寿命 $t_{0.5}$越低，这也反映了电迁移失效与应力的关系。

如果电应力不变，但是模型参数 n 越小、E_a越大，则互连线失效中位寿命 $t_{0.5}$越低。而 n 和 E_a值与互连线膜的微观结构密切相关，或者说与制备互连线的工艺水平密切相关。因此相关标准中，例如我国标准 GJB7400、美国汽车电子标准 AEC Q100 等标准，均明确规定对微电路生产线进行 EM 状态评价，通过模型参数 n 和 E_a值的高低，表征集成电路产品中本征失效的状态。

7.4.4 节将结合 EM 实例介绍通过可靠性试验确定可靠性模型参数的方法。

(3) 非直流电流作用下的 EM 模型

如果电路工作在交流条件下，随着电流方向的改变，两个方向的空洞流可以起到相互抵消的作用，导致交流下的 $t_{0.5}$比直流下的 $t_{0.5}$要大三个量级左右，称之为电迁移的自愈合效应。所以非直流电流波形作用下应对 EM 模型进行修正。

采用空位松弛模型可推得一般情况下，非直流电流波形作用下描述互连线失效的 EM 模型为

$$t_{\mathrm{MTF}_{\mathrm{ac、dc}}}=A_0\exp\frac{E_{\mathrm{a}}}{kT}\frac{1}{\bar{J}\left[1+\frac{A_{\mathrm{dc}}(T)}{A_{\mathrm{ac}}(T)}\frac{(\bar{J}-\overline{|J|})}{\bar{J}}\right]\overline{|J|}^{\,n-1}} \tag{3.4.2}$$

式中，$\bar{J}$为电流密度平均值，$\overline{|J|}$为电流密度绝对值的平均值，$A_{\mathrm{dc}}(T)$、$A_{\mathrm{ac}}(T)$都是由试验确定的参数。

直流情况下，式（3.4.2）就成为式（3.4.1）。

3.4.3 抗电迁移的措施

（1）设计

可采用下述设计措施应对电迁移影响：

① 合理进行电路版图设计及热设计，采用合适的互连线条宽，控制电流密度大小。目前在版图设计规则检查（DRC）中已将电迁移问题作为检查版图设计中互连线条宽是否足够宽的一条规则。

② 采用合适的金属化图形（如网络状图形比梳状结构好），使有源器件分散。增大芯片面积，合理选择封装形式，必要时加装散热器防止热不均匀性和降低芯片温度，减小热阻，均有利于控制电迁移效应。

③ 采用以金为基的多层金属化层，如 Pt_5Si_2-Ti-Pt-Au 层，其中 Pt_5Si_2与硅能形成良好的欧姆接触，钛是粘附层，铂是过渡层，金是导电层。对于微波器件，常采用 Ni-Cr-Au 及 Al-Ni-Au 层。当然多层金属化使工艺复杂，提高了成本。

（2）工艺

严格控制工艺，减少膜损伤，蒸铝时控制好芯片温度、淀积速度、淀积后热处理，可以增大铝晶粒尺寸，起到减弱晶界扩散、有利于提高激活能、增加互连线失效对应的中位寿命的作用。因此模型参数 n 和 E_{a}值的高低，已成为表征集成电路工艺水平高低的标志之一。

（3）材料

可用硅（铜）-铝合金、Cu 元素或难熔金属硅化物代替纯铝。铜的导电性好，工艺中可得到大晶粒结构铜的薄层，电阻率仅为 1.76 μΩ · cm，激活能 E_{a}可达到 1.26 eV 左右，在同样电流密度下，寿命将比 Al-Si-Cu 的长 3~4 个数量级。

目前微电路中已广泛采用铜作为互连材料。

3.5 CMOS 电路的闩锁效应

闩锁效应是指 CMOS 电路中寄生的固有可控硅结构被外界因素触发导通，在电源和地之间形成低阻通路现象。一旦电流流通，如果电源电压不降至临界值以下，导通就无法中止，将引起器件烧毁。因此闩锁效应成为 CMOS 电路的一个主要可靠性问题。随着集成度的提高，尺寸缩小，掺杂浓度提高，寄生管的 h_{FE}变大，更易引起闩锁效应。

本节将介绍闩锁效应的物理过程、检测方法以及抑制闩锁效应的途径。

3.5.1 闩锁效应物理过程

1. CMOS 的寄生 SCR

由 nMOS 管与 pMOS 管构成的 CMOS 结构存在一个 pnpn 四层寄生可控硅（SCR）结构，如图 3.5.1 所示。

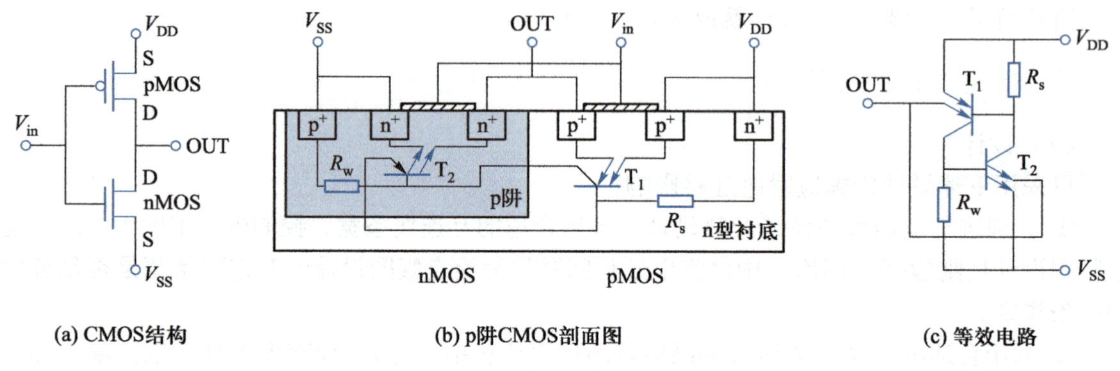

图 3.5.1 CMOS 的寄生 SCR 结构

如图 3.5.1（a）所示，pMOS 管的 p 型源漏-n 型衬底-p 阱构成寄生 pnp 晶体管，nMOS 管的 n 型源漏-p 阱-n 型衬底构成寄生 npn 晶体管。由 n 型衬底以及 p 阱存在的寄生电阻 R_s 和 R_w 分别并联在寄生 pnp 管以及 npn 管的 eb 结，如图 3.5.1（c）等效电路所示。

2. 发生闩锁效应的物理过程

当输出端上存在正的外部噪声时，寄生 pnp 管 T_1 的 eb 结成正向偏置，基极电流通过 R_s 流入 V_{DD} 中，T_1 管导通，其集电极电流通过 p 阱内部 R_w 进入 V_{SS}，R_w 上产生压降加在 T_2 管的 eb 结，当 T_2 管的 V_{BE} 达到正向导通电压时，T_2 导通，T_2 的集电极电流流向 T_1 基极使其电位降低，T_1 进一步导通结果使 V_{DD} 和 V_{SS} 之间形成低阻电流通路，即发生了闩锁。

3. 发生闩锁效应的条件

由图 3.5.1（c）等效电路可见，寄生 pnp 管和寄生 npn 管串联，构成 pnpn 可控硅结构。两个寄生晶体管的 eb 结都分别并联有一个寄生电阻，因此触发闩锁效应的条件为：

① 两个寄生 npn、pnp 管的共基极电流增益 α_n、α_p 满足下述关系：

$$\frac{\alpha_n R_w}{R_w + r_{en}} + \frac{\alpha_p R_s}{R_s + r_{ep}} \geqslant 1 \tag{3.5.1}$$

式中 R_w、R_s 分别为晶体管 eb 结上并联的寄生电阻，r_{en}、r_{ep} 是相应寄生晶体管发射极串联电阻。

② 电源电压必须大于维持电压 V_H，它所提供的电流必须大于维持电流 I_H。

③ 触发电流在寄生电阻上的压降大于相应晶体管 eb 结上的正向压降。

触发信号可以是外界噪声或电源电压波动；触发端可以是电路的任一端。

4. 闩锁效应与温度的关系

温度升高，晶体管 eb 结正向导通电压下降，电流增益和寄生电阻随温度升高而增大，

导致维持电流 I_H 随温度升高而下降。另外，pn 结反向漏电流随温度上升而增大，而 p 阱衬底结的反向漏电流正是寄生 SCR 结构的触发电流，所以高温下闩锁效应更容易发生。

3.5.2 闩锁效应检测

对闩锁效应的检测，可测定 CMOS 抗闩锁性能的好坏以及芯片内部闩锁通路，为失效分析和改进设计提供依据。

(1) 直流电源法

提高器件的电源电压（输入端接适当逻辑电平，输出端开路），根据电源电流的变化，便可判断发生闩锁效应的触发电平，或用示波器记录电源 I-V 特性。

(2) 电信号触发法

对器件施加电源电压 10 V，在被测端子上施加电压或电流信号（输入端接适当逻辑电平，输出端开路），用以模拟正常工作状态下输入/出端受电干扰信号时引起的触发，根据这时电源电流的变化，便可判断闩锁效应发生时的电信号电平。

(3) 扫描电镜法

这是利用扫描电镜（SEM）的电子束感生电流（EBIC）像来对 CMOS 进行分析，可确定发生闩锁效应的具体通路。

当高能电子束入射到有 pn 结势垒的半导体样品上时，将产生大量电子-空穴对，在势垒区两边的一个扩散长度内，产生的自由载流子能扩散到势垒区，受内部自建场的作用，空穴被拉向 p 区，电子被拉向 n 区，从而在势垒区的两边产生电荷的积累和束感生电势。若将 pn 结短路，就形成束感生电流像。

用 EBIC 像测定闩锁效应通路的原理如下：在被测电路电源端施加大于正常偏压的适当电压，此电压实际加在 p 阱和衬底之间，使其反向漏电增加，它还不足以触发闩锁效应，但却可大大提高电路的闩锁灵敏度。扫描电镜工作时，高能电子束激发的 EBIC 与上述反向漏电流叠加。当 P 阱或衬底的寄生电阻上的压降超过寄生晶体管 eb 结正向导通电压时，就会引起寄生晶体管导通，导致电路出现闩锁效应。在闩锁效应的通路中，电压下降并有大电流流过，可控硅效应的通路在 EBIC 像中呈现亮区，根据电路相应版图便可确定发生闩锁效应的具体部位。改变入射电子束能量或改变 p 阱与衬底间的注入电流，便可判断电路内部各闩锁结构的触发灵敏度。

3.5.3 抑制闩锁效应的途径

由闩锁效应发生过程和触发条件可见，抑制闩锁效应的主要方法是切断触发通路及降低其灵敏度，不使寄生晶体管工作及降低寄生晶体管电流放大系数。

1. 采用 SOS/CMOS 工艺

如果采用 SOS 结构，在绝缘层衬底上生长一层单晶硅外延层，然后再制作 CMOS 电路，这样就从根本上清除了可控硅结构，不会发生闩锁效应。

由于 SOS 结构工艺复杂，成本较高，目前主要用于性能要求较高的微电路中。

2. 结构设计改进

(1) 保护环结构

如果在设计中采用如图 3.5.2 所示保护环结构，由于 n^+ 和 p^+ 环都可有效降低横向电阻和横向电流密度，因此可以有效抑制闩锁效应。

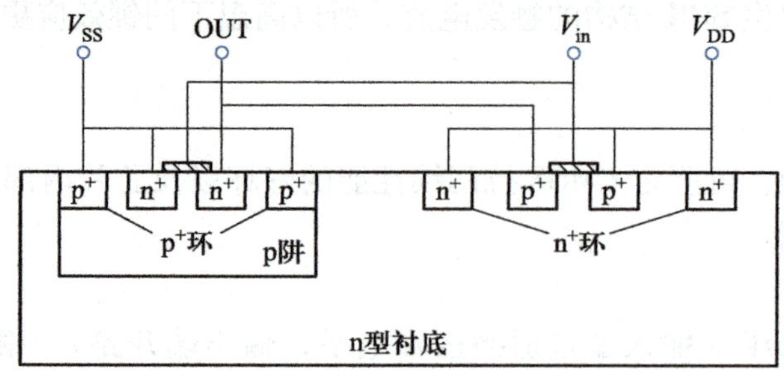

图 3.5.2 带保护环的 CMOS 剖面结构

（2）n^-/n^+外延和阱区设置 p^+埋层结构

如图 3.5.3 所示，在重掺杂硅衬底上外延 3~7 μm 厚的同型轻掺杂硅，减少了寄生电阻 R_s、R_w和 npn 管的电流放大系数，可使闩锁效应降低到最低程度。

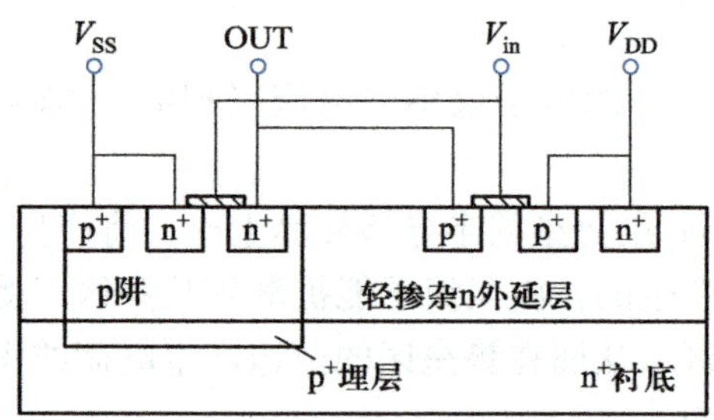

图 3.5.3 n^-/n^+外延和 p^+埋层的剖面结构

（3）改进版图设计

尽可能多开电源孔和接地孔，以增加周界，减小接触电阻。

电源接触孔应放在 pMOS 和 p 阱间，尽量减小 p 阱面积，以便减少辐照所引起的光电流。

3. 遵守使用规程

发生闩锁效应不仅与电路抗闩锁能力有关，还与使用恰当与否有关，如注意加电次序、不应带电操作等。

3.6 静电放电损伤

静电放电（electrostatic discharge，ESD）造成的器件损伤是影响微电路可靠性的重要问题之一，尤其对 MOS 器件的影响更为严重。随着器件尺寸的不断减小，ESD 损伤更加严重。本节分析静电产生机理、静电放电影响、抗静电能力评价、以及针对 ESD 的防护措施。

3.6.1 ESD 与 ESD 损伤相关概念

1. 静电放电

所有的物质都由原子构成，原子中包含电子和质子。当物质获得或失去电子时，它将失去电平衡而变成带负电或正电，正电荷或负电荷在材料表面上积累会使物体带上静电。电荷积累通常因材料互相接触分离而产生，也可以由摩擦引起。

有许多因素会影响电荷的积累，包括接触压力、摩擦系数和分离速度等。静电电荷会不断积累，直到造成电荷产生的作用停止、电荷被泄放或者达到足够的强度可以击穿周围物质为止。电介质被击穿后，静电电荷会很快得到平衡，这种电荷的快速中和就称为静电放电。

2. 静电放电损伤分类

如果静电放电时泄放通道电阻较小，瞬时泄放电流就会很大，可能超过 20 A，将会造成电子系统中的器件严重损害。

ESD 损伤可以分为硬损伤和软损伤两种。下面是三种典型硬损伤机理。

(1) pn 结损伤或烧毁

在 pn 结的耗尽区，由于高能量消耗使得局部过热，导致硅熔成丝而使结失效。

(2) 金属层失效

ESD 脉冲产生高温，使靠近结的金属线熔化，甚至开路。

(3) 氧化层击穿

特别是在 CMOS 电路中，随着器件尺寸不断减小，栅氧化层厚度也不断减薄，ESD 很容易使得栅氧击穿导致器件失效。因此微电路设计中通常应在输入/输出添加钳位电压保护电路，抑制 ESD 损伤。

3. 静电放电潜在损伤

ESD 也可能在元器件结构中产生潜藏的缺陷，它们并不立即引起元器件失效，但会引起断续的故障，或者元器件工作一段时间后才开始出现失效。显然，ESD 造成的潜在损伤是一种不能即时测量的损伤，它具有时间上的积累特性。

4. LDD-CMOS 器件的 ESD 问题

随着工艺技术和器件结构的改进，伴随新工艺和设计也会出现相关 ESD 损伤问题。其中典型案例是 LDD CMOS 结构。

如图 3.2.3 所示，与常规 MOS 器件相比，LDD 器件栅下方的 n^- 区起到减弱漏极附近耗尽层中电场的作用，可以明显减缓热载流子注入效应，提高器件及电路的可靠性。然而，由于 LDD 结构中的 n^- 结较浅，电流密度大，出现局部热能集中，造成 LDD 工艺器件对抗 ESD 的能力变差。因此需要改进工艺和设计，提高 LDD 器件的抗 ESD 能力。

3.6.2 ESDS 分级与 ESD 试验

1. ESDS 分级

(1) ESDS 器件

不同元器件对静电放电作用的敏感程度不同。对静电放电作用敏感、受到静电放电作用可能造成性能退化甚至失效的器件称为静电放电敏感（ESD Sensitive，ESDS）器件。

(2) 静电放电试验模型

静电放电试验的目的是评价元器件承受静电放电的能力。模拟实际发生静电放电的不同情况，静电放电试验中采用不同的模型。AEC Q100 标准规定对集成电路应该采用静电放电人体模型（HBM）和带电器件模型（CDM）进行静电放电试验。

① 静电放电人体模型（human body model，HBM）：模拟人体所带静电接触器件时向器件放电的静电放电模型。

② 带电器件模型（charge device model，CDM）：模拟带有静电的器件通过引脚将静电快

速释放到另一导电物体的静电放电模型。

说明：随着新工艺和器件结构的出现，还会出现新的 ESDS 模型。

以前还采用机器模型（machine model，MM），模拟自动装配设备使用导轨、传动带、滑道、元件传送器和其他装置来移动器件过程中发生的 ESD。目前这一问题已基本解决，因此 AEC Q100 标准中没有要求采用 MM 模型进行 ESDS 试验。

（3）静电放电敏感度等级

在 ESD 试验中，根据器件通过的静电放电作用的电压值划分 ESDS 器件等级。对不同的 ESD 试验模型，采用不同的划分标准。表 3.6.1 是 AEC Q100 标准中规定采用人体模型（HBM）的 ESDS 器件等级划分。

表 3.6.1 静电放电人体模型（HBM）分类等级

分类等级	静电放电电压范围
0 级	<250 V
1A 级	250 V≤电压<500 V
1B 级	500 V≤电压<1 000 V
1C 级	1 000 V≤电压<2 000 V
2 级	2 000 V≤电压<4 000 V
3A 级	4 000 V≤电压<8 000 V
3B 级	≥8 000 V

2. 静电放电 HBM 模型试验方法

不同模型静电放电采用不同的试验方法。下面介绍 HBM 模型试验方法。

HBM 描述了日常生活中不同情况的 ESD 失效，它具有很大的普遍性。HBM 模型模拟一个站立的人通过手指对器件进行放电。HBM 模型静电放电试验示意图如图 3.6.1 所示。

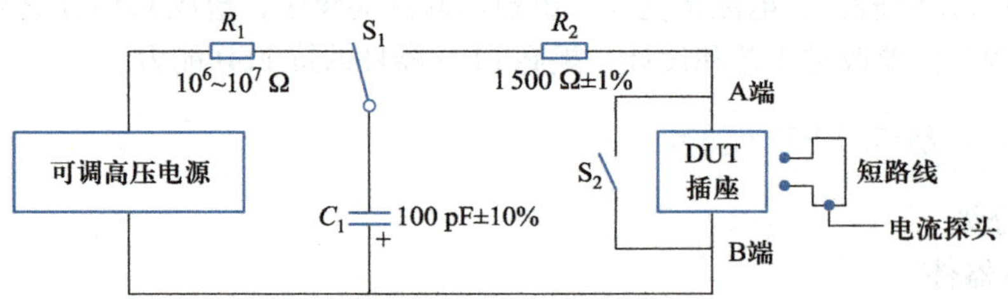

图 3.6.1 HBM 模型静电放电试验

如图所示状态，高压电源对代表“人体”的电容 C_1 充电，一旦开关 S_1 转向与 R_2 相连，电容 C_1 通过“人体”电阻 R_2 对器件进行放电。每次试验后应闭合 S_2，释放掉电路中剩余的电荷。

为了保证试验精度，除了控制可调电压源的电压值外，放电电流波形也必须满足要求。试验前采用短路线将 A 端和 B 端短接，通过电流探头显示电流波形，对描述电流波形特点的参数，如短路峰值电流 I_{ps}、短路上升时间 t_r、短路衰减时间 t_d、短路最大振铃电流 I_r 四个参数，均有确定的数值要求，如图 3.6.2 所示。

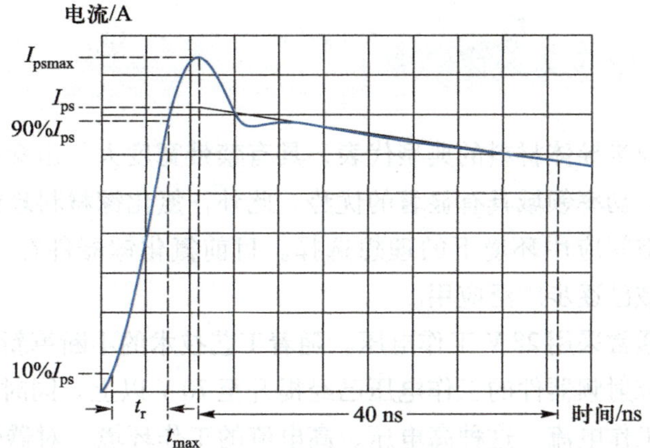

图 3.6.2　HBM 模型静电放电试验短路电流波形要求

3.6.3　ESD 防护措施

微电子器件在加工生产、组装、储存及运输过程中，可能与带静电的容器、测试设备及操作人员相接触，所带静电经过器件引线放电到地，使器件受到损伤或失效。器件抗静电能力与器件类型、输入端保护结构、版图设计、制造工艺及使用情况有关，应在各个环节中采取相应有效措施。

（1）MOS 电路

对 MOS 电路，最易引起 ESD 的是输入端，一般输入端都接有电阻-钳位器件保护网络。限流电阻多为扩散电阻或多晶硅电阻，钳位管可为一般二极管、栅控二极管、MOS 管等，根据情况和使用要求选用。保护网络除了要有快的导通特性和小的动态电阻，还应具有大的功率承受能力。此外还要考虑保护网络的引入对电路性能、版图和工艺等的影响。

（2）双极器件

双极器件一般不设计保护网络，也可以在 eb 结上反向并上二极管，起保护回路作用。

（3）生产与使用环境

要消除一切可能的静电源或使静电尽快消失，对一切可能产生静电的物体和人员提供放电通路，各种仪器设备要良好接地，人员带接地的肘带、腕带等。空气湿度对静电损伤的影响很大，冬季天气干燥，器件的静电损伤严重。湿度增加，绝缘体表面电导增加，能加速静电的泄放。所以工作场所可用喷水等措施增加湿度，一般相对湿度在 50%～60%时为好。各种塑料和橡胶制品容易产生静电，要避免使用。而用半导电的塑料或橡皮（添加炭黑等材料）制作各种容器、包装材料及地板，工作服要用木棉或棉花制造，不能用尼龙等化纤制品，防止摩擦带电。MOS 器件及其印制板禁止带电插拔等。

（4）储存或运输

MOS IC 各引出线应短接保持等电位或安放在导电的容器中，器件要与容器紧密接触并固定住，防止运输时在容器内晃动摩擦。

3.7　氮化镓器件电应力退化机理

氮化镓作为宽带隙半导体材料的典型代表，具有禁带宽度大、击穿场强高、耐高温等优异特性，在高频率、大功率领域具有显著的优势。此外，氮化镓材料理论上具有优异的抗辐射特性，也使其成为空间应用环境下的理想选择。目前氮化镓器件在5G移动通信、雷达、导航、电源管理等领域已逐步广泛应用。

氮化镓射频器件通常采用28 V工作电压。随着工艺技术的不断革新和应用需求的日益增长，部分高功率氮化镓射频器件的工作电压已经提升至70 V以上。同时，氮化镓射频器件在工作时也具有较大的工作电流。这种高电压、高电流的工作环境，对器件的可靠性和稳定性带来了严峻的挑战。

目前，可靠性问题仍是制约氮化镓器件性能进一步提升以及广泛应用的关键问题。本节重点介绍氮化镓器件面临的主要可靠性问题，包括关态应力和开态应力下的退化、电流崩塌效应、高温反向偏置效应等。

3.7.1　关态应力下的退化

在关态条件下，器件主要受高电场的影响，关态应力会导致器件的峰值跨导出现明显下降，饱和漏极电流减小，同时栅极电流显著增加。这些参数的恶化直接影响到器件的整体性能，甚至可能引发器件失效。

氮化镓器件在关态高场应力下的退化机理主要包括逆压电效应和陷阱俘获效应。

1. 逆压电效应

关态高场应力下，存在一个临界电场。当氮化镓器件承受的电场低于该电场时，其退化可以忽略不计。而高于该电场时，则可以观察到器件的饱和漏极电流减小等现象，如图3.7.1（a）所示。

AlGaN/GaN异质结构具有较强的晶格应力和压电效应，晶格应力会在晶体中产生电场，而电场又能反过来引发晶格应力，这种现象称为逆压电效应。当向器件施加关态高场应力时，靠近栅极边缘的AlGaN层中会存在一个电场，这会通过逆压电效应诱发晶格膨胀和弛豫，从而可能产生新的晶格缺陷，进而导致器件栅极泄漏电流增大（甚至击穿），严重影响器件性能，如图3.7.1（b）所示。

逆压电效应对氮化镓器件造成的损伤具有不可逆性，对器件的可靠性构成严重威胁。

图3.7.2为氮化镓器件在关态高场应力下因逆压电效应导致失效的典型TEM图。如图3.7.2（a）所示，应力施加前器件的原始结构中几乎不存在任何明显的晶体缺陷。然而，在图3.7.2（b）所示的应力后器件TEM形貌图中，可以明显看到器件栅极靠近漏极一侧的边缘处出现了明显的裂纹。这主要是因为在较高的漏极电压下，器件栅极靠近漏极边缘处会产生较高的电场，如图3.7.2（c）所示仿真结果，这个高电场会诱发逆压电效应，从而导致AlGaN层发生晶格弛豫现象，极端情况下甚至会导致器件局部区域出现裂纹。

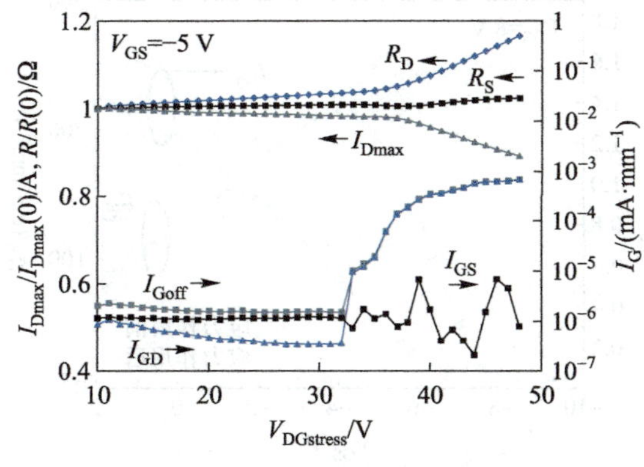

(a) 关态：临界电压对主要电特性的影响

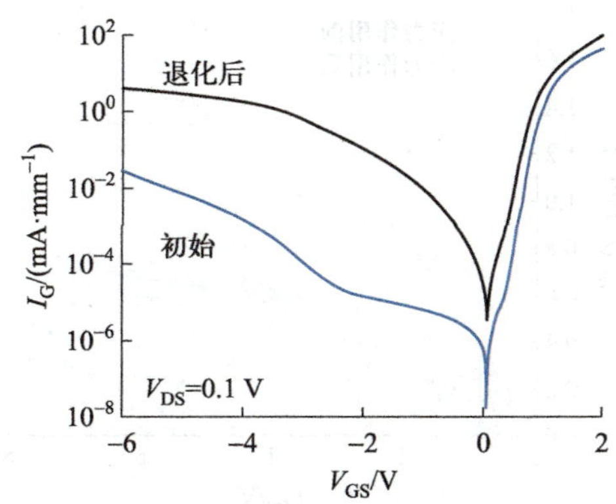

(b) 器件反向漏电流显著增加

图 3.7.1 关态高场应力下氮化镓器件逆压电效应对电特性的影响

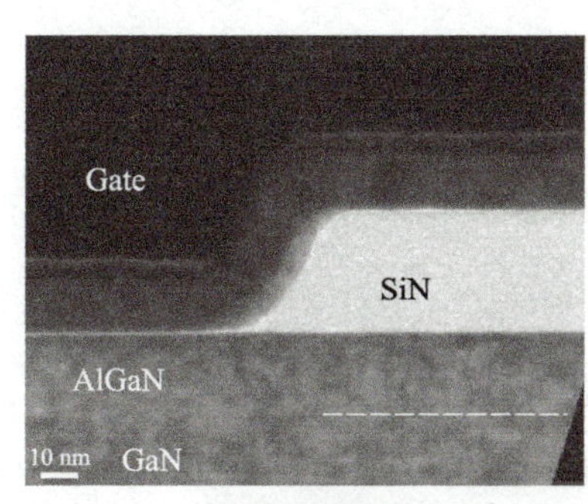

(a) 参照器件　　(b) 逆压电效应导致的裂纹

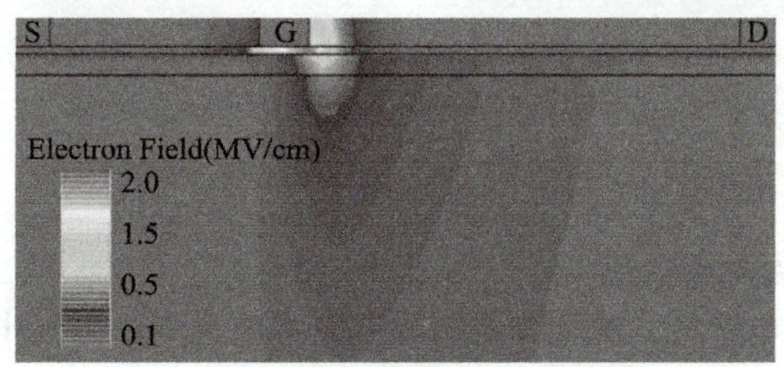

(c) 关态应力下器件内部电场分布

图 3.7.2 关态高场应力下氮化镓器件逆压电效应导致失效的典型 TEM 图

2. 陷阱俘获效应

关态应力下，陷阱俘获效应也是导致氮化镓器件退化的一个重要机制。关态高场应力下，沟道载流子容易被器件内部的陷阱所俘获。这些陷阱可能存在于材料界面、缺陷处或其他位置。随着载流子的俘获，器件沟道中的二维电子气（2DEG）密度显著降低，从而导致器件性能退化。这些退化主要包括：饱和漏极电流减小、阈值电压漂移、跨导降低以及栅泄漏电流增大，如图 3.7.3 所示。

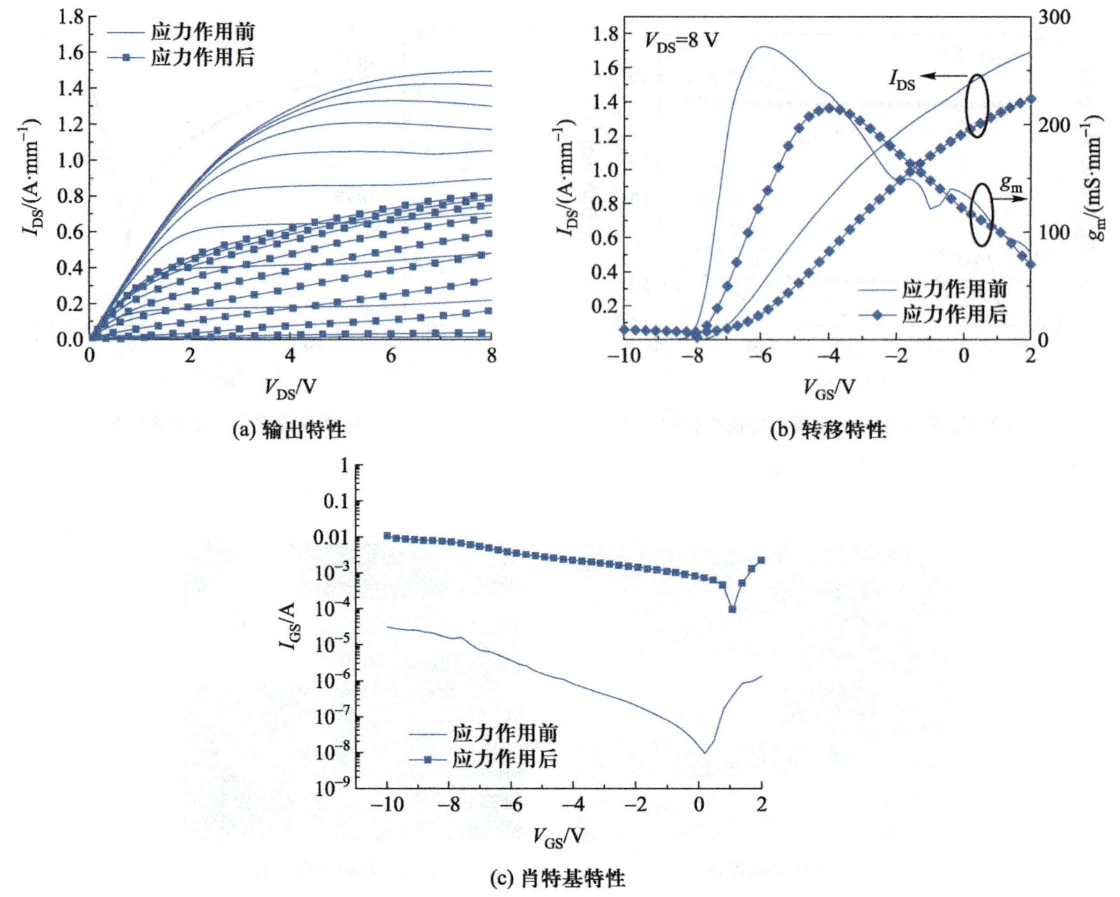

图 3.7.3 关态高场应力下陷阱俘获效应对器件电学特性的影响

3.7.2 开态应力下的退化

1. 氮化镓器件的热载流子效应

由于存在高密度二维电子气，氮化镓器件的电流密度远高于硅基半导体器件以及砷化镓基半导体器件。当器件处于导通状态时，高密度的工作电流会对器件的可靠性带来显著影响。特别是由于氮化镓器件的工作电压较高，沟道电子在高电压作用下获得足够的能量，进而成为高能热电子。这些高能热电子进入氮化镓器件的缓冲层、势垒层、钝化层，与晶格发生碰撞，产生界面态、表面态等缺陷，部分热电子也可能被这些陷阱俘获，形成空间或者界面陷落电荷，引起器件性能的退化，这种现象也称为氮化镓器件的热电子效应，如图 3.7.4 所示。

热电子效应引起的器件性能退化主要参数包括：阈值电压、峰值跨导、漏极饱和电流、栅极泄漏电流、导通电阻、输出功率等。

2. 开态应力下氮化镓器件退化机理

由于氮化镓器件结构、工艺等不同，开态条件下器件的退化现象及机理也表现为不同。其退化主要可以总结为以下：

(1) 开态应力下缓冲层相关的退化

若器件的工作电压较高，会在漏极边缘产生高的局部电场。开态应力条件提供了大量的

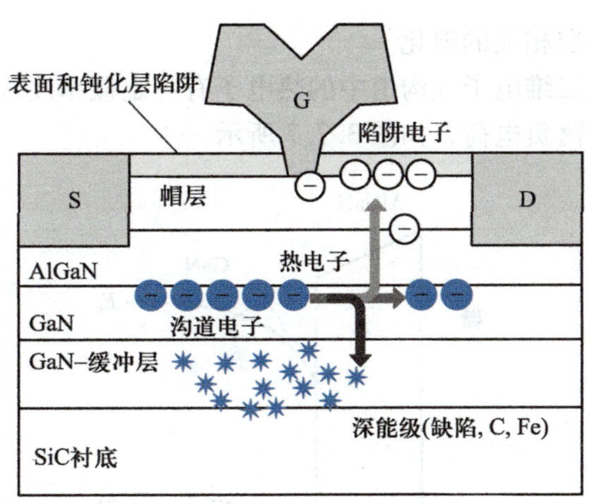

图 3.7.4 开态应力下氮化镓器件热电子效应示意图

沟道电子，这些电子受高电场作用，在漏极边缘形成高能热电子。高能热电子有很高的概率被注入氮化镓缓冲层中，并与氮化镓晶格发生能量交换，从而在缓冲层中引入点缺陷和位错，并且形成了陷落负电荷耗尽沟道内电子，如图 3.7.5 所示。随着应力时间的增加，导致漏极饱和电流下降，以及栅极泄漏电流的增加，如图 3.7.6 所示。

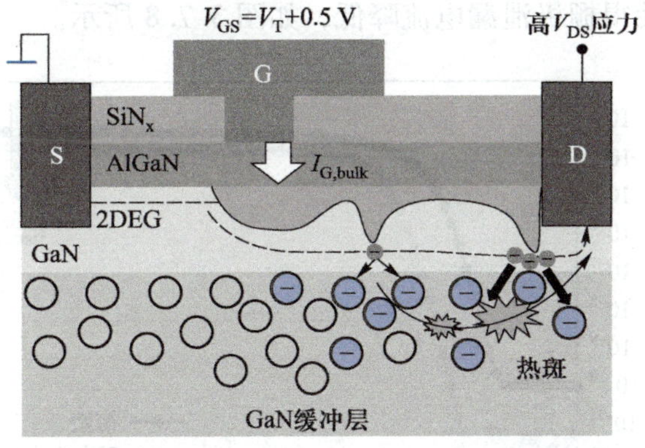

图 3.7.5 缓冲层陷落负电荷引起器件性能退化的示意图

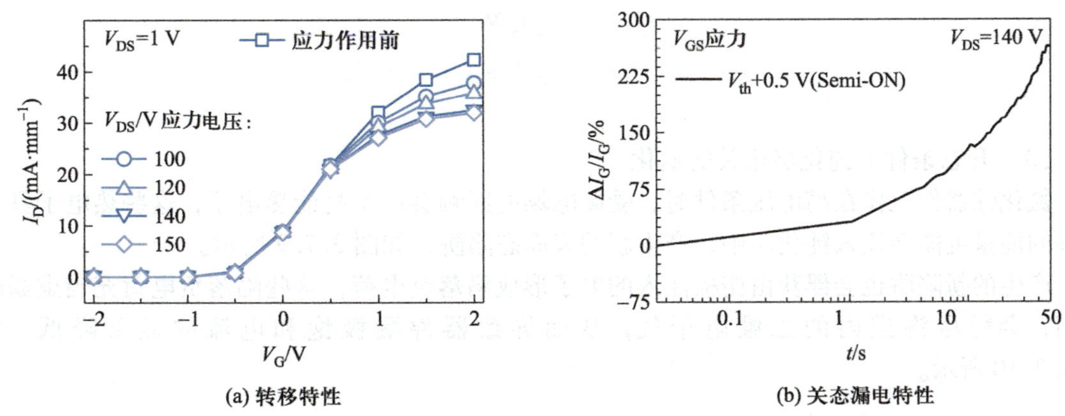

图 3.7.6 开态应力对器件电学特性的影响

(2) 开态条件下势垒层相关的退化

在开态应力过程中，二维电子气沟道中的热电子有一定概率注入 AlGaN 势垒层中，从而引入陷阱并形成势垒层陷落负电荷，如图 3.7.7 所示。

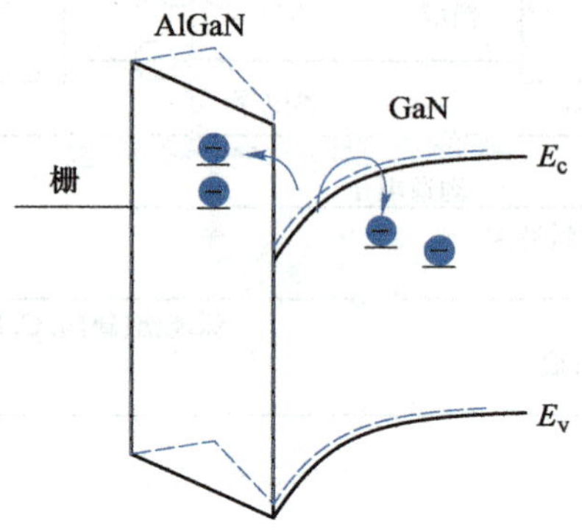

图 3.7.7 沟道热电子陷落于势垒层后引起的能带变化

这些陷落电荷会对二维电子气沟道产生耗尽作用，减小沟道电子密度，从而引起器件阈值电压的正向漂移以及饱和漏极电流的下降。同时，由于陷落负电荷的存在，也会提升势垒层中局部区域的能带，使得栅极泄漏电流降低，如图 3.7.8 所示。

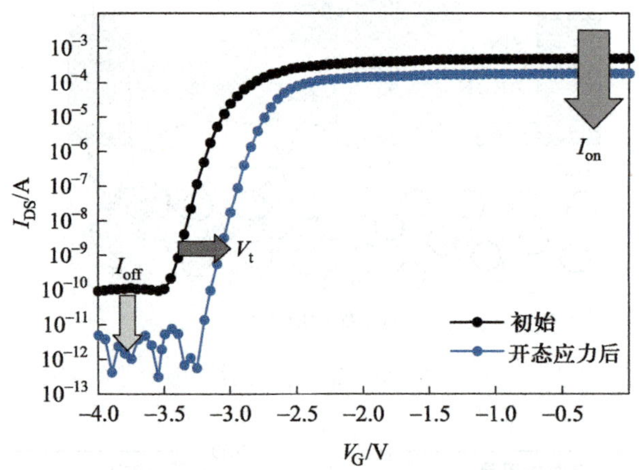

图 3.7.8 热电子对器件转移特性的影响

(3) 开态条件下钝化层相关的退化

氮化镓器件工作在高电压条件时，受高电场的影响会产生高能热电子，这些热电子具有足够的能量可能会注入钝化层中，产生新的表面态陷阱，如图 3.7.9 所示。

产生的新陷阱也会俘获由栅极注入的电子形成陷落负电荷，这些陷落负电荷充当虚栅的作用，会耗尽沟道内的二维电子气，从而导致器件漏极饱和电流的显著降低，如图 3.7.10 所示。

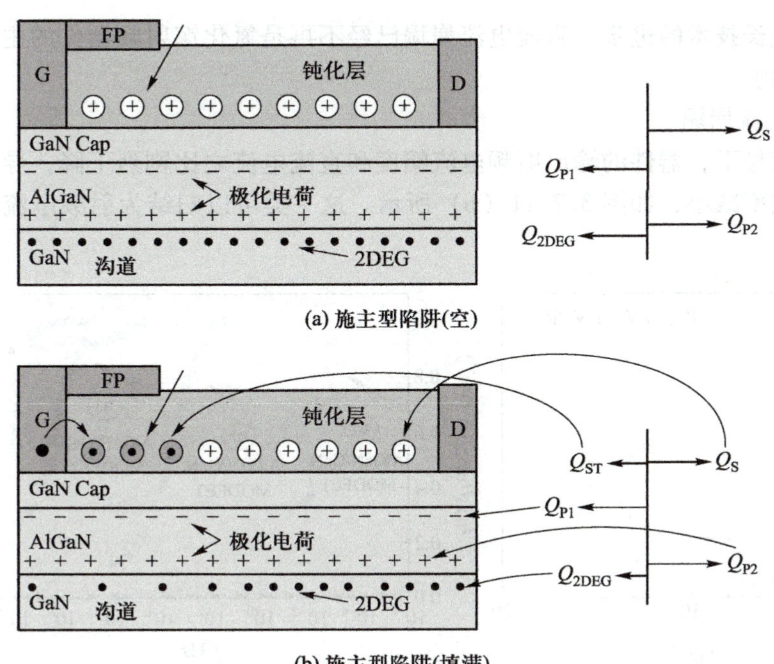

图 3.7.9　沟道热电子陷落于钝化层后对沟道内二维电子气产生耗尽

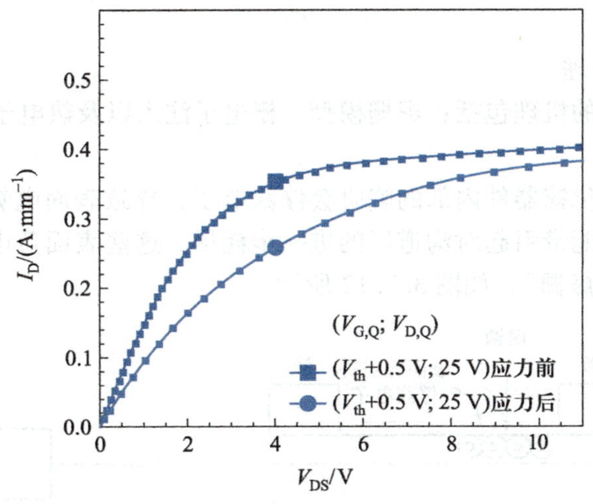

图 3.7.10　开态应力对器件输出特性的影响

3.7.3　电流崩塌效应

1. 氮化镓器件的电流崩塌效应

电流崩塌效应指在一定条件下氮化镓器件输出电流下降的现象，进而导致膝点电压、输出功率密度和功率附加效率等特性退化。根据崩塌表现的不同，电流崩塌现象分两种情况。

（1）直流电流崩塌

器件在承受高漏极偏置电压冲击后，直流输出电流减小，如图 3.7.11（a）所示，称之为直流电流崩塌现象。

随着材料生长技术的进步，直流电流崩塌已经不再是氮化镓射频器件的主要问题，目前可控制在5%以内。

（2）射频电流崩塌

在高频大信号下，器件的输出射频电流幅度和直流电流之比剧烈下降，导致输出功率密度和功率附加效率减小，如图3.7.11（b）所示。这一类可以归结为射频电流崩塌现象，也称为射频分散。

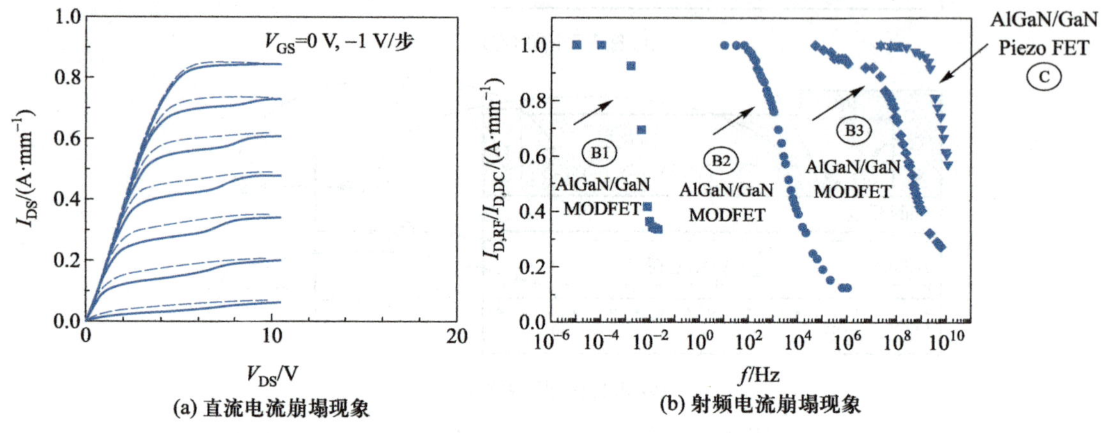

图3.7.11　氮化镓器件中电流崩塌效应的典型结果

2. 电流崩塌效应机理

导致电流崩塌效应的机理包括：虚栅模型、栅电子注入以及热电子注入。

（1）虚栅模型

虚栅模型认为，氮化镓器件内部的陷阱会俘获电子，导致表面电势变负，不仅使沟道电子浓度减小，还会抬高能带引起对沟道层的进一步耗尽。这些表面负电荷的作用相当于一个负偏压的金属栅，即“虚栅”，如图3.7.12所示。

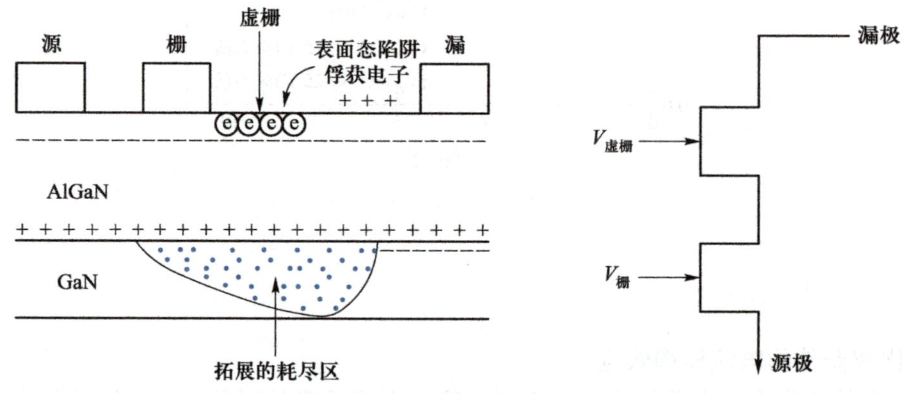

图3.7.12　虚栅模型示意图

当器件处于射频工作状态时，信号频率较高，而被捕获的电子释放需要时间，该时间跟不上信号频率的变化，故虚栅对沟道电子产生调制作用，使输出电流减小，严重影响器件的输出功率密度和功率附加效率，导致电流崩塌。形成虚栅的陷阱不仅可能是表面态，也可能是势垒层的深能级或缓冲层陷阱等，但由于电流崩塌与表面态具有强相关性，表面态陷阱作用的可能性最大。

(2) 栅电子注入

当对器件施加高漏极偏置电压时，栅极靠近漏极一侧的边缘处存在一个强电场峰，栅极上的电子可以通过该电场峰隧穿注入势垒层表面，产生栅极-漏极间的泄漏电流，如图 3.7.13 所示。

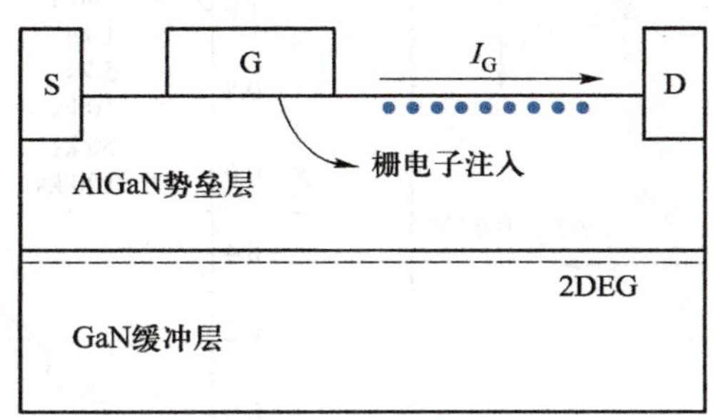

图 3.7.13　栅电子注入示意图

栅极电流向 AlGaN 势垒层表面注入电子，增加了表面负电荷，相当于给虚栅充电，进一步抬高 AlGaN 层势垒，降低了沟道电子浓度，引起漏电流和跨导下降，最终导致电流崩塌。

(3) 热电子注入

如图 3.7.14 所示，在器件的开态、半开态或射频工作等应力下，沟道会处于高温或高场状态，沟道中的电子易获得能量成为高能热电子并溢出沟道势阱，被势垒层陷阱、缓冲层陷阱或 AlGaN 表面态陷阱俘获，导致沟道电子密度减小。表面态俘获的电子还可能会在栅极边缘形成一个虚栅，随着漏极应力时间和电压的增加，虚栅逐渐向漏极延伸，引起漏电流和跨导下降。

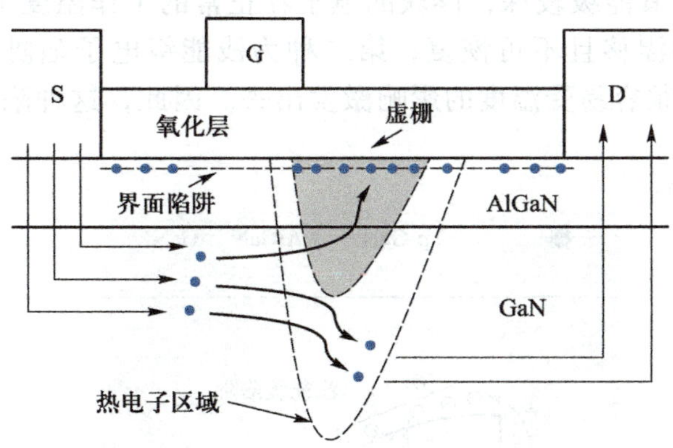

图 3.7.14　热电子注入示意图

3.7.4　高温反偏（HTRB）效应

氮化镓电力电子器件往往工作电压较高，同时承受着高结温，因此实际应用中器件通常受到高温和关态高场的耦合作用，即高温反偏应力的影响。高温反向偏置（high temperature reverse bias，HTRB）试验是检测电力电子器件可靠性的一个重要项目。HTRB 应力对氮化镓电力电子器件的影响主要表现在饱和漏极电流下降、阈值电压漂移、导通电阻增加等。

图 3.7.15 为 200 ℃的高温应力和 80 V 的漏极偏置应力耦合作用下，p-GaN 栅氮化镓 HEMT 器件转移和输出特性的变化。从图中可以看出，随着 HTRB 应力时间增加，器件阈值电压持续正向漂移，饱和漏极电流减小约 16%，导通电阻逐渐增大。

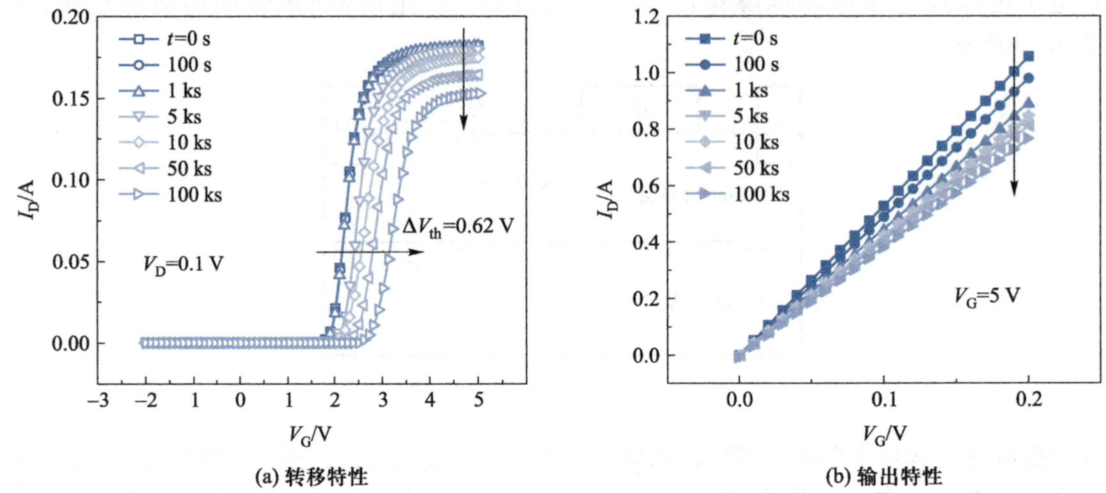

图 3.7.15 HTRB 应力下器件特性随应力时间的变化

施加 HTRB 应力时，金属/p-GaN 二极管处于正向偏置，电子通过热发射从栅极注入 p-GaN 层。而 p-GaN/AlGaN 二极管处于反向偏置，p-GaN 层部分耗尽，p-GaN/AlGaN 界面附近的 p-GaN 层中出现了一个高电场区域，注入的电子在高电场下加速，成为高能电子。这些高能电子可以与 p-GaN 层的晶格发生碰撞，产生两种电子陷阱（图 3.7.16）：第一种为深能级陷阱，其能级较深，俘获的电子在正常的工作温度下很难被激发到导带，从而导致阈值电压正向漂移且不可恢复；第二种为浅能级电子陷阱，其能级相对浅，在 HTRB 应力俘获的电子很容易受温度的影响激发出去。因此，这种陷阱造成的器件性能退化很容易被恢复。

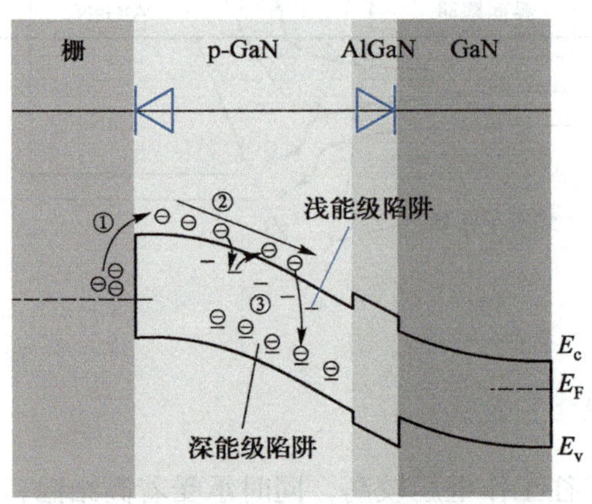

图 3.7.16 HTRB 应力下栅极能带示意图

3.7.5 射频应力下的退化

上述讨论均为比较简单的直流条件下器件的退化，事实上作为射频器件，其典型工作状态为射频条件。射频条件下的退化更能接近器件的真实使用状态。

在高输入功率应力施加过程中，产生了一定量的高能热电子，这些热电子获得足够的能量并注入 AlGaN/GaN 界面处，与晶格碰撞产生物理缺陷或悬挂键充当界面态陷阱，或者形成陷落负电荷，这会对二维电子气沟道电子产生一定的耗尽作用，使得沟道电子浓度减小，最终导致器件输出功率降低、饱和漏极电流下降以及跨导的减小。

图 3.7.17 为实际测量的高输入功率应力对氮化镓器件主要电学特性的影响实例。从图中可以看出，高输入功率应力后，器件的输出功率显著降低（约 0.5 dB）、漏极饱和电流明显下降（约 22%），同时峰值跨导降低。

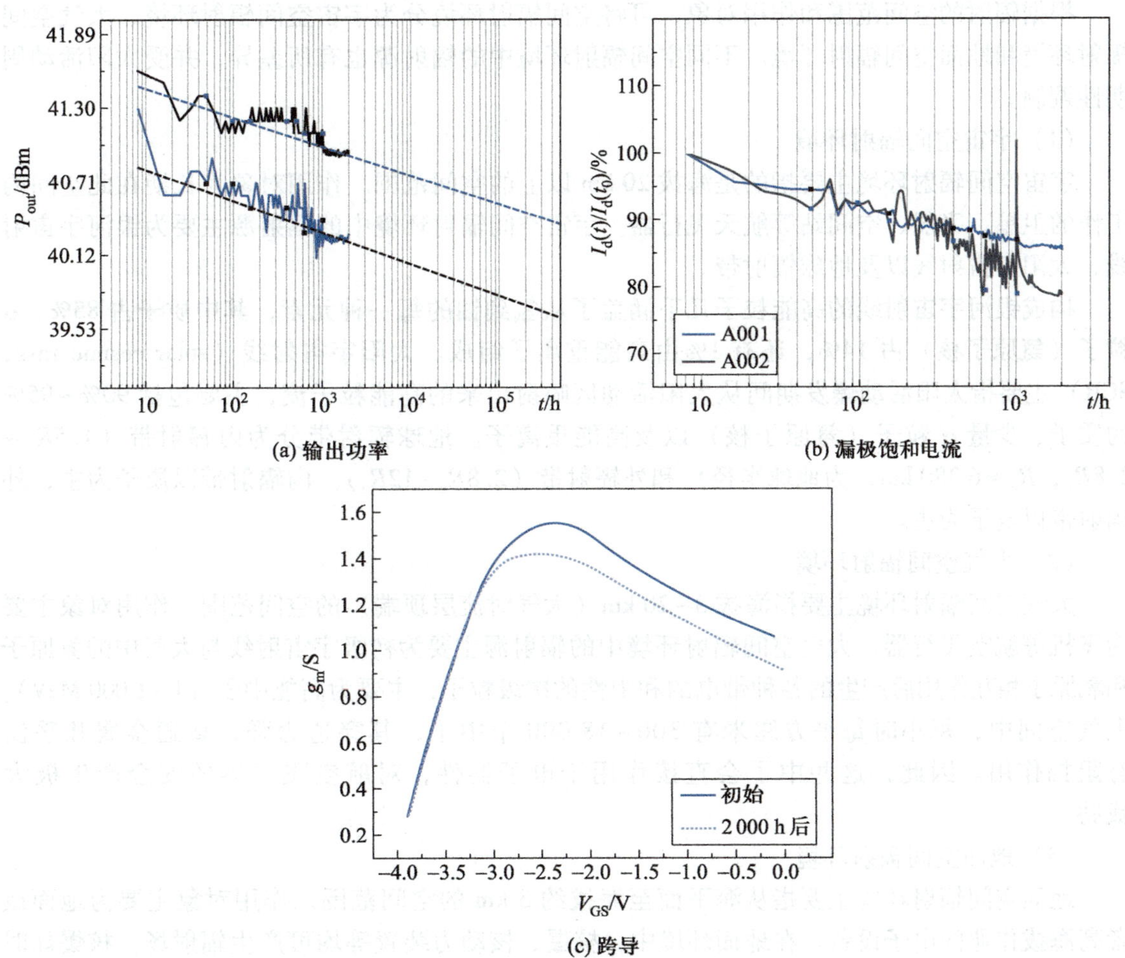

图 3.7.17 高输入功率应力对器件电学特性的影响

3.8 辐射效应

随着航空航天技术和核技术的发展，越来越多的电子器件不可避免地要用于各种辐射环境中。相比于 Si 基器件，氮化镓器件理论上具有更加强的耐辐射能力，在航天领域具有极大的应用潜力。然而，现有结果表明氮化镓器件仍然表现出不同程度的退化。

本节重点介绍氮化镓器件在典型辐射环境下（总剂量效应、位移损伤效应以及单粒子效应）的退化现象、失效机理以及抗辐照加固措施。

3.8.1 辐射环境

目前对半导体器件影响最大的辐射环境包括空间辐射环境和核辐射环境。

1. 空间辐射环境

根据辐射的空间范围和作用对象，可将空间辐射环境分为宇宙空间辐射环境、大气空间辐射环境和地面空间辐射环境。不同空间辐射环境中的辐射源也有所差异，并受太阳活动周期性调制。

（1）宇宙空间辐射环境

宇宙空间辐射环境主要指的是海拔 20 km 以上的空间范围。作用对象为长期在此空间内工作的卫星、飞船、空间站等航天飞行器。宇宙空间辐射环境中的辐射源主要为银河宇宙射线、太阳宇宙射线以及地球辐射带。

构成银河宇宙射线的高能粒子几乎涵盖了从氢到铀的每一种元素，其中质子占 85%，α 粒子（氦原子核）占 14%，还有 1%由高能重离子组成。太阳宇宙射线（solar cosmic rays，SCR）主要指太阳活动爆发期间从太阳活动区喷射出来的高能粒子流，主要包括 90%~95%的质子、少量 α 粒子（氦原子核）以及高能重离子。地球辐射带分为内辐射带（$1.5R_e$~$2.8R_e$，$R_e\approx6\,380$ km，为地球半径）和外辐射带（$2.8R_e$~$12R_e$）。内辐射带以质子为主，外辐射带以电子为主。

（2）大气空间辐射环境

大气空间辐射环境主要指海拔 3~20 km（大气对流层顶端）的空间范围。作用对象主要为飞机等航空飞行器。大气空间辐射环境中的辐射源主要为初级宇宙射线与大气中的氮原子和氧原子相互作用后产生的各种带电的和中性的次级粒子，主要为高能中子（1~1 000 MeV）。大气空间中，每小时每平方厘米有 300~18 000 个中子，其穿透力强，普通金属几乎没有阻挡作用。因此，这些中子会直接作用于电子器件，对航空飞行器的安全产生极大威胁。

（3）地面空间辐射环境

地面空间辐射环境主要指从海平面至海拔约 3 km 的空间范围，作用对象主要为地面或者高海拔作业的电子设备。在地面环境中，核爆、核动力装置等均可产生辐射场。核爆炸时会产生大量高能粒子和电磁脉冲，其能量主要以 X 射线、γ 射线和中子等形式释放。核动力装置如核电站、核潜艇等运行所产生的辐射源主要是低剂量率的 γ 射线和中子。

2. 核辐射环境

除了天然辐射环境外，核爆炸也会形成恶劣的辐射环境。核爆炸产生的电磁脉冲会对破坏半径内的电子元器件产生瞬时或永久的损伤。核爆炸会产生大量的中子、X射线、γ射线对电子设备和元器件威胁极大。

3.8.2 辐射效应

对于半导体器件，辐照效应主要包括位移效应、电离效应、瞬时辐照效应和单粒子效应。辐照损伤程度还与辐照剂量以及剂量率有关。

1. 位移效应

位移效应主要是由中子、质子、重粒子等产生的一种效应。当粒子与半导体材料中原子发生碰撞时，晶格上原子获得足够能量而离开所在晶格位置成为间隙原子，并留下一个空位。这种现象就称为位移效应。

如果晶格原子能量足够高，在运动过程中还可能使得路径上更多晶格原子发生位移，在晶体内形成局部损伤区。

位移效应虽然没有产生新载流子，但是由于在材料中产生缺陷，形成了位于禁带中的复合中心和散射中心能级。复合中心的增加使得载流子复合作用增强，散射中心增加导致载流子寿命和迁移率等参数下降，材料参数的这类变化均会导致器件性能退化。

2. 电离效应

电子、质子、γ射线等辐射粒子进入半导体材料后，与价电子作用可能使得价电子获得足够能量脱离原子束缚、脱离共价键成为自由电子，产生电子-空穴对，称之为碰撞电离。

材料中电离产生电子-空穴对，电子-空穴对可能发生复合、扩散和漂移。在电场的作用下，电子-空穴对会发生分离。在半导体材料以及绝缘材料中，电子和空穴的迁移速度是不同的，例如电子和空穴在SiO_2中的迁移率分别为20 $cm^2/V\cdot s$和1×10^{-5} $cm^2/V\cdot s$。电子迁移速度较快，而空穴迁移速度较慢。大多数的电子会迅速（几皮秒内）漂移。缓慢漂移的空穴会被氧化层内部以及与界面处原先存在的陷阱所俘获，形成正的陷阱电荷和界面陷阱电荷。这种效应必然导致器件性能退化甚至失效。

3. 瞬时辐照效应

瞬时γ脉冲在pn结空间电荷区产生大量电子-空穴对，在结电场作用下产生瞬时光电流，会造成器件瞬时损伤。

4. 单粒子效应

单粒子效应（single event effect，SEE）是由能量足够大的单个粒子，产生数量极大的电离电子-空穴对，造成器件损伤的瞬态效应，主要包括单粒子翻转、单粒子烧毁、单粒子栅穿等。

需要说明的是，辐射总剂量效应引起的损伤程度与器件吸收的辐射剂量有关。

（1）辐射剂量

辐射剂量指辐射环境下单位材料质量所吸收的能量值，国际单位为戈瑞（Gy）。

$$1\ \mathrm{Gy}=1\ \mathrm{J/kg}$$

剂量曾用过单位“拉德（rad）”，其关系为1 rad=0.01 Gy。

对于中子、质子等辐照，则用单位面积照射的中子数表示注入量，例如10^{10}个$/cm^2$。

（2）总剂量效应

随着器件吸收剂量的增加，器件性能退化更加严重。当剂量积累到一定程度时器件就会失效，这种现象称为总剂量效应。因此，它是一种累积效应。

（3）剂量率

剂量率表明单位时间内半导体材料从高能辐射环境中吸取的能量。

单位为 Gy/h（戈瑞/时）或 rad/h（拉德/时）。

已有研究表明，对于部分器件，其所受的辐照尚未达到总剂量阈值，但在低剂量率下，也可能出现导致器件性能明显退化甚至失效。

3.8.3 氮化镓器件的总剂量效应

总剂量效应会引起氮化镓器件的阈值电压、峰值跨导、漏极饱和电流以及栅极漏电流等电学参数的退化。下面分析导致参数退化的主要机理。

1. 总剂量效应对氮化镓器件沟道界面（AlGaN/GaN 界面）的影响

图 3.8.1（a）、（b）以及（c）分别是总剂量为 10 Mrad 的 γ 射线辐照前后氮化镓器件的输出特性曲线、转移特性曲线以及跨导特性曲线的变化。可以发现，辐照后氮化镓器件的阈值电压向右漂移，饱和漏极电流下降了约 16%，最大跨导降低了约 6%。

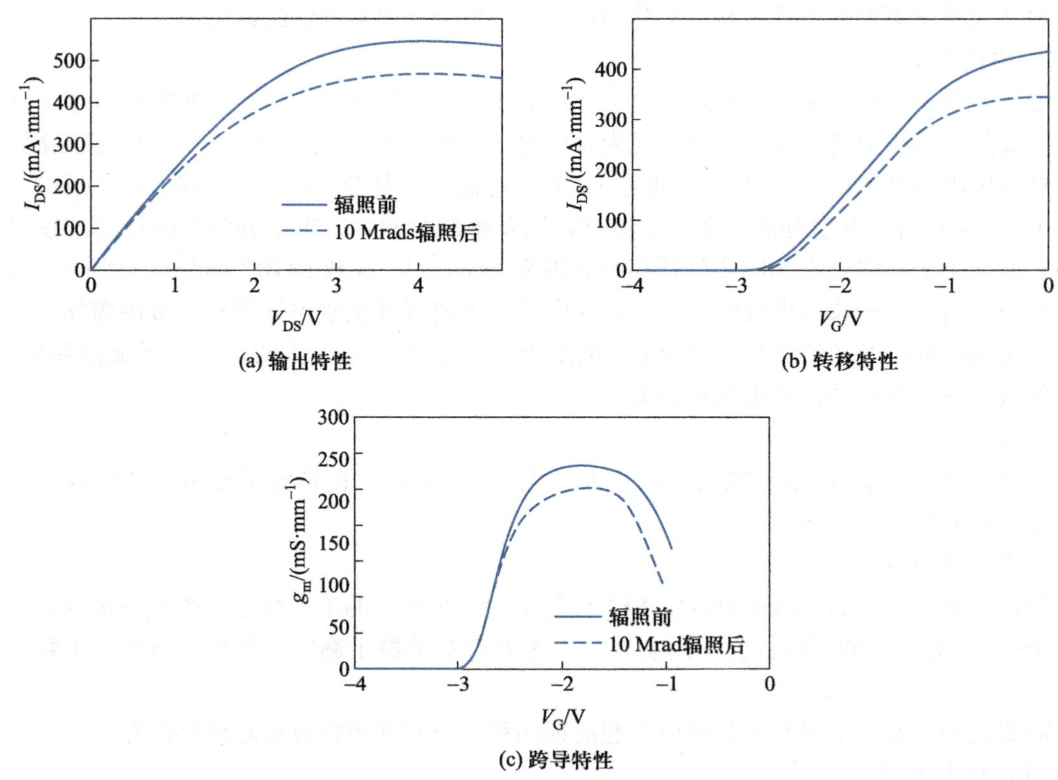

图 3.8.1 γ 射线辐照对器件电学特性的影响

γ 射线辐照后，氮化镓器件的载流子迁移率和载流子面密度均下降，其中载流子迁移率的下降占主导地位。图 3.8.2（a）和（b）分别为未辐照时氮化镓器件界面应变的 TEM 图和几何相位分析结果，（c）和（d）为对应 10 Mrad γ 射线辐照后的结果。如图 3.8.2 所示，相对于体材料，沟道界面的残余应变明显更高，辐照后应变比例尺由 0.4%上升至 1.5%，界面的应变程度显著增大。该现象说明界面更容易受到 γ 射线辐照的影响，易产生大量原子级结构缺陷。高缺陷密度增加了深能级陷阱的数量，促进了电子的散射和俘获，降低了载流子迁移率和密度，导致阈值电压的正向漂移以及饱和漏极电流和跨导峰值的下降。

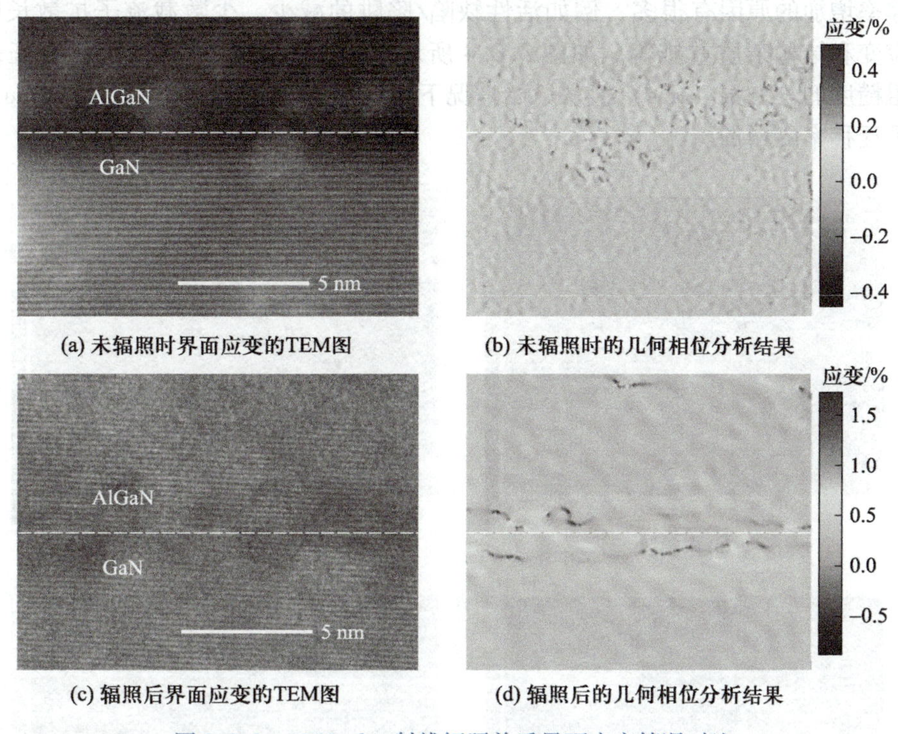

(a) 未辐照时界面应变的TEM图 (b) 未辐照时的几何相位分析结果

(c) 辐照后界面应变的TEM图 (d) 辐照后的几何相位分析结果

图 3.8.2 10 Mrad γ 射线辐照前后界面应变情况对比

2. 总剂量效应对氮化镓器件 AlGaN 层表面的影响

图 3.8.3（a）和（b）分别为总剂量为 3.5 Mrad 的 γ 射线辐照前后氮化镓器件的转移特性曲线和输出特性曲线。辐照后，器件的阈值电压向右漂移，饱和漏极电流（$V_{GS}=-1$ V 时）上升（约 25%），峰值跨导增大（约 16%）。

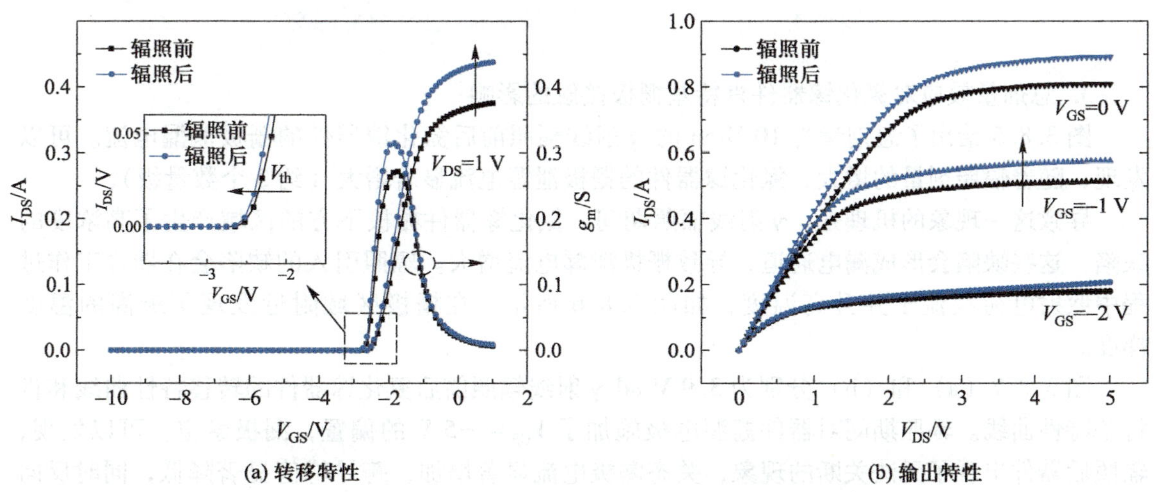

(a) 转移特性 (b) 输出特性

图 3.8.3 3.5 Mrad γ 射线辐照对器件电学特性的影响

对这一现象的解释是：通过基于物理的紧凑模型，拟合不同参数变化对输出特性曲线和转移特性曲线的影响，可以发现电子迁移率的增加是 γ 射线辐照下电流增加的根本原因。导致电子迁移率增加的原因有很多，例如活性缺陷/陷阱的减少，少数载流子扩散长度的增加以及弹性应变和结构杂质重排等。如图 3.8.4 所示，γ 辐照后通过 AFM 分析表征表面粗糙度，表面粗糙度的均方根（rms）值从原始情况下的 0.9 nm 降低到辐照后的 0.4 nm，这也可能导致电子迁移率的增加。

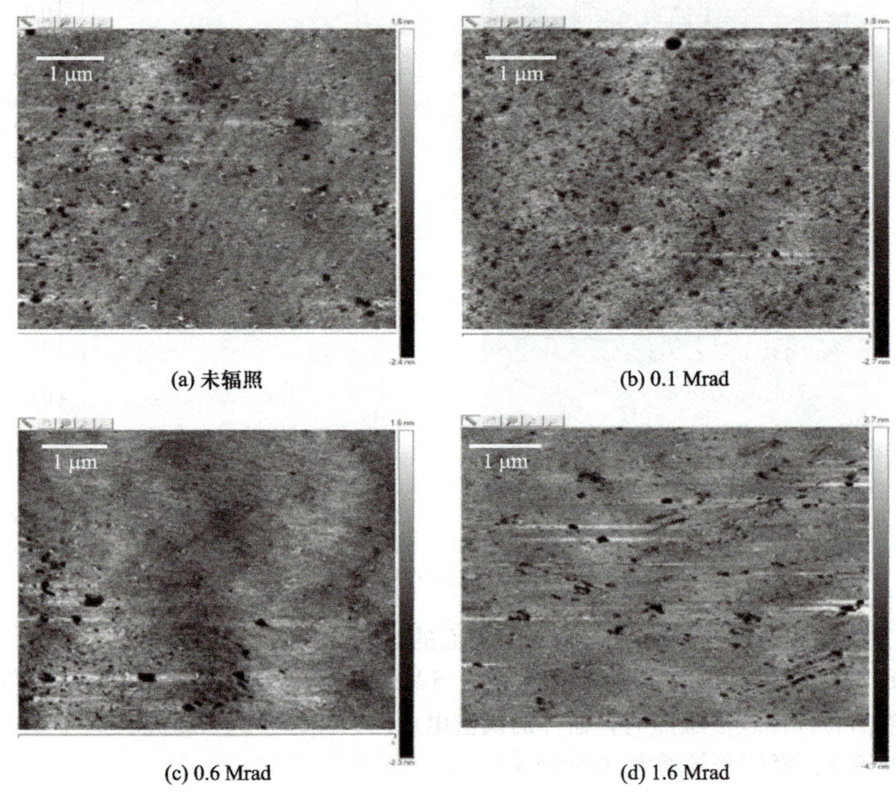

图 3.8.4 不同剂量 γ 射线辐照后 AlGaN 层的 AFM 图像

3. 总剂量效应对氮化镓器件肖特基栅极接触的影响

图 3.8.5 给出了总剂量为 10 Mrad 的 γ 射线辐照前后氮化镓器件的栅极泄漏电流。可以发现，随着辐照剂量的增大，氮化镓器件的栅极泄漏电流显著增大（约 3 个数量级）。

导致这一现象的机理是：γ 射线辐照期间，氮化镓器件栅极下方的区域产生了高浓度的缺陷，这些缺陷会形成漏电通道，导致栅极泄漏电流增大。辐照引入的缺陷会在器件工作过程中散射电荷载流子并升高温度，如图 3.8.6 所示，在栅极区域附近发现了最高的温度梯度。

图 3.8.7（a）和（b）分别为 3.9 Mrad γ 射线辐照前后氮化镓器件的转移特性曲线和肖特基特性曲线。辐照期间对器件栅源电极施加了 $V_{GS} = -5$ V 的偏置，漏极悬空。可以发现，辐照后器件出现了无法关断的现象，关态漏极电流显著增加，跨导峰值显著降低，同时反向栅极电流增大，正向栅极电流减小。

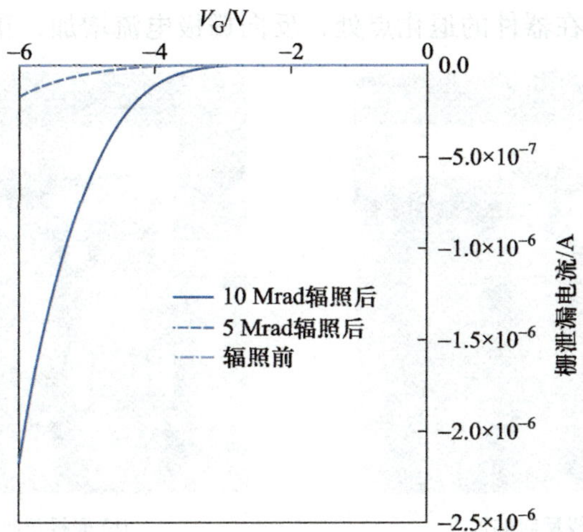

图 3.8.5 10 Mrad γ 射线辐照对器件肖特基特性的影响

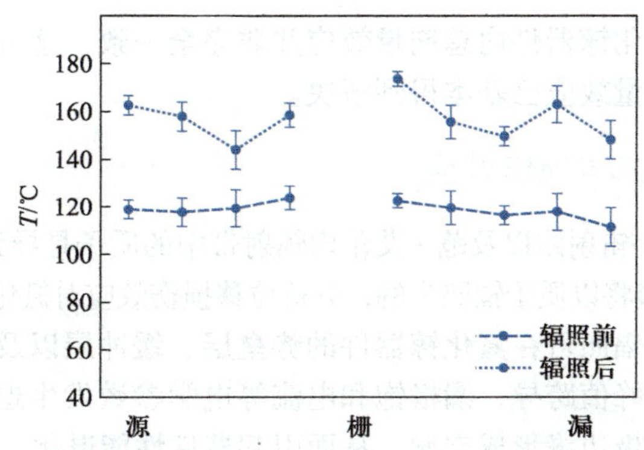

图 3.8.6 γ 射线辐照前后器件温度曲线

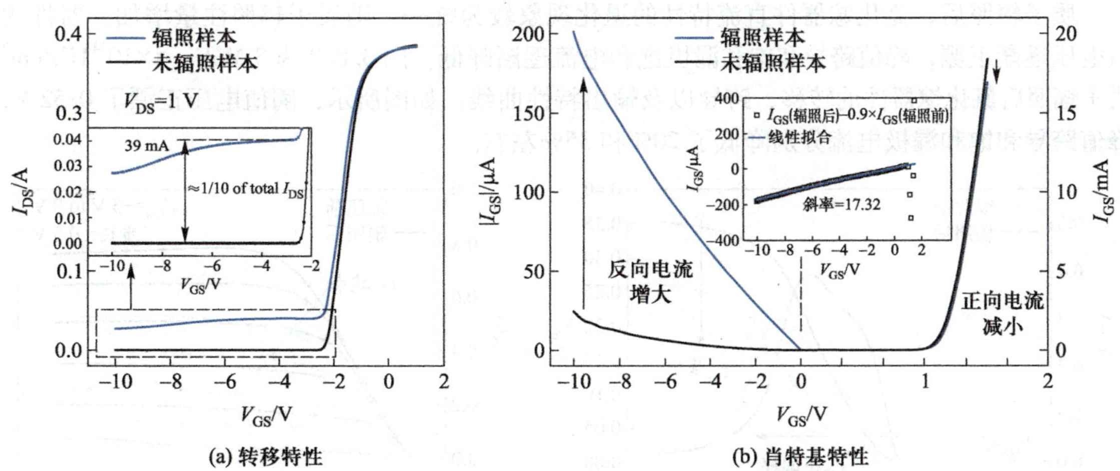

图 3.8.7 3.9 Mrad γ 射线辐照对器件电学特性的影响

导致这一现象的机理是：γ 射线辐照在氮化镓器件的栅指中诱导出一个退化点，在退化点处产生了栅极无法控制的泄漏路径，出现器件无法关断的现象。如图 3.8.8 的 γ 射线辐照后器件 EMMI 图像所示，在器件的退化点处，反向栅极电流增加，正向电流减小。

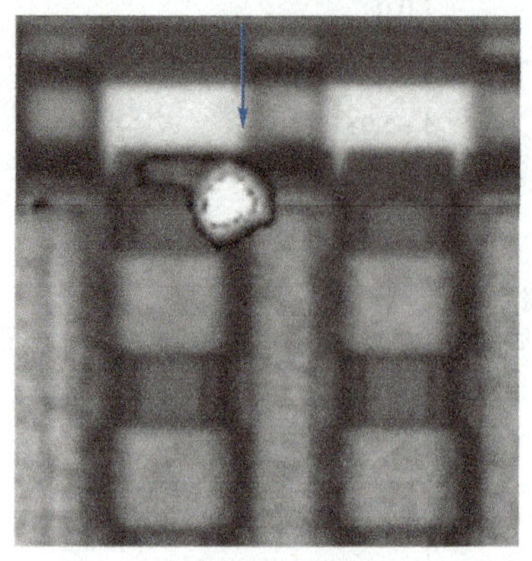

(a) 栅极反向偏置

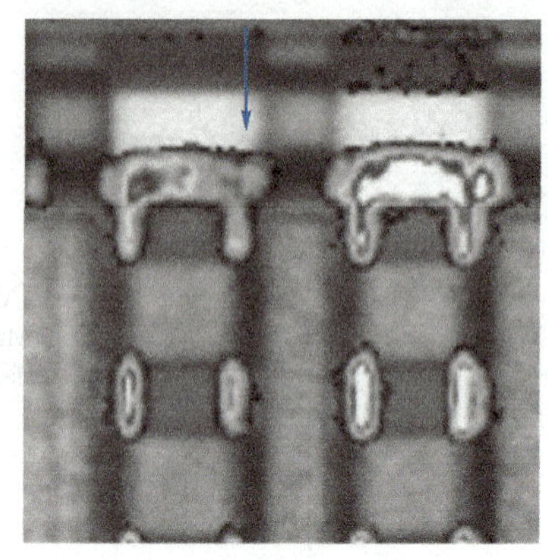
(b) 栅极正向偏置

图 3.8.8　γ 射线辐照后器件的 EMMI 图像

需要说明的是上述氮化镓器件内总剂量效应并非完全一致，这可能是器件结构及工艺的影响。目前来看，其总剂量效应已基本得到解决。

3.8.4　氮化镓器件的位移损伤效应

银河宇宙射线、太阳宇宙射线以及范·艾伦内辐射带中的质子是导致在轨航天器产生位移损伤的主要因素。因此，本节将以质子辐照为例，分析位移损伤效应对氮化镓器件的影响。

前期研究表明，质子辐照可在氮化镓器件的势垒层、缓冲层以及沟道界面引入陷阱，从而导致器件的阈值电压、峰值跨导、漏极饱和电流等电学参数发生退化。还有研究表明，质子辐照可在氮化镓器件栅极边缘形成空洞，从而引起器件性能退化。

1. 质子辐照下势垒层相关的退化

质子辐照后，氮化镓器件直流特性的退化现象较为统一。随质子辐照注量增加，器件阈值电压逐渐正漂，峰值跨导和饱和漏极饱和电流逐渐降低。图 3.8.9 为 3 MeV、$4\times10^{14}\ H^+/cm^2$ 质子辐照后氮化镓器件的转移、跨导以及输出特性曲线。如图所示，阈值电压正漂了 0.52 V，峰值跨导和饱和漏极电流分别降低了 20%和 35%左右。

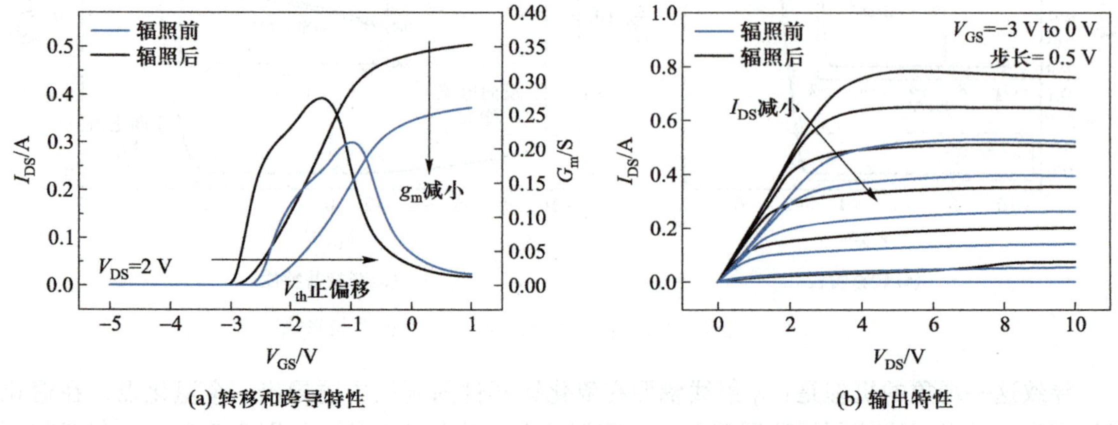

(a) 转移和跨导特性　　(b) 输出特性

图 3.8.9　质子辐照前后氮化镓器件的转移、跨导及输出特性曲线

导致这一现象的机理是：氮化镓器件势垒层原生的、能级较浅的陷阱 H_1（E_c−0.691 eV）会在质子辐照的作用下转换为能级较深的陷阱 H_1'（E_c−0.876 eV），如图 3.8.10 所示，这使得被陷阱 H_1' 俘获的电子难以再次发射。进一步可以发现，质子辐照后，陷阱 H_1' 的密度显著增加，表明参与电子俘获的陷阱数目增加，这可导致沟道电子密度降低。此外，陷阱 H_1' 可散射沟道电子，引起电子迁移率降低。沟道电子密度和迁移率的降低导致氮化镓器件的直流性能发生退化。

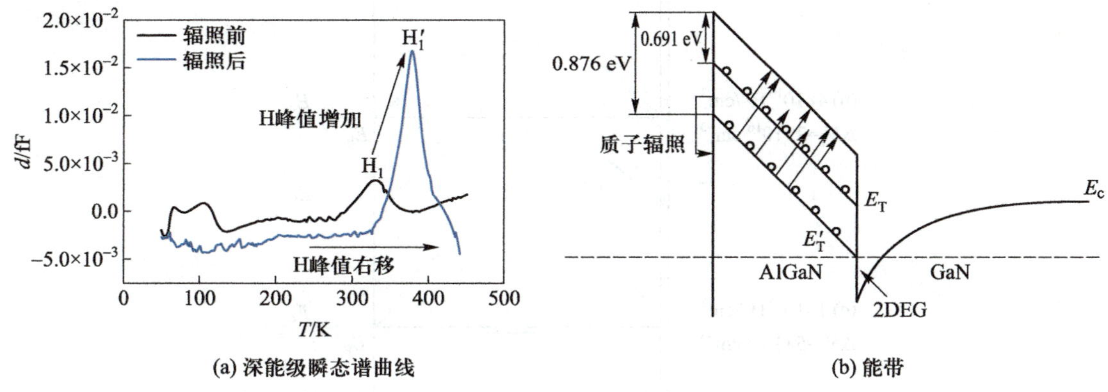

图 3.8.10 质子辐照前后氮化镓器件的深能级瞬态谱曲线和能带示意图

2. 质子辐照下缓冲层相关的退化

图 3.8.11 为不同质子辐照注量下氮化镓器件的电容（C）随电压（V）的变化曲线。随质子辐照注量增加，氮化镓器件阈值电压逐渐向右漂移。1.8 MeV、1×10^{14} H^+/cm^2 质子辐照后，阈值电压正漂了 0.62 V。

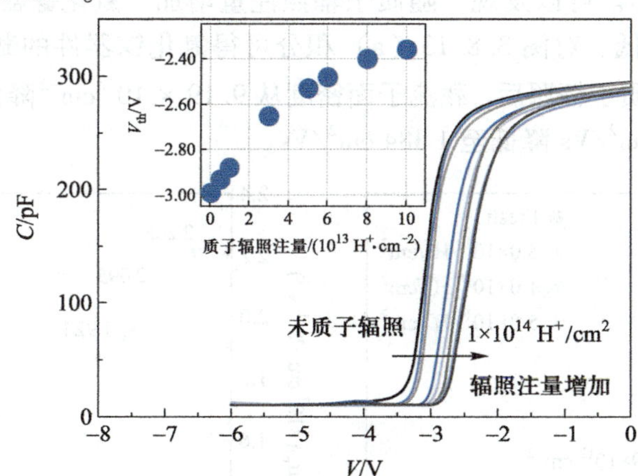

图 3.8.11 不同质子辐照注量下氮化镓器件电容随电压的变化曲线

导致这一现象的机理是：质子辐照后氮化镓器件阈值电压的正漂与辐照期间缓冲层受主陷阱的产生有关。随质子辐照注量增加，氮化镓器件缓冲层的深受主陷阱浓度逐渐增大，如图 3.8.12 所示。当质子辐照注量低于 4.6×10^{13} H^+/cm^2，辐照产生的受主陷阱主要补偿缓冲层中的背景 n 型施主陷阱，此时费米能级向价带方向大幅移动，阈值电压迅速正漂。当质子辐照注量进一步增加时，费米能级被固定在陷阱上，此时只有靠近沟道界面的受主陷阱才会进一步补偿沟道中的载流子，这导致阈值电压的移动变得缓慢。

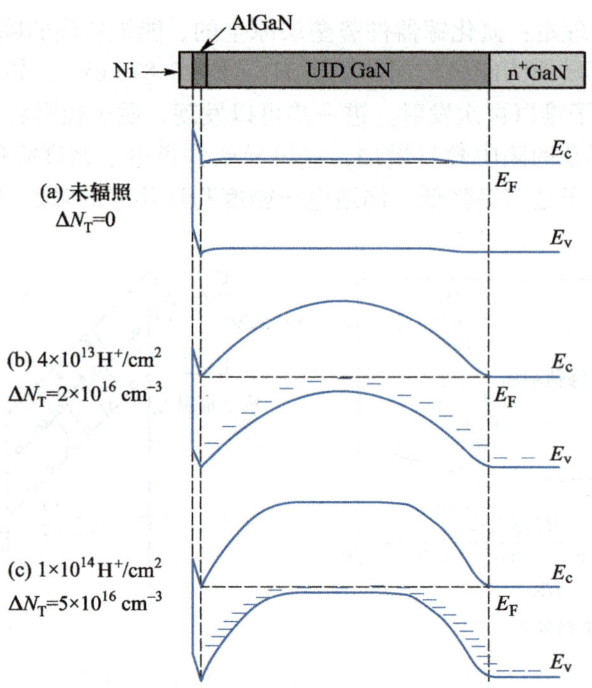

图 3.8.12 不同受主陷阱浓度（N_T）下氮化镓器件的能带图

3. 质子辐照下沟道界面（AlGaN/GaN 界面）相关的退化

图 3.8.13（a）和（b）分别为不同质子辐照注量下氮化镓器件的载流子浓度（N_{CV}）分布和载流子迁移率（μ_n）。可以发现，随质子辐照注量增加，氮化镓器件的载流子浓度峰值和载流子迁移率逐渐降低。对图 3.8.13（a）积分可得氮化镓器件的载流子面密度（N_S）。3 MeV、5×10^{14} H^+/cm^2 质子辐照后，载流子面密度从 $9.19\times10^{12}cm^{-2}$ 降低至 $8.70\times10^{12}cm^{-2}$，载流子迁移率从 2 208 cm^2/Vs 降低至 1 384 cm^2/Vs。

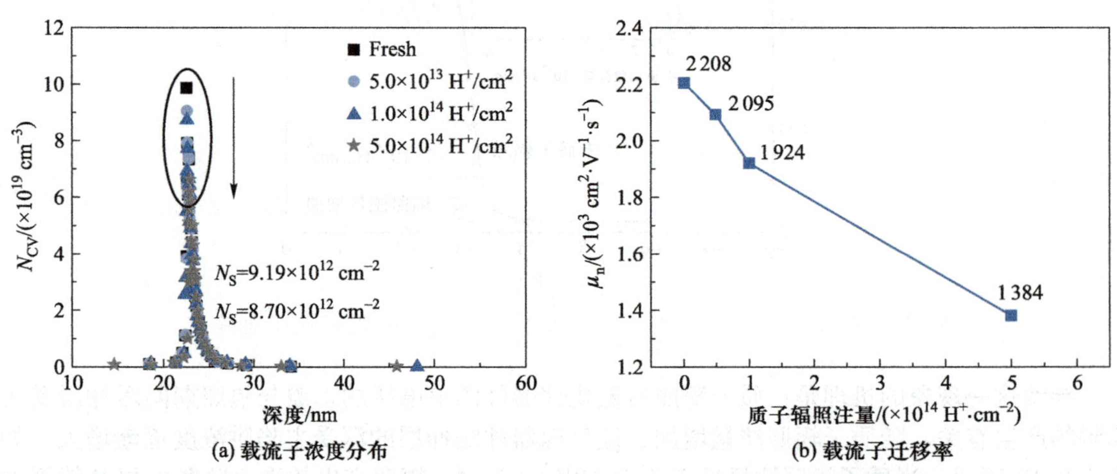

图 3.8.13 不同质子辐照注量下氮化镓器件的载流子浓度分布和迁移率

导致这一现象的机理是：图 3.8.14 为不同质子辐照注量下沟道界面陷阱的时常数（τ_T）、能级（E_T）以及密度（D_T）。随质子辐照注量增加，陷阱时常数增大，且陷阱能级加深。陷阱时常数增大和陷阱能级加深表明被俘获电子的再次发射变得更加困难。同时，界面陷阱可散射和耗尽沟道电子，引起载流子迁移率和密度的进一步降低，从而导致氮化镓器件性能退化。

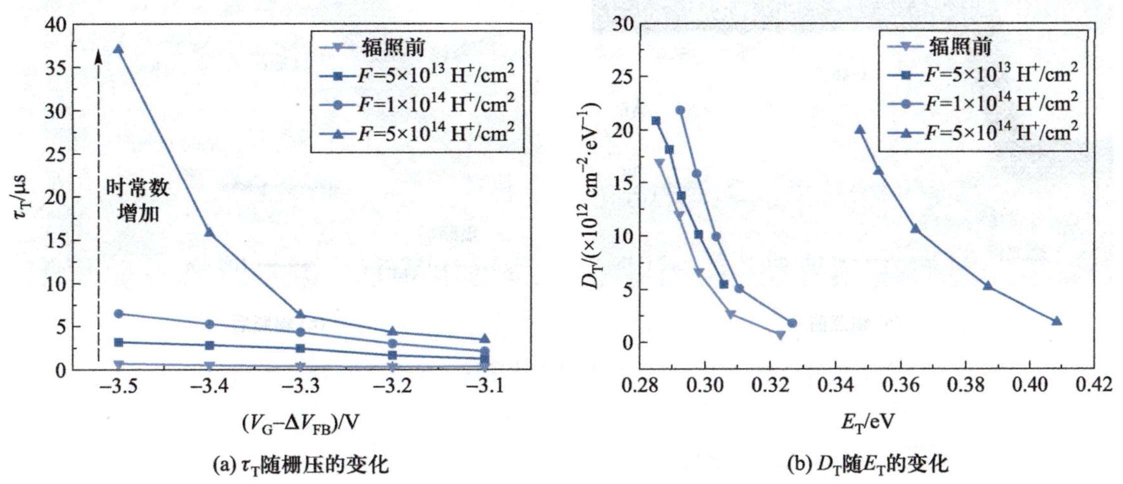

图 3.8.14 不同质子辐照注量下沟道界面陷阱 τ_T 及 D_T 的变化

4. 质子辐照下肖特基接触相关的退化

图 3.8.15（a）和（b）分别为质子辐照前后氮化镓器件的转移特性曲线和栅极泄漏电流曲线。2 MeV、$6\times10^{14}\,H^+/cm^2$ 质子辐照后，最大漏极电流降低了 38%，阈值电压正漂了 0.35 V，关态漏电流降低了 1 个数量级左右，栅极泄漏电流也明显降低。

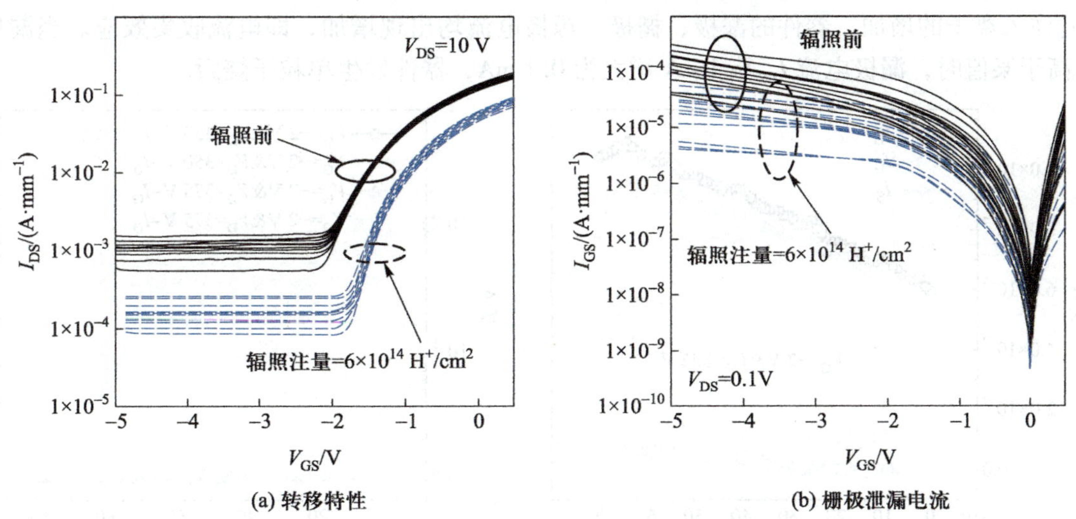

图 3.8.15 质子辐照下氮化镓器件的转移特性曲线和栅极泄漏电流曲线

对这一现象的解释为：质子辐照后，氮化镓器件性能的退化不仅与辐照期间的电子俘获有关，还与辐照期间栅金属中形成的空洞有关，如图 3.8.16 所示。质子辐照期间，90%的镍（Ni）金属向金层（Au）扩散，10%的镍金属向 AlGaN 势垒层扩散，镍金属的扩散导致栅极边缘留下约 300 nm 的空洞，该空洞的存在可降低器件的栅控能力，减小栅极泄漏电流，导致器件性能发生退化。

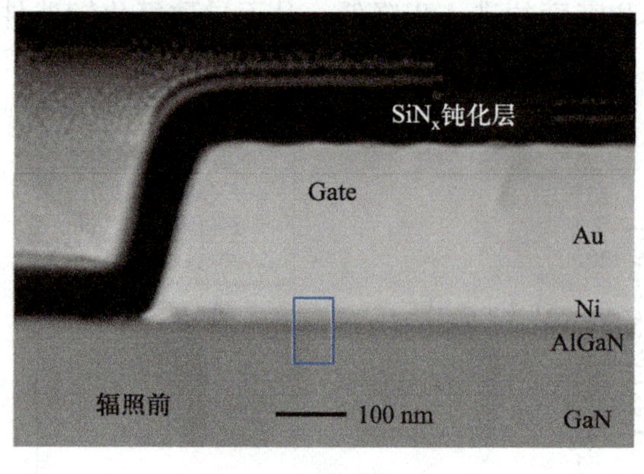

(a) 辐照前

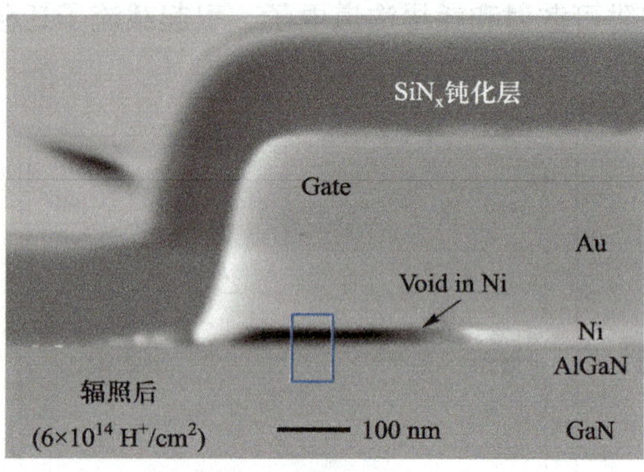

(b) 辐照后

图 3.8.16 质子辐照前后氮化镓器件肖特基接触附近 TEM 成像

3.8.5 氮化镓器件的单粒子效应

关于单粒子效应，目前氮化镓电力电子器件主要关注单粒子烧毁现象。本节以p-GaN 栅增强型氮化镓 HEMT 器件和 Cascode 增强型氮化镓 HEMT 器件为例分析该类器件的单粒子烧毁表现形式和烧毁机制。

1. p-GaN 栅 AlGaN/GaN HEMT 器件单粒子效应

研究表明，在 LET 为 75.4 MeV/(mg/cm^2) 的 Ta 离子辐照下，额定电压为 650 V 的 p-GaN 栅氮化镓 HEMT 器件的单粒子烧毁电压约为 375 V。如图 3.8.17 所示，当漏压 V_{DS}较低，随着注入离子的增加，器件的漏极、栅极、源极电流均出现增加，即电流收集效应。当漏压 V_{DS}高于某值时，漏极电流 I_{DS}从 1 μA 增大为 0.1 mA，器件发生单粒子烧毁。

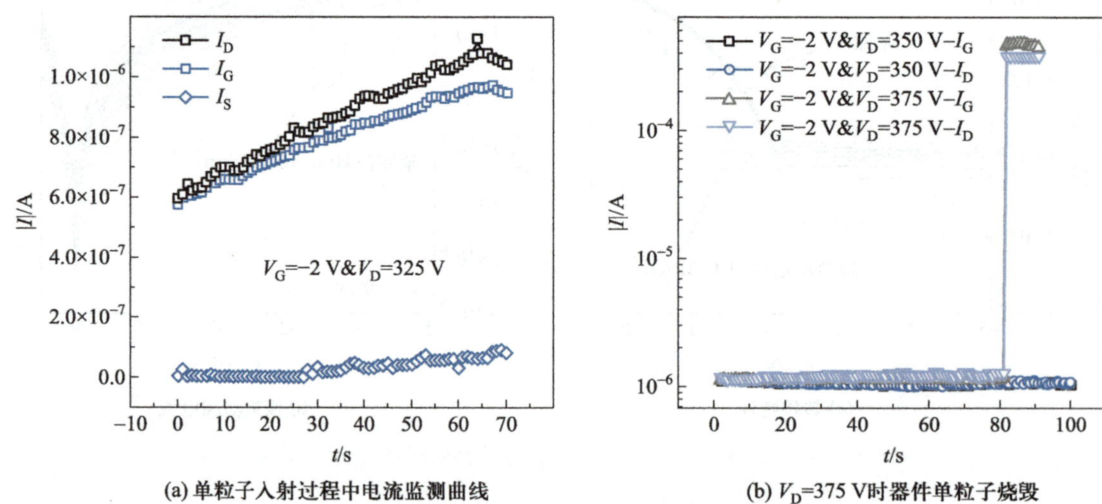

(a) 单粒子入射过程中电流监测曲线

(b) V_D=375 V时器件单粒子烧毁

图 3.8.17 p-GaN 栅 AlGaN/GaN HEMT 器件单粒子烧毁

导致这一现象的机理是：如图 3.8.18 所示，当重离子从源场板边缘入射时，沿着重离子入射方向产生了大量的电子-空穴对。由于器件处于关态高场偏置下，因此部分电子在水平电场作用下将朝向漏极加速，到达漏极附近的 GaN 层，大部分电子被漏极金属快速收集，部分高能电子与 GaN 材料碰撞产生深能级电子陷阱，这些电子陷阱俘获电子形成负电荷的聚集区域，叠加漏极高压，在漏极边缘附近形成高场。重离子入射电离产生的空穴在水平电场下朝着栅极边缘漂移，当到达栅极边缘时，这部分空穴既受到水平电场的作用，又受到栅极边缘纵向电场（GaN 沟道指向栅极金属）的作用，在两个电场的共同作用下，小部分高能空穴越过 AlGaN 势垒进入到 AlGaN、p-GaN 层，大部分空穴堆积在栅极下方的 GaN 沟道层，形成正电荷的空间聚集区，该正电荷区域在栅极边缘形成瞬态高场。

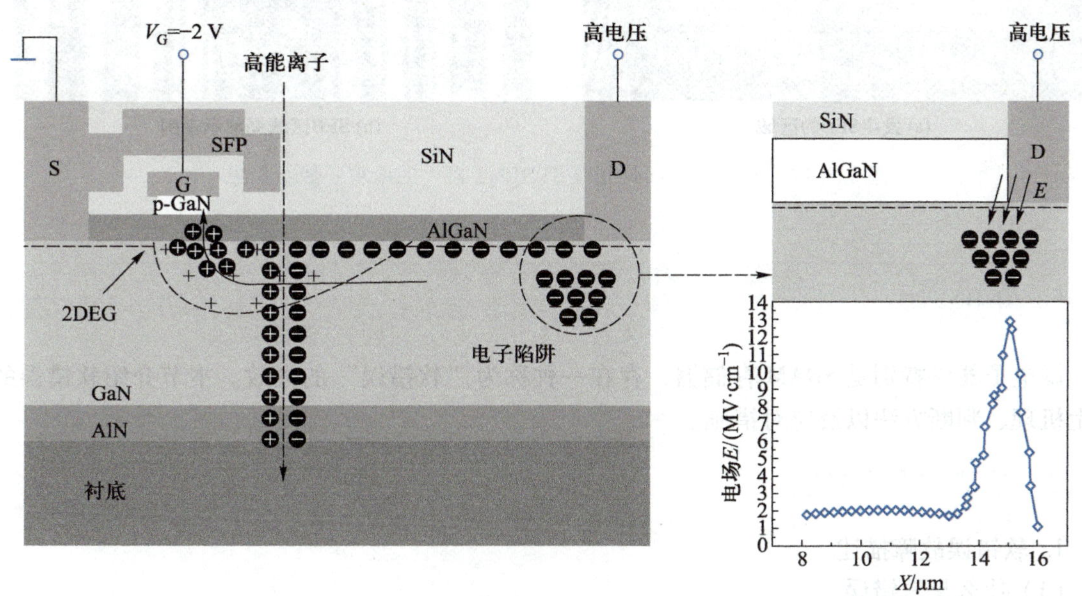

图 3.8.18 p-GaN 栅 AlGaN/GaN HEMT 器件单粒子烧毁机制示意图

综合漏极附近的高场和栅极附近的高场，当这两处区域的电场强度超过材料的临界击穿场强时，即发生击穿。最终表现为栅极电流和漏极电流的同时突增，形成栅漏之间的导通路径，瞬间的高压大电流导致栅漏之间击穿。导致器件的单粒子烧毁。

2. Cascode 增强型 HEMT 器件单粒子效应

前期研究表明，在 LET 值为 22 MeV · cm^2/mg 的 Ti 离子辐照下，额定电压为 900 V 的 Cascode 增强型氮化镓 HEMT 器件的单粒子烧毁电压 V_{SEB} 仅为 50 V，下降近 95%，如图 3.8.19 所示。器件的烧毁主要发生在氮化镓栅指结构的金属布线层上，而 Si MOSFET 未出现单粒子烧毁。

对该现象的解释为：当重离子入射耗尽型氮化镓器件时，沿着入射路径产生大量电子-空穴对，在栅漏之间高场的作用下，电子持续注入 AlGaN 势垒层，并在 AlGaN 势垒层中积累，导致栅极下方耗尽区域不断减小，促使电子隧穿概率增加，形成大电流通道，最终导致氮化镓器件发生单粒子烧毁。

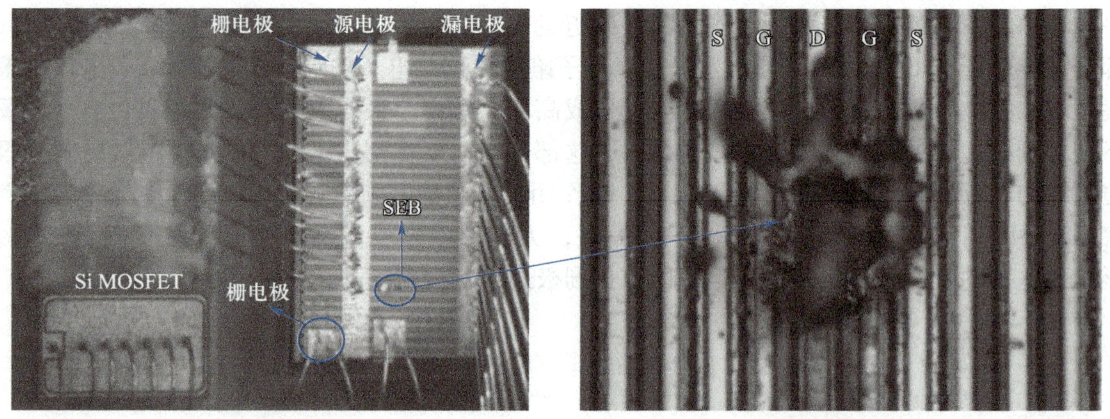

(a) 发生SEB的区域　(b) SEB区域局部示意图

图 3.8.19 900 V Cascode 增强型 HEMT 器件的单粒子烧毁现象

3.9 软错误

微电子器件特别是 SRAM 存储器，存在一种称为“软错误”的失效。本节介绍软错误的发生机理、判断方法以及应对措施。

3.9.1 软错误产生机理

1. 软错误故障描述

（1）什么是软错误

由宇宙射线或 α 粒子撞击将引起器件内部状态发生改变，如果通过重置系统，或重新上电可以使得器件恢复正常工作，则称之为软错误。

虽然宇宙射线或 α 粒子对所有器件都会产生影响，但是以有记忆功能的存储器为主，因为由辐射引起的软错误会引起计算结果错误，严重时导致系统挂死、跑飞、宕机等。在存储器中，又以 SRAM 最为敏感，DRAM 次之，Flash 存储器对软失效具有较强的免疫性。

（2）软错误故障模式

典型的软错误故障模式有：

① SEU（single event upset）：因粒子撞击造成一个单元发生状态改变。

② SET（single event transient）：由于单个粒子撞击产生的一个瞬态电压脉冲。

③ MCU（multiple cell upset）：不同的物理地址同时有多个单元发生状态变化。

④ MBU（multiple bit upset）：高能粒子穿过器件时引起在同一个逻辑字中的多个单元发生改变（不能被单 bit ECC 纠正）。

⑤ SEL（single event latch-up）：由于高能粒子碰撞而触发的寄生晶体管正反馈导通，引起闩锁现象。

⑥ SEFI（single-event functional interrupt）由于高能粒子引起系统功能中断等。

2. 导致软错误的辐射源

引起半导体存储器发生软错误的辐射源主要包含高能中子、热中子、α 粒子三类。

（1）高能中子

宇宙射线与地球大气层相互作用会产生大量中子。地面的大气中，中子能量大约从 1 MeV 到 1 GeV，能量大于 10 MeV 的中子被称为高能中子。由于高能中子是电中性的，穿透能力很强，70%的中子能穿透厚度 25 cm 以上的混凝土。实验发现，如果要彻底对宇宙射线进行防护至少需要 2~3 m 厚的混凝土，用 75 cm 厚的混凝土来屏蔽只能提高 30%，只有含氢元素多的水或很厚的混凝土才能屏蔽。

（2）热中子

能量小于 1 MeV 的中子被称为热中子，高能中子和热中子与电子元器件碰撞，都能使存储器内部状态发生改变。

（3）α 粒子

器件封装材料中的 α 粒子，也就是氦原子核，与电子元器件碰撞，也能使器件状态发生改变，但是 α 粒子的穿透能力很弱，不能穿透人的皮肤，一张 A4 纸就能将其屏蔽，只有器件封装内部的 α 粒子才能够改变器件的状态。

3. 软错误产生机理

（1）基本过程

如图 3.9.1 所示，发生软错误基本包括产生 α 粒子以及 α 粒子穿过有源区导致软错误两个阶段。

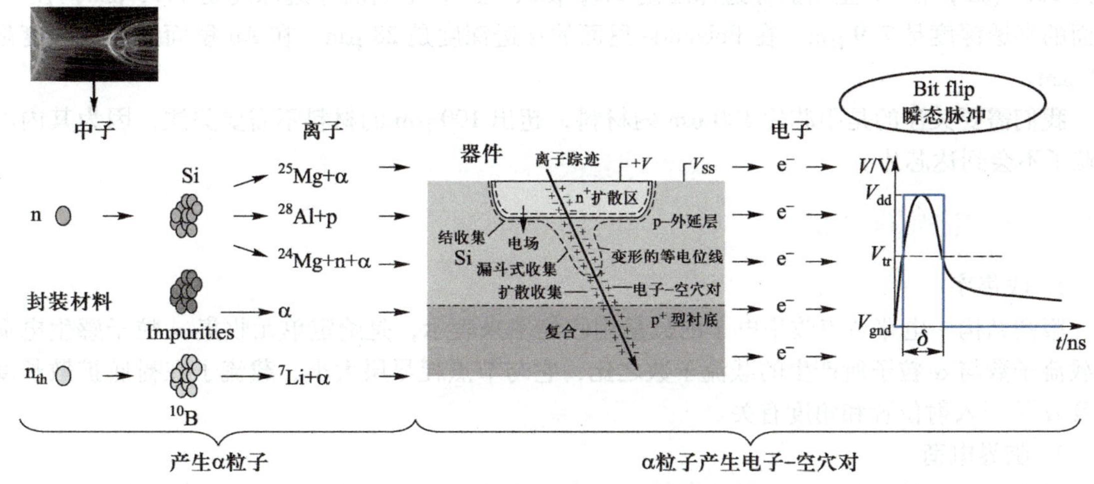

图 3.9.1 软错误发生机理

α 粒子穿过有源区时，进一步产生大量电子-空穴对，在器件工作状态，这些电子空穴对被电场分开，电子可被收集到带正电的 n^+ 的扩散区域，空穴被排斥流入衬底，产生一个脉宽小于 100 ps 的瞬态电压脉冲，导致器件的状态发生变化，如果是存储器就会使得其存储的数据发生翻转。

（2）高能中子产生的 α 粒子

高能中子与硅原子核发生碰撞，产生链式反应，激发出次级粒子和电子空穴对，这些次级粒子中大多包含 α 粒子。

(3) 热中子产生α粒子的过程

热中子的反应与高能中子不同。硼有很多同位素，只有^{10}B和^{11}B是稳定态。热中子与器件中硼的同位素^{10}B发生链式反应，激发出次级α粒子。

器件中同位素^{10}B的来源有：

掺硼的p型硅含有^{10}B。半导体器件中“流平工艺”用的硼磷硅玻璃BPSG含有^{10}B，这个材料对于存储器状态影响很大，现在已经很少用了，基本被PSG材料替代。通孔中的钨塞和金属层在钨生长过程中采用乙硼烷气体（B_2H_6）和三氟化物（BF_3/B_2F_6）辅助钨成核，因此钨中也就含有^{10}B。钨经常被用作半导体器件中最下层金属，器件的通孔VIA一般用钨塞连接，DRAM的字线和位线都是钨，因此与热中子反应，影响器件的状态。

(4) 封装内部的α粒子

前面讲到α粒子穿透性非常弱，器件封装外的α粒子无法穿透器件的封装，所以要关注器件封装内部的α粒子。

芯片后道工序中采用的多种材料，例如突球、突球下方金属化、光敏材料、包封材料等，含有非常少量的放射性元素铀（Uraniμm）、钍（thoriμm）同位素，如铅（Plμmbμm）、镭（Radiμm）等，它们在材料中的含量极低，一般是10^{-10}，用化学分析的手段不能确定α沾污，需要用α粒子探测仪进行测量。

α粒子在不同材料里面有不同的穿透深度，如一个5.4 MeV的α粒子在Si里面的穿透深度是23.6 μm，在Pb里面的穿透深度是11.5 μm，在Al里面的穿透深度是19.5 μm，在Cu里面的穿透深度是7.9 μm，在Polymide里面的穿透深度是28 μm，在Au里面的穿透深度是6.6 μm。

我们需要关注的是距芯片100 μm内材料，超出100 μm的材料不需要关注，因为其内的α粒子不会到达芯片。

3.9.2 软错误的影响因素

1. 收集率

版图结构中电路节点收集电子的数量用收集率来表示，是给定单元收集α粒子感生电荷电载流子数与α粒子所产生的载流子数之比，它与节点耗尽层大小、载流子在衬底扩散长度以及α粒子入射位置和角度有关。

2. 临界电荷

对DRAM，引起电路产生误差所需的最小电荷量定义为临界电荷Q_{crit}，表示为

$$Q_{crit} = Q_c - Q_{min} \tag{3.9.1}$$

Q_c是单元的正常电荷，Q_{min}是能正确读出时的最小电荷。因此存储器软误差率取决于Q_{crit}和该单元的收集率。DRAM最敏感的部位是位线和读出放大器，而不是存储单元，这是因为单元的临界电荷比位线的大，而位线和读出放大器的收集效率比较高。目前DRAM存储单元具有很低的软错误灵敏度，而DRAM器件在存储单元外围的逻辑电路对软错误敏感可能导致SEFI类失效。由于SRAM、寄存器、触发器等单元只有寄生电容，所以它们对于α粒子、中子的辐射更加敏感。

3. 影响软错误的因素

软错误的发生与收集率高低以及临界电荷大小两个因素密切相关。

（1）工艺微缩的影响

工艺微缩后从不同的视觉分析，对软错误的影响有不同的表现。

从临界电荷的角度看，工艺微缩后软错误应该随着工艺的微缩更加敏感。但是工艺微缩后，器件尺寸变小，高能粒子能打中存储器单元的概率降低，软错误的灵敏度应随之下降。

（2）电压的影响

电压降低之后，会增加存储单元的软错误灵敏度。

（3）晶体管的类型

随着工艺微缩，静态管也从平面 MOSFET 改为 FinFET，因为其结构的变化，暴露出来的敏感区域变小，因此软错误的灵敏度急剧下降，FinFET 器件几乎对 α 粒子完全免疫。

随着对软错误认知的深入，在设计时采用了软错误加固技术，因此整体上器件的软错误的灵敏度也在下降。在 3D 晶体管 FinFET 工艺节点前，随着工艺微缩，由于 IC 中嵌入的 SRAM 容量也在增加，芯片的总软错误率是增加的。

3.9.3 如何应对软错误

从软错误的产生机理可知，软错误几乎是无法采取物理屏蔽的。主要应该从优化系统架构设计、优化芯片电路设计、优化工艺和版图布局，在系统级提升自身的容错能力。

下面是器件级的基本措施：

① 提高封装材料的纯度，减少 α 粒子来源。

实际上，α 发射率≈0.004 $\alpha\ cm^{-2}\cdot h^{-1}$认为是可接受的。对于高可靠要求的器件，采用超低含量 α 封装材料，要求封装材料 α 发射率<0.002 $\alpha\ cm^{-2}\cdot h^{-1}$（ULA）。

对于应用于低端的消费类 ICs，确保所有材料的 α 发射率 < 0.01 $\alpha\ cm^{-2}\cdot h^{-1}$。如果比这个水平还高，即使在消费类应用中也存在风险。

② 芯片表面涂阻挡层，如聚酸胺系列有机高分子化合物，阻止 α 粒子射到芯片中。

③ 在工艺加工过程中，采用提纯 B10 的工艺，降低热中子引起的软错误率。

3.10 水汽的危害

在沿海地区甚至舰船上使用的微电路器件，工作于湿度较高的环境中。如果微电子器件采用的是常规的塑封外壳，耐湿性较差，因此需要考虑水汽对微电子器件的影响。

3.10.1 水汽的来源与作用

除了封装器件内部残留有水汽外，对塑封器件，水汽还会经材料间缝隙渗入、通过塑封材料本身扩散进入等方式进入器件。水汽可把外界及树脂表面的污染带入，也可溶解树脂中含有的杂质，如 Cl^-、Na^+及保护膜中的磷等形成电解液，还可引起体积膨胀等变化，影响器件的可靠性。

3.10.2 铝布线的腐蚀

铝的氧化性活泼，其电极电位为负（相对于氢电极），在空气中常生成一薄层 Al_2O_3，它具有保护膜性质。但当有水汽存在时生成两性的 $Al(OH)_3$，它既可溶于酸又可溶于碱，且

$Al(OH)_3$ 的体积比铝大，使 Al_2O_3变得疏松，露出基底铝来，促使铝的进一步腐蚀。

铝腐蚀的模式视铝附近有无电场或其他金属，分为三种：化学的、电学的和电腐蚀的（与其他金属构成电池）。铝互连线的电位各处可不等，从而构成单一阳电池而发生电化学腐蚀，不论是处于何种极性均可产生腐蚀。

在阴极处 $2Al+6H^+ \rightarrow 2Al^{3+}+3H_2\uparrow$

或 $2Al^{3+}+6H_2O \rightarrow 2Al(OH)_3+6H^+$

在阴极处 $Al+3OH^- \rightarrow Al(OH)_3+3e^-$

$Al(OH)_3 \rightarrow Al_2O_3+H_2O$

通常所说的器件内长白毛就是因为生成了 $Al(OH)_3$

当水中含有 Cl^-、F^-、Na^+等离子时，会加速铝的腐蚀：

$$Na^++e^- \rightarrow Na$$

$$Na+H_2O \rightarrow Na^++OH^-+\frac{1}{2}H_2\uparrow$$

$$Al(OH)_3+Cl^- \rightarrow Al(OH)_2Cl+OH^-$$

$$Al+4Cl^- \rightarrow AlCl_4^-+3e^-$$

$$AlCl_4^-+3H_2O \rightarrow Al(OH)_3+3H^++4Cl^-$$

Cl^-与 $Al(OH)_3$ 反应生成的 $Al(OH)_2Cl$ 是可溶性盐，溶解后露出基底铝，引起进一步反应。Na^+等造成 OH^-离子增加，促进了 $Al(OH)_3$ 的生成，故腐蚀加速。

PSG 钝化层中含磷量一般在 2%~5%（重量），对 Na^+等可动电荷有俘获固定作用，如果含磷量过多，易潮解，吸水成磷酸，pH 值增加，也会使铝腐蚀加速。

Cl^-引起的铝腐蚀与磷引起的有明显区别。Cl^-趋向高电位，引起的铝腐蚀多发生在电位较高处，而磷是正离子，引起的腐蚀多发生在电位相对为负的铝上。

3.10.3 外引线的腐蚀

管腿材料多用柯伐，它是铁-镍-钴的合金，其线膨胀系数和铝相近，使用中常引起锈蚀，除了其在机械加工中引入应力而产生应力腐蚀外，还存在电化学腐蚀，这是由于柯伐本身质量不好，表面存在裂缝，或表面镀层不完整、不致密，存在针孔，因毛细作用使线内凝聚水汽，出现 Galvanic 电池而形成电化学腐蚀。当存在 Cl^-等杂质离子时，腐蚀速度加快。

当外引线周围有水汽凝结，引线间有电位差（如分立器件插在印制板上）时，引线间的漏电流不断通过，离子化倾向大（标准电极电位为负）的材料如铁就产生化学腐蚀而断裂，这时应采用离子化倾向小的铜作引线。

如外引线镀银，阳极银也会离子化成 Ag^-，在电场作用下发生迁移，至阴极处析出，以树脂状向阳极生长，引起绝缘性变坏，甚至短路。降低电极间电位，镀银作保护层可防止银的迁移。

3.10.4 电特性退化

塑封中水汽通过压焊点或钝化层上微裂纹进入芯片表面，其溶入的一些杂质和污染物，引起器件漏电、表面反型、耐压降低、增益下降、阈值电压漂移、性能退化。器件微细化后，水汽引起电特性退化将更加突出，可比铝线腐蚀早出现，因电特性劣化常呈现饱和特性。当器件特性有余量时，不易发现，没有余量时，才出现特性劣化。而铝腐蚀一旦开始，就会不断腐蚀下去直到断条。

3.10.5 改进措施

① 改用低吸湿性树脂，提高树脂纯度，减少其中所含 Na^+、Cl^-等有害杂质。

② 降低树脂的热膨胀系数，添加耦合剂，改变引线框架形状，以改善材料间粘合强度，防止引线框与树脂间界面进入水分。

③ 芯片表面加钝化层保护。如氮化硅、二氧化硅、磷化玻璃、有机涂料或聚酰亚胺等，其中以等离子体淀积的氮化硅效果明显，不过键合处仍不能保护。

④ 开发耐腐蚀布线材料及工艺。例如采用难熔金属硅化物如 $TiSi_2$等新的布线材料代替铝作互连线使用。

思考题与习题

1. 说明微电路氧化层中存在哪几种电荷。它们对器件特性参数产生哪些不良影响？
2. 说明氧化层击穿与 TDDB 机理的差别。
3. 从发生机理、对器件参数的影响、作用特点等方面，对 HCI 与 NBTI 进行对比分析。
4. 以 NBTI 为例，说明器件参数退化模型与器件失效时间/寿命模型的差别与联系。
5. 总结影响互连线电迁移失效的因素与可采取的抗电迁移措施。
6. 从器件设计以及电路设计的角度，说明针对闩锁效应以及静电损伤可采取哪些措施。
7. 与 Si 基微电路相比，GaN 器件的失效机理有什么特点？
8. 从机理以及效应影响两方面对比分析 SRAM 器件发生的软错误失效与航天用微电路受到的辐照效应。

第 4 章　失效分析

失效分析是可靠性工作的重要环节之一，通过失效分析可以分辨失效模式，明确失效机理，进一步查明失效原因，并提出针对性的改进措施。本章在讨论失效的基本类型、微电子器件主要失效模式及失效机理的基础上，描述失效分析的基本内容和一般流程，简要介绍用于失效分析的主要技术和相关仪器设备，论述失效分析的关键技术，最后给出几个典型失效案例分析。

4.1　失效分析的意义和作用

本节介绍失效模式、失效机理及失效原因的基本概念，给出电子元器件失效的基本分类方法，在充分了解失效的含义基础上，进一步认识失效分析的目的和作用，以及失效分析技术所包含的核心内容。

4.1.1　失效的基本类型

1. “失效”的含义

失效是指产品丧失或部分丧失了规定的功能。对于微电子器件，功能丧失、功能紊乱、参数漂移超过预定的界线等情况都称为失效。

为什么产品会发生失效？无论是对于哪种产品，当其最终面临寿命终了时，也就意味着产品失效；产品在寿命周期过程中，受到非预期的外部因素（过应力、人为因素）作用，或内部因素（缺陷等）发生突变，也会导致产品失效；另外，产品由外部或内部因素导致的偶发性失效，即偶然失效，也是研究产品失效时所必须关注的一种失效类型。因此，对于失效的了解和掌握是研究微电子器件可靠性的一项重要内容。

电子元器件一旦发生失效，无论是否可以恢复都不再允许使用，也就意味着其使用寿命已经终了。对微电子器件失效的认识必须从失效模式、失效机理和失效原因入手。

2. 失效模式

失效模式是指产品失效的形式、形态及现象，是产品失效的外在宏观表现。不同类别的产品失效模式各不相同。对于微电子器件，最直接的失效模式有开路、短路、时开时断、功能异常、参数漂移等。

3. 失效原因与失效机理

导致电子元器件失效的原因多种多样。有质量控制不当引入的材料、工艺缺陷，有产品设计不当引入的设计缺陷，有老化、筛选、装配中应力选择不当或环境控制不当引入的损伤，有产品的固有可靠性问题，有使用中工作应力和环境应力引入的可靠性问题，以及人为因素造成的可靠性问题等。无论是什么原因引起的产品失效，都是外因与内因共同作用的结果。

引起电子元器件失效的外因有环境应力、电应力、机械应力等，内因则是在其材料、结构中的一系列物理、化学变化。这种内在原因通常称为失效机理。

所谓失效机理，是指产品失效的物理、化学变化，这种变化可以是原子、分子、离子的变化，是失效发生的内在本质。

4. 元器件失效类型

由于电子元器件门类多、结构复杂、材料多样，其失效分类也较复杂。一般可以按照失效机理、失效时间特征以及失效后果这几个方面对产品的失效进行分类：

（1）按失效机理的失效分类

按照失效机理，电子元器件的失效可以分为结构性失效、热失效、电失效、腐蚀性失效等。

① 结构性失效：指产品的结构件由于材料的损伤或蜕变而造成的失效，如疲劳断裂、磨损、变形等。对于电子元器件产品，结构性失效主要是由结构件的材料特性及受到的机械应力造成的，有时候也与热应力和电应力有关。

② 热失效：指产品过热或急剧温度变化而导致的烧毁、熔融、蒸发、迁移、断裂等失效。对于电子元器件产品，热失效主要是由热应力造成的，但往往也与产品的结构设计、材料选择有关。

③ 电失效：指产品过电或长期电应力作用而导致的烧毁、熔融、参数漂移或退化等失效。对于电子元器件产品，电失效主要是由于电应力造成的，但与材料缺陷、结构密切相关。

④ 腐蚀性失效：指产品受到化学腐蚀、电化学腐蚀或材料出现老化变质而造成的失效。对于电子元器件产品，腐蚀性失效主要是由于腐蚀性物质（如酸、碱等）的侵入或残留造成的，也与外部的温度、湿度、电压等因素有关。

（2）按失效时间特征的失效分类

按照失效时间特征，电子元器件产品的失效分为早期失效、偶然失效和耗损失效。产品失效率随时间变化的“浴盆曲线”如图 4.1.1 所示。

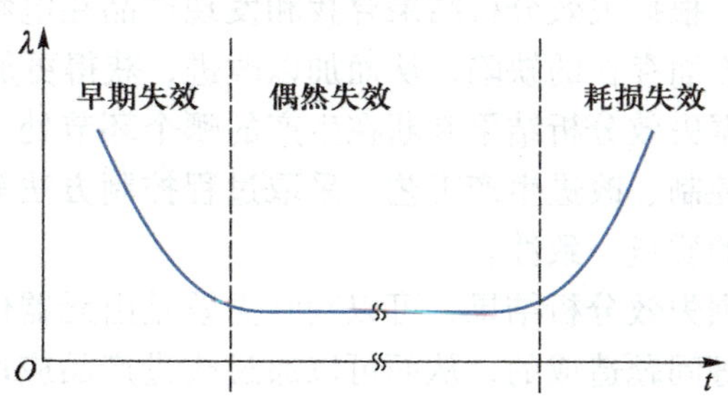

图 4.1.1 产品失效率随时间变化的浴盆曲线

① 早期失效：由材料缺陷或制造过程引入的缺陷等造成的失效，这时产品的失效率往往较高。可以通过特定的老炼、筛选来剔除有缺陷的产品，使得通过筛选的产品失效率降低并稳定下来。

对于电子产品，早期失效的原因有：材料缺陷、设计缺陷、制造过程引入的缺陷等。要减少产品的早期失效，必须明确引起失效的缺陷及产生途经，并加以有效控制。

② 偶然失效：由随机发生的事件引起的失效，这时产品失效发生的概率较小且具有随机性。要预防和控制偶然失效的发生，同样需要寻找失效发生的根源。对于电子元器件产品，

引起偶然失效的原因有：设计裕度不当、潜在缺陷、偶发应力、人为因素等。

③ 耗损失效：由于长期工作或恶劣环境造成产品性能、功能发生不可逆变化而引起的失效，这时产品的失效率快速增大，最终致全部产品失效。

对于电子元器件产品，引起耗损失效的原因有：原子/离子迁移、界面效应、辐射效应、热电效应、电化学腐蚀、磨损、断裂、疲劳等。

（3）按失效后果的失效分类

按照失效后果，电子元器件产品的失效可以分为参数漂移、退化失效、功能失效、间歇失效等。

① 参数漂移：电子元器件产品的一个或多个参数因发生正向或逆向漂移超出规定范围而失效。对于半导体器件产品，引起参数漂移的原因有：离子沾污、氧化层电荷等。

② 退化失效：电子元器件产品的一个或多个参数，或产品的某个局部特性因发生退化性变化直至达不到规定要求而失效。退化失效是一个渐变的过程。对于电子元器件产品，引起退化失效的原因有：长期应力作用、材料互扩散、电化学腐蚀、金属原子迁移等。

③ 功能失效：电子元器件产品因部分丧失或完全丧失规定的功能而失效。对于电子元器件产品，引起功能失效的原因有：过应力、退化引起的性能突变、腐蚀等。

④ 间歇失效：电子元器件产品在试验或使用中出现的时好时坏的失效。对于电子元器件产品，引起间歇失效的原因有：导电多余物、沾污、金属间化合物生成、应力导致的裂缝等。

4.1.2　失效分析的目的和意义

失效分析是一项活动或一个工作过程，被广泛应用于微电子器件的研制、生产和使用全过程中。失效分析的目的就是要确认失效样品的失效现象，分辨失效模式，明确失效机理，查找失效原因，并提出改进措施，从而提升产品的可靠性。

在新产品的研制阶段，根据失效分析结果寻找和发现产品在电特性设计、结构设计以及在材料选择、加工工艺等方面存在的缺陷，从而加以改进，获得更加可靠的产品。

在产品生产阶段，根据失效分析结果判断在生产的哪个环节处于非受控状态或引入了缺陷，从而通过加强原材料控制、改进生产工艺、采取过程控制方法等，有效减少生产环节引入的各种缺陷，提高产品的质量一致性。

在产品使用阶段，根据失效分析结果，可以判断失效是由元器件固有问题造成的还是由使用环境或使用条件不当等问题造成的，从而可以通过改进产品应用电路设计，改善使用环境，更换不合格产品供货商等，保证系统的可靠性。

失效分析是产品可靠性工程的一个重要组成部分，除了广泛应用于产品的研制、生产和使用中，也是开展质量问题归零、事故调查、经济纠纷仲裁等的重要依据。

失效分析一般要借助一定的测试、试验、分析设备，要依靠失效分析技术人员的专业背景和工程经验，通过一定的分析程序，对失效样品进行观察、测试及解剖分析，对失效机理及失效原因进行推理和判断。但是，失效分析的目的与常规的测试、试验、分析不同。常规的测试、试验、分析主要是获得产品参数、验证产品功能、分析产品特征。而失效分析则需要紧紧围绕失效模式、失效机理、失效原因，在获得上述信息的基础上，通过相关失效分析技术来激发产品的一些特殊现象，捕捉失效敏感信息，提升分析和判断的准确性。

4.1.3 失效分析技术

失效分析技术包括测试技术、无损分析技术、解剖制样技术、显微形貌像技术、失效定位技术、化学成分分析技术等。

1. 以失效分析为目的的电测试技术

在失效分析中电测试的主要目的就是判断失效状况，用于电子元器件失效分析的电测试可分为三类：连接性测试、电参数测试和功能测试。

（1）连接性测试

连接性测试主要用来确定开路、短路、漏电以及电阻值变化等失效模式。连接性测试可以分为待机电流测试和端口测试。

待机电流是指集成电路在正常电源电压下，无信号输入时的电源电流。待机电流测试通常采用好坏样品对比的方法，如待机电流偏大，表明芯片内部可能存在局部漏电区域，可采用光发射显微技术等作进一步漏电区域失效定位；如待机电流偏小，说明芯片内部电源端或地端相连的部分金属化互连线或内引线可能存在开路，对于开路失效可采用 X 射线透视和开封镜检等方法做进一步分析。

端口测试主要是电源端对 I/O 端以及 I/O 端对地端的电流电压特性测试。正常情况下，电源端对 I/O 端、I/O 端对地端的 I-V 特性类似于二极管的 I-V 特性，通过测量对比好坏样品各端口对地端或对电源端的 I-V 特性，可以分析判断该端口及相关路径是否发生失效。也可以对比测试好坏样品各端口对地端或对电源端的正反向电阻，以确定该端口及相关路径是否发生失效。

连接性测试方法简单，不需要采用复杂的测试系统和测试程序，可大幅度地简化测试过程，对于分析判断集成电路连接性失效非常有效。

（2）电参数测试

电参数失效主要表现为参数超出规定范围（超差）或参数不稳定。电参数测试通常采用标准的测试方法，以判断参数是否满足预期的技术指标要求，必要时可以在允许的工作温度范围内进行多温度点测试，或者在一定时间内进行稳定性测试。

由于电参数测试是采用标准的测试方法进行的，在元器件良好的情况下，测试过程对元器件所加的电应力在器件所能承受的范围内，是一种无损测试。然而，当元器件存在某些缺陷，或其耐受应力强度已经下降，参数测试所加的电应力就可能超出器件所能承受的范围，这时电参数测试将加剧元器件的失效程度，也可能引入新的失效机理，成为破坏性测试。因此，电参数测试一般选择主要的参数或关心的参数，必要时测试过程要进行限流或限压。

（3）功能测试

功能测试主要是分析和判断元器件是否具有要求的功能。对于数字集成电路，输入一个已知的激励信号，测量输出，与预期的波形进行比较。如存储器，需要对其读写功能进行测试，可以通过改变寻址顺序与数据图形，检测所有存储单元能否正确读出、写入和保持数据，检查地址译码器等外围电路能否正常工作等。

简单的功能测试可以采用电源、信号源和示波器进行，复杂的集成电路功能测试则需要借助自动测试系统（automatic test equipment，ATE）和测试程序来进行。

2. 无损分析技术

在对元器件进行破坏性分析之前，可以先采用无损分析技术对失效样品进行无损检测分析。目前用于失效分析的无损分析方法主要有X射线透视技术和扫描声学显微技术。X射线透视技术主要用于观察样品的内部结构，发现样品中是否存在结构异常、裂纹，引线、互连开路、焊点空洞、粘连等缺陷或失效；扫描声学显微技术主要用于发现样品结构分层、粘接空洞、焊点裂纹等缺陷。无损分析技术一方面可以观察、发现缺陷，另一方面也为后续解剖分析提供重要的信息。

X射线会引起MOS器件的电离辐射损伤。在失效分析中，X射线透视观察时器件一般不加电，这时对器件的电离辐射损伤可以忽略。

X射线透视技术在以低密度材料区域为背景观察高密度材料区域的异常点方面具有优势，例如用X射线来观察焊点、粘接焊料、引线等高密度金属材料缺陷等。扫描声学显微技术在以高密度区域为背景，观察材料内部空隙或低密度区方面具有优势，例如用扫描声学显微镜观察塑封器件封装材料与芯片、金属框架的分层缺陷，芯片粘接分层等。实际应用案例请参见本章图4.4.1、图4.5.11。

3. 解剖制样技术

当需要对失效样品作进一步的内部分析，实现对失效部位的可观察和可探测时，就需要对失效样品进行必要的物理、化学处理，即解剖制样。开始解剖制样前，要充分了解样品的结构、材料，以便采取相应的样品制备措施。同时，由于失效样品数量少，且包含失效的重要信息，因此样品制备过程要避免引入新的缺陷造成失效分析结果失真，也应避免完全损毁样品造成失效信息丢失。

解剖制样通常包括以下几方面工作：

（1）开封

对于微电子器件，根据其封装材料和封装类型不同，一般可采用机械开封方法或化学开封方法去除芯片外面的封装材料。

机械开封方法主要适用于金属壳封装、陶瓷封装等，可以采用带有机械刀、剪、钳、钻、锯等工具的专用开帽器，也可以采用研磨、加热熔化焊料等方式。开封过程需注意防止损坏引脚、芯片等内部结构，防止碎屑引入到封装腔体内。

塑封器件的化学开封

化学开封方法主要适用于塑料封装或其他有机材料灌封的器件，目前主要采用发烟硫酸腐蚀法或发烟硝酸腐蚀法。脱水硫酸对塑封材料有较强的腐蚀作用，而对铝等金属化层的腐蚀作用缓慢，因此常用于塑封器件的开封。为保证器件引脚、引线架、引线及键合点不被损坏，开封过程中通常采用定点腐蚀的方法，即将温度加热到280℃的脱水硫酸喷洒到样品特定区域，控制时间，当判定芯片已裸露出来时，把样品立即放入已准备好的冷硫酸中，浸泡3~4秒，然后放入无水乙醇或丙酮中漂洗，最后用去离子水清洗，并进行干燥。发烟硝酸腐蚀法方法同上，硝酸只加热到发烟即可。

化学开封过程必须在通风柜中进行操作，要注意操作者的安全防护。

（2）去钝化层或介质层

在微电子器件中去除钝化层或介质层的主要方法有化学腐蚀、等离子体刻蚀（PIE）及反应离子刻蚀（RIE）三种方法。

化学腐蚀去层是典型的湿法腐蚀，所需条件简单、成本低，对材料的腐蚀选择性好，但腐蚀的方向性差，易出现钻蚀。去 SiO_2 钝化层或介质层的腐蚀液主要采用氢氟酸，配方为 HF∶H_2O=1∶1；去 SiN 钝化层主要采用浓度为 85% 的磷酸溶液 HPO_3，腐蚀液温度为 160℃；去除硼磷硅玻璃（BPSG）采用盐酸与氢氟酸的混合溶液，配方为 10 mL 的 H_2O 加 100 mL 36%的 HCl 加 10 mL 40%的 HF。

等离子体刻蚀主要是利用辉光放电产生的等离子体对样品表面进行轰击，使表面物质产生溅射而实现去层，用于产生等离子体的气体通常是惰性气体如氩气、氦气等。这是一种干法腐蚀方法。

使用中往往通入某种反应气体如 CF_4，利用等离子体中的化学活性自由基（如 F）与材料表面产生化学反应生成挥发性物质来实现对样品表面的刻蚀，称为反应离子刻蚀。反应离子刻蚀具有很好的各向异性和选择性，用于去除钝化层和介质层的主要腐蚀气体为 CF_4 或 SF_6，通入一定流量的 O_2 可以加快刻蚀速度。

去除芯片表面钝化层、介质层

用等离子体刻蚀或反应离子刻蚀方法去层时要防止过腐蚀，因此每隔一定的时间应停止刻蚀，取出样品进行观察检查。

（3）去金属化层

去除金属化铝层可采用化学腐蚀方法或反应离子刻蚀方法。

去除铝层的化学腐蚀配方可以采用 30% 盐酸溶液或 30% 硫酸溶液，溶液温度在室温（25℃）到 50℃ 范围。该配方对腐蚀液浓度要求不严格，浓度只影响腐蚀速率，且对氧化层和硅无损伤。也可以采用磷酸、硝酸、冰醋酸和水的混合溶液去除铝层。

去除芯片表面金属化层

采用反应离子刻蚀方法去除铝层时，反应气体通常采用氯化物气体（如 Cl_2、CCl_4）。

由于 Cl_2 的使用安全问题，一般去除金属化铝层多采用化学腐蚀方法。

（4）机械剖切面

为了有效观察缺陷或失效点，有时需要通过机械方法获得特定的剖切面，即观察面，使所要观察的缺陷与观察面相交。获得观察面的机械方法主要有固封研磨方法以及采用聚焦离子束切片的方法。

固封研磨方法是将样品用环氧树脂进行固封，然后在带砂纸和研磨粉的研磨机上进行研磨、抛光，研磨过程要保持适当的水滴入，并适时观察是否到达需要的观察面。

采用聚焦离子束技术可以进行定点、准确的切片，将在后面仪器设备部分详细介绍。

机械剖切面

4. 显微形貌像技术

显微形貌像技术主要包括光学显微形貌分析技术和二次电子像技术。

（1）光学显微形貌分析技术

光学显微形貌像观察主要用来查找失效点、观察失效部位形貌，分析中一般采用金相显微镜和立体显微镜。

金相显微镜主要用来观察芯片等平面结构中是否存在缺陷或失效点，分析和判断失效点的位置特点、形貌特征以及颜色的变化，如失效点在芯片的输入/输出端还是在电源或地线；是局部烧毁还是击穿或金属迁移；金属互连线是否出现过热变色等。这些信息都将直接影响对分析结果的推断。图 4.1.2 是用金相显微镜观察到的集成电路金属互连线腐蚀形貌，可以看到局部腐蚀区域颜色和形貌均发生了变化。

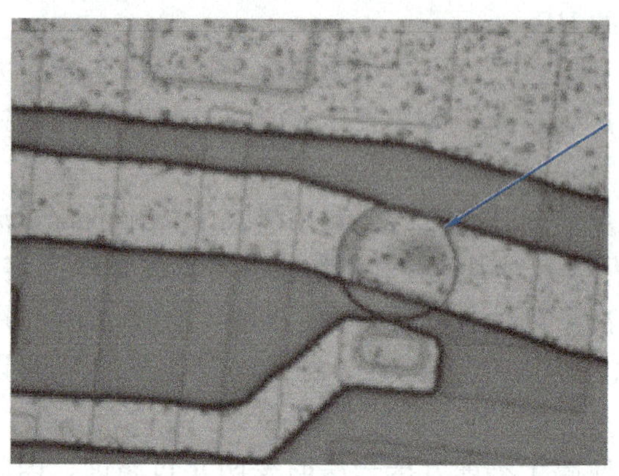

图 4.1.2　在金相显微镜下观察到集成电路金属化层被严重腐蚀

立体显微镜主要用来观察引脚、封装、内引线及键合点中是否存在缺陷或失效点，如引脚腐蚀、封装裂纹、内引线熔融等。图 4.1.3 为观察到的集成电路引脚镀层起泡形貌，可以看到在引脚上出现了多个镀层起泡点。

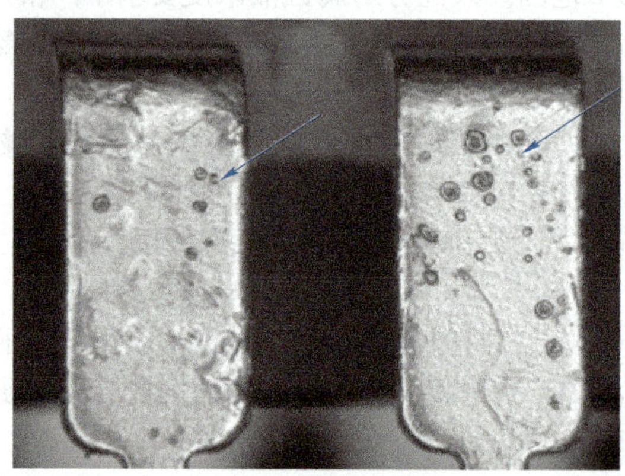

图 4.1.3　在立体显微镜下观察到集成电路部分引脚镀层有明显起泡

光学显微镜操作简单，图像直观，样品开封以后不需要进行特殊处理，除非要观察下层结构，一般不必去除钝化层和层间介质，图像彩色透明，能观察多层金属化的芯片。缺点是景深小，空间分辨率低，放大倍数小，目前在实验室使用的金相显微镜最大放大倍数为 2 000×，所以观察芯片的细微结构有一定的困难。

（2）二次电子像技术

当一束经过加速、聚焦的电子束打到样品表面时会产生二次电子、背散射电子、吸收电子、X 射线、俄歇电子等，这些信号可以被相应的接收器接收。其中接收二次电子经放大成像就获得二次电子像。用于二次电子显微形貌分析的主要设备是扫描电子显微镜。

扫描电子显微镜二次电子像具有分辨率高、放大倍数大、景深大、立体感强等优点，可用来观察在光学显微镜下看不到的微细结构。在失效分析中，二次电子像主要用来观察缺陷及失效点形貌细节，如材料颗粒、金属迁移路径、锡须生长、断裂面形貌、熔融形貌、腐蚀形貌等，以及氧化层针孔、硅片层错及位错，还可以进行图形尺寸测量。与 X 射线能谱仪配合使用，可以分析局部材料成分，判断污染物来源。

图 4.1.4 是用扫描电子显微镜下观察到集成电路塑料封装材料中石英砂形貌实例。其中图（a）显示的石英砂为圆润结构，图（b）显示的石英砂为尖锐结构。尖锐的石英砂塑封材料在环境温度变化过程中热胀冷缩产生应力，从而导致芯片表面划伤或破损。图（c）就是集成电路金属互连线受损破裂形貌实例。

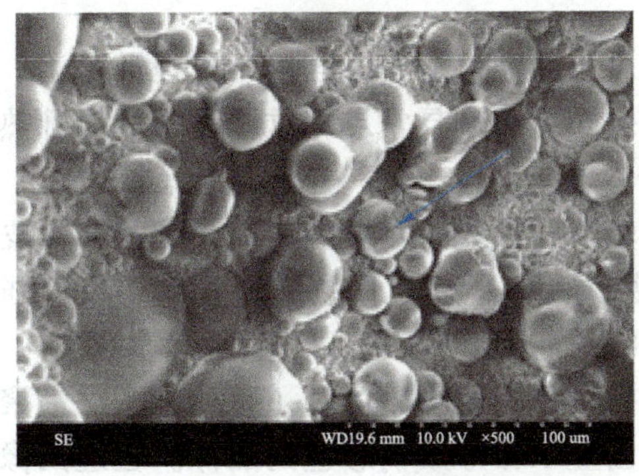

(a) 圆润石英砂塑封料

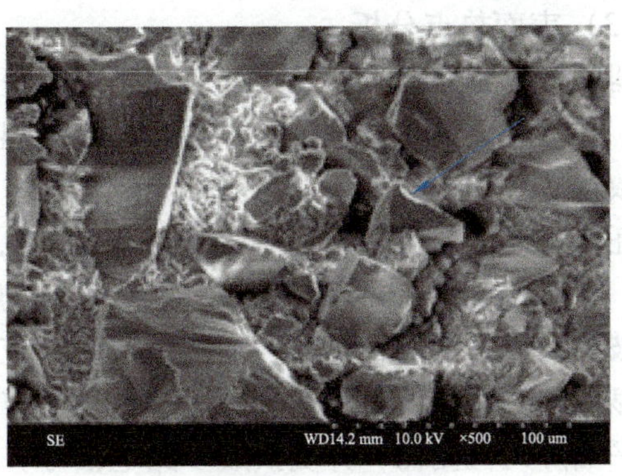

(b) 尖锐石英砂塑封料

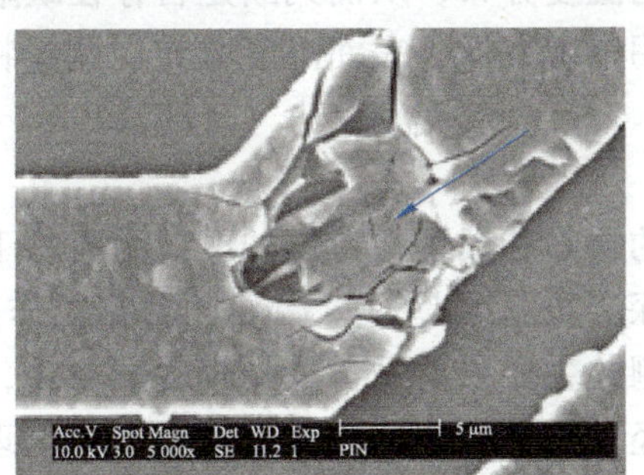

(c) 集成电路金属互连线受损破裂

图 4.1.4 扫描电子显微镜下观察到塑封料尖锐石英砂造成器件金属化层损伤

5. 失效定位技术

（1）电压衬度像

当一束经过加速、聚焦的电子束打到处于工作状态的被测芯片表面时，激发的二次电子产额与样品表面电位有关，处于负电位的区域二次电子产额高，该区的二次电子像显示为亮区；处于正电位的区域二次电子发射受阻，二次电子产额低，该区的二次电子像显示为暗区。这种受芯片表面电位调制的二次电子像叫电压衬度像。利用电压衬度像，通过好坏样品对比，可以定位金属互连线上的开路、短路失效。

利用电压衬度像进行失效定位时可以采用静态电压衬度像、动态电压衬度像两种方式。使被测样品处于静态工作状态时而产生电压衬度像，主要用来分析电源和地相关路径上互连线的通断状态。使被测样品处于动态工作状态时而产生的电压衬度像，主要用来分析输入、输出端口相关路径及节点互连线的通断状态。

用于二次电子显微形貌分析的主要仪器设备是扫描电子显微镜。

（2）内部节点波形测量

采用信号寻迹法对集成电路内部节点进行失效分析时，需要在输入端激励芯片，通过机械探针或电子束探针探测内部关键节点电压波形，从而判断是否正常。随着集成电路线宽越来越窄，电子束探针内部节点电压波形探测已成为主要的方法。

电子束探针内部节点波形测量方法是在二次电子动态电压衬度像的基础上发展起来的。接收器接收到的二次电子通过信号放大，转化为电压波形信号，显示在示波器上。节点测试结果与仿真设计结果进行比较，就可以确定出现异常情况的节点。

（3）表面热点分析

器件正常工作时产生功耗，芯片表面会呈现一定的温度分布。当出现热设计不当、材料缺陷、结构缺陷或工艺缺陷时，器件的表面温度分布会出现异常点，这些异常的局部热点可能导致器件发生局部烧毁、熔融等失效。

任何物体当温度高于绝对零度时都会以电磁辐射的形式向外发射能量，产生电磁波（辐射能）。不同材料、不同温度、不同表面光洁度甚至是不同颜色的物体所发出的辐射强度不同。被测物体发射的辐射能的强度峰值所对应的波长与温度有关。

显微红外热像技术就是利用显微镜技术将发自样品表面的热辐射（远红外区）汇聚至红外焦平面阵列检测器，并变换成多路电信号，再由显示器形成伪彩色的图像。通过图像的颜色分布来显示样品表面各点的温度分布，从而判断是否存在缺陷和失效点。

显微红外热像技术可以用来观察样品表面温度分布、测量特定点温度。测试时样品需处于一定的工作状态。

（4）微光探测技术

半导体器件中许多类型的缺陷和损伤在特定的电应力条件下会产生漏电，并伴随载流子的跃迁而导致光辐射。微光探测技术就是通过探测样品在工作过程中的光辐射，从而判断、确定失效部位。进行微观探测的主要仪器设备是光辐射显微镜，其核心部件是微光探头。通过微光探头探测到的光信号经过光增益放大后，再通过图像处理叠加在光学图像上，对比分析发光点，确定失效部位。

图 4.1.5 给出了一个分析案例。图（a）中在集成电路引线键合焊盘四周探测到漏电发光区域，经聚焦离子束剖面分析发现焊盘下层出现了击穿，见图（b）。微观探头的灵敏度很高，覆盖光谱范围从红外到近紫外。

光辐射显微分析技术可以探测到的缺陷和损伤类型有：pn 结漏电、接触尖峰、氧化缺陷、栅针孔、静电放电损伤、闩锁效应、热载流子、饱和态晶体管以及开关态晶体管等。

6. 化学成分分析技术

异常颗粒和污染物会导致电子元器件失效，分析其成分，确定来源，是实施改进措施的先决条件。另外，在失效分析中往往也会关注局部区域材料成分的变化，如金属材料互扩散等，因此化学成分分析是失效分析的重要内容。

失效分析中的化学成分分析与材料的化学成分分析一般采用相同的技术，但由于失效分析的对象是电子元器件，因此进行化学成分分析更关注的是微区、微量成分。

常用的分析技术包括 X 射线能谱分析、俄歇电子能谱分析、二次离子质谱分析、傅里叶红外光谱分析等，表 4.1.1 给出了电子元器件化学成分分析常用的几种技术对比。

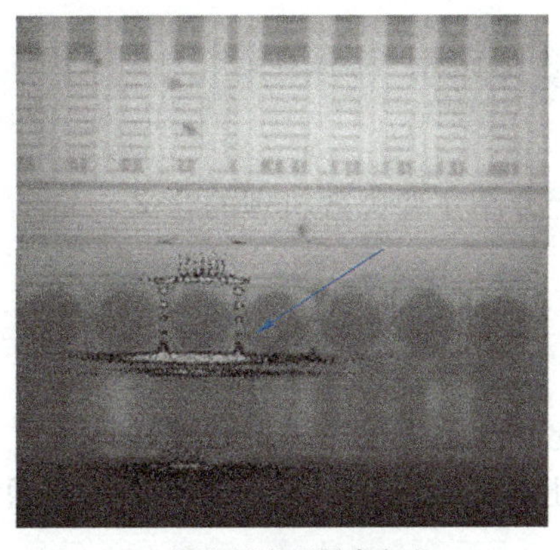
(a) 键合区出现异常发光

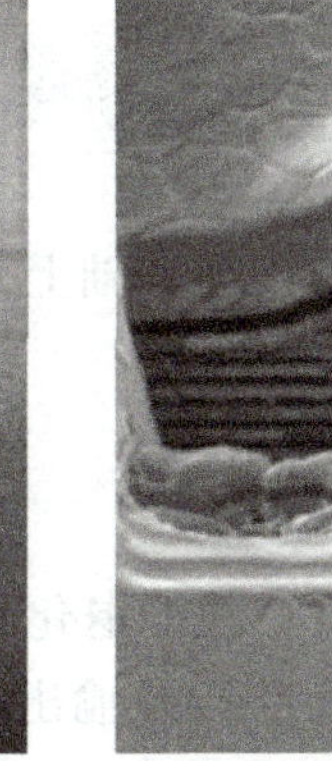
(b) 剖面分析发现击穿点

图 4.1.5　端口键合焊盘下方的多层金属结构发生击穿

表 4.1.1　电子元器件化学成分分析常用技术

特性	X 射线能谱 EDS	俄歇电子能谱 AES	二次离子质谱 SIMS	傅里叶红外光谱 FTIR
分析深度	1~5 μm	表面 20Å	表面	1~10 mm
灵敏度	0.1%	0.1%	PPM~PPT	PPM
分析信息	元素	元素	元素/分子	分子
横向分辨率	100Å	150Å	0.3~0.5 μm	2 mm
辐射源	电子束	电子束	离子束	红外光

4.1.4　失效分析技术面临的挑战

随着微电子器件集成度的不断提高，结构日趋复杂，同时新材料、新工艺、新结构的不断引入，使得失效分析面临着诸多的挑战。

(1) 失效点定位难。对于一些间歇性或偶然失效，失效现象本身就难以捕捉。而有些失效模式如参数漂移、微漏电，很难找到准确的失效点。由微小缺陷引起的器件失效，要找到并观察到这些缺陷必须要借助一定的分析手段。

(2) 对失效机理的认知尚不能满足失效分析需求。人们对一些失效机理的物理、化学过程的认识还不完全清晰；有些失效模式可能对应多种失效机理，或者多种失效机理共同作用导致某种失效模式发生。这样就很难准确把握失效机理的分析和判断。

(3) 由于器件结构日趋复杂，如器件的多层结构，封装结构中的叠层、倒装等，使得一些分析技术难以得到充分的应用，对失效现象、失效部位的观察变得更加困难。

失效分析是多学科交叉、多种分析技术综合运用的过程，失效分析人员需要具备一定的材料学、电学、力学、化学、物理学及可靠性等多方面的专业知识，并且掌握失效分析的基本流程，还需要了解器件的结构及制备工艺。

4.2 微电子器件主要失效模式及失效机理

本节在分析主要失效模式与相关失效机理基础上介绍主要失效机理的含义。

4.2.1 失效模式与失效机理

1. 三种主要失效模式

微电子器件的失效可以分为致命失效、性能退化和间歇失效三种失效模式。

(1) 致命失效：对于出现的开路、短路以及输出功能紊乱且不可恢复等失效，通常会造成功能性的变化，称为致命失效。

(2) 性能退化：主要指器件的参数发生了漂移或退化，是一个渐变的过程，但当这种漂移和退化超过了规定的预期值，就判定器件失效。

(3) 间歇失效：微电子器件的间歇失效主要是互连键合点或焊点开路导致的时通时断失效，以及背电极粘接裂缝造成的时通时断失效等。

2. 主要失效模式的分布

基于积累的数据，集成电路的主要失效模式分布为：开路占27%、短路（或漏电）占38%、功能紊乱（或无输出）占19%、参数漂移（或参数退化）占10%、时通时断间歇失效及其他占6%。

3. 主要失效模式相关的失效机理

集成电路主要失效模式和相关的失效机理对应关系如表4.2.1所示。

表4.2.1 集成电路失效模式与失效机理对应关系

失效模式	主要失效机理
开路	过电应力、静电放电、闩锁、电迁移、应力迁移、应力导致的键合点（焊点）脱落、金铝键合界面紫斑、键合点腐蚀
短路（漏电）	pn结缺陷、pn结穿钉、过电应力、静电放电、介质击穿、介质漏电、表面漏电、可动导电多余物
无输出（功能紊乱）	辐照效应
参数漂移（参数退化）	氧化层电荷、钠离子沾污、表面离子、芯片裂纹、热载流子注入（HCI）、辐照损伤
间歇失效	金属间化合物、应力导致的键合点（焊点）脱落

4.2.2 主要失效机理的影响

下面简要介绍主要失效机理及其影响。

1. 过电应力

过电应力（electrical overstress，EOS）是指器件突然承受超过产品规定的电流、电压应力，即使是瞬时超过，也可能导致产品发生功能损毁或热失效。过电应力可能来自系统电源或输入输出的瞬态波动，也可能来自静电放电、雷击、电磁脉冲、充放电过程等。

过电应力往往会引起器件键合引线熔断开路、芯片烧毁、击穿失效等。图 4.2.1 显示的是过电流导致内引线烧断的实例。过电流导致局部温度升高，尤其是在键合引线的中部形成高温点，导致引线熔融开路，并形成了两个金属熔融点。

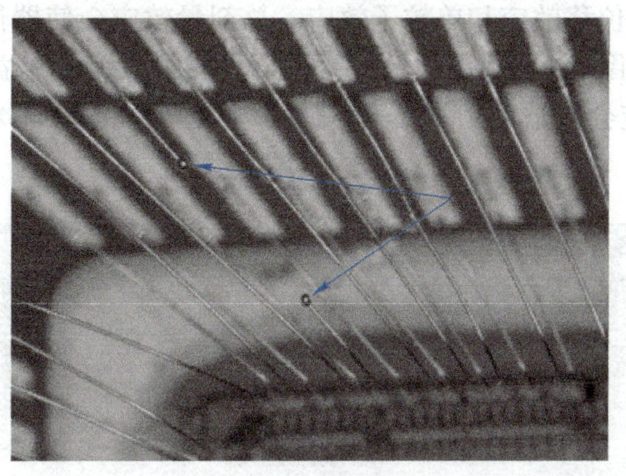

图 4.2.1 过电流烧断内引线丝

2. 静电放电

静电放电（electrostatic discharge，ESD）是过电应力的一个分类，是处于不同静电电位的两个物体间发生的静电电荷瞬态转移的过程。这种转移有多种方式，如接触放电、空气放电等。静电放电的来源包括带电人体对器件放电、带电机器（或物体）对器件放电、带电（静电）器件对物体放电等。静电放电可能导致器件过电压场致失效（击穿）或过电流热致失效（烧毁），图 4.2.2 是器件静电导致损伤的实例，图中显示的是静电放电导致器件局部击穿形成放电通道。

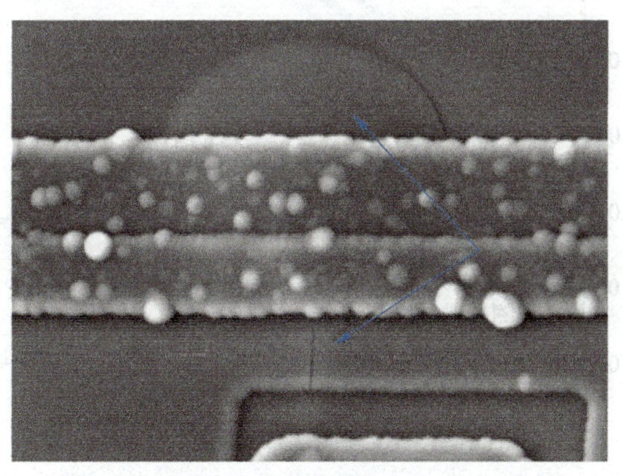

图 4.2.2 器件静电损伤形貌

3. 闩锁效应

闩锁效应（latch-up）是指由过电应力或外部干扰导致集成电路内部寄生可控硅触发而呈现一种低阻状态。闩锁效应一旦触发，电源到地之间就会流过较大的电流，并在 NPNP 寄生可控硅结构中同时形成正反馈过程。只要电源不切断，这种状态在触发条件去除或中止后仍会存在，直至器件烧毁。图 4.2.3 是器件发生闩锁效应导致地线金属出现大电流烧毁的实例。从图中可以看到地线金属高温烧毁后颜色发生了变化，局部甚至出现金属互连线脱落。

4. 辐射效应

在宇宙空间和人造辐射环境中，各种带电或不带电的高能粒子（如离子、质子、电子、中子）以及各种高能射线（如X射线、γ射线等）都会对集成电路造成损伤或产生辐射效应。辐射效应包括总剂量效应、位移效应和单粒子效应。总剂量效应会使器件的阈值电压、跨导等发生变化，漏电流增大，见图4.2.4；位移效应可使器件转换效率和增益明显下降，漏电电流或暗电流增加；单粒子效应会造成器件单粒子闩锁、单粒子烧毁、单粒子引起栅氧化层击穿、单粒子翻转等。

图4.2.3 器件发生闩锁效应导致地线金属大电流烧毁

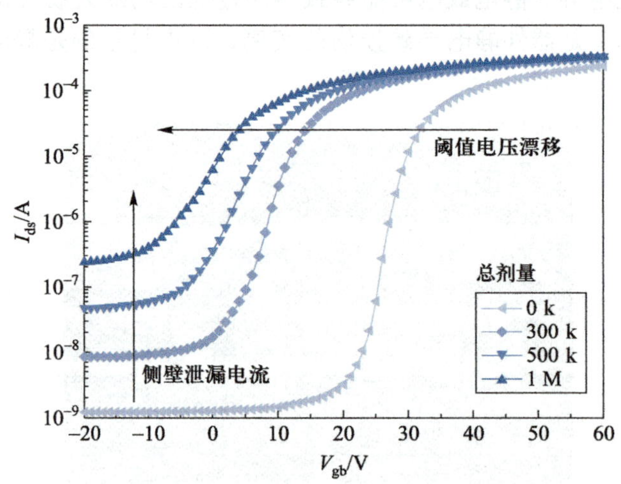

图4.2.4 电离辐射效应导致SOI器件背栅转移特性曲线变化

5. 氧化层电荷

氧化层电荷指存在于Si-SiO_2界面处的SiO_2一侧的四种氧化层电荷，分别是固定氧化物电荷、可动离子电荷、界面陷阱电荷和氧化层陷阱电荷，见图4.2.5。这些电荷会引起器件阈值电压、跨导、漏电流等发生变化。

可动离子电荷：主要是Na^+、K^+、H^+等正离子，它们在激活后将移向Si-SiO_2界面附近，并在Si表面感应出负电荷，使MOS器件的阈值电压不稳定，还会降低SiO_2的介电强度，导

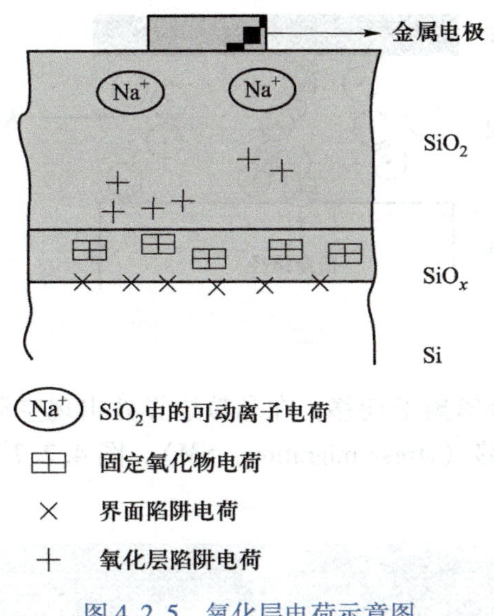

图 4.2.5 氧化层电荷示意图

致 SiO_2击穿。

固定氧化物电荷：来源是界面附近过剩的硅离子，带正电，不受 SiO_2厚度、Si 中掺杂程度以及界面能带弯曲的影响。

界面陷阱电荷：来源是 Si 和 SiO_2界面的不连续，导致界面处 Si 的悬挂键存在，它们在禁带中呈现一些分离的或连续的能级。半导体表面处的晶格缺陷、机械损伤和杂质污染都可以使界面陷阱电荷密度增加。它们会增加 MOS 管的阈值电压，降低表面沟道载流子迁移率和跨导，引起器件性能不稳定。该类电荷与衬底晶向有关，(111)>(110)>(100)。

氧化层陷阱电荷：来源是电离辐射、雪崩注入或其他类似过程注入 SiO_2中的空穴或电子。它是 MOS 管负偏压不稳定的原因之一，甚至会使有效沟道长度发生变化。

6. 热载流子

热载流子能量达到或超过 Si-SiO_2界面势垒时便会注入氧化层中，产生界面态、氧化层陷阱或被陷阱所俘获，使氧化层电荷增加或波动不稳，从而导致器件阈值电压、跨导、漏电流变化。

7. 介质击穿

介质击穿主要指氧化层击穿和氧化层与时间有关的击穿（time dependant dielectric breakdown，TDDB）。当栅介质存在缺陷或栅上出现大的栅电压（如静电、过电）时，会发生栅漏电增大、栅氧化层击穿，导致器件失效。而当栅上施加的电场低于栅氧的本征击穿场强，但经历一定时间后，由于氧化层内产生并集聚了缺陷（陷阱）等原因仍会发生击穿，导致器件失效，这就是 TDDB，如图 4.2.6 所示。

8. 金属互连线的电迁移与应力迁移

器件工作状态下，金属互连线上有一定的电流流过，由于电迁移效应金属离子会沿导体产生质量输运，使导体的某些部位出现空洞，另一些部位出现小丘，从而使互连线开路或短路。

有些情况即使互连线上没有电流流过，但由于温度循环或高温，以及局部拉伸应力（如

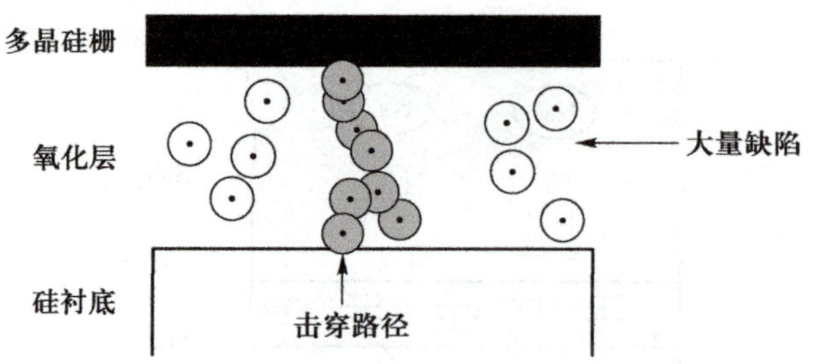

图 4.2.6　薄栅介质击穿过程示意图

台阶处)，也引起互连线上金属离子迁移，在晶粒边界处出现空洞，电阻增大，甚至发生开路断裂失效，这称为应力迁移（stress migration，SM）。图 4.2.7 是 Al 互连线上发生电迁移后出现空洞和小丘实例。

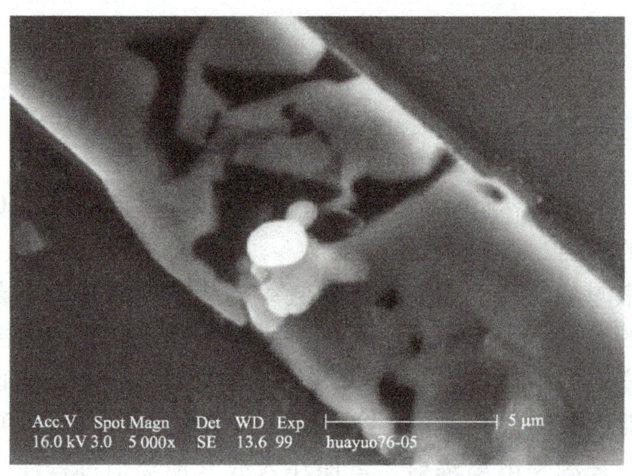

图 4.2.7　Al 互连线上发生电迁移后出现空洞和小丘

9. 金铝键合失效

由于 Au-Al 之间的化学势不同，经长期使用或 200℃ 以上高温储存后，金铝键合界面会产生多种金属间化合物，如紫斑、白斑等，使铝层变薄，粘附性下降，接触电阻增大，甚至造成开路失效。在温度高于 300℃ 时还会产生空洞，即柯肯德尔（Kirkendall）效应。图 4.2.8 为一典型实例，由于在高温下金向铝中迅速扩散并形成化合物，在 Al 键合点界面 Au 的一侧出现柯肯德尔空洞（环形空洞），金铝有效接触面积变小，扩散到铝中的金与铝的化合物电阻率增大且材料变脆，形成高阻或开路。当柯肯德尔空洞增大到一定程度后，将使键合界面强度急剧下降，接触电阻增大，最终导致开路。

10. pn 结穿钉

在长期电应力或突发的强电流的作用下，在 pn 结处局部铝-硅熔融生成合金钉，穿透 pn 结，造成 pn 结短路。

11. 腐蚀失效

芯片表面污染引入 Cl^-、Br^- 等腐蚀性离子，或塑封集成电路水汽穿过体树脂和引脚-树脂界面到达金属互连线或键合区表面，由水汽带入的外部杂质或从树脂中溶解的杂质与金属作用，使金属化表面发生腐蚀。对集成电路来说，金属铝的腐蚀有两种机制：化学和电化学腐蚀。

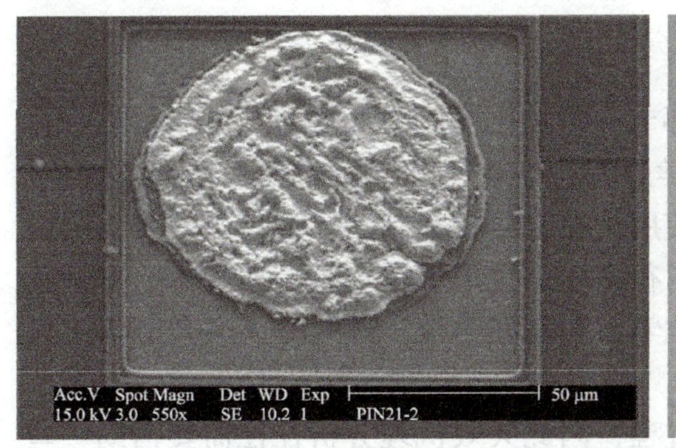

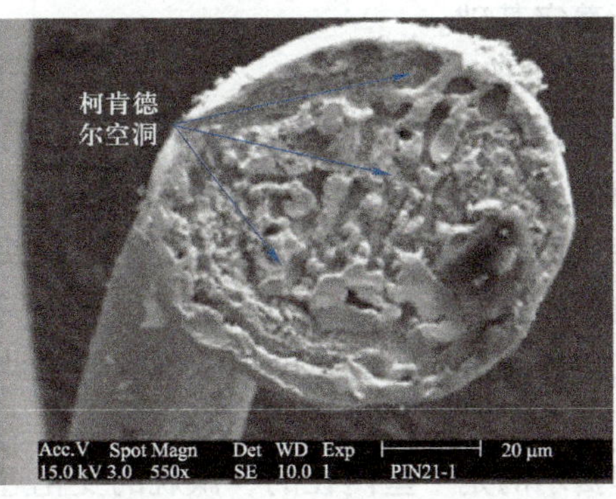

图 4.2.8 金铝键合化合物及柯肯德尔空洞

4.3 失效分析的一般程序

本节介绍电子元器件失效分析的基本内容和一般流程，以及失效分析过程中各环节应注意的事项。

4.3.1 失效分析的基本内容

对电子元器件失效机理、失效原因的诊断过程称为失效分析。失效分析过程往往需要借助一些先进的电学测量，以及物理、冶金及化学分析手段。电子元器件失效分析的主要内容包括：明确分析对象、确定失效模式、分析失效机理、判断失效原因、提出预防措施（包括设计改进）。

1. 明确分析对象

在对失效样品进行具体的失效分析操作之前，首先要了解失效发生的背景。失效分析人员应该与相关人员进行充分的沟通，了解失效发生时的状况，包括失效发生在生产、检测、储存、传输或使用哪个阶段，失效发生时元器件所处的位置以及经历的电应力及环境应力情况，失效发生时的现象，失效发生前、后的操作过程等。

同时，要明确失效分析对象。针对样品，需要查找产品手册，通过外观检查、电学检测以及光学显微观察等手段确认样品确实发生了失效，避免对失效对象的误判，或者对偶发失效的误判。在条件许可的情况下，应尽可能地复现失效现象。

2. 确定失效模式

失效模式是失效的表现形式。失效模式的确定通常采用电学测试和显微镜观察，根据测试、观察到的现象进行初步分析，确定出现这些现象的可能原因，或者与失效样品的哪一部分有关。电学测试可以发现开路、短路、参数及功能异常等失效模式，借助这些信息来分析和判断失效现象可能与失效样品中的哪一部分有关；显微镜观察可以发现腐蚀、污染、机械损伤、异常粘连或断开等失效部位。对于失效部位的观察还应关注失效点的形状、大小、位置、颜色，分析其机械结构、物理结构及物理特性，准确掌握失效特征。

失效模式可以定位到电（如 $I-V$ 特性、漏电）或物理（如裂纹、侵蚀）失效特征，根据失效发生时的条件（如老化、ESD、环境），结合先验信息，区分失效位置，为失效机理的分析和判断奠定基础。

3. 分析失效机理

对失效机理的分析、研究是失效分析的重要环节，需要更多的专业知识、先验信息和技术手段。任何失效的发生都有其内在的物理、化学过程，失效机理分析就是根据失效现象、失效模式，结合产品具体的材料、结构、工艺及使用情况，分析和判断导致其失效发生的内在过程。对电子元器件失效机理的研究已经开展了很多年，也形成了一系列的理论、方法及模型，有些失效机理对应着特定的失效现象，因此学习和掌握失效机理对开展失效分析工作非常重要。

失效机理揭示的是一些内在的、微观的变化过程，因此失效机理分析往往需要借助一些特殊的分析仪器设备，如扫描电子显微镜（SEM）用于显微形貌观察及微区成分分析，二次离子质谱（SIMS）或俄歇电子能谱（AES）用于微量成分分析，透射电子显微镜（TEM）用于原子排列结构分析等。4.4 节将简要介绍主要分析仪器设备的原理和应用。

4. 判断失效原因

在观察失效现象、确定失效模式、分析失效机理的基础上，需进一步判断失效发生的原因。有一些失效在分析确定失效机理后就可以明确地判断出失效原因。如果芯片是由静电放电（ESD）导致击穿失效的，那么失效的原因必然是在相关路径上引入了静电放电。但是，多数情况下，电子元器件的失效可能由多种因素造成，也可能由一系列的因素串行发生而造成，如设计缺陷、材料质量问题、制造过程问题、运输或储存条件不当、操作时过载等。对于一个复杂的失效，往往需要对失效的可能原因进行罗列和逐一排查，必要时采用同种元器件良品进行类似的破坏性试验，观察是否产生相似的失效现象，最终确定失效发生的根本原因。

5. 提出预防措施及设计改进方法

根据失效原因的分析和判断，提出消除产生元器件失效的措施和建议，及时反馈到元器件设计、工艺、使用单位，通过优化设计、更换材料、改进工艺、控制使用（包括控制异常应力、改进元器件使用条件等），控制乃至完全消除失效发生。这需要失效工程师与产品工程师及整机工程师的协作。

4.3.2 失效分析的一般流程

失效分析是逐步查找真相的过程，从失效样品上获得的真实信息是对失效判断的最根本依据，因此对失效样品的分析过程必须遵循一定的次序。总体来说，失效分析过程遵循先非破坏性分析，后破坏性分析；先外部分析，后内部（解剖）分析；先调查了解与失效有关的情况（样品失效前的经历，失效时样品所处的环境、电应力条件，失效现象等），后开展样品分析。失效分析通用流程如图 4.3.1 所示。

1. 失效背景调查

围绕失效产品必须详细了解如下信息：

（1）批次信息：包括产品批次、使用数量、产品制造工艺情况、使用前储存条件及时间。

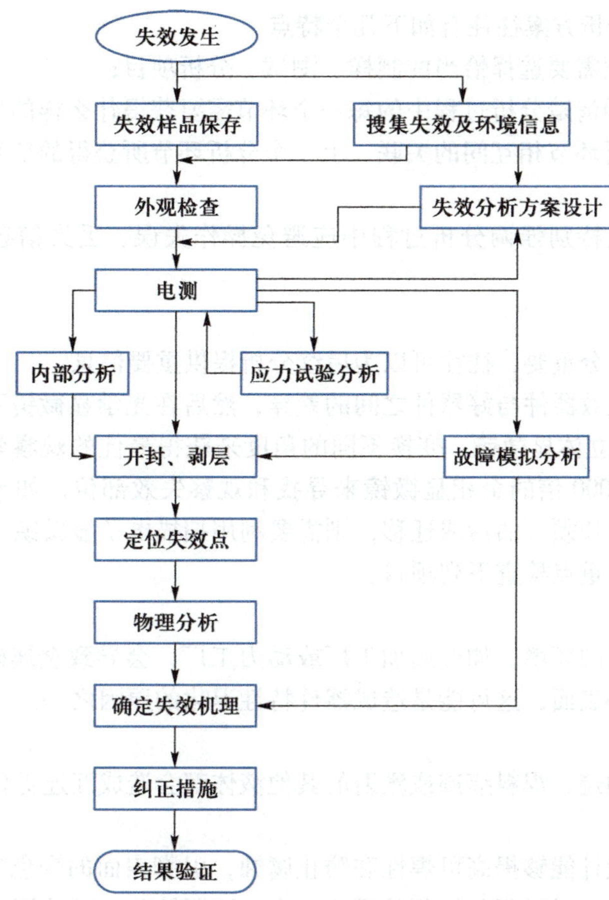

图 4.3.1 失效分析通用流程

（2）工作条件：包括发生失效时产品工作应力条件（电应力、热应力、机械应力等）、产品工作环境（温度、湿度，外围电应力环境，陆地、海洋、空间等）、失效发生前的经历。

（3）失效情况：包括失效发生的时间、部位、失效比例、产品使用情况。

（4）失效详细情况：包括失效类型（特性退化、完全失效或间歇失效等）、失效现象（功能紊乱、参数变坏、开路、短路等）。

2. 失效样品保存

对失效样品的拆解、包装、运输必须格外小心，以避免二次损伤的引入。从整机上拆解失效样品时要避免对管腿的机械损伤、过应力以及静电放电的引入；对失效样品应采用合适的包装，避免受到机械、静电及外部环境引入的新的损伤；在传递和存放失效样品过程中，必须保证避免污染、腐蚀、静电放电、机械损坏等二次损伤的发生。对于由机械损伤导致样品局部碎裂、由环境腐蚀引起样品失效等情况，必须对器件及时拍照，保存其原始形貌。

3. 失效分析方案设计

在失效分析开始前必须制定较为详细的分析方案。方案制定的主要依据是产品信息、失效背景信息，遵循非破坏到破坏性分析、由外到内的分析顺序，并且对样品失效的基本情况有个初步的分析和判断，从而决定采用什么样的分析路径及分析技术，必要时在分析过程中应适时调整分析方案。

一个失效样品的分析方案往往有如下几个特点：

（1）选择性：根据需要选择恰当的制样、测试、分析项目；

（2）目的性：必须清楚分析过程中的每一个环节需要获得什么样的信息；

（3）关联性：分析环节相互间的关联，上一个分析环节所获得的信息决定了下一环节要做什么、如何做。

失效分析方案还应特别强调分析过程中应避免操作失误、丢失信息以及额外引入二次损伤。

4. 外观检查

器件的外观检查十分重要，往往可以为后续分析提供重要信息。

首先用肉眼检查失效器件与好器件之间的差异，然后在光学显微镜下进一步观察。采用放大倍数在 4~80 倍的立体显微镜，变换不同的角度来获得最佳的观察效果；有时也采用常规的放大倍数在 50~2 000 倍的金相显微镜来寻找和观察失效部位，如果还需要更进一步观察表面击穿、外来物、长须、沾污或迁移，则需要利用扫描电子显微镜（SEM）。

进行外观检查时应重点检查下列项目：

（1）灰尘

器件被用在较恶劣的环境，如金属加工厂或动力工厂，会导致金属碎屑、金属氧化物颗粒、灰尘等出现在器件表面，这可能是造成器件特性退化的原因之一。

（2）沾污

任何小的水迹、油迹、焊料痕迹或溅射的其他液体都会造成互连劣化或漏电。

（3）引脚变色

通常引脚结构的设计能够提高可焊性和防止腐蚀，引脚表面的变色通常表明基体材料被热氧化、硫化和有缺陷，对引脚基体预处理不完全、镀层缺陷或腐蚀等。

（4）由压力引起的引脚断裂

当铜-锌合金或许多其他以铜基为主的合金在外界压力或内部残余应力作用下，并处在氨、胺类、潮湿气体或高温环境中时，就会发生压力侵蚀现象。可以采用扫描电子显微镜，通过观察断层的外形及边界特征分析发现这种现象。

（5）机械引脚损坏

损坏的模式取决于引脚的外形、负载及所处的环境。主要的断裂类型有：疲劳断裂、蠕变断裂、脆性断裂、拉伸断裂等。疲劳断裂是由重复加力引起的；蠕变断裂则是由于加力时间过长引起的；易脆断裂是指快速形成断裂而不发生弹性变形；拉伸断裂则伴随着弹性变形。仔细地观察断裂面形貌，分析确定断裂类型是十分重要的。

（6）封装裂纹

封装裂纹会引起湿气等有害气氛进入器件内部从而造成器件失效，对于密封器件主要有金属焊接缝隙、陶瓷盖板破裂、有玻璃绝缘子结构的玻璃绝缘子裂纹等。

（7）金属化迁移

高温、高湿及电场作用下，金属电极间的绝缘材料中或其表面会出现金属离子从阳极迁移到阴极并在该处堆积的现象，进而导致两极间漏电或短路。

（8）晶须

软金属，如锡的镀层表面上会形成直径为 1 到 2 μm、长度从几微米到几百微米的须状单晶结构，它会引起引线间的短路。这种晶体通常称为晶须。

晶须分为两种：由内部因素引起的规则晶须（如锡须，见图4.3.2）及由外部因素引起的不规则晶须（如银硫化合物晶须）。它们的形成与温度、湿度、内部应力及空气有关。

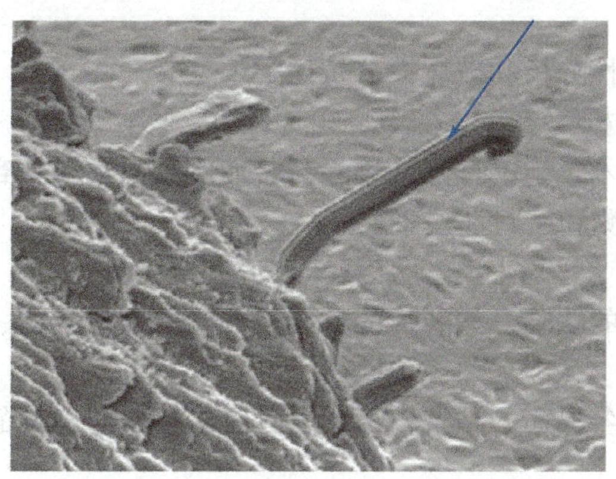

图4.3.2 器件引脚表面锡须生长

锡须的产生与材料组分、衬底材料、电镀溶液、折叠厚度和热处理等因素有关，控制好这些条件可把晶须的生长限制在一定的水平。当镀银材料用于含硫环境中（如在热硫黄附近）或与硬化橡胶同时使用时通常会出现银硫化合物晶须。

5. 电特性测试

测试过程要特别注意避免测试本身引起器件特性的进一步劣化。

（1）功能测试

检测样品是否发生功能丧失或功能紊乱，可以采用自动测试设备（ATE）测试、功能板测试以及功能验证等方式。

（2）参数测试

检测样品的参数是否满足规范值要求。

（3）端口测试

检测样品端口 I-V 特性是否存在异常，需要采用好、坏样品对比测试的方法。

（4）失效模拟测试

根据使用条件进行模拟测试，测试中除了电应力条件外，往往还需要增加一些环境应力条件如高低温、振动等。

6. 应力试验分析

对于一些失效，通过外观检查、功能测试、参数测试就可以确定失效的发生；而对于另外一些失效，如间歇性短路、断路等，在脱离系统工作状态后，往往又恢复正常，这时就要采用故障模拟或应力试验等方法再现失效现象。

应力试验分析根据对失效现象的判断采用一定的应力试验方法将应力与失效现象关联起来，有利于准确分析失效原因。元器件的失效通常与应力有关，这些应力包括温度、电压、电流、功率、湿度、机械振动、冲击、恒定加速度、热冲击和温度循环等。

7. 故障模拟分析

故障模拟分析一般采用与应用电路系统、应用环境相关的条件来再现器件的失效现象，也可以采用应力试验的方法，特别要注意有一些失效是因为与电路系统的匹配不当引起的，而并非元器件自身发生了失效。结合故障模拟分析可以进一步确认系统故障是否是元器件引起的，也可以为系统进行元器件优选提供参考。

8. 内部分析

内部分析分为非破坏性分析和破坏性分析两类。

（1）非破坏性内部分析

非破坏性内部分析技术是指不打开或移除封装而实现对器件内部状态的检查，通常包括 X 射线检查、扫描声学检测和密封性检查。

① X 射线检查

目的是检查封装内部的缺陷，如芯片的粘接空洞、内部多余物、其他结构上的缺陷。

② 声学扫描检查

目的是观察器件内部各界面的粘接情况，尤其是观察塑封器件的分层现象。

③ 密封性检查

对密封腔体结构器件的气密性进行检查，重点关注封装中的小裂缝、焊接材料虚焊、焊接凸缘部位针孔及密封封装中的缺陷等引起的较大泄漏或慢漏。通常采用两种检测方法：氦原子示踪法检测细小的泄漏和氟碳化合物检测较大的泄漏。

（2）破坏性内部分析

破坏性内部分析包括下述七步工作：

① 残留气体分析

对密封腔体的残余气体进行定量分析，尤其是关注水汽和腐蚀性气体可能引起的凝露、腐蚀。

② 开封

为了对器件作进一步的分析，需要开封器件将芯片及内部结构暴露出来。不同的封装形式应采用不同的开封方法，在这个步骤需特别小心，以免任何金属薄片、陶瓷碎片掉入封装中，同时也要避免损伤内部引线及芯片表面。

③ 失效点定位

在芯片失效分析中，通过缺陷隔离、失效定位技术来定位失效点，然后通过结构分析和成分分析进一步确定失效的起因。

缺陷点隔离可采用激光切割、聚焦离子束切割、机械研磨切等方法。

④ 去除芯片钝化层

必要时需对器件钝化层进行剥离，暴露出下层金属，或逐层剥离寻找失效点。通常采用的方法包括等离子体刻蚀、反应离子刻蚀和化学腐蚀等。

⑤ 物理分析

物理分析往往与失效定位方法相结合，如用于观察漏电的微光探测，热点探测和热分布分析，热阻测试，用于短、开路分析的磁扫描，以及材料的力学、热学、电学特性分析，结合显微形貌观察，为失效机理、失效原因分析提供信息支撑。

⑥ 杂质、污染物、材料组分分析

利用二次电子、二次 X 射线和二次离子等检测分析技术，分析确认污染物及腐蚀性物质、材料组分及分布，从而判断物质来源、反应及分布变化。

⑦ 确定失效机理

综合失效分析过程获得的信息，结合掌握的产品失效模式、失效机理知识，确定失效机理，分析和判断失效原因。

9. 纠正措施

根据失效分析结果，提出防止失效再次发生的纠正措施和建议，包括工艺、设计、结构、外围电路及应用环境，以及材料选择、老化筛选方法和条件、使用方法和条件、质量控制和管理等。

10. 结果验证

失效分析结果是否正确，需要在实际应用中进行验证。因此需要加强元器件生产单位、使用单位和失效分析单位的联系与合作。生产单位和使用单位应经常反馈对失效分析结论的验证情况，使失效分析、应用验证构成闭环。

4.4 微分析技术

失效分析过程中除了分析人员必须具备一定的专业知识、分析经验外，仪器设备也发挥着重要的作用。借助这些仪器设备，失效分析工程师可以看到器件内部的一些微观表象，发现物质结构、成分的一些变化，从而进一步确认失效机理和失效原因。

本节结合实例介绍失效分析中经常用到的一些分析仪器设备原理和应用。

4.4.1 X 射线透视

1. 工作原理

1895 年德国物理学家伦琴发现并报道了一种新的射线——X 射线，也叫伦琴射线。X 射线是一种波长很短的电磁波，波长范围在 0.05~0.25 nm，对物质具有很强的穿透能力。X 射线通常利用 X 射线管产生，由阳极靶和阴极灯丝组成，在两者之间加有高电压。当高速电子碰撞到阳极靶材上动能突然消失，其损失的动能以光子的形式放出，形成 X 射线。

X 射线穿透物质的能力与 X 射线光子能量有关，X 射线波长越短，光子能量越大，穿透力越强。同时，X 射线穿透能力也与物质的密度有关，密度大的物质对 X 射线的吸收能力较强，密度小的物质吸收能力较弱，利用不同物质对 X 射线吸收能力的差别可以把不同密度的物质区分开来。

X 射线透视仪就是根据样品中不同材料对 X 射线吸收率及透射率的不同，利用 X 射线通过样品各部位衰减后的射线强度检测样品内部结构和缺陷。X 射线衰减的程度与样品的材料、厚度有关。透过材料的 X 射线强度随材料的 X 射线吸收系数和厚度成指数衰减，材料内部结构和缺陷对应于灰度不同的 X 射线影像。

X 射线透视仪有二维成像和三维成像。由于电子元器件相对结构复杂，获得的二维图像往往是多种结构和缺陷的叠加，有时难以区分，但是二维 X 射线透视工作距离可以很短，放大倍数高，图像清晰，且简单易于操作。三维 X 射线透视仪则需要通过机械手将被检测样品进行多角度旋转，获得不同角度 X 射线影像，然后通过计算机软件对图像进行处理、合成，从而获得三维结构及缺陷图像，也可以获得切片图像。

2. 主要性能指标

X 射线透视仪的主要性能指标包括：

加速电压：它决定了 X 射线的强度，一般为 160~250 kV；

物体空间分辨率，通常≤1 μm。

微电子器件的 X 射线透视分析

3. 用途

电子产品检测和失效分析中采用 X 射线透视仪可用于观察内部结构，发现内引线开路或短路、粘接空洞、焊点空洞和桥连、封装裂纹等缺陷。也可应用于压力容器、管道焊接生产线的在线检测，航空航天、机械、化工、冶金等领域的工业探伤，汽车工业轮胎、发动机及铸件的生产检验。

图 4.4.1 是采用 X 射线透视仪发现的 BGA 焊球空洞以及对该焊球的剖面金相显微分析结果。在图（a）所示照片中可以看到焊球中存在大量色度较浅的区域，即工艺过程引入的气泡所形成的空洞。图（b）所示焊球剖面金相显微分析则进一步证明了空洞的存在。

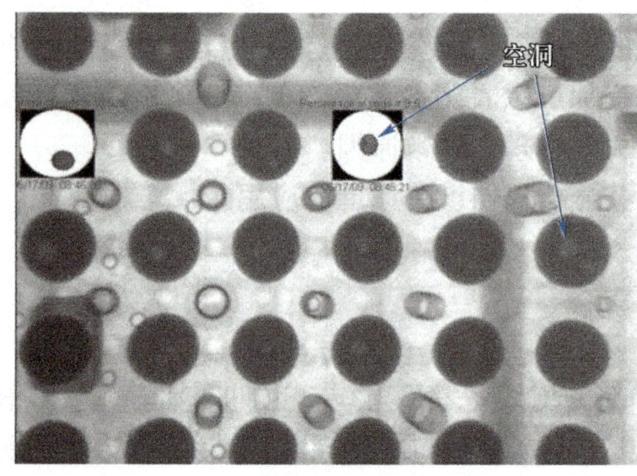

(a) BGA焊球空洞

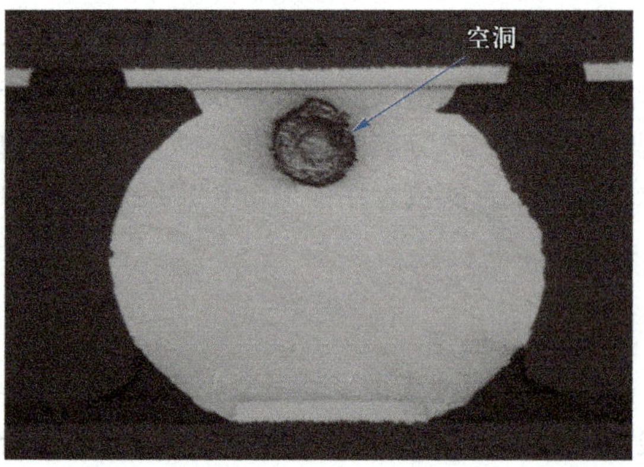

(b) 焊球剖面金相显微照片

图 4.4.1 X 射线照片

4.4.2 扫描声学显微镜分析

1. 工作原理

超声波是指频率高于 20 kHz 的声波，它是机械振动源在弹性介质中激发的一种机械振动波，能透入物体内部并在物体中传播。超声波在介质中传播时，若介质密度或弹性模量不变，超声波能够沿着波的方向直线传播。当传播的介质密度发生变化（如材料界面）时，就会有一部分声波发生反射，产生反射回波，而另一部分则继续沿波的方向直线传播。超声波在介质中传播时也会发生声吸收，随着传播距离的增加，超声波强度会逐渐减弱，能量逐渐消耗。超声波在介质界面上反射和折射的能量分配取决于界面处两种介质材料的声阻抗（声阻抗用介质中声速与介质密度之积来表示）。空气的声阻抗接近于零，超声波从空气传播到介质界面几乎发生全反射。

扫描声学显微镜（scan acoustic microscope，SAM）就是利用超声波在介质中的反射与传输特性，通过对反射波或透射波信号的分析及图像化处理反映结构及材料内部的一些信息。

超声波由压电换能器产生，主要利用的是某些晶体的压电效应。频率在 100 MHz 以下的换能器一般采用铌酸锂晶体、石英晶体或陶瓷，100 MHz 以上的换能器一般采用 ZnO 等压电晶体。换能器发出一定频率（1~500 MHz）的超声波，经过声学透镜聚焦，由耦合介质传到样品上。同时，超声换能器也具有接收超声反射回波并转换成电信号的功能。超声换能器由电子开关控制，使其在发射方式和接收方式之间交替变换。

超声波脉冲进入样品内部并被样品内的某个界面反射形成回波，其往返的时间由界面到换能器的距离决定，回波经换能器转换成电信号显示在示波器上，反映出样品不同界面反射强度与时间（或距离）的关系。通过控制时间窗口，采集某一特定界面的回波，超声波换能器在样品上方进行二维机械扫描，形成某一界面的反射波分析图像。

在扫描声学显微镜获得的图像中，与背景相比的衬度变化构成了重要的信息。在有空洞、裂缝、粘接不良和分层剥离的位置产生高的衬度，因而容易从背景中区分出来。图像衬度的高低可以用来表示回波脉冲的正负极性，由组成界面的两种材料的声学阻抗 Z（声阻是与声波传播有关的材料特性）决定。从高声阻界面反射回来的正反射波以灰色表示，从低声阻界面反射回来的负反射波则用另一种颜色表示，回波的极性和强度构成一幅能反映界面缺陷状态的超声图像。

2. 主要性能指标

扫描声学显微镜的频率范围为 1~500 MHz，空间分辨率可达 0.1 μm，扫描面积达到 300 mm^2。扫描模式分为超声波传输时间测量（A 模式）、纵向截面成像（B 模式）、X/Y 二维扫描成像（C 模式）和透射扫描成像（Thru 模式）。

（1）A 模式：发射的超声波脉冲聚焦到检测深度上的某个点，测试反射波信息，根据材料声阻的差异决定反射波的正负及幅值。

（2）B 模式：发射的超声波脉冲在纵向平面上进行扫描，从不同深度位置反射波的信息得到样品剖面图像，可以判断缺陷的纵向深度。

（3）C 模式：发射的超声波脉冲在纵向的某个点聚焦，在 X/Y 平面进行扫描，分析平面结构及存在的分层、裂纹、空洞等缺陷。

（4）Thru 模式：发射的超声波脉冲在样品上方扫描，超声接收器在样品的下方接收穿透样品的超声脉冲，有缺陷的部位超声波大部分被反射或吸收，这种扫描方式可以快速得到缺陷的整体影像。

3. 用途

扫描声学显微镜透视分析（SAT）

利用扫描声学显微镜可以观察材料内部的空洞、裂纹及材料的不均匀性，可以观察不同材料间界面的粘接情况，也可以进行材料的声阻分析。对于电子元器件、PCB/PCBA 组件，通常可以用来检测粘接分层、夹杂物以及焊料空洞，焊点裂纹、空洞等。由于是无损分析技术，通常也用来进行筛选，剔除存在缺陷的产品。

图 4.4.2（a）是采用扫描声学显微镜得到的塑封集成电路内部图片，表明芯片表面与塑封材料之间发生分层。颜色不同，对应着不同的声学反射波，如原理段落中所述，此图箭头所指分层部位，在实际中为红色。潮气侵入到分层区域，在电路板高温焊接工艺过程中，水分急速汽化膨胀，将键合引线拉断，如图（b）所示（金相显微镜）。

其他应用实例可见 4.5 节中的“塑封料与芯片界面分层导致焊点拉脱失效”“管壳烧结

空洞导致热烧毁失效”。

(a) 扫描声学显微图片

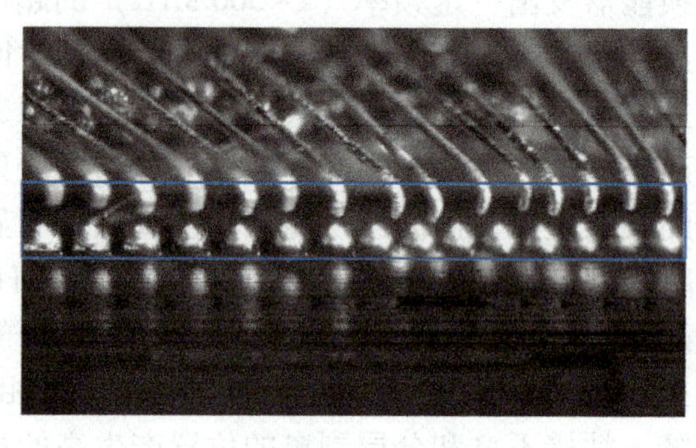
(b) 键合引线被拉断

图 4.4.2　塑封集成电路分层，“爆米花”现象导致引线断裂

4.4.3　聚焦离子束系统

1. 工作原理

聚焦离子束系统（focused ion beam，FIB）利用液态离子源在电场作用下引出带正电荷的离子。离子经加速、静电透镜聚焦形成尺寸非常小的离子束，轰击到样品表面，产生二次电子或二次离子，通过接收器收集、信号处理形成离子束显微像。相比于电子，离子质量大，当其轰击材料表面时，会使材料表面的原子溅射出去，形成对材料表层的剥离。如果将一些气态的化学物质注入材料表面附近，就可以进行材料的沉积以及选择性刻蚀。这就形成了聚焦离子束最基本的功能：切割、沉积物质、离子成像。

聚焦离子束系统的核心是液态离子源。目前商用系统的离子束大多为液相金属离子源，金属材质为镓（Ga），因为镓元素具有低熔点、低蒸气压以及良好的抗氧化力等优点。

聚焦离子束系统通常包括液相金属离子源，一系列聚焦、束流限制、偏转装置，扫描装置，二次粒子接收器，辅助气体源、枪，5-7 轴向移动的试片基座，真空系统，以及光学或 CCD 成像系统等。

采用聚焦离子束系统进行定点切割，主要是利用离子的物理碰撞将材料表面原子溅射出来而实现定点切割。为了提高切割速率，需要辅助一些化学气体，如卤化物气体。高能离子将不活泼的卤化物气体分子变为活性原子、离子和自由基，这些活性基团与样品材料发生化学反应，产生挥发性物质而被真空系统抽走，从而大幅度提高刻蚀速率、增加对材料的选择性。利用离子能量诱生化学反应可以用于沉积金属和介质层（如 Pt、W、SiO_2等），将金属有机气体或含有 Si-O 链的有机气体引入到样品表面，入射的高能离子使有机物发生分解，分解后的固体成分（Pt、W、SiO_2）沉淀在样品特定位置，而挥发性的有机成分被真空系统抽走。

2. 主要性能指标

聚焦离子束系统主要参数指标包括：离子源工作真空度为 $1\times10^{-5}\sim1\times10^{-6}$ Pa，加速电压范围一般为2～30 kV，离子束分辨率为5 nm，能进行圆片和器件结构样品的加工与分析。气体注入系统（GIS）有：Pt沉积气体、W沉积气体、C沉积气体、SiO_2沉积气体，金属增强蚀刻气体碘、氧化物增强蚀刻气体二氟化氙等。

3. 用途

聚焦离子束系统的主要作用是切割、修补及离子成像。由于离子像的分辨率较低，一般采用与扫描电子显微镜配合进行显微形貌观察。在集成电路领域，利用聚焦离子束系统可以进行电路切割、连接修改，以辅助进行电路功能验证；进行局部切割，以进行缺陷部位的剖面观察。图4.4.3实例是采用聚焦离子束系统发现的金属化台阶处覆盖不良工艺缺陷；进行局部切割制样获得纳米厚度的薄片，用于进行透射电镜分析。在产品研发阶段利用聚焦离子束进行集成电路局部电路修改验证，可省去重新制版的费用，缩短研发周期，经济效益显著。

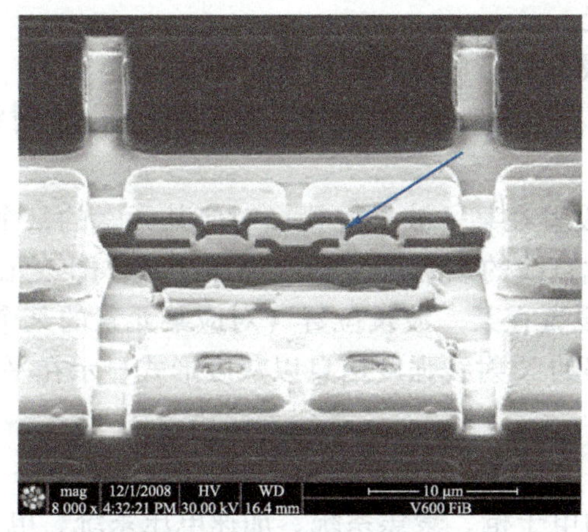

图4.4.3 芯片局部FIB切割后观察到金属化台阶处覆盖不良

4.4.4 扫描电子显微镜及X射线能谱仪分析

1. 工作原理

高能电子轰击样品表面，产生二次电子、俄歇电子、特征X射线、背散射电子等，扫描电子显微镜（scanning electron microscope，SEM）将经过聚焦的高能电子束打在样品表面，通过接收二次电子，进行信息放大、处理，获得样品表面的二次电子像。

（1）二次电子衬度像原理

在扫描电子束的激励下，样品表面发射出的二次电子被收集并检测，产生二次电子形貌像。在此过程中，衬度（contrast）是指图像中相邻物体或区域的明暗差别，即衬度可以表现出物质表面的形貌和结构特征。扫描电镜二次电子衬度像主要存在如下三种模式：

① 形貌衬度：二次电子产额与电子束的入射角有关，入射角越大，二次电子产额越多，这种表面形貌影响到二次电子产额从而形成了表面形貌衬度；

② 原子序数导致的衬度：对于轻元素或较轻元素，不同元素组分的二次电子产额会有差异，从而产生不同的衬度。当原子序数>20时，二次电子产额与原子序数的关系不大；

③ 电压导致的衬度：如果被电子束扫描的区域存在电位差，如存在正负电位的区域，正

电位区域发射二次电子少，其图像更暗。负电位区域发射二次电子多，其图像更亮，形成衬度。

（2）利用X射线能谱进行成分分析

在扫描电子显微镜上通常配有X射线谱来进行材料微区成分分析。每种元素都有其自己的特征X射线，根据特征X射线的波长和强度就能定性与定量地分析材料中的成分。

用X射线谱进行测量和分析有X射线能谱（EDS）和X射线波谱（WDS）两种方法。

X射线能谱仪是利用X射线光子能量的不同进行元素分析的。对于一种元素，X射线光子具有特定的能量，通过测定光子能量来确定元素，通过测量光子数量来测定元素相对百分比；X射线在晶体上衍射服从布拉格定律 $2d\sin\theta=n\lambda$，如已知晶体晶面间距 d，通过实验测定衍射角 θ，由布拉格定律就可以计算出X射线波长。X射线波谱仪就是利用这一原理，将样品激发出来的X射线经已知晶面间距 d 的晶体分光，波长不同的X射线将产生不同的衍射角，从而获得对元素的测定。

利用X射线能谱进行成分分析可以有三种分析方法：

① 点分析：将电子束打在需要分析的点上，获得此点的X射线能谱，分析该点区域的材料成分；

② 线分析：将能谱仪设置在某一波长位置（对应某元素的某个峰），将样品或电子束沿指定的直线运动，获得沿此直线的该元素X射线强度分布，即该元素沿此直线的浓度分布。

③ 面分析：将能谱仪设置在某一波长位置（对应某元素的某个峰），将样品或电子束沿指定区域进行扫描，将获得的X射线强度信息以灰度形式显示在平面上，即获得该元素在指定区域的浓度分布。

（3）仪器构成

扫描电子显微镜主要由电子枪、聚焦系统、加速电压系统、电子光学系统、二次电子接收器、信号处理系统、真空系统，以及X射线谱仪等组成。

当电子束直接打在样品表面非导电区域（如钝化层、介质层等）时，样品表面会逐渐积累负电荷，形成负电场，这种负电场会排斥入射电子，造成二次电子发射的不稳定，并改变二次电子的发射角，从而造成图像不稳定，亮度突变，即所谓“荷电现象”。为消除荷电现象的影响，通常在样品表面喷金或喷碳等导电物质，将表面电荷通过导电通路泄放到地，提高二次电子像质量。

2. 主要性能指标

扫描电子显微镜X射线能谱分析

加速电压为20 V~30 kV，二次电子像分辨率最高达0.8 nm；放大倍数高，可以从几倍到100万倍，连续可调；景深大，有很强的立体感，适于观察像断口那样的粗糙表面。

X射线能谱仪分析元素范围 $_{4}Be\sim{}_{92}U$，分析最小区域可达1 μm，最高探测精度为0.01%；X射线波谱仪元素范围 $_{4}Be\sim{}_{92}U$，分析最小区域为0.2 μm，最高探测精度为0.001%。

3. 用途

扫描电子显微镜及X射线能谱仪、X射线波谱仪主要用于表面微观形貌观察、微区成分分析。图4.4.4是利用扫描电子显微镜及X射线能谱仪进行焊点金属间化合物（intermetallic compound，IMC）形貌及EDS成分分析的实例。从图4.4.4（a）可以看到IMC

的形貌，图 4.4.4（b）给出了 IMC 的主要成分有 Cu、Sn、Ni 等，为（Cu，Ni）$_6$Sn$_5$。

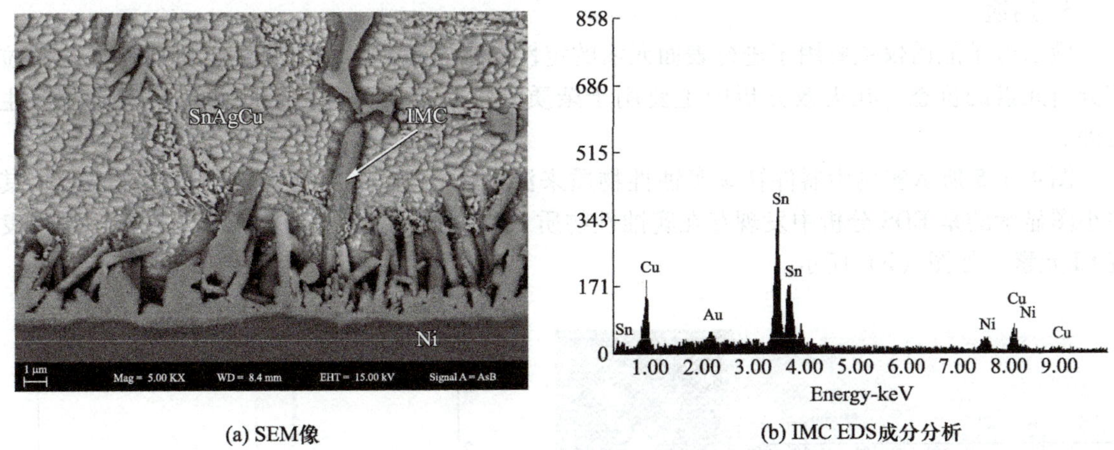

(a) SEM像　　(b) IMC EDS成分分析

图 4.4.4　Ni/SnAgCu/Cu 焊点 Ni 侧金属间化合物（IMC）形貌及 EDS 成分分析

同时，利用电压衬度像可以对集成电路互连线开路、短路进行分析和定位。

其他应用实例可见 4.5 节中的“静电和过电（ESD/EOS）损伤导致击穿失效”“内引线键合点腐蚀失效”。

4.4.5 俄歇电子能谱仪

1. 工作原理

当具有一定能量的电子束轰击材料表面时，电子与材料原子发生碰撞，原子内层轨道电子被激发，在内层轨道产生空穴。外层电子跃迁到内层空穴，释放能量，使外层电子被激发，形成俄歇电子。俄歇电子的能量与原子轨道能级有关，与入射电子能量无关。对于特定的元素及特定的俄歇跃迁，俄歇电子的能量具有特征性，因此，俄歇电子能谱仪（Auger electron spectrometer，AES）能够根据俄歇电子的能量特征对样品表面元素进行定性分析。该方法可以用于除氢、氦以外的所有元素，进行多个特征俄歇峰分析，分析的准确度很高。

从样品表面发出的俄歇电子强度与该原子浓度有关，同时也与俄歇电子的逃逸深度、样品表面光洁度、元素的化学状态等有关，因此利用俄歇电子强度测量通常只能进行元素的半定量分析。

俄歇电子能谱仪的初级电子束直径很细，并且可以在样品上扫描，因此它可以进行定点分析、线扫描、面扫描和深度分析。在进行定点分析时，电子束可以选定某分析点，或通过移动样品，使电子束对准分析点，分析该点的表面成分、化学价态和元素的深度分布。电子束也可以沿样品某一方向扫描，得到某一元素的线分布，并且可以在一个小面积内扫描得到元素的面分布图。配合离子束剥离技术，俄歇电子能谱仪能够进行元素成分的深度分析和界面分析。

俄歇电子能谱仪主要组成部分有电子枪、溅射离子枪、电子能量分析器、电子倍增器、俄歇电子接收器、信号处理放大系统、显示器等。

2. 主要性能指标

探测源为电子束，可检测原子序数>3 的元素；深度分辨率为 1 nm，横向分辨率约 300 nm；

灵敏度（原子百分数）>0.1；真空度为 $10^{8}\sim10^{-10}$Torr。

3. 用途

俄歇电子能谱仪主要用于进行表面元素的定性、半定量和深度分析，也可以利用化学位移分析元素的价态。在失效分析中主要用于杂质、污染物成分分析，以确定其来源或产生机理。

图 4.4.5 所示实例为器件管座腐蚀性物质来源分析。图（a）为管座金属腐蚀形貌，其中小图显示的是 EDS 分析中发现存在腐蚀性物质 Cl^{-}。对无腐蚀管座进行 AES 分析，没有发现 Cl 元素，如图（b）所示。

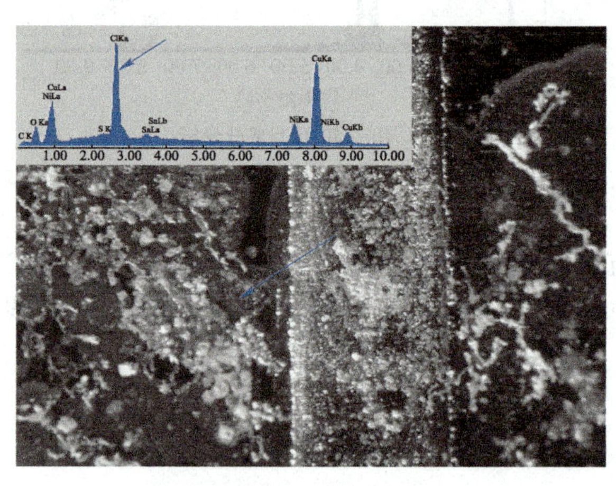

(a) 管座金属腐蚀形貌(存在Cl^{-})

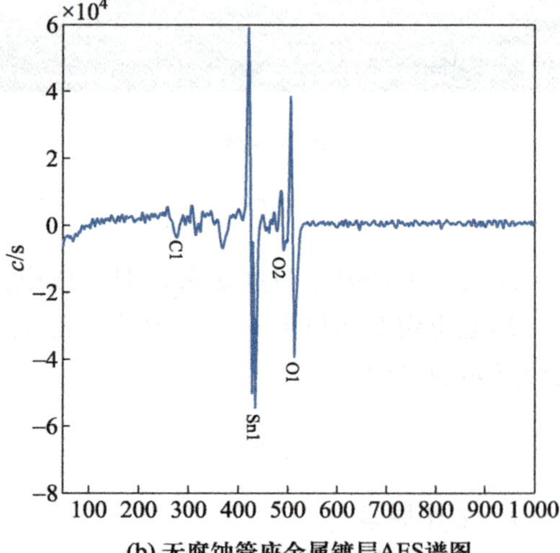

(b) 无腐蚀管座金属镀层AES谱图

图 4.4.5 器件管座腐蚀性物质来源分析

4.4.6 二次离子质谱

1. 工作原理

二次离子质谱仪（secondary ion mass spectroscopy，SIMS）是利用质谱法分析离子入射到样品表面后，溅射产生的二次离子而获取材料表面信息的一种质量分析方法。当带有一定能量的离子轰击到样品表面，与材料原子发生碰撞，产生中性原子和分子，或带电离子。这些不同荷质比的离子、分子或原子团经质谱分离，分别被收集，从而获得样品表面的组分信息，见图 4.4.6（a）。配合离子束剥离技术，二次离子质谱仪能够进行材料组分的深度剖面分析。

二次离子质谱具有高传输率、高质量分辨率、能平行检测不同荷质比离子的能力，质量范围宽（$\leqslant10^{4}$u），高表面灵敏度（$\leqslant10^{-4}$原子单层），能进行微区分析（$\leqslant0.1\ \mu$m）和二次离子成像。二次离子质谱可以分析包括氢在内的所有元素，并给出同位素信息以及分子结构信息。

SIMS 主要测定是表层原子的性能。灵敏度很高，可以达到 ppm（part per million，百万分之一）或 ppb（part per billion，十亿分之一）量级，用于进行微区成分成像和深度分析。

二次离子质谱仪主要结构有离子枪、样品靶台、离子化室、能量过滤器、质谱仪、二次离子探测器、信号处理放大系统等。离子束一般采用氩、铯或氧。二次离子质谱仪有采用四极质谱的方式和飞行时间质谱的方式。

2. 主要性能指标

深度分辨率为 1 nm，横向分辨率约 1 μm，灵敏度（原子百分数）$>10^{-4}$，探测极限可以达到 ppm 或 ppb 量级。

3. 用途

二次离子质谱仪主要用于基体表面元素痕量杂质分析。与俄歇电子能谱比较，二次离子质谱仪可用于分析轻原子量（包括氢、氦）的元素，且具有更高的灵敏度。在失效分析中可以用于表面组分及深度分析、表面污染物成分分析、微区成分变化分析，以确定污染物来源、组分变化及产生机理。

图 4.4.6（b）给出 InGaZnO 多层薄膜表面组分二次离子质量谱图，横坐标为物质的质量，纵坐标为收集到的物质数量；图（c）给出了多层薄膜组分深度剖析图，横坐标为离子剖析的时间，纵坐标为收集到的物质数量，可以看到材料组分在纵向分布上的变化。

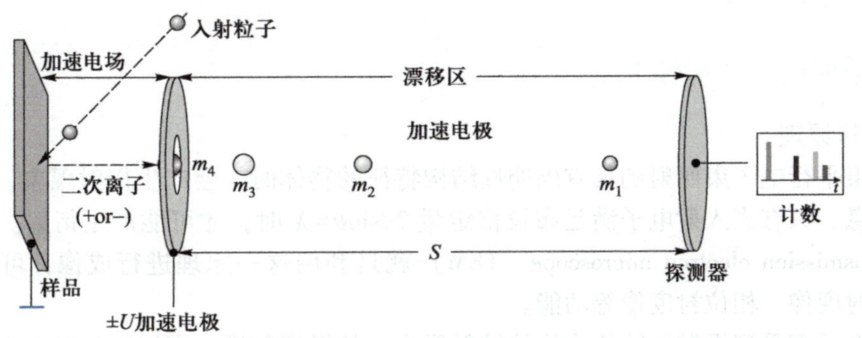

(a) 飞行时间二次离子质谱仪基本原理

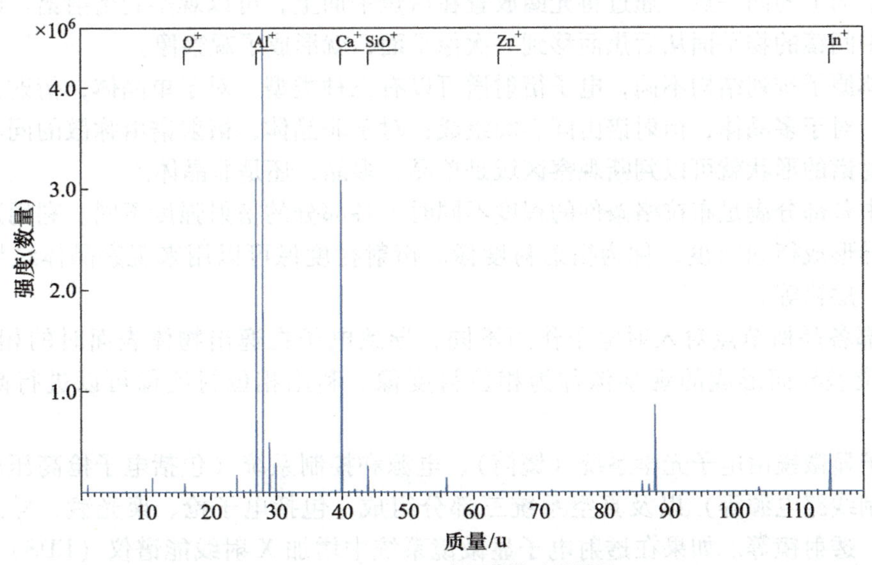

(b) InGaZnO多层薄膜质量谱图

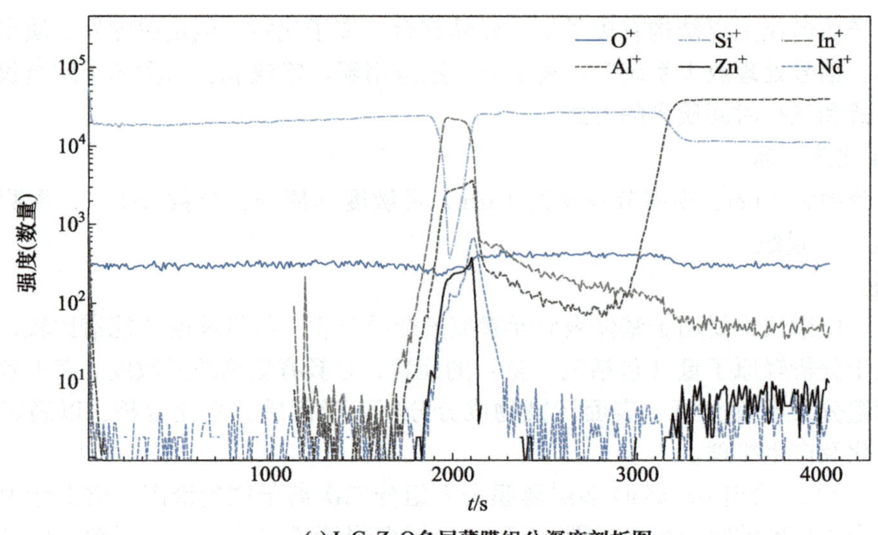

(c) InGaZnO多层薄膜组分深度剖析图

图 4.4.6　二次离子质谱用于分析材料成分及纵向分布

4.4.7　透射电子显微镜分析

1. 工作原理

当一束平行电子束照射到具有周期性结构特征的物体时，会产生衍射现象，从而携带了样品的信息。只有当入射电子满足布拉格定量 $2d\sin\theta=\lambda$ 时，才可能产生衍射。透射电子显微镜（transmission electron microscope，TEM）就是利用这一原理进行成像，可实现其衍射谱、衍射衬度像、相位衬度像等功能。

平行电子束受到周期性特征物体的散射形成了各级衍射谱。同级平行散射波经过透射后聚焦在后焦平面上的同一点，通过将光圈放置在后焦平面上，可以观察到衍射谱。改变中间镜电流，使中间镜的物平面从后焦面移到一次像平面，就形成了观察像。

由于物体原子排列结构不同，电子衍射谱可以有三种类型。对于单晶体，衍射谱由规则的点阵组成；对于多晶体，衍射谱由同心圆组成；对于非晶体，衍射谱由弥散的同心圆环组成。根据衍射谱的形状就可以判断观察区域是单晶、多晶，还是非晶体。

当物体中各部分满足布拉格条件的程度不同时，各部分的衍射强度不同。利用这种衍射波的振幅差异形成衍射衬度，称为衍射衬度像。衍射衬度像可以用来观察晶体结构中的缺陷，如位错、层错等。

物体内部各晶格节点对入射电子作用不同，导致电子在逸出物体表面时的相位不同。将这种由相位差异而形成的观察像称为相位衬度像。利用相位衬度像可以进行高分辨率观察。

透射电子显微镜由电子光学系统（镜筒）、电源和控制系统（包括电子枪高压电源、透镜电源、控制线路电源等）以及真空系统三部分组成，包括电子枪、聚光镜、样品室、物镜、中间镜、透射镜等。如果在透射电子显微镜系统中增加 X 射线能谱仪（EDS），则能够进行微区成分及分布分析。

2. 主要性能指标

透射电子显微镜加速电压一般为 20~200 kV，点分辨率为 0.24 nm，线分辨率为 0.12 nm，能量分辨率≤0.7 eV，最小束斑尺寸为 1.0 nm，镜筒真空度为 10^{-5} Torr，有效放大倍数可达上百万倍。

透射电子显微镜（TEM）分析

3. 用途

在失效分析中，通过制样，可以利用透射电子显微镜观察器件剖面结构，观察失效点纵向结构形貌。配合 X 射线能谱仪，可以进行区域成分分析并获得材料组分在结构中的分布图，从而分析和判断失效机理。还可以用于材料位错、层错分析等。

图 4.4.7（a）为 AlGaN/GaN HEMTs 栅金属和 AlGaN 层的热失配导致栅下产生裂纹的 TEM 像，图（b）为裂纹附近区域不同元素的 X 射线能谱面分析结果。

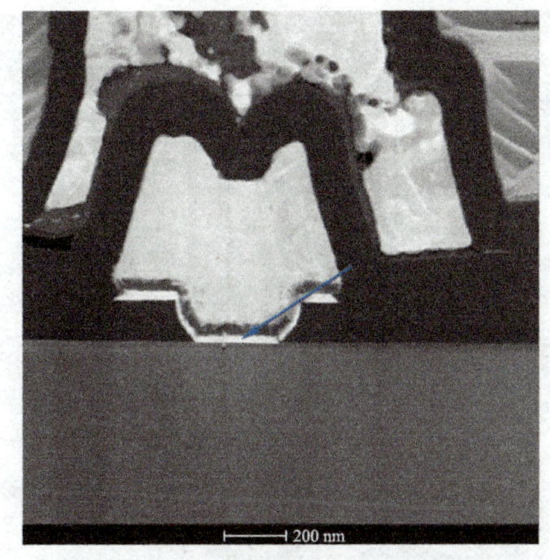

(a) 栅极沟道裂纹TEM像

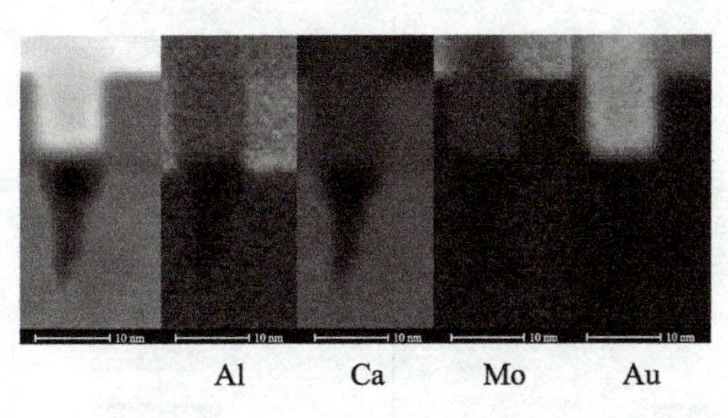

(b) 裂纹填充物X射线能谱面分析图

图 4.4.7 AlGaN/GaN HEMTs 沟道裂纹及扩散填充物成分分析

4.4.8 显微红外热像仪

1. 工作原理

任何温度在绝对零度（-273.15℃）以上的物体都会以电磁辐射的形式在非常宽的波长范围内发射能量，产生电磁波（辐射能）。而物体发射的辐射能强度峰值所对应的波长与温度有关。显微红外热像仪（infrared thermal microscope）就是利用这一原理，采用光学成像物镜和红外探测器探测物体表面各点发射的辐射能，通过计算换算成表面各点的温度值，并用不同的颜色标识出来，形成物体表面的温度分布图。图 4.4.8 为应用实例，对比温度标尺，观察图像色度变化，就可以获得器件表面温度分布信息。

显微红外热像仪由光学系统和红外探测器两个基本部分组成，光学系统将物体发出的红外辐射能聚集到红外探测器上，红外探测器将入射的辐射能转换成电信号，经信号处理形成可见图像。红外探测器可以选择制冷型和非制冷型，对于采用制冷型红外探测器，系统的构成除了载物台、光学物镜、红外探测器、控制和信号处理系统外，为保证探测器工作在低温（77 K），红外探测器需配置杜瓦冷却装置。

2. 主要性能指标

显微红外热像仪温度测试范围为 30~550℃，空间分辨率可达 2.7 μm，温度分辨率为

0. 1℃，单点脉冲测试时间为 3 μs，可进行动态温度测试，视场范围大于 7. 4 cm×7. 4 cm。

显微红外热像分析

3. 用途

显微红外热像仪可以直接用于电子元器件、组件的热性能检测和热失效分析，测量获得热阻（稳态、瞬态）、峰值结温，可以进行热耗散功率分析，稳态、瞬态热性能分析。通过对异常温度点的分析可以进一步分析和判断芯片/基片粘接质量、内引线键合质量以及电路内部通断情况等。

图 4. 4. 8 显示的是采用显微红外热像仪测量 GaN HEMT 器件高温开态试验前后表面温度分布变化情况，不但直观显示了温度分布的变化情况，而且图中左下角小图给出了沿画线处的温度测量结果。对比看到试验前后峰值结温由 132℃变化到 167℃，出现了退化。

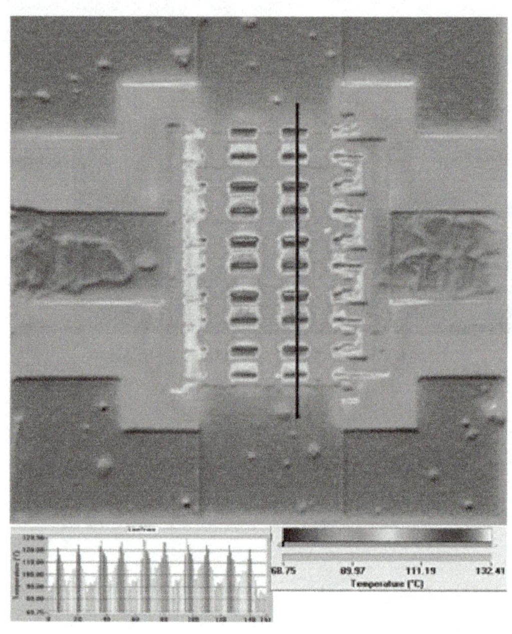

(a) 试验前(Tj: 132℃)

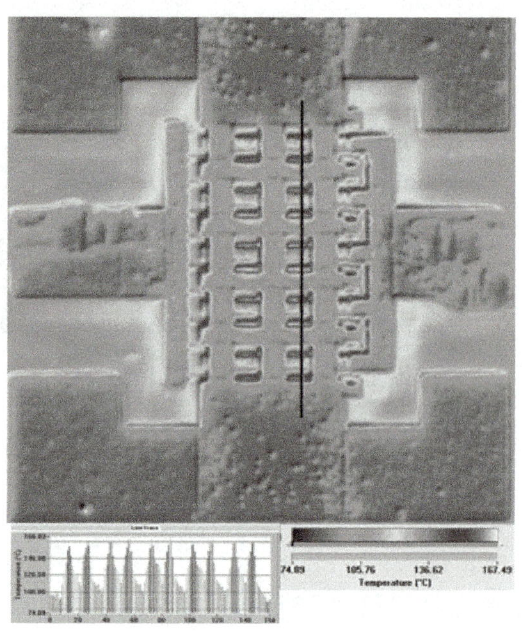

(b) 试验后(Tj: 167℃)

图 4. 4. 8　GaN HEMT 高温开态试验前后表面温度分布变化情况

4. 4. 9　光发射显微镜分析

1. 工作原理

光发射显微镜（photo emission microscopy，PEM）通常有微光探测和光束感生电阻变化（optical beam induced resistance change，OBIRCH）两部分功能。

在半导体中存在着多种形式的能级跃迁，并伴随有光子发射。半导体中发光机制分为两类，一类是热载流子的带内跃迁，一类是电子空穴复合。pn 结在正偏压时由于少数载流子注入产生大量电子空穴复合，释放出光子。Si 的特征光谱波长约为 1100 nm，且呈高斯分布（为 900～1300 nm）。pn 结反偏时空间电荷区电场对载流子进行加速，载流子通过散射释放出能量和光子，其波长范围从红外光到可见光。光发射显微镜就是利用微光探测技术，通过探测一定波长范围内的发光特性，分析和判断半导体器件中存在的正常发光和异常发光，对缺陷或失效引起的异常发光点进行探测和定位，从而辅助进行失效分析和工艺缺陷检测。

光发射显微镜的微光探头可以采用 Si-CCD 探头（波长范围为 500~900 nm），HgCdTe-CCD 探头（波长范围为 900~2 500 nm）或 InGaAs-CCD 探头（波长范围为 900~1 550 nm）。

光发射显微镜配合激光束系统，可以进行 OBIRCH 模式测量。激光束在恒定电压的器件表面进行扫描，激光束的部分能量转化为热能，如果金属互连线上存在缺陷，缺陷处的温度将无法迅速通过导线传导散开，导致缺陷处温度逐步升高，并进一步引起金属线电阻和电流变化，通过变化区域与激光束扫描位置的对应，可以定位缺陷点的位置。图 4.4.9（a）是利用 OBIRCH 技术获得的失效存储器电路的失效点定位图像。图（b）是图（a）中定位到的失效部位的金相显微照片，可以看到金属互连线确实出现电迁移和烧毁形貌。

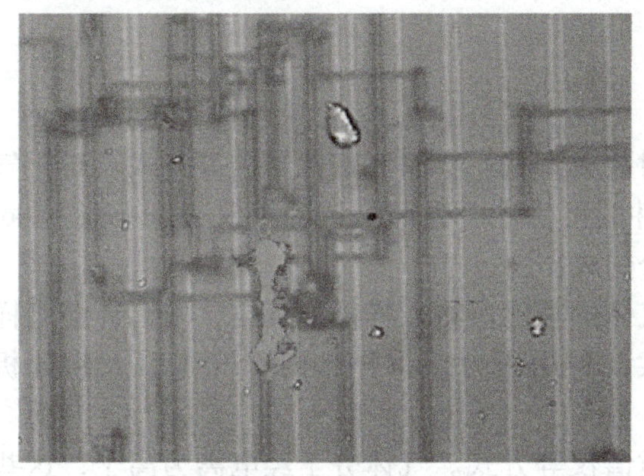

(a) 存储器OBIRCH失效定位

(b) 失效部位金相显微照片

图 4.4.9 存储器电路金属化热电迁移及烧毁

根据半导体中的发光原理可以看到即使探测到器件中有发光部位，发光的原因也不完全是由存在缺陷而导致的。对于探测不到发光点的缺陷，可以采用 OBIRCH 模式进行缺陷分析和定位。表 4.4.1 给出了采用光发射显微镜可以探测到的一些缺陷。

表 4.4.1 发光类型、发光机理及缺陷类型

发光类型	缺陷类型/发光机理
可探测到发光点的缺陷	结漏电、接触毛刺、热电子效应、闩锁、结雪崩击穿、氧化层漏电、多晶硅晶须、衬底损伤、机械损伤等
器件固有的发光	饱和双极晶体管、饱和 MOS/动态 CMOS、正偏/反偏二极管等
探测不到发光点的缺陷	欧姆短路、金属互连线短路、表面反型层漏电、硅导电通路（如扩散电阻）、亚阈值导通等

光发射显微镜主要结构包括样品台、物镜及光学系统、微光探头、激光源、信号处理及控制系统等。

光发射显微镜的特点是快速、简便而有效，尤其在失效定位方面具有准确、直观和重复再现的优点。样品只需要开封、加电，无需对样品进行剥离或对失效部位进行隔离，因而对样品为半破坏性。但由于半导体中的这些发光无法穿透金属互连线，对于多层金属化结构、倒装芯片封装等，需要从样品背面，经减薄后进行光发射探测。此外，光发射显微镜不需要真空环境，可以方便地施加各种静态或动态的电应力等。

2. 主要性能指标

光发射成像（EMMI & BIRCH）分析

探测光谱波长范围为400~2 200 nm，最小漏电流探测能力小于1 nA，空间分辨率为1.5 μm。

OBIRCH模式具有高分辨能力，测试精度可以达到nA级。

3. 用途

光发射显微技术主要用于探测半导体器件中多种缺陷和机理引起的退化和失效。可以探测的缺陷和损伤类型有：结漏电、接触尖峰、氧化层缺陷、栅针孔、静电放电（ESD）损伤、闩锁效应、热载流子、饱和态晶体管以及开关态晶体管等。

4.4.10 内部气氛分析

1. 工作原理

半导体器件封装一般采用塑封等非气密性封装或陶瓷、金属气密性封装等方式。对于气密性封装的器件，其内部腔体气氛会影响到器件的可靠性。内部气氛分析仪（internal vapor analyzer，IVA）由取样系统和分析系统两大部分构成。

取样部分主要实现从样品腔体中抽取内部气体的功能。将取样器抽真空，用钨针穿刺样品壳体。对于微小腔体也可以采用挤压的方式，利用压力差将样品内部气体引入到分析系统。

分析系统可采用四极杆质谱仪、飞行时间质谱仪等方式。气体分子经电离为离子，这些离子化的分子具有不同的荷质比，通过四极杆电场分离或电场加速飞行分离，分别被收集形成质谱，从而获得气体组分及体积百分比信息。

内部气氛分析仪由真空系统、取样系统、质谱分析系统、校准系统、数据处理系统及样品夹具等组成。质谱分析系统由分析器、检测器等组成。

由于样品内部表面的吸附作用，在测试前必须对样品进行12至24小时100℃的高温烘烤处理，同时对测试样品台上的被测样品进行100℃、10分钟加热，然后再穿刺取样，尽可能地解除气体表面吸附，提高分析准确性。

2. 主要性能指标

内部气氛分析仪可分析气体的质量范围在1~512原子量，与质谱仪的分析能力有关，水汽检测灵敏度为100 ppmv，其余气氛为10 ppmv。

3. 用途

在半导体器件内部气氛分析中主要关注器件腔体中是否含有水汽、氧气、氢气、二氧化碳，以及其他有机气氛，腐蚀性、有害气氛等。

水汽的存在会造成低温凝露，从而引起表面漏电，同时在电应力作用下，水汽会诱生材料表面发生氧化还原反应，加剧对金属化的腐蚀。

二氧化碳溶于水产生碳酸，使器件发生腐蚀。

氢气会导致GaAs器件、GaN器件参数发生漂移等。

密封器件腔体中的气氛来源有封装气体及引入的杂质气体、有机材料挥发（见表4.4.2）或器件表面清洗残留物质挥发、腔体表面吸附气体等，这些气体的存在往往会导致器件发生失效。

表 4.4.2 有机粘接材料高温后释放大量水汽

气氛	样品	
	样品 1	样品 2
N_2（%）	43.3	83.5
O_2（%）	3.84	11.1
Ar（ppmv）	3 068	7 781
水汽（%）	52.2	4.53
H_2（ppmv）	613	<100
CO_2（ppmv）	2781	847

4.5 微电子器件典型失效分析案例

本节给出微电子器件的几个典型失效案例，说明涉及的分析技术、采用的仪器等。

4.5.1 塑封料与芯片界面分层导致焊点拉脱失效

（1）样品名称：接口电路。

（2）失效背景：样品在装板后出现失效。失效现象为接口电路 1 个引脚无输出。用于进行失效分析的失效品 1 只，对比良品 1 只。

（3）失效模式：功能失效。

（4）失效机理：应力导致引线内键合点与焊盘间拉脱。

（5）失效原因：样品拆包装后，上板焊接前，在非干燥环境中放置时间过长，潮气渗入。

（6）分析结论：塑封层与芯片间界面分层，使部分引线内键合点与焊盘间拉脱。

（7）分析说明：对失效样品与良品进行端口 $I-V$ 测试对比，发现一引脚存在开路现象。对失效样品进行扫描声学显微检查，发现在塑封料与芯片间的界面存在大面积分层现象（见图 4.5.1 和图 4.5.2）。导致分层的原因是塑封器件样品在潮湿环境或在未经干燥处理的环境中放置较长的时间导致水汽的侵入。水汽侵入的路径包括在塑封料中的扩散以及沿着引脚界面进入内部等。如果样品不加以烘干等处理，在经过高温过程（如高温焊接）时，这些水汽会被汽化，造成体积迅速膨胀，引起器件界面大面积分层，甚至键合点拉脱（见图 4.5.3）。当温度恢复到常温时，内引线的键合点往往会接触到焊盘形成临时性的电连接，这种电连接是不稳定的，任何热应力或机械应力都可能造成这种连接再次分离或接触。

（8）改进措施：根据样品批次的潮敏等级，控制打开包装后到上板焊接前的时间，或上板组装前进行 24 小时高温烘干；如果发现样品批次已存在分层现象，需进行扫描声学显微检查筛选，剔除已出现分层的样品。

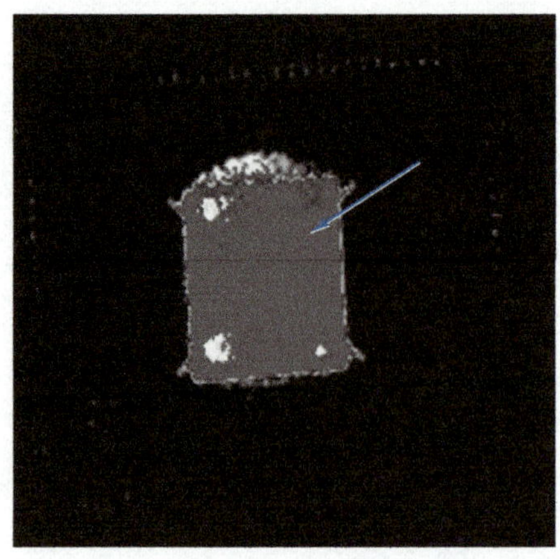

图 4.5.1　失效品塑封料与芯片界面几乎完全分层（箭头所指区域）

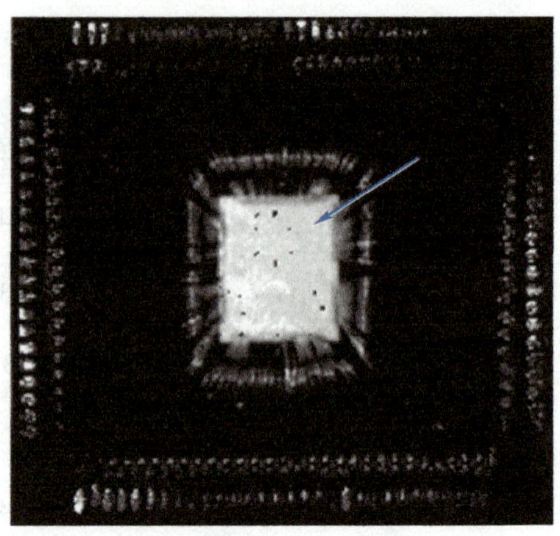

图 4.5.2　良品塑封料与芯片界面粘接良好（箭头所指区域）

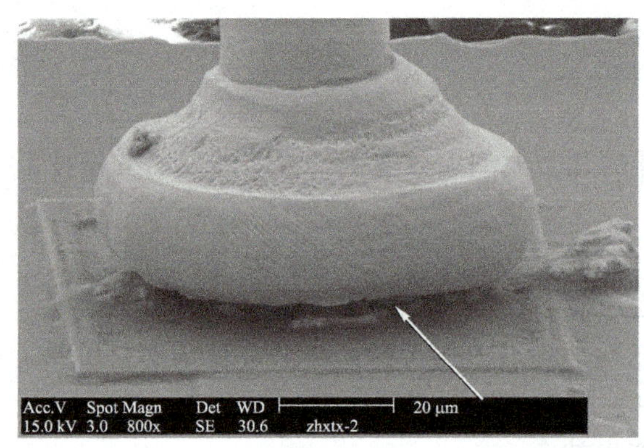

图 4.5.3　失效端口对应的内引线键合点与焊盘发生脱离 SEM 像

4.5.2　静电和过电（ESD/EOS）损伤导致击穿失效

（1）样品名称：频谱分析电路。

（2）失效背景：在温度循环试验及测量中，发现有 6 只器件出现失效。

（3）失效模式：参数异常。

（4）失效机理：静电放电损伤和过电损伤。

（5）失效原因：测量设备不共地而产生静电；温度循环试验接线口没有封堵，导致在低温时箱内结霜产生漏电通道。

（6）分析结论：失效是由静电击穿和过电烧毁引起的。

（7）分析说明：将失效样品开封后进行显微形貌观察，发现芯片表面均存在着不同程度的击穿和烧毁点，主要集中在芯片中靠近端口的防静电输入保护网络部分，多数损伤部位表现为静电击穿形貌（见图 4.5.4~图 4.5.7 中箭头所指部位），有 1 只样品芯片的 I/O 端口表现为严重烧毁的过电形貌（见图 4.5.7）。分析中发现在测量过程使用了两个测控台，且两个测控台不共地。测试或制造设备虚地、不共地、接地电阻过大等情况往往会造成静电放电现象发生，对器件产生损伤。在连续发生电路失效后，后续的温度循环试验中两个测控台采取了共地措施，并且将温度循环箱的接线口处进行了封堵，以消除温箱内结霜现象。采取这些措施以后，在进行温度循环试验时再没有发生类似失效现象。

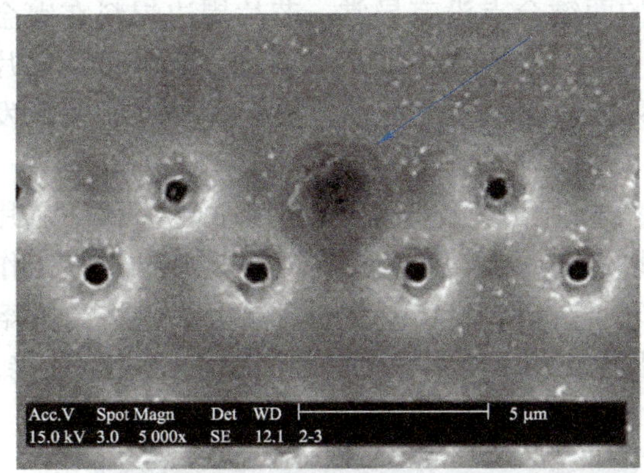

图 4.5.4 静电击穿点 SEM 像

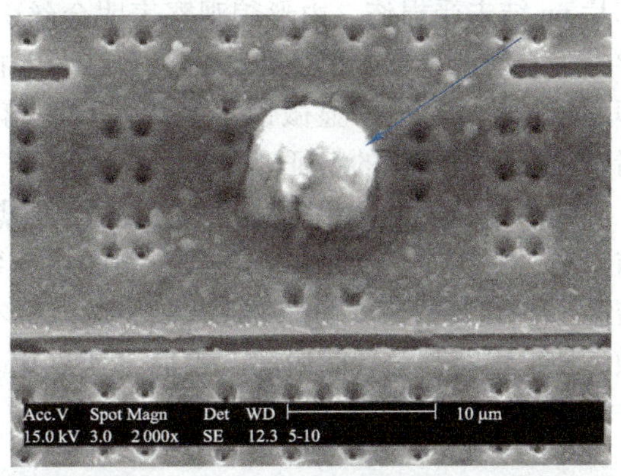

图 4.5.5 静电损伤点 SEM 像

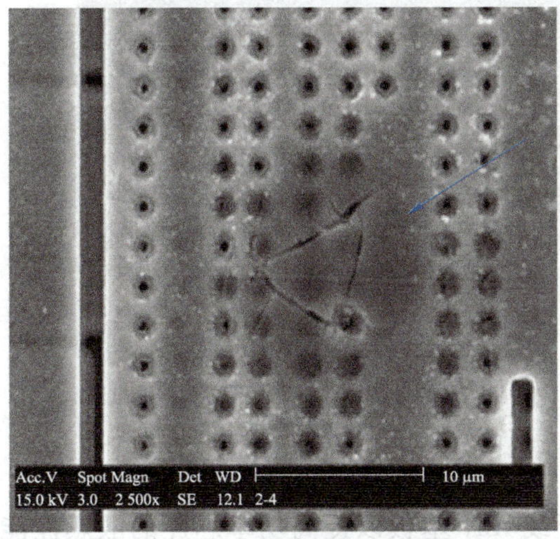

图 4.5.6 损伤裂纹 SEM 像

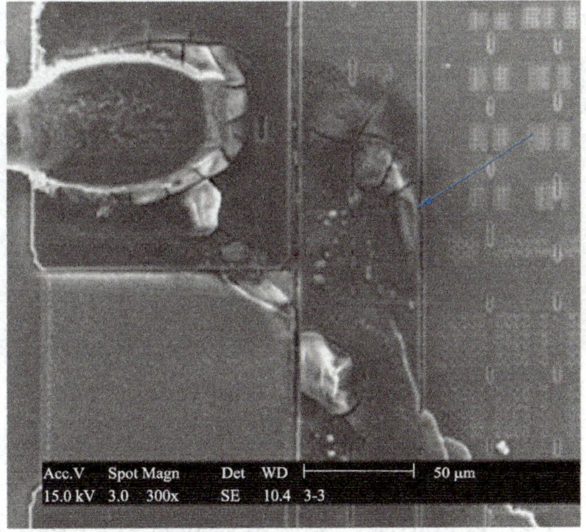

图 4.5.7 烧毁端口 SEM 像

（8）改进措施：温度循环试验或测量过程中，测量设备需共地，以消除测试过程可能引入的静电放电。温度循环箱的接线口处需封堵，以消除温箱内结霜现象。

4.5.3 热设计不当导致芯片焊接脱落

（1）样品名称：微波限幅器。

（2）失效背景：进行大功率筛选试验时样品失效，失效表现为电老化后芯片脱落。

（3）失效模式：开路。

（4）失效机理：焊料高温熔化导致芯片脱落。

（5）失效原因：样品采用 Rogers 基板（即罗杰斯高频线路板，或改为高频 PCB 板），散热特性差。

（6）分析结论：电路热设计不当造成功率芯片结温过高，导致芯片焊接材料熔融，芯片脱落。

（7）分析说明：对失效样品进行开封检查，采用探针测试与二极管芯片两电极相连接的导带，发现二极管芯片呈不稳定的开路现象，即有时出现正常特性，有时出现开路，这说明芯片 pn 结未受损伤。由形貌观察表明金丝引线的两键合点没有异常，芯片周边焊料在镀金导带上有润湿现象。因此可以推断开路发生在芯片背电极与焊料之间的界面。轻轻拨动芯片即发生脱落，在光学显微镜下观察芯片脱落后两接触面，发现导带上银锡焊料表面颜色发暗，呈现出被氧化的特征。

采用良品模拟老化条件并进行显微红外热像分析，可以测量得到大功率试验条件下芯片结温高达 373℃，见图 4.5.8（a）与图 4.5.8（b），这一温度已远远超过硅芯片的最高工作结温 175℃。另外，由于银锡焊料的熔点只有 230℃，在 300℃以上的高温下焊料将再次熔融，使得焊料与芯片间脱离，表面迅速氧化。因此，这时芯片与焊料之间仅仅是机械连接，并没有良好的电连接。

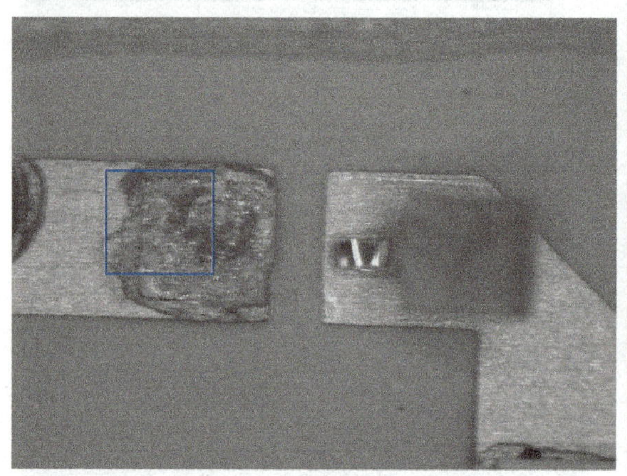

(a) 失效样品芯片背面与黏接焊料的光学形貌

(b) 良品芯片的显微红外热像测量显示结温过高

图 4.5.8　结温对芯片粘接影响的分析

（8）改进措施：更换散热特性好的 BeO 基板或 AlN 基板以提高功率芯片的散热性能，控制芯片结温。

4.5.4　内引线键合点腐蚀失效

（1）样品名称：混合集成电路。

（2）失效背景：样品开封后放置在生产车间环境 2~3 个月后，发现电路内部一些集成电路芯片键合点周围有生成物。

（3）失效模式：参数异常。

（4）失效机理：键合点铝金属电化学腐蚀。

（5）失效原因：样品开封后长期暴露在非受控环境中，键合点因 Cl 离子沾污，在环境水汽作用下，铝金属发生电化学腐蚀。

（6）分析结论：电路开封后，在无表面钝化层保护的铝金属化键合区，因 Cl 离子沾污和空气中水汽的作用，铝金属被腐蚀。

（7）分析说明：对样品进行显微形貌观察，发现在样品集成电路芯片有腐蚀生成物的部位相同，都是出现在无表面钝化层保护的铝金属化键合区，见图 4.5.9 和图 4.5.10。采用 X 射线能谱仪对芯片键合区周围腐蚀生成物进行成分分析，发现其成分基本相同，即均有明显的 Al（铝）、Cl（氯）、O（氧）、C（碳）、F（氟）等多种元素，其中 Al（铝）、Cl（氯）、O（氧）的含量较高。

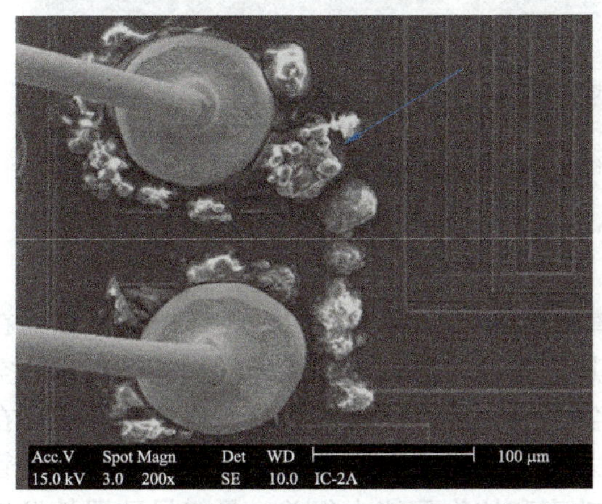

图 4.5.9 芯片键合点腐蚀生成物

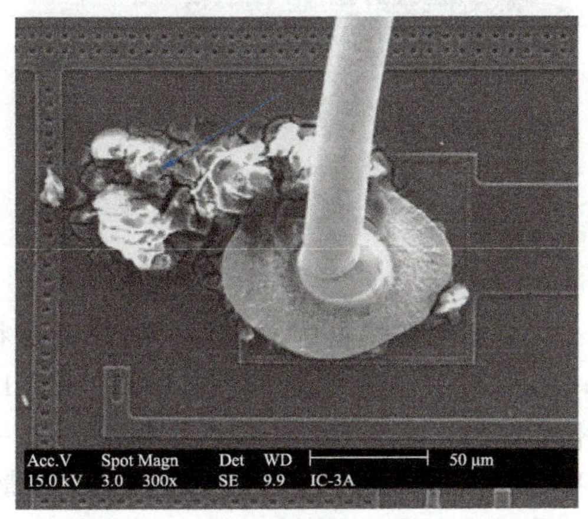

图 4.5.10 芯片键合点腐蚀生成物

氯离子是腐蚀性离子，与水汽和电场（或电势差）相作用极易对 Al 金属化产生腐蚀。它们对铝的腐蚀起相互促进作用，可以加速这种腐蚀过程。含有氯离子的水汽能与 Al 发生以下化学反应而腐蚀 Al，从而产生氯化铝和氢氧化铝腐蚀生成物。

$$4Al+6Cl^-+6H_2O \longrightarrow 2AlCl_3+2Al(OH)_3+3H_2+6e^-$$

（8）改进措施：开封样品不要长期暴露在非受控环境中，同时要查找环境中存在的氯离子来源，以便有效控制。

4.5.5 管壳烧结空洞导致热烧毁失效

（1）样品名称：微波功率管。

（2）失效背景：样品在随整机试验时发现功率下降，失效表现为输入端短路、输出端开路。

（3）失效模式：无功率输出。

（4）失效机理：器件过功率热烧毁。

（5）失效原因：工艺控制不当，使管壳烧结存在大面积空洞。

（6）分析结论：器件管壳底座和氧化铍陶瓷之间的烧结工艺不良，焊料层存在大面积空洞，热传导受阻，造成随整机试验时微波功率管热烧毁。

（7）分析说明：对失效样品进行 X 射线检查，发现样品的粘接面存在大量空洞（见图 4.5.11 图中箭头所指灰度较浅的区域）；再进行扫描声学显微检查，发现空洞发生在管壳散热底座和氧化铍陶瓷之间，其空洞面积大于氧化铍陶瓷有效面积的 50%（见图 4.5.12图中箭头所指区域）。将器件开封后进行显微形貌观察，发现样品的集电极连接区域因微波高功率大面积热烧毁，甚至管芯和输出电容完全熔融。样品属于过功率热烧毁失效。

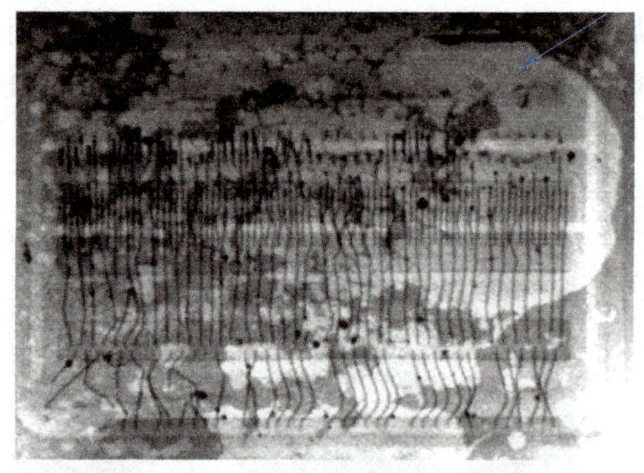

图 4.5.11　X 射线照片显示的粘接空洞

图 4.5.12　扫描声学显微图片显示的粘接空洞

为观察粘接焊料中的空洞，对样品进行环氧树脂固封、研磨、剖面观察，可以看到在 Au–Sn 焊料中存在大范围空洞（见图 4.5.13），其位置与 X 射线、扫描声学显微镜观察的空洞位置一致。由于空洞出现在焊料中，进一步证实了管壳的烧结工艺不良。这些空洞的存在将导致器件芯片到环境（或外散热器）的散热性能极差，芯片到环境的热阻增大，各并联管芯工作时处在热不平衡状态，这将使器件的抗过功率和抗失配能力很差，最终导致器件发生过功率热烧毁失效。

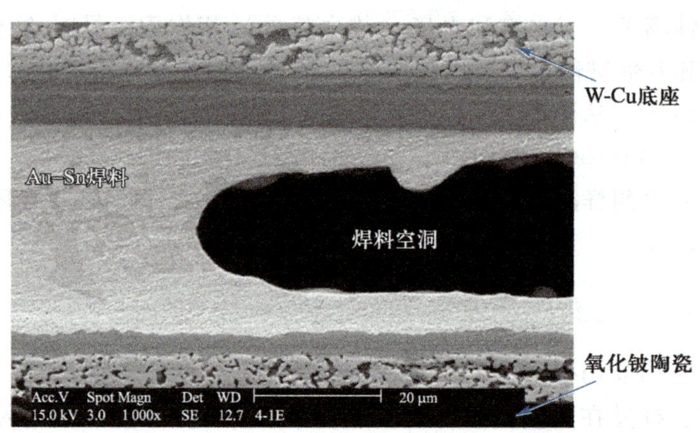

图 4.5.13　管壳焊料中的空洞 SEM 形貌

（8）改进措施：改进器件烧结工艺，减少空洞面积；在装机前进行扫描声学显微检查筛选，剔除空洞面积较大的样品。

思考题与习题

1. 为什么器件会发生失效？导致器件发生失效的原因有哪些？
2. 静电的来源及对微电子器件的影响是什么？静电失效的特征是什么？
3. 当一定能量的电子束打到材料表面，将发生什么作用？产生哪些信息？这些信息在失效分析中有何用途？
4. 作为一名失效分析工程师，当你拿到一个失效器件，你将如何开展工作？

第 5 章　可靠性设计

“可靠性是靠设计、制造出来的”，已成为普遍接受的基本观点。本章重点介绍微电路可靠性设计（design for reliability，DFR）的基本概念、设计特点和主要的设计技术。

5.1　可靠性设计基本概念

本节介绍微电路可靠性设计的含义、需求背景、主要设计技术和特点。

5.1.1　微电路可靠性设计技术

1. 微电路可靠性设计的必要性

目前，微电路可靠性设计得到如此广泛的重视，是伴随 IC 的发展，经历了长时间的认识和发展过程。

(1) 从 CAD 到 DFR

20 世纪 70 年代，针对设计瓶颈问题，出现计算机辅助设计（computer aided design，CAD）技术，集成电路从手工设计为主转为采用计算机辅助设计技术。但是对待集成电路的可靠性问题，仍然是传统思路，就是设计阶段只考虑产品特性，等到制造出 IC 产品后，通过筛选和可靠性试验了解产品的可靠性，并通过加速寿命试验确定产品的平均寿命。如果发现可靠性不满足要求，再分析问题，改进设计和工艺。

随着 VLSI 的发展，上述传统方法的问题越来越明显。首先，较为复杂的计算机 CPU 芯片集成有上亿个晶体管，失效率仅为几十 FIT，一般 IC 的失效率可低至 0.1 FIT。如果继续采用常规寿命试验方法，需要用几万到几百万个样品进行 1000 小时寿命试验，显然这是不可能的。

另外，随着 VLSI 集成度的提高，几何尺寸减小到深亚微米以及新工艺技术的出现，不但使一部分原有影响可靠性的问题更加突出，而且还产生了一些新的可靠性问题。如果按传统做法解决这些可靠性问题，往往要经历几个研制周期。针对上述两方面情况，需要对这种“事后检测、分析”的传统方法进行变革，转向在设计阶段就考虑可靠性问题，进行可靠性设计。

(2) 缩短 TTM 的需求

缩短 VLSI 产品投放市场所需时间（time to market，TTM）的要求也进一步促进了可靠性设计技术的发展。

在 VLSI 发展的早期阶段，研制 VLSI 产品时，得到功能、特性满足要求的样品需 2~3 年时间，然后还要经 3~4 年才能使其可靠性等各项指标均满足要求，可以投放市场。即 TTM 为（2~3）年+(3~4）年。从 20 世纪 70 年代中期开始，随着 CAD 技术的推广使用，TTM 已逐步缩短为（3 个月)+(3~4）年。到 20 世纪 80 年代中期，解决可靠性问题已成为研制 VLSI 产品过程中缩短 TTM 时间的“瓶颈”。

随着市场竞争的加剧，特别是受到高可靠电子装备现代化的驱使，要求满足质量和可靠性要求的高可靠微电路能一次投片成功，将 TTM 缩短为（3 个月)+(3 个月)，即半年。这就对微电路可靠性设计技术提出了新的要求。

在20世纪80年代末，国际上在VLSI研制中已广泛采用CAD技术的基础上，开始将DFR技术提到一个较高的位置。

2. 什么是可靠性设计

微电路可靠性设计是指在进行功能、特性设计的同时，针对微电路产品在以后工作条件和应用环境下，以及在规定的工作时间内可能出现的失效模式，采取相应的设计技术，使这些失效模式能得到控制/消除，从而使设计方案能同时满足功能、特性和可靠性要求。

3. 微电路可靠性设计技术的分类

针对单一失效机理的DFR（例）

从技术特点考虑，目前采用的微电路可靠性设计技术分为四类。

（1）针对主要失效模式的可靠性设计

微电路中的基本构成是器件。为了提高微电路的可靠性，可靠性设计中一项重要的工作是结合第3章介绍的可靠性物理机理，针对电路产品在以后工作条件和应用环境下，以及在规定的工作时间内可能出现的失效模式，从器件结构、版图设计、工艺技术等方面采取相应的设计措施。微电路中主要失效机理以及相应对策已在第3章详细介绍，本节不再重复。

针对温度、低气压的DFR

（2）电路级可靠性设计

集成电路也是“电路”，因此与电路系统可靠性设计思路一样，采用各种电路级可靠性设计技术是保证微电路可靠性的重要一环。5.2节将详细介绍典型的电路级可靠性设计技术。

（3）针对特定使用环境的可靠性设计

针对实际应用情况，需重点考虑温度应力、低气压、盐雾、潮湿、内部气氛、机械振动、冲击、辐射等几种特定使用环境对微电路可靠性的影响，采取针对性的措施。

针对盐雾-潮湿-密封的DFR

目前这方面已积累有较丰富的实践对策经验，扫描二维码，可以查看针对不同特定环境可采用的典型对策和措施。

（4）微电路可靠性计算机模拟

这是指在电路设计的同时，以电路结构、版图布局布线以及可靠性特征参数为输入，对电路的可靠性进行计算机模拟分析。根据分析结果，可以预计电路特性参数的退化情况以及采用寿命表征的可靠性水平，确定可靠性设计中应采用的设计规则，并可发现电路和版图设计方案中的可靠性薄弱环节。这样，就在电路和版图设计中同时考虑可靠性问题。可靠性模拟是一项将器件失效物理与电路设计相结合的技术。5.3节将结合实例，介绍可靠性模拟的基本概念和相关技术。

针对机械应力的DFR

5.1.2　微电路可靠性设计的特点

本节通过与整机系统的可靠性设计进行对比的方式介绍微电路可靠性设计的特点。

1. 整机系统的可靠性设计

在可靠性要求较高的整机系统的研制中，可靠性设计是整个可靠性技术的重要组成部分，其发展已有几十年的历史，整机系统可靠性技术流程如图5.1.1所示。

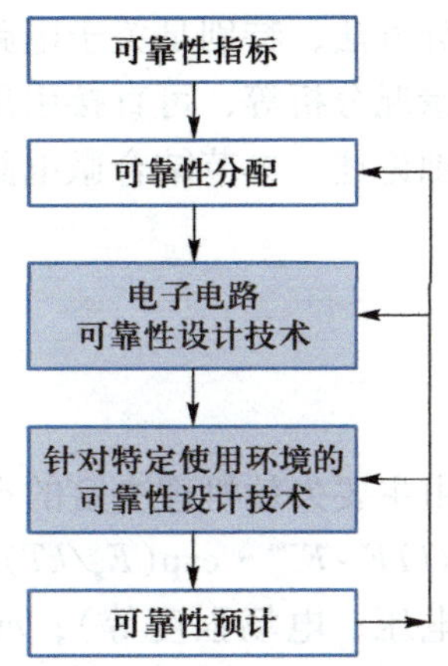

图 5.1.1 整机系统的可靠性设计技术流程

经过几十年的发展，特别是受航天技术等对高可靠要求的驱使，整机和系统可靠性设计已发展到比较成熟的阶段，形成了较为系统的设计理论，如：用于可靠性分配和预计的可靠性系统分析技术；用于可靠性设计的降额设计、冗余设计、容差和漂移设计、耐环境设计、抗辐射设计、电磁兼容性设计等，并形成了各种设计手册。采用上述各种技术，可以根据可靠性指标要求，进行定量的可靠性设计。

2. 微电路可靠性设计的特点

与整机系统的可靠性设计相比，微电路可靠性设计具有下述四个特点。

（1）目标对象不同

整机系统可靠性设计以失效率指标为对象，进行可靠性分配、设计、预计等。而微电路可靠性设计以失效模式为对象，围绕如何控制或消除这些失效模式进行设计工作。

（2）发展成熟度不同

整机系统可靠性设计已有几十年发展历史，理论体系比较成熟，并有一套定量的设计计算方法，而对微电子器件，“可靠性设计”作为一项技术，其发展仅有二十几年，目前尚未形成比较全面、系统的理论体系。

（3）定量程度不同

由 5.1.1 节介绍可见，微电路中目前采用的可靠性设计技术中，“针对主要失效模式的可靠性设计”“针对特定使用环境的可靠性设计”基本属于定性范畴。其思路是通过失效模式的物理分析，根据提高微电路可靠性的要求，提出应采用什么器件结构，器件几何尺寸和物理参数应如何变化等。然后以此为方向，改进工艺措施或采用新的材料和工艺技术。总的来说，微电路的可靠性设计尚未全面达到定量设计的程度。

目前微电路可靠性设计中需进行定量分析计算的工作有两类。一类是直接引用整机系统中的电路级可靠性设计技术，如降额设计、灵敏度分析等。另一类是微电路的可靠性模拟。本章 5.2 节和 5.3 节将分别介绍这两种可靠性设计技术。

5.2 电路级可靠性设计技术

经过几十年的发展，系统整机系统的可靠性设计已发展得比较成熟，并形成了一套比较系统的定量设计方法。其中有一部分方法，特别是关于电路的可靠性设计方法，例如降额设计、冗余设计、灵敏度分析、最坏情况分析等，可直接引用到微电路的可靠性设计中。在有关电路和系统设计的专著中均有详细论述。本节结合微电路设计特点，介绍这些设计方法的基本概念和作用。

5.2.1 降额设计

1. 基本原理

由第 3 章分析可知，微电路中由主要失效机理决定的平均寿命可统一表示为

$$MTTF \sim F^{-m} \cdot \exp(E_a/kT) \tag{5.2.1}$$

式中，F 为电应力（如电流密度、电压、电场强度等）；m 为电应力指数因子；T 为工作温度；E_a为激活能；k 是玻耳兹曼常数。

由式（5.2.1）可见，在激活能 E_a和电应力指数因子 m 一定的情况下，元器件工作时承受的电应力（例如工作电压、工作电流）和工作温度越高，则元器件的工作寿命越低，可靠性越差。反之，若要提高可靠性，就应该降低应力强度和工作温度。

降额设计的目的就是通过设计，使微电路工作时对可靠性影响较大的关键部件承受的应力适当低于常规水平，以降低基本失效率，使电路设计具有较大的裕量。因此降额设计又称为裕量设计。对于整机系统设计，目前已积累了一套各种元器件降额设计的准则。例如，我国已制订有 GJB/Z35《元器件降额准则》标准，可供参考。

2. 降额因子（降额系数）

采用降额设计技术时，为了定量描述降额程度，引入降额因子，可以规范、指导降额程度的选用。

元器件手册中规定了常规情况下允许给元器件施加的热电应力，称之为元器件最大工作条件（maximum operating condition，MOC），又称为额定值。考虑可靠性的要求，采取降额设计技术所确定的元器件允许承受的热电应力称为安全工作条件。

安全工作条件与额定值之比就是降额因子，又称为降额系数。

显然降额因子小于等于 1。降额因子越小，说明降额得越多。

3. 降额等级

不同类型元器件具有不同的最佳降额因子范围。为了规范降额因子的使用，综合考虑应用场景需要、降额效果、实现以及维修的难易程度与费用等因素，将降额设计分为三级。

（1） Ⅰ级降额

Ⅰ级降额是最大的降额，对元器件使用可靠性的改善最大，当然付出的代价也最高。

Ⅰ级降额适用于故障将危及安全或者导致任务失败等情况。若采用更大的降额，通常对可靠性改善有限，往往还可能在设计上难以实现。

（2） Ⅱ级降额

Ⅱ级降额是中等降额。对元器件使用可靠性有较明显改善，比Ⅰ级降额易于实现。适用于设备故障将使任务降级和发生过高的维修费用等情况。

（3） Ⅲ级降额

Ⅲ级降额是最小的降额，设计上易于实现，但是对可靠性改善的绝对效果不如Ⅰ级降额和Ⅱ级降额。适用于故障只对任务完成有小的影响，修复费用也可以接受的情况。

军用标准 GJB/Z35《元器件降额准则》对各类元器件给出了在不同的降额等级下建议采用的降额因子系数。表 5.2.1～表 5.2.3 是针对集成电路的降额因子选用准则。

表 5.2.1 模拟电路降额因子的选用

降额参数	放大器			比较器			电压调整器			模拟开关		
	降额等级			降额等级			降额等级			降额等级		
	Ⅰ	Ⅱ	Ⅲ	Ⅰ	Ⅱ	Ⅲ	Ⅰ	Ⅱ	Ⅲ	Ⅰ	Ⅱ	Ⅲ
电源电压	0.70	0.80	0.80	0.70	0.80	0.80	0.70	0.80	0.80	0.70	0.80	0.85
输入电压	0.60	0.70	0.70	0.70	0.80	0.80	0.70	0.80	0.80	0.80	0.85	0.90
输出电压	—	—	—	—	—	—	0.70	0.80	0.85	—	—	—
输出电流	0.70	0.80	0.80	0.70	0.80	0.80	0.70	0.75	0.80	0.75	0.80	0.85
功率	0.70	0.75	0.80	0.70	0.75	0.80	0.70	0.75	0.80	0.70	0.75	0.80
最高结温	0.70	0.75	0.80	0.70	0.75	0.80	0.70	0.75	0.80	0.70	0.75	0.80

表 5.2.2 双极数字电路降额因子的选用

降 额 参 数	降 额 等 级		
	Ⅰ	Ⅱ	Ⅲ
频率	0.80	0.90	0.90
输出电流	0.80	0.90	0.90
最高结温/℃	85	100	115

表 5.2.3 MOS 数字电路降额因子的选用

降 额 参 数	降 额 等 级		
	Ⅰ	Ⅱ	Ⅲ
电源电压	0.70	0.80	0.80
输出电流	0.80	0.90	0.90
频率	0.80	0.80	0.90
最高沟道温度/℃	85	100	115

4. 微电路降额设计中应注意的问题

(1) 降额设计的效果

图 5.2.1 是 NPN 晶体管失效率与功率降额系数的关系曲线。图中 P_0是与该晶体管设计对应的额定功率，P 为降额后的实际使用功率。由图可见，当降额系数 $S=P/P_0$为 0.5 时，失效率降为额定功率时的四分之一左右。但当 S 小于 0.3 以后，失效率的下降就不明显了。图 5.2.1 所示的降额设计效果变化趋势带有普遍性。

(2) 降额设计引起的问题

采用降额设计以后，将会带来一些负效应，例如会增大版图设计面积，影响电路的一些特性参数等。因此应结合 5.2.4 节介绍的灵敏度分析，找出对可靠性影响大的部件进行降额

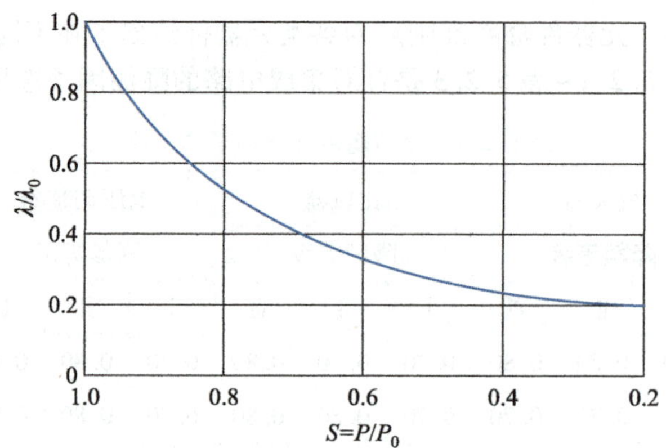

图 5.2.1　NPN 晶体管功率降额的效果

设计。

需要指出的是，随着器件尺寸减小，微电路集成度增加，元器件更加密集，由功率耗散引起的可靠性问题已升至第一位，这时更应结合功耗控制、功率在芯片上的分布等问题，对关键部件进行降额设计。

5. 降额设计状态的模拟检验

根据降额设计的要求，从可靠性角度考虑，电路工作时，元器件承受的热电应力不允许超过元器件安全工作条件范围，即不允许大于等于最大工作条件与降额因子乘积。

目前电路 EDA 工具中也具有降额设计状态的模拟检验模块，通过模拟方法检验电路在工作时，是否存在元器件实际承受的热电应力超出降额设计允许的应力大小的情况。如果出现这种情况，将发出警示，提醒设计人员采取纠正措施。

扫描二维码，可以查看采用 EDA 工具中的降额设计状态模拟检验模块，检验电路工作时是否存在元器件实际承受的热电应力超出降额设计允许应力大小情况的实例。

5.2.2　简化设计

1. 什么是简化设计

根据 2.4.2 节介绍的串联系统可靠性模型，系统的可靠度 R_s 为组成系统的各个单元的可靠度之积：

$$R_s = R_1 \cdot R_2 \cdot \cdots \cdot R_n = \prod_{i=1}^{n} R_i$$

即系统越复杂，采用的元器件数目越多，则系统的可靠性将越低。

因此在电路系统设计中，应该在达到基本性能指标的情况下，尽量使设计简单。

一个优秀的设计人员应该能够用尽量简单的电路设计实现复杂的功能和优秀的性能指标。

2. 简化设计的基本原则

① 设计中尽量去除可有可无的功能，更不要人为添加不必要的附加功能。

② 不要为了改善一点点性能而使设计复杂化，添加许多元器件。

③ 尽量采用成熟的并已得到实际应用认可的优化电路模块单元。

④ 可以采用软件代替一部分硬件电路。

5.2.3 冗余设计

1. 冗余系统

（1）什么是冗余系统

在构成电路系统时，如果除了通常的工作单元外，还增加一些储备单元，这样，在工作过程中，即使有一个单元出现失效，但整个系统仍能正常工作，这类系统称为冗余系统，又称为储备系统。

按照储备单元平时所处状态的不同，储备系统又分为热储备和冷储备两类。

（2）热储备

指后备单元与通常工作单元以某种方式相连，同时处于工作状态。因此，热储备又称为工作储备。

按连接方式的不同，可分为并联储备、表决储备、串并组合储备等。

（3）冷储备

冷储备是指正常情况下，储备单元处于待命状态。一旦系统中的检测装置探测到工作单元出现失效，立即控制切换开关，使处于待命状态的后备单元代替失效单元进入工作状态，保证系统仍能正常工作。冷储备又称为非工作储备。

2. 冗余设计原理

按照第 2 章 2.4 节介绍的可靠性模型，可以分析冗余设计的系统可靠度与单元可靠度的关系，定量确定冗余系统可靠性的改善效果。

下面以并联系统为例，说明储备系统可靠性与储备单元可靠性的关系。

记每个单元的可靠度为 R_i，由 2.4.3 节分析可知，并联系统的可靠度 R_s 为

$$R_s = 1 - \prod_{i=1}^{n}(1 - R_i)$$

如果每个单元的可靠度相等，为 $R_i = R$，则

$$R_s = 1-(1-R)^n \tag{5.2.2}$$

若每个单元可靠度均服从同一个指数分布，$R = \exp(-\lambda t)$，则并联系统可靠度为

$$R_s = 1-(1-\exp(-\lambda \cdot t))^n \tag{5.2.3}$$

并联系统平均寿命 *MTTFs* 与单元 *MTTF* 的关系为

$$MTTFs = MTTF(1+1/2+\cdots+1/n) \tag{5.2.4}$$

式（5.2.2）表示的并联系统可靠度与单元可靠度关系，如图 5.2.2 中曲线所示。

由图 5.2.2 可见，随着并联数 n 和单元可靠度的增加，系统的可靠性得到改进，即系统的可靠性高于单个单元的可靠性。

但是若单元可靠度小于 0.05，则并联单元的增加对系统可靠性改善的效果不大。因此，提高系统可靠性的基础仍在于保证好单元的可靠性。此外，并联单元数大于 3 以后，再增大单元数，对系统可靠性的改进作用也不明显，一般取 n 为 2~3。从式（5.2.4）表示的平均寿命关系也可同样得到上述结论。

对于其他连接方式的工作储备系统，可参照第 2 章介绍的可靠性框图和数学模型，进行

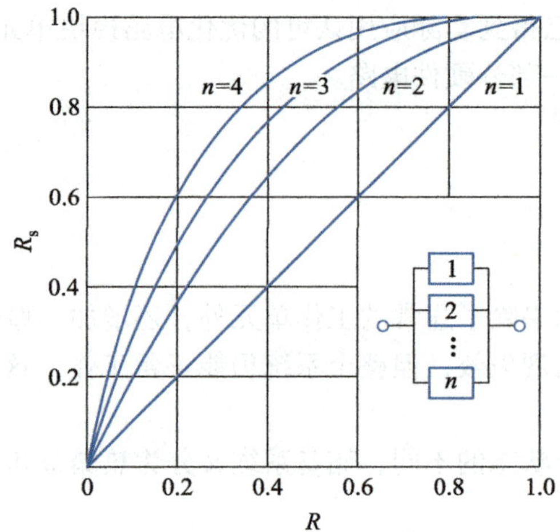

图 5.2.2　并联系统可靠度 R_s 与单元可靠度 R 关系

类似的分析。

3. 冷储备系统的冗余设计特性

对冷储备系统，若认为检测及开关装置的工作完全可靠，则冷储备系统的等效可靠度框图如图 5.2.3 所示。设每个单元可靠度均为指数分布 $R=\exp(-\lambda t)$，对应平均寿命为 $MTTF$，则可得系统可靠度为

$$R_s=\exp(-\lambda t)\left[1+\lambda t+\cdots+(\lambda t)^{n-1}/(n-1)\right] \tag{5.2.5}$$

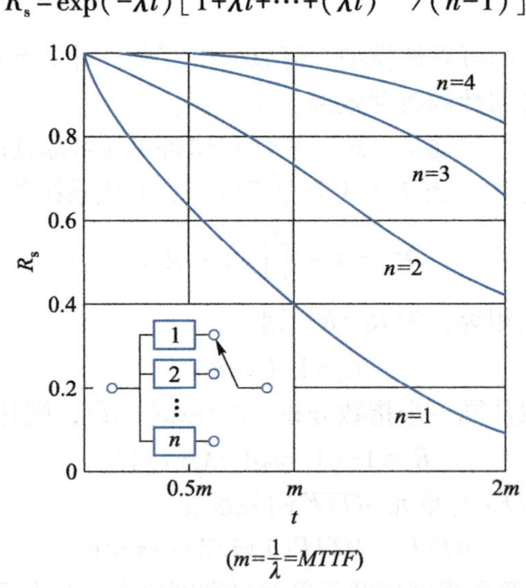

图 5.2.3　冷储备系统的等效可靠度

系统的平均寿命为单元的 n 倍

$$MTTFs=n\cdot MTTF \tag{5.2.6}$$

由图 5.2.3 可见，冷储备系统对可靠性的提高效果明显高于并联系统。对比式（5.2.4）与式（5.2.6），从平均寿命的变化情况同样表明了这一结果。

但由以上分析可见，保证冷储备系统取得预计效果的前提是要有一套方便而可靠的故障检测和开关装置。这不但增加了系统设计的复杂度，而且由分析可知，如果检测及开关装置的不可靠度大于单元的不可靠度的一半时，冷储备系统的效果将不如并联系统。

4. 微电路设计中的“静态冗余”

上述针对系统和整机设计介绍的冗余概念和设计技术也适用于微电路设计。但由于其研制、生产过程的不同，微电路的冗余设计还具有下述特点。

当微电路发展到很大规模时，例如对 16 GB 存储器以及晶片规模集成（wafer-scale integration，WSI），制造过程中因缺陷引起一个单元失效将导致整个微电路失效。采用冗余技术则可以提高成品率。具体方法是在版图设计中包括的单元数大于正常工作时所需要的单元数，芯片加工到金属化时，利用布线技术，避开失效单元，按电路结构要求将正常工作的单元联在一起，使微电路具备应有的功能，从而可提高微电路生产的成品率。由于冗余单元的选用是在生产阶段而不是在以后工作过程中确定的，因此称之为静态冗余。而将前面介绍的热储备和冷储备统称为动态冗余。

目前在特大规模微电路（例如 16 GB DRAM）研制中，为了提高电路成品率，较多地采用了静态冗余技术。而动态冗余使用尚不普遍。特别是对冷储备，由于需要采用故障识别技术，并明显增大微电路设计的复杂度，随之对成品率和可靠性带来负影响，因此目前尚处于研究之中。

5.2.4 灵敏度分析

进行电路可靠性设计时，经常需要配合进行灵敏度分析。

1. 灵敏度分析的含义

根据设计好的电路元件标称值，在实际选用元器件时，其值不可避免地存在分散性，从而引起电路特性的分散变化。但是，对电路中不同的元器件，即使其变化的幅度（或比例）相同，引起的电路特性变化也不会完全相同。灵敏度分析的目的就是定量分析并比较电路特性对不同元器件变化的灵敏程度。目前，不少 CAD 软件中均具有灵敏度分析功能。

通过灵敏度分析，可以定量确定电路中每个元器件参数对电路性能的影响程度，并比较不同元器件对电路特性影响程度的相对大小。

显然，如果灵敏度为正，说明元器件值增大将导致电路特性值增大。反之，如果灵敏度为负，说明电路特性值随着元器件值增大而减小。

无论灵敏度是正还是负，其绝对值越大，说明该元器件对电路特性的影响越大。

因此，通过灵敏度分析，可以鉴别出电路中哪些元器件的哪些参数对电路特性起到关键作用。

2. 定量表示

下面结合电路模拟软件中的灵敏度分析数学模型介绍灵敏度的定量表示方法。

（1）绝对灵敏度 S

绝对灵敏度 S 指电路特性参数 T 对元器件值 x 变化的灵敏度，数学上就是 T 对 x 的偏导数。

$$S(T,x)=\partial T/\partial x \tag{5.2.7}$$

例如，对图 5.2.4 中简单的充放电电路，充放电时间常数 T 为

$$T=R_1C_1$$

计算得充放电时间常数 T 对电阻 R_1、电容 C_1 的灵敏度分别为

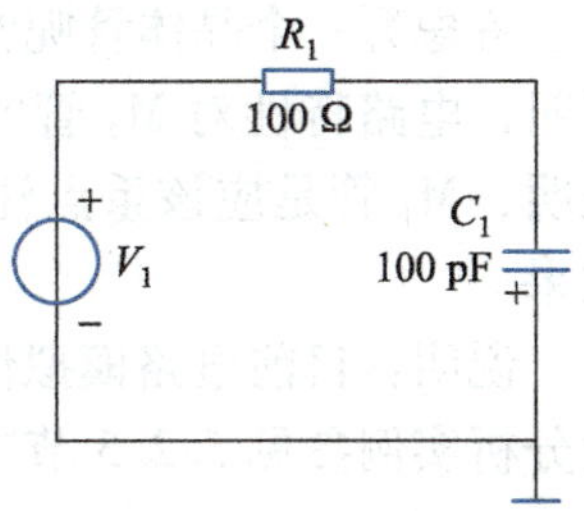

图 5.2.4 *RC* 充放电电路

$$S(T,R_1)=\partial T/\partial R_1=C_1=10^{-10}\ \mathrm{s/\Omega}$$

$$S(T,C_1)=\partial T/\partial C_1=R_1=100\ \mathrm{s/F}$$

两个计算结果的数值相差达到 12 个数量级，似乎灵敏度差别巨大。

这是由于计算中采用的是工程单位制，因此时间常数对电阻灵敏度单位为 s/Ω，可以理解为电阻变化 1 Ω 导致时间常数的变化。而对电容灵敏度的单位为 s/F，可以理解为电容变化 1F 导致时间常数的变化。

在实际应用中，电阻变化 1 Ω 是非常可能的，而电容变化“一个法拉”简直是一个天文数字，根本不可能发生。因此采用工程单位制往往会导致不同类型元器件的绝对灵敏度结果数值相差巨大，容易引起误解。

（2）相对灵敏度 S_N

为了克服绝对灵敏度结果容易引起误解的问题，可以采用一种在同一条起跑线上进行比较的灵敏度评价方法，即比较元器件值 x 相对变化 1%（即 $\Delta x=x/100$）情况下引起的电路特性 T 的变化量 ΔT，称之为相对灵敏度 S_N。

由式（5.2.7）可得

$$S_N=\Delta T=(\partial T/\partial x)\Delta x=S(T,x)\cdot(x/100) \tag{5.2.8}$$

相对灵敏度 S_N 计算的是元器件值 x 相对变化 1%导致的电路特性 T 的变化量，因此相对灵敏度的单位与特性参数 T 的单位相同。

对图 5.2.4 所示充放电电路，采用式（5.2.8）计算得

$$S_N(T,R_1)=[S(T,R_1)\cdot R_1]/100=[10^{-10}\ \mathrm{s/\Omega}\cdot 100\ \Omega]/100=100\ \mathrm{ps}$$

$$S_N(T,C_1)=[S(T,C_1)\cdot C_1]/100=[100\ \mathrm{s/F}\cdot 100\ \mathrm{pF}]/100=100\ \mathrm{ps}$$

计算结果表明，R_1 和 C_1 变化 1%都导致时间常数 T 变化 100 ps，说明该电路时间常数 T 对 R_1 和 C_1 的“灵敏度相同”，或者说对 R_1 和 C_1 的影响程度相同。

对图 5.2.4 中简单的充放电电路，显然电阻 R_1 和电容 C_1 对充放电时间常数 T 的影响程度相同，采用式（5.2.8）所示相对灵敏度计算结果确实如此，因此相对灵敏度比较好地反映了实际使用情况。在电路分析中采用相对灵敏度可以客观描述电路特性对不同元器件的灵敏度高低。

3. 灵敏度分析在微电路可靠性设计中的应用

如前所述，随着微电路规模的增大，应将降额设计、冗余设计等可靠性设计技术用于电路中对可靠性起关键作用的元器件。所谓关键器件，既要分析该器件工作时所受应力的大小，同时也要分析可靠性对这一器件的灵敏度的高低。也就是说要根据两者的综合效果来决定。因此在决定可靠性设计中应重点考虑哪些元器件离不开灵敏度分析。

例如，图 5.2.5 是一个 DRAM 中使用的预充电电路。为了改善其热载流子可靠性，应重点考虑哪一个晶体管呢？电路分析表明，M_4 管受到的电应力作用最强，但经灵敏度分析表明，电路特性对 M_4 管的灵敏度极低，而对 M_1 管的灵敏度很高。应力与特性灵敏度乘积表明，M_1 管是应该重点注意的关键器件。通过对 M_1 管进行可靠性设计，取得了明显的效果。

说明：目前电路模拟仿真软件基本都包含有灵敏度分析模块。典型 EDA 工具中的灵敏度分析实例参见 5.2.5 节二维码内容。

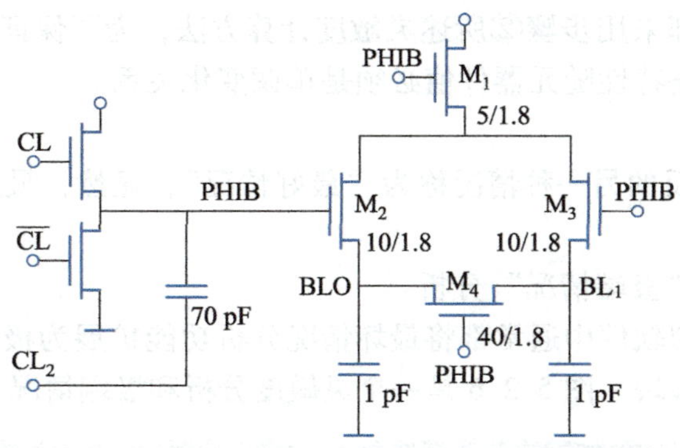

图 5.2.5 DRAM 预充电电路

5.2.5 最坏情况分析与鲁棒性设计

1. 什么是最坏情况分析

由以上分析可知，由于灵敏度的不同，电路中不同元器件，即使其值变化幅度（或相对变化）相同，不但电路特性变化的绝对值不同，其变化的方向也可能不同。当电路中多个元器件同时变化时，它们对电路特性的影响会起相互“抵消”的作用。

进行最坏情况分析（worst case analysis，WC 分析），是按电路特性向同一方向变化的要求，确定每个元器件的（增、减）变化方向，然后再使这些元器件同时变化进行电路分析，检查在这种最坏情况下电路特性的变化。

2. 鲁棒性设计

在实际情况下，电路中各个元器件同时出现最坏情况变化的概率极小。但对电路进行可靠性设计以后，再进行一次最坏情况分析，可以从另一个角度对电路设计的总体水平有所评价。

如果最坏情况分析结果都能满足要求，那么按这种设计生产的电路对各种条件变化的适应性一定很强。不但生产时成品率高，使用时的可靠性也好。或者说，这种设计的鲁棒性（robustness）高。

电路设计中电源电压拉偏分析和工艺参数角分析都是具体的鲁棒性设计方法。

3. 最坏情况分析的步骤

进行最坏情况分析一般要包括下述四步。

① 首先进行一次标称值分析。

② 对要考虑其作用的元器件分别进行一次灵敏度分析，确定该元器件值变化时引起电路特性变化的大小和方向。

模拟仿真软件内部实际上是将元器件值增大 0.1%，模拟分析电路特性参数的变化，由此计算灵敏度数值和正负。

③ 按照电路特性变坏的方向，确定每一个元器件值的变化方向。

④ 根据上一步③分析结果，使每个元器件均向“最坏方向”变化每个元器件允许的最大容差，进行一次电路分析，就得到最坏情况分析结果，并与标准称值分析结果进行比较。

电路模拟程序中的最坏情况分析功能就是按上述步骤进行的。

注意：由于软件内部采用步骤②所述灵敏度计算方法，为了保证 WC 分析正确性，在元器件值的容差范围内电路特性随元器件值必须是单调变化关系。

4. 极端情况分析

与“最坏情况”相反的另一种情况称为“最好情况”，显然，最好情况的分析步骤与最坏情况相类似。

这两种情况通称为“极端情况”分析。

说明：目前电路模拟软件中通常都将最坏情况分析功能扩展为极端情况分析，并且与灵敏度分析集成在同一个模块。图 5.2.6 是一个灵敏度分析和极端情况分析结果实例。

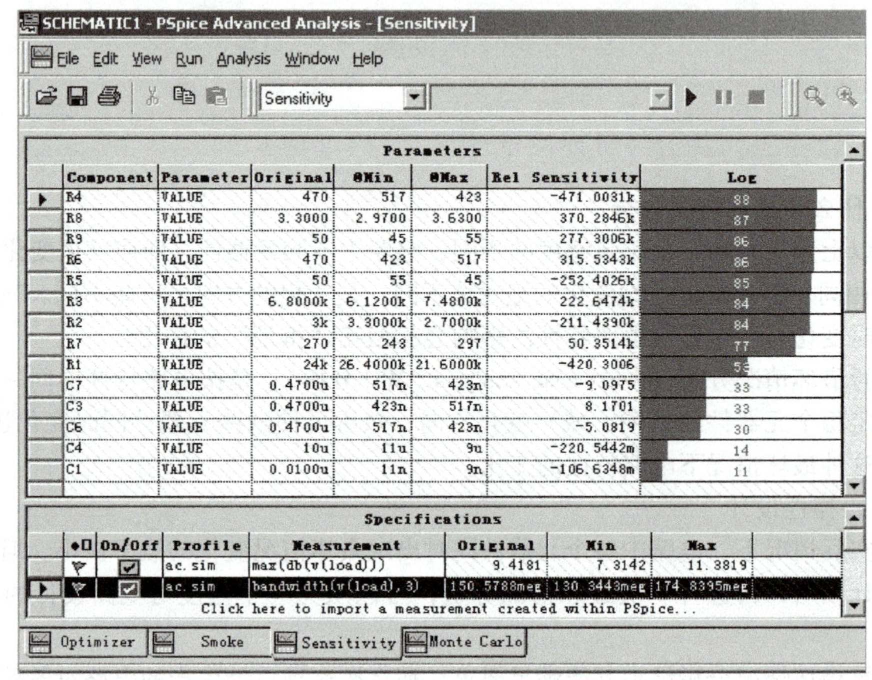

Parameters

Component	Parameter	Original	@Min	@Max	Rel Sensitivity	Log
R4	VALUE	470	517	423	-471.0031k	88
R8	VALUE	3.3000	2.9700	3.6300	370.2846k	87
R9	VALUE	50	45	55	277.3006k	86
R6	VALUE	470	423	517	315.5343k	86
R5	VALUE	50	55	45	-252.4026k	85
R3	VALUE	6.8000k	6.1200k	7.4800k	222.6474k	84
R2	VALUE	3k	3.3000k	2.7000k	-211.4390k	84
R7	VALUE	270	243	297	50.3514k	77
R1	VALUE	24k	26.4000k	21.6000k	-420.3006	53
C7	VALUE	0.4700u	517n	423n	-9.0975	33
C3	VALUE	0.4700u	423n	517n	8.1701	33
C6	VALUE	0.4700u	517n	423n	-5.0819	30
C4	VALUE	10u	11u	9u	-220.5442m	14
C1	VALUE	0.0100u	11n	9n	-106.6348m	11

Specifications

◆□	On/Off	Profile	Measurement	Original	Min	Max
	☑	ac.sim	max(db(v(load)))	9.4181	7.3142	11.3819
	☑	ac.sim	bandwidth(v(load),3)	150.5788meg	130.3443meg	174.8395meg

Click here to import a measurement created within PSpice...

图 5.2.6　灵敏度分析与极端情况分析实例

5.2.6　动态设计

1. 什么是动态设计

随着电路工作时间的增长，元器件参数也会发生变化，必然要影响到整个电路的工作状态。当变化大到一定程度时，就使电路特性发生漂移失效，不能正常工作。

为了减少或克服这种漂移失效，应改变那种认为元器件参数总是取确定值的“静态设计”传统思想，在电路设计时就要考虑元器件参数变化对电路特性的影响，这就是所谓的“动态设计”的概念。

2. 电路特性与元器件值之间关系的模拟分析

进行电路设计确定元器件的取值时，一方面应该满足电路功能和电特性的要求，同时应做到即使元器件参数发生一定幅度的变化，电路还能正常工作。

OrCAD/Pspice 电路模拟软件中的 Performance Analyses 功能可以分析电路特性随关键元器件值变化的定量关系，就可以按照上述要求确定元器件的最佳取值。

例如，对图 5.2.7 所示差分对电路，通过 Performance Analyses 可以得到电路放大倍数与负载电阻的关系。差分对电路设计时两个负载电阻阻值相等 $R_{C1}=R_{C2}$。图 5.2.8 为 Performance Analyses 分析结果。图中纵坐标为电路放大倍数，横坐标为差分对的集电极负载电阻 R_{C1}、R_{C2}的阻值。由图 5.2.8 可见，在负载电阻小于约 18.8 kΩ 范围内，电路放大倍数随着负载电阻的增加而增大。但是当负载电阻大于约 18.8 kΩ 后，随着负载电阻的增加电路放大倍数急速下降，电路失去放大能力。

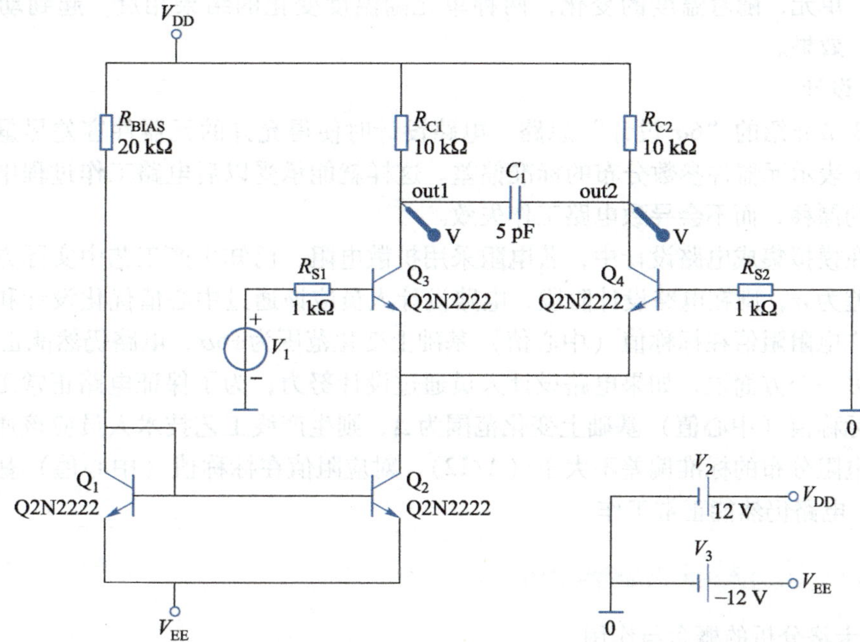

图 5.2.7 差分对电路

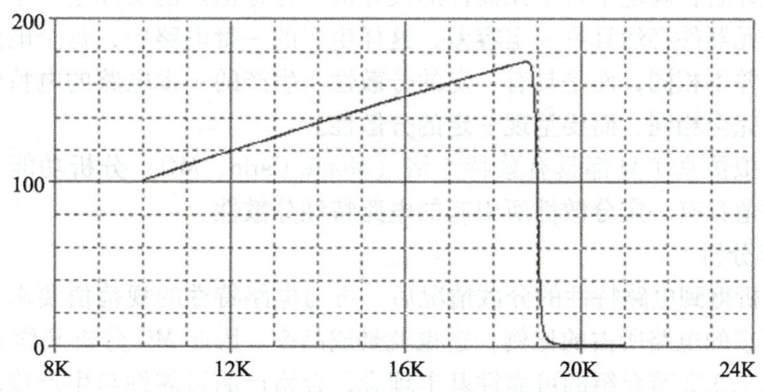

图 5.2.8 差分对电路的 Performance Analyses 分析结果

基于 Performance Analyses 分析结果，设计电路时，不能为了追求较大的放大倍数，将负载电阻取值为约 18.8 kΩ，而应该选取比 18.8 kΩ 小一点值的电阻，一方面为以后工作过程中负载电阻的漂移留有一定裕量，不至于由于负载电阻值漂移增大导致电路失去放大能力，同时也为集成电路生产中即使波动性导致一部分负载电阻值大于设计标称值，也可以保证电路仍然能够正常工作。因此体现动态设计思想的 Performance Analyses 在电路可靠性设计中具有较大作用。

参数扫描和动态设计

3. 动态设计的其他方法

除了 Performance Analyses 外，下述方法也是起动态设计作用的技术。

(1) 动态补偿设计

例如基准源设计中，同时包含具有正温度系数的单元和具有负温度系数的单元，随着温度的变化，两种单元随温度变化的结果相反，起到动态补偿的效果。

(2) 6σ 设计

按照 6.3 节介绍的“6σ 设计”思路，电路设计时使得允许的元器件容差尽量大，达到 $\pm6\sigma$，其中 σ 表示元器件参数分布的标准偏差。这样就能承受以后电路工作过程中元器件参数一定幅度的漂移，而不会导致电路工作失效。

例如，在模拟集成电路设计中，若电阻采用扩散电阻，已知生产工艺中实际方块电阻分布的标准偏差为 σ，则在电路设计阶段，电路设计人员应该通过中心值优化设计和容差设计等技术，允许电阻阻值在标称值（中心值）基础上变化范围为 $\pm6\sigma$，电路仍然能正常工作。

或者从另一个方面说，如果电路设计人员通过设计努力，为了保证电路正常工作，允许电阻阻值在标称值（中心值）基础上变化范围为 Δ，则生产线工艺技术人员应该通过改进工艺，使方块电阻分布的标准偏差不大于（$\Delta/12$），对应阻值在标称值（中心值）基础上变化范围为 $\pm6\sigma$，电路仍然能正常工作。

5.2.7 蒙特卡洛分析与成品率分析

1. 蒙特卡洛分析的概念与作用

(1) 蒙托卡诺分析

完成电路设计后，确定了每个元器件的设计值或标称值。但实际生产中，对应于电路设计图上的每一个元器件必然具有一定容差，这样生产的一批电路中，每个电路中标称值相同的元器件实际上并不相同，而是具有一定的分散性。生产的一批电路的电特性就不可能与标称值模拟的结果完全相同，而要呈现一定的分散性。

目前电路模拟仿真工具都具有蒙特卡洛（Monte Carlo，MC）分析功能，可以模拟实际生产中因元器件值具有一定分散性所引起的电路特性分散性。

(2) 成品率分析

通过 MC 分析得到电路特性的分散情况后，再与电路特性的规范值要求相比较，就可以得到满足规范要求的电路所占的比例，这也就是成品率。因此 MC 分析又称为成品率分析。

按照第一章 1.3.2 节介绍的可靠性基本理念，合格产品可靠性与生产成品率有很强的正相关关系，因此成品率分析结果也直接表征了合格产品的可靠性水平。

(3) 可制造性设计

如果 MC 分析预测的成品率偏低，说明设计方案不符合大批量生产要求。这时，设计人员可以根据对生产成品率和可靠性的要求，调整元器件参数和/或元器件参数的容差要求，进一步改进电路设计，使其满足“可制造性（manufacturability）”的要求。因此 MC 分析在可制造性设计中也起到很大的作用。

（4）容差设计

如果蒙特卡洛分析结果指出，按照目前芯片工艺容差情况，电路成品率偏低，不满足要求，则可以通过电路原理分析和/或采用 5.2.4 节介绍的灵敏度分析，确定影响成品率的关键元器件。然后改变关键元器件的容差，重新进行蒙特卡洛分析，就可以按照希望的成品率，确定对关键元器件容差的要求。这就是采用蒙特卡洛分析工具通过容差设计提高成品率的思路。

例如在混合信号电路设计中，要求采样电阻精度较高。通过蒙特卡洛分析就可以按照成品率要求确定采样电阻允许的容差，进而确定采用什么特殊工艺技术满足高精度采样电阻的容差要求。

2. 蒙特卡洛分析过程

（1）根据实际情况确定元器件值分布规律，产生一组随机数描述元器件值的分布。

通常情况下元器件值服从正态分布。描述正态分布的均值就是电路设计中元器件标称值，标准偏差 σ 为元器件值容差的 1/3。

例如，若芯片掺杂工艺的方块电阻为(180±15)Ω/□，集成电路中采用该掺杂层的某个电阻条方块数为 5，则描述该电阻阻值正态分布的均值为 900 Ω，标准偏差为 25 Ω。

（2）多次“重复”进行指定的电路特性分析，每次分析时采用的元器件值是模仿实际元器件值分布，采用随机抽样方法从第（1）步产生的随机数中抽取，这样每次分析时采用的元器件值不会完全相同，而是代表了实际变化情况。

为了反映实际情况，“重复”进行的电路特性分析次数不要少于 100 次。

（3）完成多次电路特性分析后，对各次分析结果进行综合统计分析，包括采用直方图描述电路特性分散性的分布情况，以及描述特性分布的统计量，如均值、标准偏差，并对比特性规范要求，确定成品率。

蒙特卡洛分析（MC）实例

图 5.2.9 是一个蒙特卡洛分析结果实例。

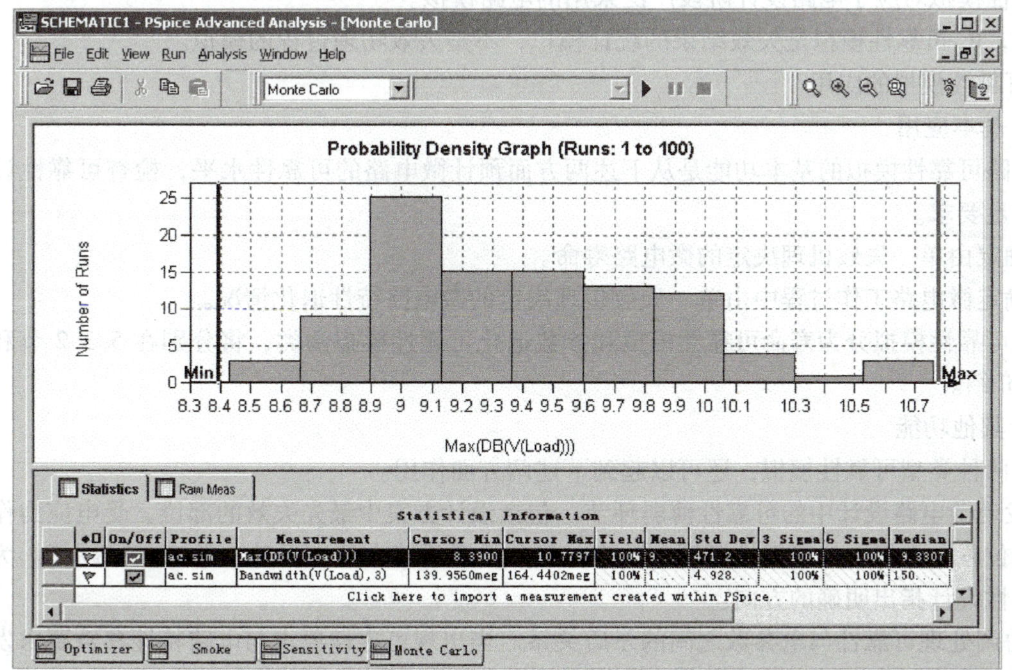

图 5.2.9 蒙特卡洛分析结果实例

5.3　可靠性模拟

起始于 20 世纪 80 年代末的微电路可靠性模拟是可靠性设计技术的一个重要组成部分，目前仍是一个活跃的研究领域。本节结合实例，介绍可靠性模拟的基本概念、作用特点及涉及的主要技术。

5.3.1　可靠性模拟的作用

1. 可靠性模拟的含义

可靠性模拟是指在微电路设计阶段，针对初步确定的线路设计和版图设计方案，以及描述失效机理的可靠性模型和特征参数，用计算机模拟分析由主要失效模式决定的微电路可靠性水平，如图 5.3.1 所示。

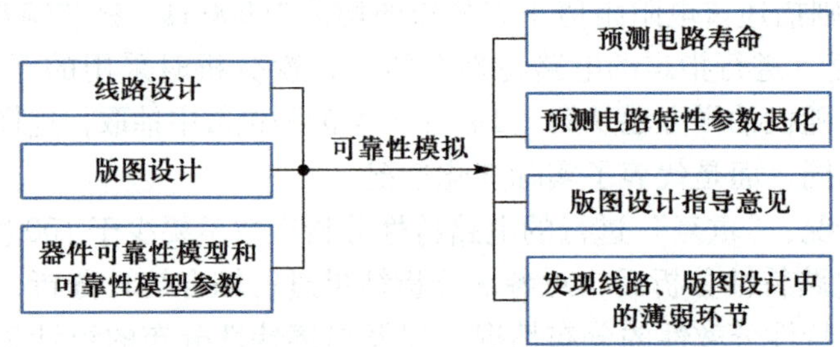

图 5.3.1　可靠性模拟的作用

可靠性模拟对应于电路设计阶段广泛采用的电路模拟。

注意，IC 可靠性模拟是失效结果的统计模拟，不是失效物理过程的模拟。

2. 可靠性模拟的应用

（1）基本应用

微电路可靠性模拟的基本功能是从下述两方面预计微电路的可靠性水平，检查可靠性设计是否满足要求。

① 确定由单一失效机理决定的微电路寿命。

② 确定微电路工作过程中由单一失效机理决定的微电路特性退化情况。

因此可靠性模拟分为寿命可靠性模拟和参数退化可靠性模拟两类，将分别在 5.3.2 节和 5.3.3 节介绍。

（2）其他功能

上述两种类型可靠性模拟，还可以起到下述两方面作用。

① 发现微电路设计中的可靠性薄弱环节。包括设计方案中最先失效的部位、受电应力作用最强的位置、由提取的可靠性模型参数值（例如，激活能太低）反映出的工艺问题等。为改进可靠性设计指出明确的方向。

② 协调处理可靠性与电参数之间的矛盾关系。当出现可靠性要求与电路特性参数要求发生冲突时，将可靠性模拟与电路模拟结合在一起，可以得到设计方案的最佳协调。

现在，对于一个复杂电路的设计方案，在正式交付生产之前，都要进行电路模拟，以检验设计方案满足特性规范的程度。同样，随着对 VLSI 可靠性要求的提高，在可靠性设计阶段，也应该进行可靠性模拟，检验设计方案是否满足可靠性要求。

3. 可靠性模拟软件工具

从 20 世纪 80 年代中期开始，根据可靠性设计的需要，开展了单一失效机理的可靠性模拟，包括电迁移、热载流子效应、氧化层击穿、pn 结退化等。可靠性模拟程序中，最具代表性、影响最大的是 BERT。目前传统的微电路 EDA 工具，例如 Cadence、Synopsys、Mentor，也都扩展具有可靠性模拟功能。国内相关学校、公司和研究所也在进行可靠性模拟工具开发。

为了能够让更多的研究人员和机构参与可靠性模拟工具的开发，目前出现了一种接口工具 OMI（open model interface），这是一个基于 C 语言的建模应用编程接口，作为 Spice 器件建模的开放模型接口，用来支持标准紧凑模型的扩展。

5.3.2 基于可靠性模拟的电路寿命预计

本节以电迁移模拟为例，介绍如何通过可靠性模拟预计电路寿命。

1. 电迁移模拟技术路线

图 5.3.2 为电迁移模拟的技术路线。由图可见，可靠性模拟包括四方面技术工作。

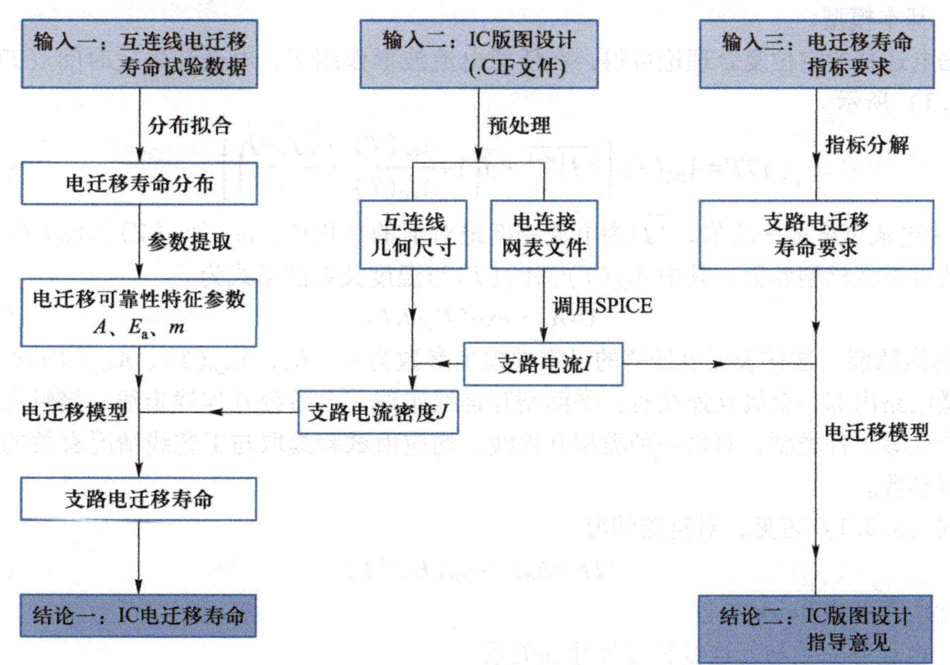

图 5.3.2 电迁移模拟技术路线

（1）建立失效模型

可靠性模拟的基础是依据第 3 章可靠性物理原理，建立描述由单一失效机理确定的器件失效时间可靠性模型，并针对具体工艺线，提取出表征该失效的可靠性模型参数。

对电迁移模拟，需要提取确定电迁移中位寿命模型中的电流密度指数因子 n 以及激活能 E_a。

(2) 版图数据处理

对电迁移模拟而言，一方面提取出电路拓扑连接关系，同时提取出各支路互连线的长、宽几何尺寸设计值。

(3) 模拟计算电应力

电应力大小是决定失效快慢的重要因素。进行可靠性模拟，就需要调用合适的电路分析软件，计算引起失效的电应力。对于电迁移模拟需要计算支路电流，并结合互连线尺寸，计算出流过不同互连线的电流密度 J。

(4) 模拟计算由该单一失效机理决定的电路可靠性

基于上述三步确定的信息，就可以根据可靠性模型模拟计算由该单一失效机理决定的电路可靠性。对电迁移模拟，首先计算每一支路的失效时间，再综合计算整个电路由电迁移失效确定的可靠性水平。

2. 用于可靠性模拟的电迁移模型

第3章分析了电迁移发生的物理过程以及 Black 方程，这是描述电迁移主要物理过程的基本方程。进行电迁移模拟时还必须同时考虑相关因素的影响，在此基础上建立一种表征电迁移失效与电应力作用关系的统计模型，才能用于电迁移可靠性模拟。与电路模拟中的晶体管模型情况类似，对同一种失效机理，从不同角度考虑，可建立不同的可靠性模型。

(1) 基本模型

根据电迁移的空位复合理论可得，在任意电流波形作用下，电迁移失效时间（TTF）如式（5.3.1）所示

$$TTF=A_{\mathrm{DC}}(T)\left[\overline{|J|^{m-1}}\cdot\bar{J}\left(1+\frac{A_{\mathrm{DC}}(T)}{A_{\mathrm{AC}}(T)}\cdot\frac{\overline{|J|}-\bar{J}}{\bar{J}}\right)\right]^{-1} \tag{5.3.1}$$

式中，$\bar{J}$为电流密度的平均值，$\overline{|J|}$为电流密度绝对值的平均值，m、$A_{\mathrm{DC}}(T)$，$A_{\mathrm{AC}}(T)$是由试验提取的可靠性模型参数，其中$A_{\mathrm{DC}}(T)$，$A_{\mathrm{AC}}(T)$与温度关系的形式为

$$A=A_0\cdot\exp(E_{\mathrm{a}}/KT) \tag{5.3.2}$$

式中E_{a}为激活能。这样表征电迁移的可靠性模型参数为m、E_{a}、$A_{\mathrm{DC0}}(T)$、$A_{\mathrm{AC0}}(T)$共4个。

在微电路内部，金属互连线有：平面型互连线走线、台阶处互连线走线、接触孔、通导孔、键合区等多种类型，对每一种类型互连线，均应由试验提取与工艺线情况有关的一组可靠性模型参数。

由式（5.3.1）可见，对直流情况

$$TTF=A_0J^{-m}\exp(E_{\mathrm{a}}/kT) \tag{5.3.3}$$

这就是著名的 Black 方程。

(2) 电迁移失效与互连线长度尺寸的关系

在微电路内部，互连线长短不一。长互连线的失效取决于可靠性最弱的那一段短互连线，其可靠性可等效为多段短互连线的串联。设长互连线长度是短互连线的 x 倍，在时刻 t 短互连线的累积百分失效为 $G(t)$，长互连线的累积百分失效为 $F(t)$，则有

$$[1-G(t)]^x=1-F(t)$$

由此可得

$$G(t)=1-[1-F(t)]^{1/x} \tag{5.3.4}$$

因此，只要通过试验得到微电路版图中最长互连线的失效分布，就可由式（5.3.4）得

到各种短互连线的失效分布。

(3) 电迁移失效与互连线宽度的关系

如第3章3.4节所述，当金属互连线宽度可与金属晶粒大小相比拟时，随着互连线宽度的减小，电迁移 *TTF* 反而增加。由实验测得，*TTF* 随线宽 W 的变化情况如图5.3.3所示。可采用式（5.3.5）描述 *TTF* 与线宽的关系

$$\text{若 } W \geqslant W_B \qquad TTF(W) = A_W(W-W_B)^2 + D_W$$

$$\text{若 } W < W_B \qquad TTF(W) = C_W(W-W_B)^2 + D_W \tag{5.3.5}$$

式中共有4个模型参数：A_W、B_W、C_W 和 D_W。其中 W_B 对应 *TTF*-W 关系曲线上极小值位置，近似等于互连线中金属晶粒平均尺寸。

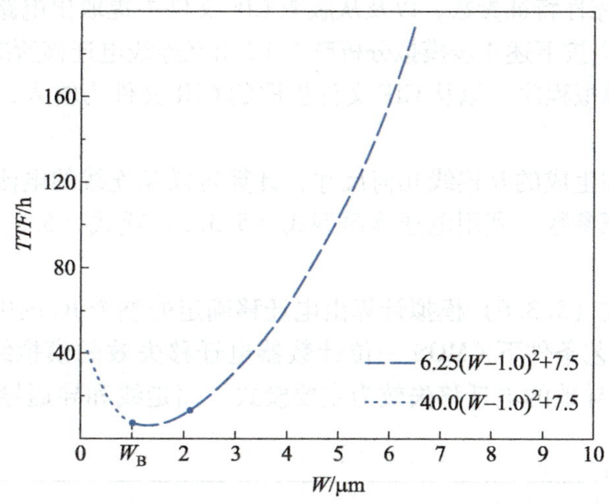

图5.3.3 *TTF* 与线宽 W 的关系（例）

(4) 微电路电迁移失效与各互连线失效的关系

为简单起见，可直接采用简单的串联模型计算整个微电路电迁移失效与各互连线失效的关系，即任一时刻微电路的电迁移可靠度等于各条互连线电迁移可靠度乘积，由此得失效概率为

$$F(t) = 1 - \prod_{i=1}^{n}[1 - F_i(t)] \tag{5.3.6}$$

(5) 电迁移可靠性模型参数提取

建立了电迁移模型后，就需要针对实际工艺提取出模型中的可靠性模型参数。

可靠性模型参数提取方法将在7.4.4节介绍。

3. 微电路版图信息提取

版图信息提取的目的是对IC版图CIF文件进行分析，提取出描述电路拓扑关系的文件（.CIR文件），供电路模拟程序使用。同时还要提取出每段金属互连线的几何尺寸及过绝缘层台阶情况。针对不同类型的版图设计特点，目前分别采用三种处理方式。

(1) MOSIC版图自动提取

对于采用MOS工艺生产的IC，由于目前工艺类型比较统一，版图结构也比较规范，因此，版图信息提取工作的自动化比较容易实现，目前已有比较成熟的程序。

（2）双极 IC 版图信息的自动提取

由于双极 IC 工艺类型繁多，版图结构（特别是晶体管图形结构）各异，因此目前国内外在双级 IC 版图信息自动提取方面均不成熟，是一个有待进一步探讨的问题。

（3）手工处理方式

如果不能实现自动提取，就只能采用手工编写的方法。对于电路模拟程序需用的电路拓扑关系文件，在 IC 电路设计时一般均已形成。因此手工编写的任务主要是按规定格式形成金属互连线连接关系及几何尺寸描述文件。

4. 电迁移模拟分析

（1）微电路电迁移可靠性预计

在提取出互连线可靠性特征参数，以及从版图 CIF 文件中提取出电路拓扑关系和互连线几何尺寸信息以后，就可以按下述 4 步模拟分析整个 IC 由互连线电迁移所决定的电迁移寿命。

① 调用通用电路模拟程序，以从 CIF 文件提取的 CIR 文件为输入，计算每段互连线中的电流 I。

② 结合从 CIF 文件生成的互连线几何尺寸，计算每段互连线的电流密度 J。

③ 结合电迁移特征参数，利用电迁移模型式（5.3.1）或式（5.3.3），计算每段互连线的电迁移中位寿命。

④ 采用串联模型式（5.3.6）模拟计算由电迁移确定的整个 IC 的中位寿命。

图 5.3.4 是对某工艺条件下 CMOS 一位计数器电迁移失效的模拟结果实例。由图可见，该电路中接触以及台阶导致的电迁移失效为主要模式，而走线和导通导孔的电迁移失效可以忽略不计。

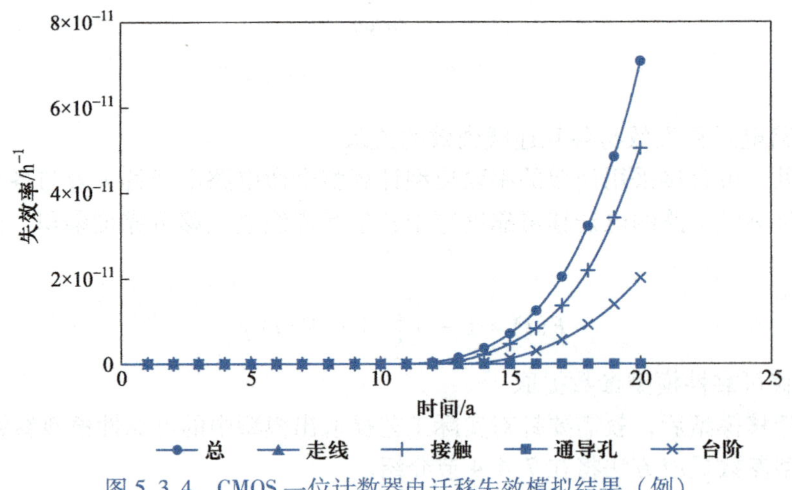

图 5.3.4　CMOS 一位计数器电迁移失效模拟结果（例）

（2）版图设计规则指导意见

生成设计规则指导意见是以电迁移可靠性指标为输入，按下述四步进行。

① 计算流过每段互连线的电流大小。

② 采用串联模型将电迁移可靠性指标分解为对每段互连线电迁移中位寿命要求。

③ 利用电迁移模型参数，根据电迁移模型计算每段互连线允许的最大电流密度 J。

④ 由上述三项计算结果，直接计算确定每段互连线允许的最长长度和最窄宽度，指导 IC 的版图设计。

5.3.3 电路特性退化的可靠性模拟

1. 电路特性退化可靠性模拟技术路线

图 5.3.5 为电路特性退化可靠性模拟的技术路线，可以模拟计算电路工作到 t_s 时的电路特性退化结果。

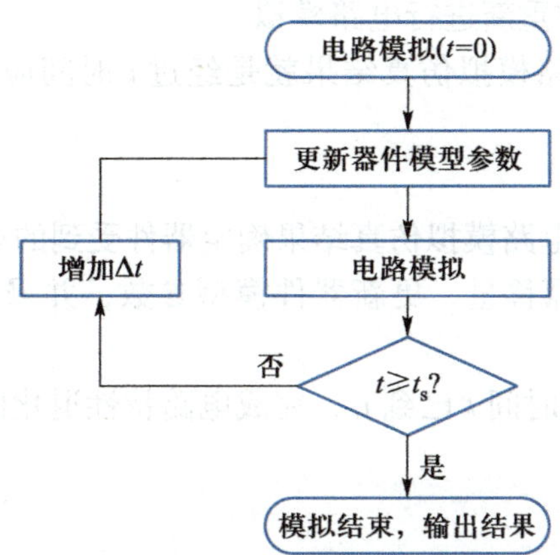

图 5.3.5 电路特性退化可靠性模拟技术路线

由图 5.3.5 可见，分析电路特性退化情况的可靠性模拟包括三方面技术工作。

(1) 建立器件模型参数退化模型

在应力作用下，器件模型参数将发生漂移。漂移到一定程度将导致器件失效。因此如第 3 章所述，描述器件模型分器件模型参数退化模型和器件失效时间/寿命模型。

5.3.2 节介绍的微电路寿命可靠性模拟采用的是器件失效时间/寿命模型，而进行电路特性退化可靠性模拟则需要采用器件模型参数随时间的退化模型。

(2) 电路模拟

根据器件模型参数值，调用常规的电路模拟仿真软件进行电路特性模拟仿真。

(3) 器件模型参数更新迭代

电路特性完全由电路中的器件模型参数确定。但是电路工作过程中，在电应力作用下，器件模型参数将随应力作用发生漂移，这又必然导致电路特性变化，使得器件受到的电应力也在发生变化，则器件模型参数必然随之变化……。这是一个器件模型参数与电路特性之间关系相互影响的非线性过程。

2. 电路特性退化可靠性模拟过程

实际电路特性退化可靠性模拟软件工具包括电路模拟仿真工具（如 SPICE）和器件模型参数退化模型，并建立器件模型参数更新迭代算法。

进行电路特性退化可靠性模拟步骤为

(1) 计算器件受到的电应力

首先进行一次电路模拟，计算器件受到的电应力。例如针对 NBTI 效应，需要计算确定每个反型 pMOSFET 器件受到的反偏栅电压。

(2) 更新模型参数

人为确定一个时间步长 Δt，采用器件模型参数退化模型，例如对 NBTI，采用式（3.3.1）和式（3.3.2）所示器件模型参数漂移模型，计算经过 Δt 的应力作用，器件模型参数出现的漂移量，更新器件模型参数。

说明：器件模型参数随应力作用时间的退化是一个非线性过程，随着应力时间的增加，器件模型参数漂移量减小。因此为了保证计算精度，同时提高模拟效率，对时间步长 Δt，通常需要采用变步长算法。

（3）采用更新的模型参数重新进行电路模拟

若时间 t 已达到 t_s，则电路模拟仿真结果就是经过 t_s 时间应力作用导致的电路特性退化结果。

（4）模拟过程的迭代

若时间 t 小于 t_s，则采用电路模拟仿真结果确定器件受到的电应力，返回上述步骤（2），计算 Δt 范围器件模型参数的漂移量，更新器件模型参数，并采用更新的模型参数重新进行电路模拟。

循环迭代上述过程，直到时间 t 已到 t_s，完成电路特性退化的可靠性模拟。

思考题与习题

1. 试比较微电路可靠性设计与电子整机、系统可靠性设计有哪些不同。

2. 针对一个高可靠微电路的研制实践，总结在可靠性与电路特性对设计措施出现的矛盾要求以及解决方法。

3. 针对一个高可靠微电路的研制实践，总结其在保证可靠性方面采取的工艺技术措施。

4. 为什么微电路在实际应用中表现出的应用可靠性可能低于也可能高于微电路的固有可靠性？可以采取哪些可靠性设计措施使得应用可靠性高于固有可靠性？

5. 解释最坏情况分析在评价电路设计的鲁棒性方面所起的作用。并用电路模拟软件工具对一个单元电路进行最坏情况分析。

6. 对比微电路特性退化可靠性模拟与微电路寿命可靠性模拟的作用特点。

7. 参照第 3 章介绍的 TDDB 失效机理，列出针对 TDDB 失效进行微电路寿命可靠性模拟的流程。

8. 参照第 3 章介绍的 HCI 失效机理，列出针对 HCI 失效进行微电路特性参数退化可靠性模拟的流程。

9. 参照第 3 章介绍的 NBTI 失效机理，列出针对 NBTI 失效进行微电路特性参数退化可靠性模拟以及微电路寿命可靠性模拟的流程。

第 6 章　可靠性的工艺保证

采用第 5 章介绍的可靠性设计技术，为微电路具有较高的可靠性奠定了基础。最终微电路产品的固有可靠性水平还要取决于工艺水平的高低和制造过程的质量控制状态。这也是“可靠性的工艺保证”的基本含义。本章在介绍有关概念的基础上详细介绍与制造过程质量控制相关的实用技术，包括采集工艺参数的微电子测试图技术、工序能力指数 *Cpk* 评价与 6σ 设计技术、试验设计（DOE）和统计过程控制（statistical process control，SPC）等。

6.1　可靠性工艺保证的含义与关键技术

本节介绍可靠性工艺保证的基本概念与关键技术。

6.1.1　“可靠性工艺保证”的基本概念

1. 什么是“可靠性工艺保证”

可靠性的工艺保证是研究工艺加工阶段如何满足微电路产品的可靠性要求。具体地说，是通过分析微电路可靠性与制造过程的关系，从可靠性角度确定对工艺参数的监测要求，并在不断提高工艺水平和工序能力的基础上，加强工艺过程的统计控制，以保证能持续地生产高可靠的微电路产品。

2.“可靠性工艺保证”的基本思路

（1）可靠性工艺保证是保证微电路产品可靠性的关键环节

按照 1.3.2 节分析，关于可靠性的一个基本理念是“可靠性是设计、制造出来的”。特别是随着可靠性水平的提高，就不能只依靠筛选和试验来保证产品的可靠性，而必须从设计和制造两方面入手才是提供微电子器件可靠性的根本途径。通过可靠性设计使微电路具有较高的“潜在可靠性”。通过可靠性的工艺保证，使微电路产品具有较高的“固有可靠性”。因此，可靠性的工艺保证是保证微电路产品可靠性的关键一环。

（2）可靠性工艺保证与成品率以及产品可靠性的关系

按照 1.3.2 节分析的关于可靠性的第二个基本理念“产品质量可靠性与成品率有很强的相关性”。因此，提高生产成品率可以同时起到提高产品可靠性的作用。而提高生产成品率的关键是提高工艺水平并实现工艺过程的统计受控状态，这两点正是可靠性的工艺保证的核心内容。

（3）协调可能出现的工艺与产品特性参数的矛盾

从微电路特性参数考虑，微电路可靠性对工艺的要求有时与微电路特性参数对工艺的要求是矛盾的。在出现这种情况时，确定工艺参数要求的原则应该是在优先保证可靠性的前提下兼顾特性参数的要求，进行折中协调处理。

例如，PROM 工作中 DC 擦除失效与两层多晶硅之间介质层的厚度和质量密切相关。为了防止 DC 擦除失效带来的可靠性问题，介质层厚度不能太薄。然而从电路特性考虑，为了在浮置栅上耦合出尽可能高的电压，达到最大编程效率，希望多晶硅之间的介质层尽量薄一些。此外，减薄多晶硅之间的介质层厚度还有利于提高器件速度。但是为了防止DC擦除失效带来的可靠性问题，介质层厚度不能太薄，必须大于一定值。这一实例说明了器件可靠性与器件特性这两方面指标要求对工艺参数要求相互矛盾的情况，以及协调处理的原则。

(4) 从工艺监测的“合格”要求转变为对工艺水平（工艺成品率）的要求

常规生产中只要工艺监测结果都是合格就认为万事大吉。实际上工艺监测结果合格只是对生产的基本要求。目前对微电子器件工艺水平的基本要求是单道工序的工艺不合格品率不得大于3.4 ppm（parts per million），即不得大于百万分之3.4。而常规工艺监测结果没有出现不合格的数据，并不能说明生产水平是否足够高。

表1.3.1所示微电子器件内引线键合工序连续25个班次工艺参数监测结果数据实例，合格判据是拉力强度不得小于4克力。由表中数据可见，不但没有出现不满足要求的数据，而且每个检验数据都比合格判据大得多。

如果仅根据监测结果数据判断工艺状态，肯定认为该工序一切正常，无须采取进一步改进措施。但是在本章6.3节中将通过分析指出，该工序尚不能满足现代微电路生产对键合工序工艺水平的要求。

6.1.2 “可靠性工艺保证”的关键技术

为了保证可靠性的工艺保证要求的实现，从微电路生产涉及的主要环节考虑，需从原材料、制造过程统计质量控制、芯片本征失效机理评价和环境洁净度控制等几方面同时采取相应的技术措施。

1. 原材料控制

显然，原材料质量水平的高低和一致性程度的好坏是保证微电路产品可靠性的首要环节。在高可靠微电路对高质量原材料要求的驱使下，目前国际上微电路原材料质量已发展到相当高的水平，以至于在采用传统的“批接收抽样检验”方法进行检验时，批接收率一般都接近100%，这样就无法区分出原材料中客观存在的质量微小起伏，也区分不出不同原材料供货方之间的质量区别。在这种情况下，对原材料质量的控制和管理方法是在批接收检验的基础上进一步采用PPM评价（参见7.6.3节）和SPC技术（参见6.5节）。

2. 制造过程的统计质量控制

1.3.2节基于制造过程对产品参数一致性和稳定性影响的分析，说明“制造过程控制”是保证微电路产品可靠性的关键一环。

(1) 影响工艺过程的三大因素

按照1.3.2节分析，任何工序，有工艺条件、随机扰动、异常扰动三大因素影响工艺结果，如图6.1.1所示。

(2) 生产过程的质量控制和表征

若生产过程中随机扰动的影响越大，则同一批产品之间的参数一致性以及不同批次产品之间的参数稳定性就越差。如果出现异常扰动，将导致工艺结果参数发生异常波动，甚至不满足加工要求。因此，对实际生产过程，实施质量控制的目标就是使得随机扰动的影响尽量小，同时尽量不要出现异常扰动。如果出现异常扰动，则应该能够及时发现并解决问题。

从技术层面采用下述质量控制技术，可以起到保证参数的一致性和稳定性，提高元器件产品成品率进而提高产品质量可靠性的作用。

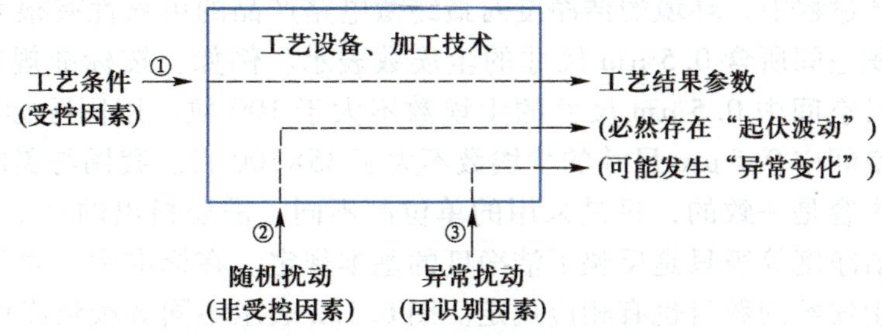

图 6.1.1 影响工艺加工结果的三大因素

① 工序能力指数 *Cpk* 评价：用于定量表征参数一致性程度，评价实际工艺水平的高低。6.3 节将详细讨论工序能力指数 *Cpk* 的概念和计算方法。

② 试验设计（design of experiments，DOE）技术：用于优化工艺，充分发挥设备潜力，减小随机扰动导致的“起伏波动”，提高参数一致性。6.4 节将介绍 DOE 的概念并结合应用实例说明采用 DOE 技术优化工艺条件的过程。

③ 统计过程控制（statistical process control，SPC）技术：其作用是即时识别是否存在异常因素并提前预防异常因素的影响，保证生产过程处于统计受控状态。6.5 节将详细介绍 SPC 的基本概念和应用方法。

④ PM 和 SEC 技术：实施 *Cpk*、DOE 和 SPC 技术的基础是数据。按照 GJB7400 要求，针对微电路管芯生产过程，为了进行能力认证，需要采集下述两类数据：

实施 SPC 对 MSA 评价的要求

监测工艺参数数据（parametric monitor，PM）技术；

表征电路特性的标准评价电路（standard evaluation circuit，SEC）。

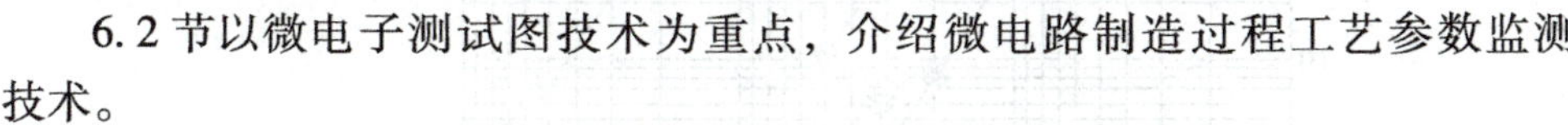

6.2 节以微电子测试图技术为重点，介绍微电路制造过程工艺参数监测技术。

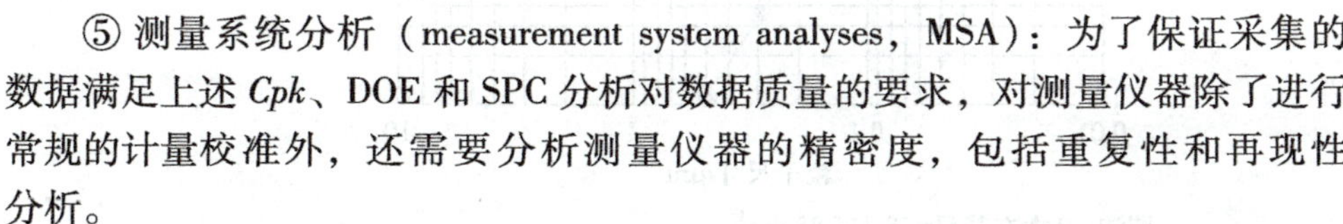

⑤ 测量系统分析（measurement system analyses，MSA）：为了保证采集的数据满足上述 *Cpk*、DOE 和 SPC 分析对数据质量的要求，对测量仪器除了进行常规的计量校准外，还需要分析测量仪器的精密度，包括重复性和再现性分析。

测量仪器重复性、再现性评价

目前对于测量仪器和系统的校准、对分辨率和量程的要求等都比较重视，但是对包括重复性和再现性的精密度评价往往被忽略，对测量仪器/系统运行状态的 SPC 分析甚至存在不正确的理解。如果这两项工作存在问题，将明显影响测量数据的质量，进而影响 *Cpk*、DOE 和 SPC 分析结果的精度和可信度。

3. 芯片本征失效机理的评价

随着微电路质量水平的不断提高，微电路芯片本征失效机理（如电迁移、TDDB、热载流子注入效应、温度不稳定性等）已成为微电路失效率浴盆曲线上进入第三阶段即耗损失效阶段的主要因素。而这些失效机理发生程度均与晶圆制备过程的工艺密切相关。因此这几项失效机理的评价是可靠性的工艺保证的重要环节。7.5 节将详细介绍这几项失效机理的评价试验和数据分析方法。

MSA 评价的实际问题讨论

4. 环境洁净度控制

在微电路生产过程中，环境的洁净度对最终微电路产品的可靠性有很大的影响。环境洁净度用单位体积空间所含 0.5 μm 尺寸的尘埃数表示。例如，按标准规定，100 级洁净度表示每立方英尺空间中 0.5 μm 尺寸的尘埃数不大于 100 粒。用国际标准单位制表示，对应于每立方米空间中 0.5 μm 尺寸的尘埃数不大于 35×100 粒。我国与美国等各国关于洁净度的标准实质内容是一致的，只是采用的单位制不同。需要指出的是上述以 0.5 μm 尺寸的尘埃数定义洁净度等级只是反映了洁净度的基本规定。在标准中，对每一种洁净度等级的其他尺寸的尘埃数的数目也有相应规定。图 6.1.2 表示不同等级洁净度环境中允许的不同颗粒尺寸的尘埃数。图中黑点对应的颗粒尺寸和尘埃数是在标准中有明确规定的数据。由图 6.1.2 可见，对任一种洁净度等级，环境中小颗粒尘埃数比大颗粒尘埃数多得多，呈现指数增加的关系。

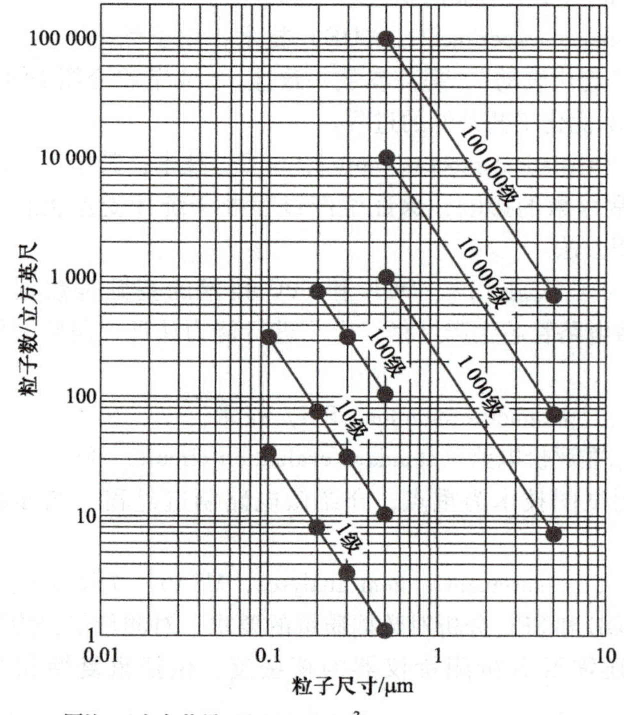

图 6.1.2　环境洁净度等级规定

下面以环境中尘埃对微电路互连线的影响为例说明微电路生产对环境洁净度的要求。

如第 1 章图 1.3.2 所示，环境中较大颗粒的尘埃可能直接导致金属互连线开路，使该微电路失去应有的功能，导致生产成品率的降低。环境中存在的一部分颗粒较小的尘埃，则会引起互连线局部变窄，如只要其作用尚未达到使微电路失去应有的功能，也未导致微电路特性不满足规范要求的程度，在生产线上这种带有缺陷的产品将可能顺利通过检验，作为合格产品提供给用户。

显然这种带有潜在缺陷的合格产品，在以后现场使用中长期电应力作用下，与不含有潜在缺陷的正常微电路相比，相应支路的电流密度将增大，导致该微电路将会较早发生电迁移失效，引起可靠性问题。随着微电路线条的不断变细，原先对芯片成品率和可靠性没有什么影响的小颗粒尘埃将开始起作用。而且如图 6.1.2 所示，对同一等级洁净度的环境，小颗粒尘埃数指数增加，导致成品率的降低和现场使用失效率的增加将随着器件几何尺寸的减小而指数增加。因此，生产环境洁净度的控制已成为可靠性工艺保证的关键因素。

随着微电路线条的不断变细，原先对芯片成品率和可靠性没有什么影响的小颗粒尘埃将开始起作用。例如在 90 nm 工艺节点，10 nm 大小的尘埃对互连线影响很微弱。但是到 5 nm 工艺节点，10 nm 大小的尘埃将可能导致互连线开路，对产品可靠性产生明显不良影响。因此，生产环境洁净度的控制已成为保证可靠性的工艺保证的关键因素。而且随着器件几何尺寸的减小，对生产环境洁净度的控制要求将增高。

6.2 工艺参数监测技术

由上节分析可见，在可靠性的工艺保证涉及的各项技术中，工艺参数监测是一项基础技术。针对这一要求，GJB7400 提出了微电路承制方在其生产过程中实施 PM、TCV 和 SEC 监测生产过程工艺参数的要求。本节在介绍工艺参数监测方法的基础上，重点介绍微电子测试图技术的原理和应用，同时简要介绍 SEC 和 TCV。

6.2.1 概述

1. 工艺参数监测技术的类型

按工艺参数采集的“即时性”，可将工艺参数监测技术分为四类。

（1）原位测量（insitu measurement）

指在某一工序的工艺过程中，通过特定的传感器等手段，实时连续监测加工过程中工艺参数的变化情况。

例如，有些金属化层淀积设备，可以在工艺过程中实时显示已淀积的金属化层厚度，并可根据预先设置的金属化层厚度要求，自动控制工艺过程的结束。

（2）在线测量（in-line measurement）

指工序加工结束后立即进行测试，以获得表征该工序加工结果的工艺参数。例如，完成掺杂工艺加工后用四探针测量方块电阻。

（3）芯片工艺结束后的测试（end-of-line test）

在完成整个管芯工艺加工后，测量相关的工艺参数。例如，通过专门设计的微电子测试图结构，可以在管芯工艺结束后同时测量芯片加工过程中各主要工序的工艺参数。

本节介绍的微电子测试图技术就是这类测量技术的典型代表。

（4）离线测试和分析（off-line test and analysis）：前面三种测量方法是与芯片的工艺过程同步进行的。为了获得更充分的工艺参数数据，有时还需要在工艺加工以后进行离线测试和分析。最典型的分析技术是微分析，即对器件中比最小尺寸还小一个数量级的微区形貌、结构、组分和微量杂质等进行分析和测试。第四章已介绍了微电路生产中应用较广泛的各种微分析技术的原理和应用。

2. 微电子测试图技术的含义

上面介绍的几种工艺参数监测技术中，“原位测量”要求工艺设备配备有传感器和相应的技术。“在线测量”方法与工艺参数类型密切相关，不同方法之间联系不大，尚未形成体系。“离线测试和分析”涉及多种专用理化分析技术，可参见4.4节的介绍。本节重点介绍在芯片加工工艺结束后的测试中广泛采用的微电子测试图技术。

微电子测试图是指这样一类图形结构，它们与正常的微电路芯片经历完全相同的芯片制造工艺，制作在同一个晶圆上。在完成微电路管芯加工后，通过对这些图形的电学测试或者显微镜观察测量，可以同时测量芯片加工过程中各主要工序的工艺参数和器件的特性参数。它所测量的实际上是经管芯加工全过程后这些参数的综合结果。

在微电子测试图技术发展和应用过程中，曾经采用不同的名称。最早采用的名称是microelectronic test pattern，这也是其中文名称的由来。后来考虑到该英文名称与微电路测试技术中的“测试码”相同，因此目前国外又称其为test chip。在我国军用标准GJB7400以及美国军用标准MIL-PRF-38535中，用PM（parametric monitor）表示，称为“工艺监测图形”，在我国军用标准GJB548以及美国军用标准MIL-STD-883中采用的PM代表process monitor，但实际含义以及作用与GJB7400中的parametric monitor一样，未发生变化。国内有些单位也称之为PCM（process control monitor）。

3. 微电子测试图技术的特点

随着微电子技术的发展，微电子测试图技术因为具有下述特点，在微电子器件工艺参数监测方面得到了广泛的应用。

（1）测试结果准确

这是由该技术的基本原理所决定的，而且由于测试图形与微电路管芯可以做在同一晶片的相邻位置上，同时经历完全相同的工艺过程，因此由测试图得到的参数就完全代表了相应微电路芯片的情况。

（2）适用范围广

采用微电子测试图可以测量常规方法难以获得的一些工艺参数。

例如采用四探针方法测量双极工艺中基区扩散的方块电阻实际上是双极器件中无源基区（又称为外基区）的方块电阻。用四探针技术很难得到有源基区（又称为内基区）即发射区下方那一部分基区的方块电阻，而这一部分基区的方块电阻是影响晶体管特性的一个重要参数。

另外，在埋层掺杂工序，用四探针方法测量的是埋层掺杂时的方块电阻。随后的外延等工序将对埋层掺杂情况产生影响。但是最终管芯中实际的埋层方块电阻大小用常规四探针方法是无法测量的。而管芯完成后的埋层方块电阻实际值才是直接决定集电区串联电阻大小的重要参数。采用微电子测试图技术可以很方便地得到这些参数。

（3）可以监测工艺参数的分布

采用微电子测试图不但能准确地得到各参数的真实数值，而且能得到各参数在晶圆上及不同晶圆间的统计分布情况。这是在分析微电路特性及其成品率时具有很大参考作用的重要数据。

（4）测试结构占用的芯片面积不大

例如用得最多的测量方块电阻的范德堡图形所占用的面积不超过300 μm×300 μm，可安排在管芯图形的空隙处，甚至放在划片槽位置。因此其占用的硅晶圆面积很有限。

（5）测试方法简单

大多数情况只需要进行一些直流测试，易于实现自动化测试，并可以由计算机以多种形式给出测试结果，自动进行数据处理，建立相应数据库。

由于上述特点，从20世纪70年代初人们开展了微电子测试图技术的系统研究，并出现了专门的微电子测试图芯片。目前，微电子测试图除广泛用于工艺参数采集、表征工艺参数的起伏和随机缺陷情况以外，在微电路设计规则的确定、器件和单元电路特性参数的测试、单一失效机理可靠性特征参数的提取等方面都得到了广泛的使用。从1988年开始，国际上每年都召开一次称为ICMTS（international conference on microelectronic test structures）的微电子测试结构学术会议。

本节以微电路工艺中最基本的工艺参数（方块电阻、金属-半导体接触电阻）的监测方法为例，介绍微电子测试图的工作原理和设计方法。

6.2.2 监测方块电阻的测试图

目前，在工艺参数监测中用得最多的微电子测试图是用于测量各种掺杂区域方块电阻的范德堡（Van Der Pauw）图形。其测试原理是根据范德堡早在1958年推出的一个关系式。

1. 范德堡公式

下面是范德堡于1958年在一篇论文中提出的几点结论。

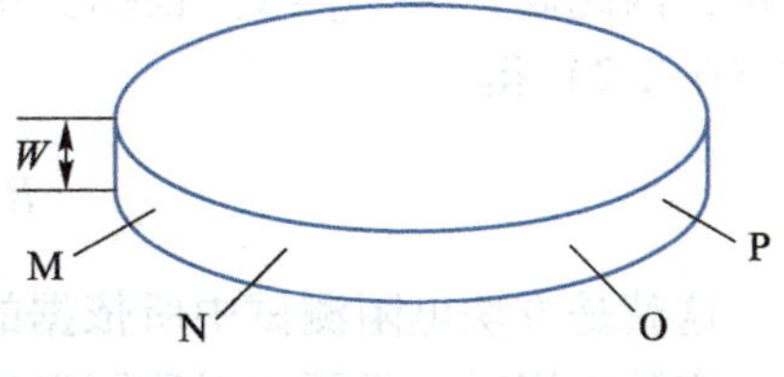

图6.2.1 范德堡公式推导用图

对于厚度为W、表面无空洞的任意形状半导体薄层材料，在其侧面随意安排四个点接触电极，按顺序记为M、N、O、P电极，如图6.2.1所示。

若有电流I从M电极流进，从相邻的N电极流出，测出O和P两电极之间的电压为V_{OP}，记其比值为

$$R(MN,OP)=V_{OP}/I_{MN}$$

接着依次轮换电流、电压电极，使电流I从N电极流进，从相邻的O电极流出，测出另外两个电极P和M两点间的电压V_{PM}，记其比值为

$$R(NO,PM)=V_{PM}/I_{NO}$$

范德堡推得，该半导体材料电阻率与上述两个电阻间的关系为

$$\rho=\frac{\pi W}{\ln 2}\frac{R(MN,OP)+R(NO,PM)}{2}f\left[\frac{R(MN,OP)}{R(NO,PM)}\right] \tag{6.2.1}$$

式中$f[R(MN,OP)/R(NO,PM)]$是一个与比值$R(MN,OP)/R(NO,PM)$有关的函数，其值可用数值计算方法求得，结果如图6.2.2所示。

由图6.2.2可见，两个电阻相等，即如果有$R(MN,OP)=R(NO,PM)$，则$f=1$。随着这两个电阻阻值差别的增大，f值与1的偏离也越大。f称为几何不对称修正因子。

显然，若样品形状和电极分布均对称（见图6.2.3），上述两个电阻值应相等，$f=1$。在这种对称的情况下，由式（6.2.1）可得

$$\rho=\frac{\pi W}{\ln 2}\frac{R(MN,OP)+R(NO,PM)}{2}=\frac{\pi W}{\ln 2}\frac{V}{I} \tag{6.2.2}$$

式（6.2.2）中，I是在相邻两个电极之间通过的电流，V是在另两个相邻电极之间测量的电压。

式（6.2.1）、式（6.2.2）和图6.2.2曲线就是范德堡公式的主要内容。

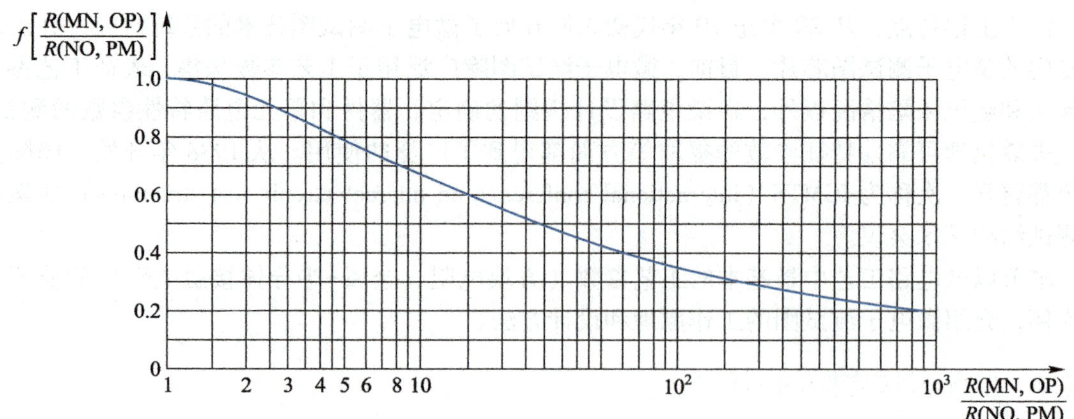

图 6.2.2 修正系数 f

在用微电子测试图测量薄层方块电阻时，为了方便起见，都采用对称的图形结构和电极安排，因此修正因子 $f=1$。根据方块电阻 R_s 的定义，对厚度为 W 的掺杂层，$R_s=\rho/W$，代入式（6.2.2）得

$$R_s=\frac{\rho}{W}=\frac{\pi}{\ln 2}\ \frac{V}{I}=4.532\ \frac{V}{I} \tag{6.2.3}$$

这就是方块电阻测试中所依据的范德堡公式。

实际应用时，只要在对称图形结构的四边引出臂的相邻两个电极之间通过的电流 I，在另两个相邻电极之间测量的电压 V，代入式（6.2.3），即得到对称图形中心位置处掺杂区的方块电阻。

2. 范德堡测试图形

图 6.2.3 就是依据上述原理设计的测量双极工艺中 npn 晶体管基区掺杂方块电阻的测试图形。由于其测试原理是依据范德堡公式，因此又称为范德堡图形。又因其形状（主要指掺杂区）为一个正十字，所以又称为正十字图形。

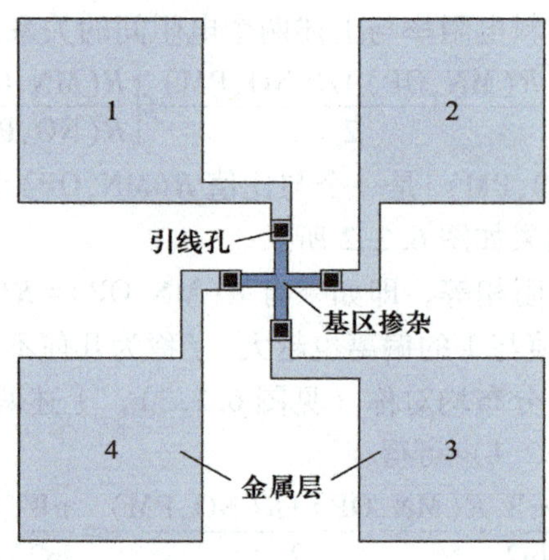

图 6.2.3 范德堡图形

如图 6.2.3 所示，正十字的中心部分是测试其方块电阻的有效区域，由中心伸出的四条边称为引出臂，起到四根电极引出线的作用。若中央十字图形部分是在集电区上形成的基区

扩散区，由该图形测得的就是十字图形中央有效区位置的基区掺杂方块电阻。

若将图 6.2.3 中结构略加修改，就可以设计出用于监测微电路工艺中各种不同掺杂区方块电阻的测试结构。

在微电子测试图的发展过程中，人们还使用过其他几种形式的测试结构，如偏十字范德堡图形、圆形范德堡结构、桥式结构等，但均不如图 6.2.3 所示的结构那样得到普遍采用。

3. 常用的方块电阻测试图形实例

下面以典型的 pn 结隔离双极微电路工艺为例，介绍其中常用的方块电阻测试结构。

（1）有源基区方块电阻测试图形

前面已分析了如图 6.2.3 所示的测量基区掺杂即无源基区掺杂方块电阻的测试图形结构原理。图 6.2.4 则是测量有源基区方块电阻的测试图形。

与图 6.2.3 对比可见，图 6.2.4 只是在图 6.2.3 所示测试无源基区方块电阻测试图形的中央十字图形区域上面覆盖有一个正方块形状的发射区掺杂区。显然，这时十字图形中央区域对应的是发射区正下方那一部分基区，即为内基区或有源基区，因此由图 6.2.4 所示结构测得的就是用通常四探针方法难以得到的内基区方块电阻。

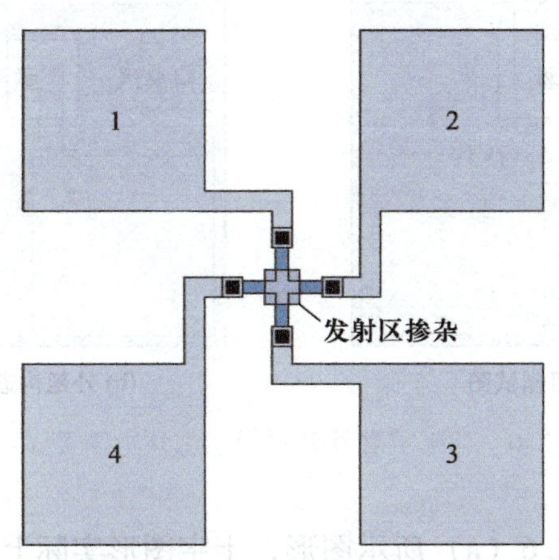

图 6.2.4 有源基区（内基区）方块电阻测试图

（2）发射区方块电阻测试图

测量发射区方块电阻的测试图如图 6.2.5 所示。

由图可见，测试发射区掺杂方块电阻用的正十字图形是直接通过发射区掺杂形成的。但是在该正十字图形下方还加了一个基区掺杂区，这是为了防止正十字形发射区掺杂的 N^+ 型杂质与 N 型集电区衬底相连，从而保证从正十字形图形上测出的真正是发射区掺杂方块电阻，而排除了 N 型集电区掺杂的影响。

（3）外延层和外延沟道层方块电阻测试结构

外延层方块电阻的测试图如图 6.2.6（a）所示。该图形结构比较简单，测试方块电阻所用的正十字图形是通过隔离掺杂在外延层上形成的。为了保证良好的欧姆接触，在正十字外延层图形四根引出臂端头的 4 个引线孔处均有一个与发射区掺杂同时进行的 N^+ 掺杂区。

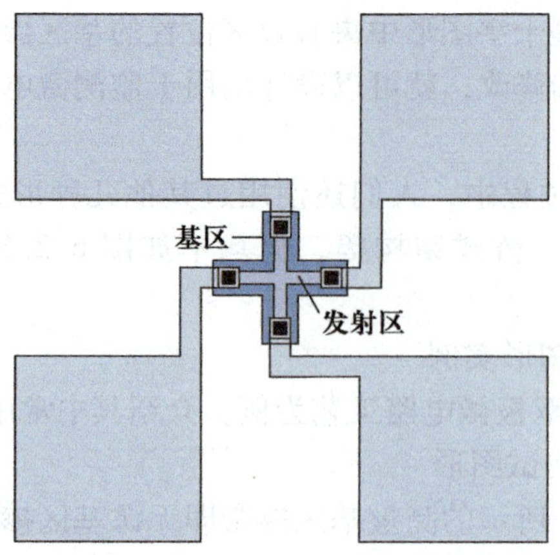

图 6.2.5　发射区方块电阻测试图

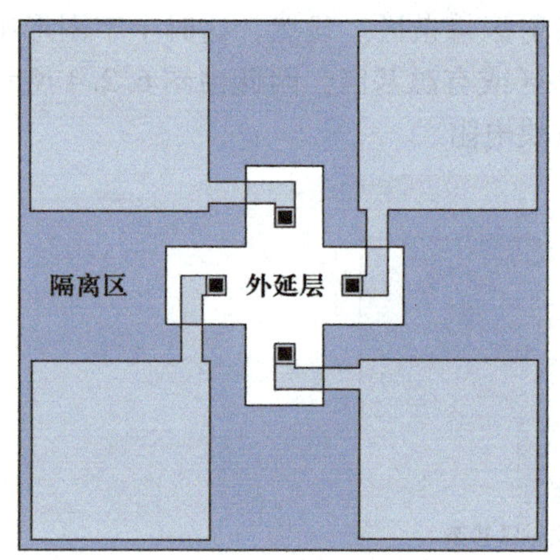

(a) 外延层方块电阻测试图

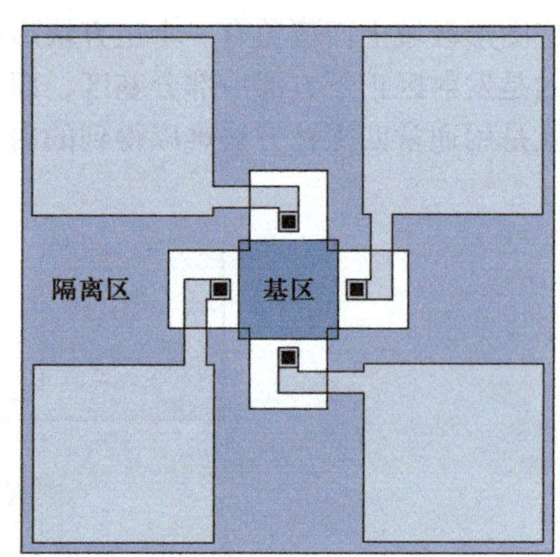

(b) 外延沟道层方块电阻测试图

图 6.2.6　外延层和外延沟道层方块电阻测试结构

需要注意的是，对图 6.2.6（a）所示图形，十字图形实际上是隔离掺杂后在外延层中形成的“隔离岛”。在隔离掺杂中，杂质会通过横向掺杂同时从引出臂两侧向中间扩展，最终引出臂的实际宽度等于版图上的宽度与两个横向掺杂宽度之差。由于隔离掺杂结深较深，横向掺杂就较宽，因此为了保证最终引出臂的长宽比例满足测试图形的设计要求，测试图形的版图设计中引出臂较宽，如图 6.2.6（a）所示。

与有源基区方块电阻测试结构组成原理类似，只要在图 6.2.6（a）基础上，在其正十字图形中央处加一个基区掺杂图形就构成了外延沟道层方块电阻测试结构，如图 6.2.6（b）所示。

（4）隔离掺杂方块电阻测试图

测量隔离掺杂方块电阻的图形结构如图 6.2.7 所示。由图可见，测试隔离掺杂方块电阻用的正十字图形是直接通过隔离掺杂形成的。但是在该正十字图形下方还加了一个 N^+ 埋层掺杂区，这是为了防止正十字形隔离掺杂区的 P^+ 型杂质与 P 型衬底相连，以保证从正十字形图形上测出的真正是隔离掺杂方块电阻，而排除了 P 型衬底掺杂的影响。

(5) 埋层方块电阻测试图

测量埋层掺杂方块电阻的图形结构如图 6.2.8 所示。

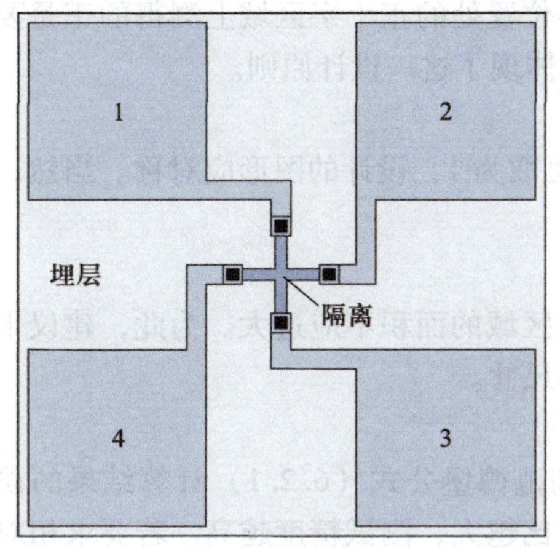

图 6.2.7 隔离掺杂方块电阻测试图

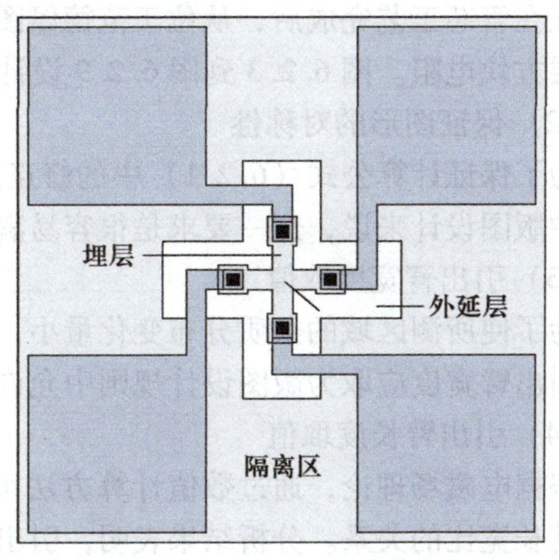

图 6.2.8 埋层方块电阻测试图

该图形的特点是除了在埋层掺杂区有一个用于测试方块电阻的十字图形外，考虑到外延生长后，埋层掺杂十字图形已位于外延层的下方，为了在管芯完成后能测试埋层方块电阻，需要在该埋层掺杂正十字图形的四根引出臂与金属层电极之间形成电通道，为此在外延层上通过隔离掺杂也形成了一个正十字形的图形，因此总的图形相当于是埋层正十字图形与外延层正十字图形重叠在一起“并联”构成的。由于外延层方块电阻一般为每方几千欧姆，而埋层方块电阻一般为每方几十欧姆，所以虽然从该图形上测出的应该是外延层和埋层方块电阻的并联，实际上也就近似等于埋层的方块电阻。

(6) 金属层方块电阻测试图

金属层方块电阻测试图如图 6.2.9 所示。这是一种结构最简单的典型范德堡图形。

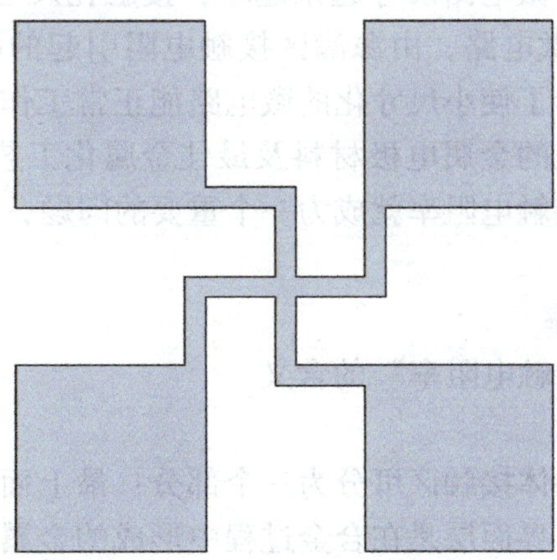
图 6.2.9 金属层方块电阻测试图

4. 范德堡测试图形的设计要点

为了保证采用的测试图形能准确地测得掺杂层的方块电阻，在设计范德堡图形时，需要注意下面五个问题。

（1）保证正十字图形中心小方块区域是测试方块电阻的区域

设计范德堡图形时要根据具体工艺流程，正确合理安排图形中各层次的图形结构关系，以保证在管芯工艺完成后，从位于范德堡图形中心位置处的正十字区域上测得的正是要求的掺杂层方块电阻。图6.2.3到图6.2.9设计实例均体现了这一设计原则。

（2）保证图形的对称性

为了保证计算公式（6.2.1）中的修正系数f可取为1，设计的图形应对称。当然，对微电路中版图设计来说，这一要求是很容易满足的。

（3）引出臂宽度取值

为了使所测区域的杂质分布变化量小，正十字区域的面积不应过大。为此，建议十字图形的引出臂宽度应取为版图设计规则中允许的最小尺寸。

（4）引出臂长度取值

根据电磁场理论，通过数值计算方法可以得到范德堡公式（6.2.1）计算结果的误差与引出臂长宽比的关系。分析结果表明，引出臂长宽比越大，测试精度越高。若要求相对误差小于0.1%，只要使引出臂长度大于宽度即可。但是如果引出臂长宽比过大，则引出臂的串联电阻以及引出臂之间的表面漏电均会变大，导致另一种类型的测试误差。结合等效网络分析可得，取引出臂长宽比为1~2，可以同时满足上述两方面要求，保证测试精度。前面介绍的方块电阻测试结构设计实例中，引出臂长宽比都是按这一原则确定的。

（5）图形设计中要考虑横向"掺杂"的影响

上述引出臂长宽比为1~2实质上应该是对最终管芯中相应掺杂区的尺寸要求。对横向掺杂严重的情况，在版图设计中一定要考虑横向掺杂问题。图6.2.6（a）所示的外延层方块电阻测试图形设计实例就考虑了这一问题。

6.2.3　测量金属-半导体接触电阻的测试图

随着微电子技术的发展，微电路尺寸越来越小，接触孔尺寸随之减小，使金属-半导体接触电阻明显增大。对MOS微电路，由源漏区接触电阻引起的串联电阻的增加将比串联电阻的其他分量增加得更快。为了使小尺寸化的微电路能正常工作，就对接触电阻率提出了更高的要求。这样，在确定合适的金属电极材料及最佳金属化工艺时，如何正确地测定金属-半导体接触电阻并进而得到接触电阻率就成为一个重要的问题，因此GJB7400对接触电阻的测量提出了明确的要求。

1. 接触电阻与接触电阻率

（1）"接触电阻"和"接触电阻率"的含义

① 接触电阻

经过合金化后，金属半导体接触区可分为三个部分：最上面的金属层、最下面的掺杂半导体层及它们之间的界面层。界面层是在合金过程中形成的金属半导体复合结构。由接触区引起的串联电阻称为接触电阻，记为R_C。R_C的大小及分布的均匀程度主要取决于界面层的情况。

② 接触电阻率

虽然R_C能反映出接触界面特性的好坏，但其数值大小与接触窗口的长、宽尺寸d和W等因素有关。为了表征接触特性的好坏，比较不同金属接触材料和/或不同金属化工艺等对接触特性的影响，应该采用只与接触系统固有特性有关而与几何尺寸无关的参数接触电阻率 ρ_C。

ρ_C定义为单位接触面积的接触电阻。接触面积越大，则接触电阻值越小。

如果接触界面特性均匀性很好，对于接触面积为 A_C的接触孔，若测得的接触电阻为 R_C，则 R_C与 ρ_C以及 AC 之间的关系为：$R_C=\rho_C/A_C$

即

$$\rho_C=R_CA_C$$

若考虑到接触界面特性的非均匀性，接触电阻率的一般定义为

$$\rho_C=\lim_{\Delta A\to 0}(R_C\times\Delta A)$$

（2）垂直型接触电阻和水平型接触电阻

①“垂直型接触”和“水平型接触”的含义

按照电流通过界面层后在半导体层中的流动情况，可将平面器件中的金属半导体接触情况分为两类：垂直型和水平型。对如图 6.2.10 所示的典型双极晶体管结构，在收集极接触处，电流基本是均匀地通过界面层并垂直流向其下面的半导体层，这是典型的“垂直型接触”。若不考虑大电流时的集边效应，发射区接触也属于垂直型。

在基区接触处，电流通过界面层后在下面的半导体层中横向流动，且分布不均匀。靠接触区某一边电流密度最大。这种形式的接触称为“水平型接触”，如图 6.2.11 所示。MOS 晶体管的源和漏极接触以及扩散电阻条引线孔接触都属于这种类型。

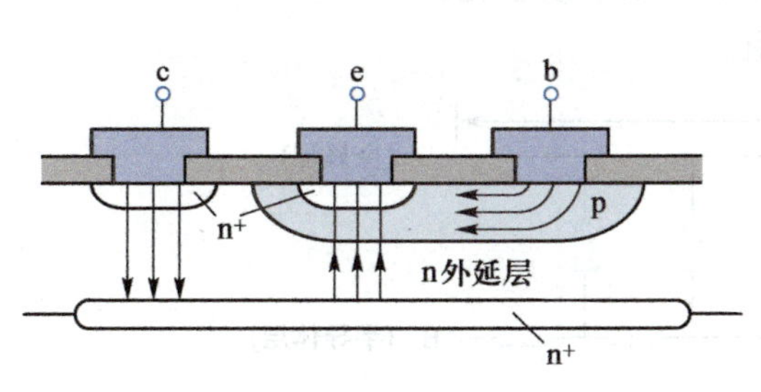

图 6.2.10 典型的双极晶体管结构

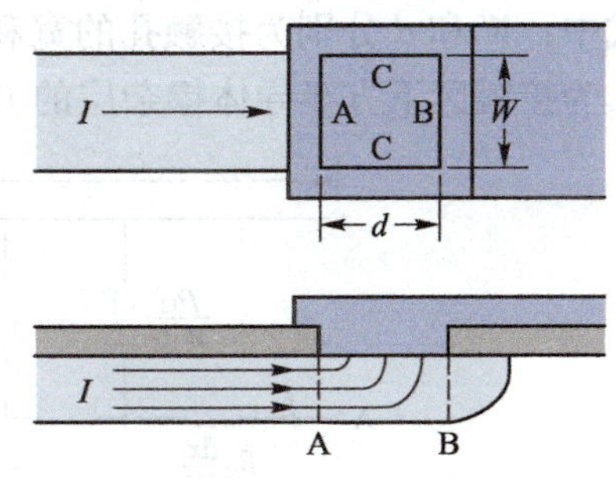

图 6.2.11 水平型接触的情况

②“垂直型接触电阻”和“水平型接触电阻”的含义

显然，由于通过接触区电流流动情况的不同，对同一个接触区，用作水平型接触时表现出的接触电阻（称为“水平型接触电阻”，记为 R_{cf}）和用作垂直型接触时表现出的接触电阻（称为“垂直型接触电阻”，记为 R_{cv}）是不相等的。因此应该采用不同的测试结构分别测量 R_{cv}和 R_{cf}。

（3）水平型接触情况的三种接触电压降

图 6.2.11 表示的是电阻条水平接触情况。设电流从扩散区通过接触界面层流向金属层。由图可见，在接触区下方的扩散区中，沿着电流方向，流过不同截面的电流是不相同的，导致金属层与扩散区中不同位置之间的压降也不会相同。

① 前向压降 V_f：通过图中 A 边对应截面的电流密度最大，通常称该边为接触区的“前向边”。金属层与前向边外侧扩散层之间的电压降称为前向压降，记为 V_f。

② 后向压降 V_e：通过 B 边对应截面的电流密度最小，通常称之为接触区的“后向边”。金属层与后向边外侧扩散层之间的电压降称为后向压降，记为 V_e。

③ 侧向压降 V_s：图 6.2.11 中 C 边则称为接触区的“侧向边”。金属层与侧向边外侧扩散层之间的电压降称为侧向压降，记为 V_s。

由于通过各边的电流不等，所以这三个压降也不相等。显然有：$V_f>V_s>V_e$。

对图 6.2.11 所示电流水平流动情况，将三个接触压降与通过接触孔的电流 I 之比记为

$$R_f = V_f/I,\quad R_{side} = V_s/I,\quad R_e = V_e/I \tag{6.2.4}$$

2. 接触电阻一维模型

为了通过接触电阻率表征接触特性的好坏，比较不同金属接触材料以及不同金属化工艺等对接触特性的影响，需要建立合适的接触电阻模型，从接触电阻测量结果提取出接触电阻率 ρ_C 的数值。根据近似程度的不同，建立有不同层次的模型。其中具有工程实用价值的是“一维模型”。

对于图 6.2.11 所示水平型接触情况，若引入特征长度参量 $L_T=(\rho_C/R_S)^{1/2}$，如果接触窗口与掺杂层间套刻间距比特征长度 L_T 小得多，即接触孔宽度近似等于掺杂区宽度，可近似认为电阻条中在接触孔宽度 W 方向电流均匀分布，接触孔长度 d 方向流过不同截面的电流不相等，如图 6.2.11 所示。这时可采用图 6.2.12 所示传输线等效电路所代表的一维模型，推得 ρ_C 与 R_f、R_{side} 及接触窗口几何尺寸关系如式（6.2.5）和式（6.2.6）所示

$$R_{side} = V_s/I = \rho_C/(Wd) \tag{6.2.5}$$

$$R_f = V_f/I = \sqrt{R_S\rho_C}/[W\cdot\tanh(\sqrt{R_S/\rho_C}\,d)] \tag{6.2.6}$$

式中：W 和 d 分别为接触孔的宽和长，对于正方形接触孔，$W=d$；

R_S 为接触区下方半导体掺杂层的方块电阻。

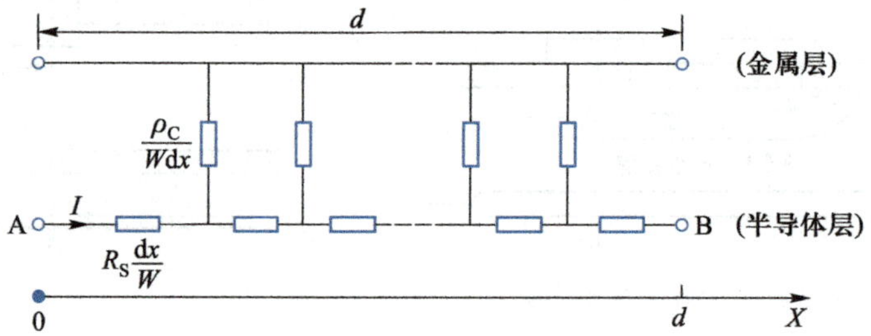

图 6.2.12　分析水平型接触情况接触电阻的传输线模型

3. 测量垂直型接触电阻 R_{cv} 的开尔文测试图

（1）R_{cv} 的测定

按前面垂直型接触电阻 R_{cv} 的定义，在电流垂直通过接触孔的情况下，若接触区界面是均匀的，则 R_{cv} 应与接触区面积成反比，即 $R_{cv}=\rho_C/A_C$

对照式（6.2.5），可得 $R_{cv}=R_{side}$。这就是说接触区的垂直型接触电阻就等于该接触区用作水平接触时的侧向压降 V_s 与总电流之比。图 6.2.13 就是根据这一结论设计的用于直接测量垂直型接触电阻的微电子测试图结构。若使电流从 4 号电极流向 2 号电极，对图形中心引线孔而言，1 号和 3 号电极间测得的就是金属层与侧向边之间的电压，即侧向电压 V_s。如上述，比值 V_{13}/I_{24} 就应该等于图形中心处引线孔的垂直型接触电阻 R_{cv}。

（2）接触电阻率 ρ_C

由式（6.2.5）可得，测量得到垂直型接触电阻 R_{cv} 后，与接触孔面积 A_C 相乘就是接触电阻率 ρ_C

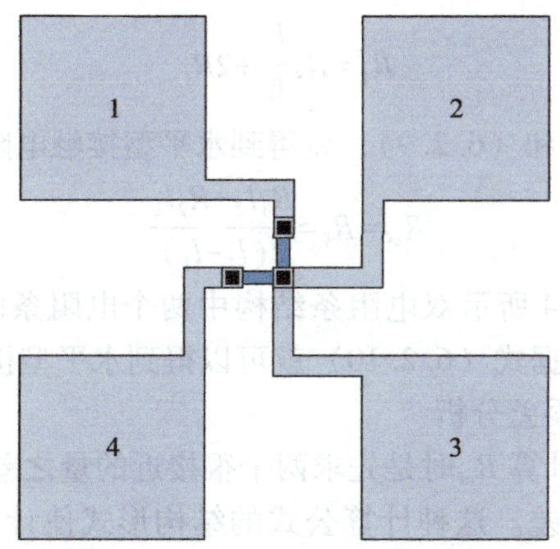

图 6.2.13 测量 R_{cv} 的开尔文测试图

$$R_{cv} = \rho_C / A_C \tag{6.2.7}$$

4. 测量水平型接触电阻 R_{cf} 的电阻条测试结构

(1) 基本的双电阻条测试图形

图 6.2.14 是一种用于测量水平型接触电阻 R_{cf} 的双电阻条结构。

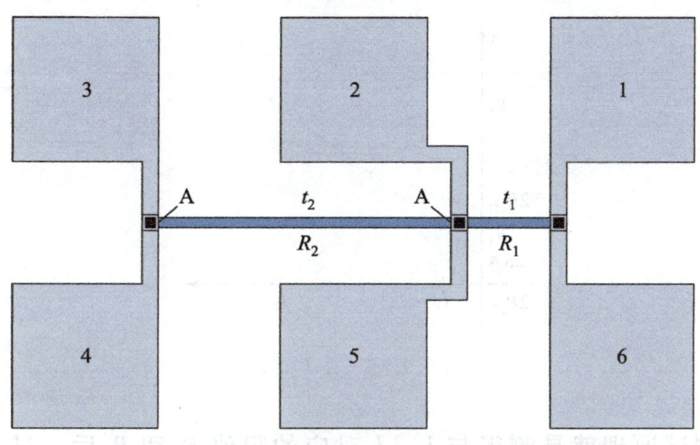

图 6.2.14 双电阻条结构

若在 2 号和 3 号电极间通过电流，则图中标有 A 的两条边分别为相应接触孔的前向边。从 4 号和 5 号电极间测得的电压 V_{45} 应等于长为 l_2 的电阻条上压降 V_0 与两个前向压降 V_f 之和，即

$$V_{45} = V_0 + 2V_f$$

则其等效电阻为

$$R_2 = V_{45}/I_{23} = (V_0 + 2V_f)/I_{23} = R_S \frac{l_2}{W} + 2R_f \tag{6.2.8}$$

式中 R_S 为扩散层方块电阻。

式 (6.2.8) 表明，由于两个接触区的存在，使扩散电阻条阻值有一个附加量 $2R_f$，所以 R_f 就是前面所说的水平型接触电阻 R_{cf}，它等于前向压降与电流之比。

对于图 6.2.14 中长为 l_1 的电阻条，同样有

$$R_1=R_S\frac{l_1}{W}+2R_f \tag{6.2.9}$$

联立求解方程（6.2.8）和（6.2.9），就得到水平型接触电阻 R_{cf} 的表达式

$$R_{cf}=R_f=\frac{R_1l_2-R_2l_1}{2(l_2-l_1)} \tag{6.2.10}$$

因此，只要知道图6.2.14所示双电阻条结构中两个电阻条的长度，再分别测量出两个电阻条的电阻 R_1 和 R_2，则根据式（6.2.10）就可以得到水平型接触电阻 R_{cf}。

（2）双电阻条结构测量误差分析

由式（6.2.10）可见，计算 R_{cf} 时是先求两个很接近的量之差（因为 R_{cf} 本身数值一般均较小），再除以另外两个数之差。这种计算公式的结构形式使计算结果受 R_1、R_2、l_1 和 l_2 的测量误差影响较大，有时甚至会出现 R_{cf} 为负值的不合理现象。

下面是对这一问题的进一步分析。

式（6.2.8）和式（6.2.9）的一般形式为

$$R=R_S\frac{l}{W}+2R_{cf} \tag{6.2.11}$$

它表示 R 与 l 的关系为一直线，如图6.2.15所示。其截距为 $2R_{cf}$，斜率为 R_S/W。

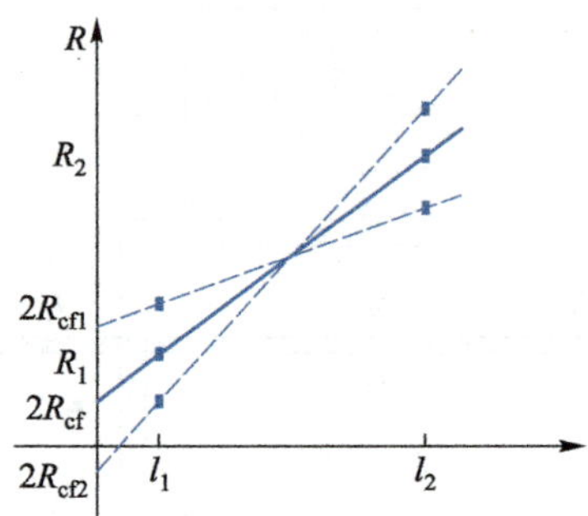

图6.2.15 R-l 关系

双电阻条的测试原理就是测得与 l_1、l_2 对应的阻值 R_1 和 R_2 后，过相应两点可作直线，所得截距即为 $2R_{cf}$。由于 R_1 和 R_2 的测试总有一定的误差，而且这种误差的大小带有随机性，所以有时会使计算结果为 $2R_{cf1}$，比实际值 $2R_{cf}$ 大，有时也可能为 $2R_{cf2}$，比 $2R_{cf}$ 小。若 R_S/W 较大，即直线较陡，同时 l_1 和 l_2 差别不是很大，而且 R_1 和 R_2 测试误差又较大时，就很可能使计算得到的 R_{cf} 成为负值，如图中 R_{cf2} 所示。如果进一步考虑电阻条 l 值的误差，将使 R_{cf} 误差更大。为了减小 R_{cf} 的测试误差，从图形设计角度考虑，应使 l_1 和 l_2 之差尽量大。

（3）测量水平型接触电阻的多电阻条测试图形

为了克服双电阻条的缺点，提高水平型接触电阻 R_{cf} 的测量精度，一种改进的方法是采用多电阻条结构，例如，采用如图6.2.16所示的四个长度不等的电阻条。测出 R_1、R_2、R_3 和 R_4 后按式（6.2.11）用线性回归的方法提取 R_{cf}，可以较大地提高 R_{cf} 的精度。但是这样做的缺点是测试图形占用的芯片面积过大。

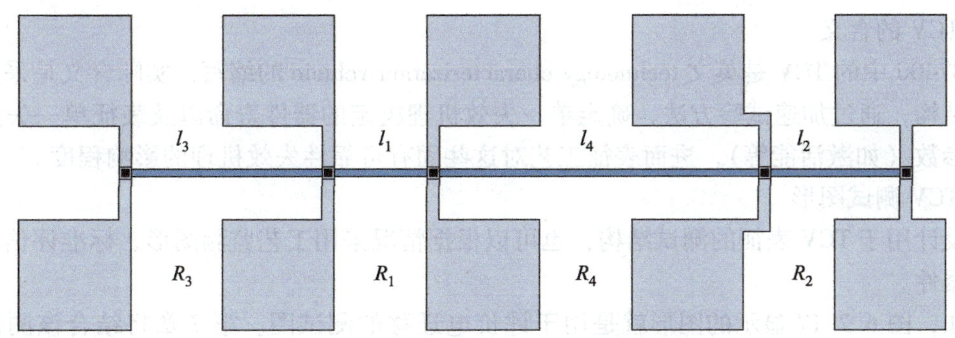

图 6.2.16 四电阻条结构

6.2.4 标准评价电路 SEC

进行微电路生产线认证、产品抗辐照能力水平评价等需要采用一定样本量。随着微电路规模越来越大，直接采用微电路产品进行可靠性试验和评价通常带来费用、复杂性等问题。GJB7400 标准规定，可以采用标准评价电路 SEC 代替实际产品进行相关试验和考核。

SEC 的全称是 standard evaluation circuit，即标准评价电路，用于从电路特性角度反映工艺质量和可靠性。

作为实际使用的 SEC 是一种专门设计的电路。为了起到评价工艺质量与可靠性状态的作用，SEC 应满足下述要求。

（1）复杂度

数字 SEC 的复杂度应至少是生产线上要制造的最大规模电路所含晶体管数目的一半。对于模拟器件，SEC 应体现工艺技术流程，具有典型的复杂度，并且电路单元应包括电路的主要类型。

（2）功能性

SEC 应为具有完全功能的电路，可以采用与正常电路相同的方式对其进行测试和筛选。

（3）设计

SEC 的设计应重点突出设计能力，SEC 的结构应有助于失效的判别。

（4）制造

SEC 应在生产正常电路的生产线上进行加工，采用检验合格的外壳封装。

对不同的设计规则、技术类型和材料可能要求采用不同的 SEC。

6.2.5 提取可靠性特征参数的 TCV

第 3 章介绍的多种失效机理，例如热载流子注入效应、互连线电迁移失效、氧化层经时击穿、温度不稳定性等微电路芯片本征失效机理已成为微电路失效率浴盆曲线上进入第三阶段即耗损失效阶段的主要因素，是确定微电路可靠性水平的重要因素。而这些失效机理均与晶圆制备过程的工艺密切相关。为此 GJB7400 中明确要求实施 TCV 技术，定量表征工艺过程对可靠性的影响。本节介绍 TCV 技术涉及的测试图。第 7 章将结合电迁移、经时击穿以及热载流子注入效应说明如何实施 TCV 技术。

1. TCV 的含义

GJB7400 中的 TCV 是英文 technology characterization vehicle 的缩写，实际含义是采用设计的测试结构，通过加速试验方法，确定单一失效机理决定的器件寿命以及表征单一失效机理的特征参数（如激活能等），进而表征工艺对这些固有可靠性失效机理的影响程度。

2. TCV 测试图形

应设计用于 TCV 表征的测试结构，也可以根据情况采用工艺监测图形、标准评估电路甚至实际器件。

例如，图 6.2.17 显示的图形就是用于评价电迁移的测试图。第 7 章将结合该测试图说明如何进行电迁移试验确定表征电迁移特征的可靠性模型参数。

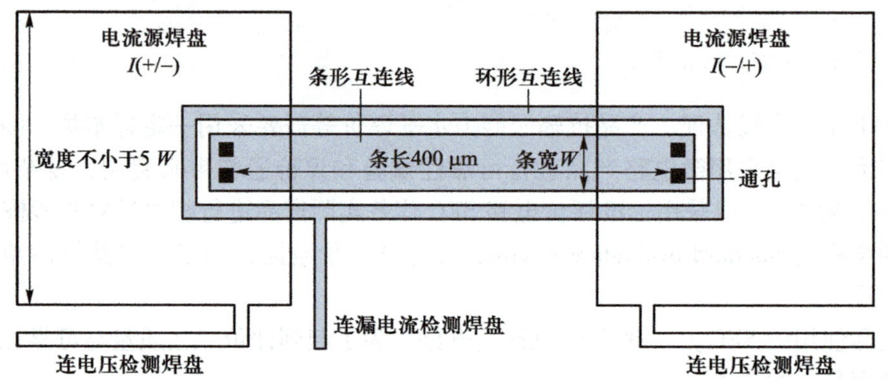

图 6.2.17　评价电迁移的测试图

6.2.6　PM 测试图的使用与数据处理

1. 基本要求

为了发挥 PM 测量结果的作用，使用 PM 测试图时应注意下述问题。

（1）测试图芯片加工

应该使测试图与集成电路芯片位于同一个晶圆上，并经历完全相同的工艺流程，以保证由 PM 测试图测得的数据能完全反映集成电路参数的真实情况。

（2）测试图的放置

通过对 PM 测量数据的分析应该能够反映参数分布的一致性以及生产过程的统计受控状态，因此每一晶圆上的 PM 数目和放置方式应能反映参数分布的一致性并满足对测试数据进行统计分析的要求。

PM 测试结构的放置可以采用下述三种方式或者是这几种方式的组合。

① 划片槽插入式：将测试结构放置在芯片之间的划片槽内。

这种使用方法的优点是测试图不需要占用额外的硅片面积，节省了费用。而且测试图分布在整个晶圆范围，可以测量得到的 PM 数据量较大，能够较好地得到整个晶圆上测量数据的统计分布状态。因此是目前常见的一种使用方式。

从测试图上测量数据时，应尽量使测量样本在整个晶圆范围内均匀分布。

但是由于划片槽本身面积有限，限制了能够放置的 PM 测试图的个数，从而使得可以监测的参数个数受到制约。

② 芯片内部测试条：将 PM 测试图放置在芯片内部的空位置处。

这一方法的优缺点与上述划片槽插入式类似。

③ 芯片插入式：用 PM 图代替晶圆上一部分集成电路芯片图。

测试结构的放置位置应该能反映晶圆上参数的分布状态，推荐的位置是测试图插入晶圆的中心、上、下、左、右五个位置。也有采用九点插入的方式。除了一个测试图应该放置在晶圆中心外，其他测试图都应该均匀分布在晶圆四象限的每一象限中，并且至少位于距晶圆中心 2/3 半径的位置。

2. 监测数据的直方图分布和特征统计量

对测量得到的 PM 数据，通常采用直方图描述测量数据的分布情况，并计算表征测量数据分布特征的统计量。

例如，一片晶圆上测量的 96 个无源基区方块电阻测量数据如图 6.2.18 所示。

			62.0	63.2	63.5	63.6	64.0	63.6	63.1	62.5			
	62.0	62.8	63.4	64.1	64.5	65.0	65.0	64.8	64.5	64.1	63.6	62.5	
62.3	63.0	64.1	64.6	65.0	65.5	65.7	65.8	65.6	65.0	64.2	63.3	63.3	62.4
63.0	63.7	64.2	64.7	65.0	65.2	65.6	65.6	65.3	65.2	64.8	64.1	63.3	61.5
62.0	63.4	64.3	64.6	64.8	65.0	65.4	65.6	65.8	65.3	64.9	64.0	63.2	61.6
61.9	63.3	64.0	64.3	64.3	64.6	64.9	65.0	65.1	65.2	64.7	63.9	62.7	62.0
	63.0	63.3	63.7	64.2	64.3	64.4	64.5	64.2	64.2	63.7	63.0	62.5	
			62.8	63.2	63.7	64.1	64.0	64.0	63.5	62.5			

图 6.2.18　晶圆上无源基区方块电阻测量数据

对于图 6.2.18 所示数据，绘制的直方图如图 6.2.19 所示。由图可见，该晶圆上方块电阻数据基本服从正态分布。

对这批数据可以采用均值、中位数、标准偏差、最大值、最小值以及极差描述分布的统计量，计算结果如图 6.2.19 直方图下方所示。这些统计量从不同的角度反映了晶圆上方块电阻分布的统计特征。

平均值：64.0　　中位数：64.1　　标准偏差：1.07
最大值：65.8　　最小值：61.5　　极　　差：4.3

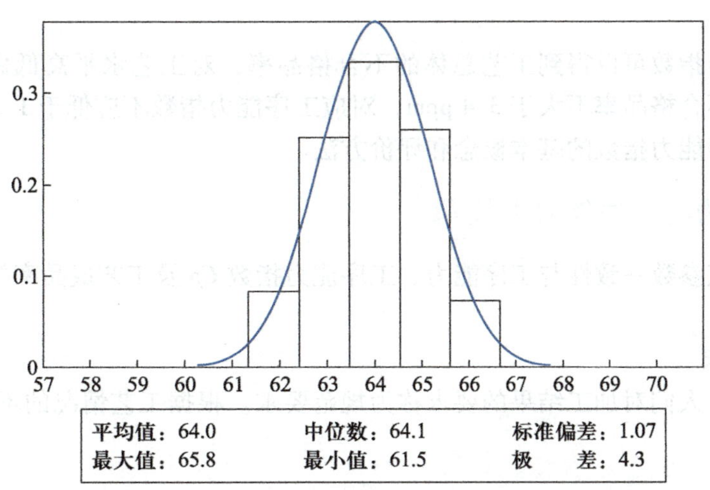

图 6.2.19　无源基区方块电阻分布直方图和统计量计算结果

3. 立体分布图以及等值线图

如果可能，建议采用三维立体分布图和二维等值线图描述测量数据，就可以更加直观地描述测量数据的分布情况。

例如对图 6.2.18 所示的无源基区方块电阻测量数据，绘制的三维立体分布图和二维等值线图分别如图 6.2.20（a）和（b）所示。

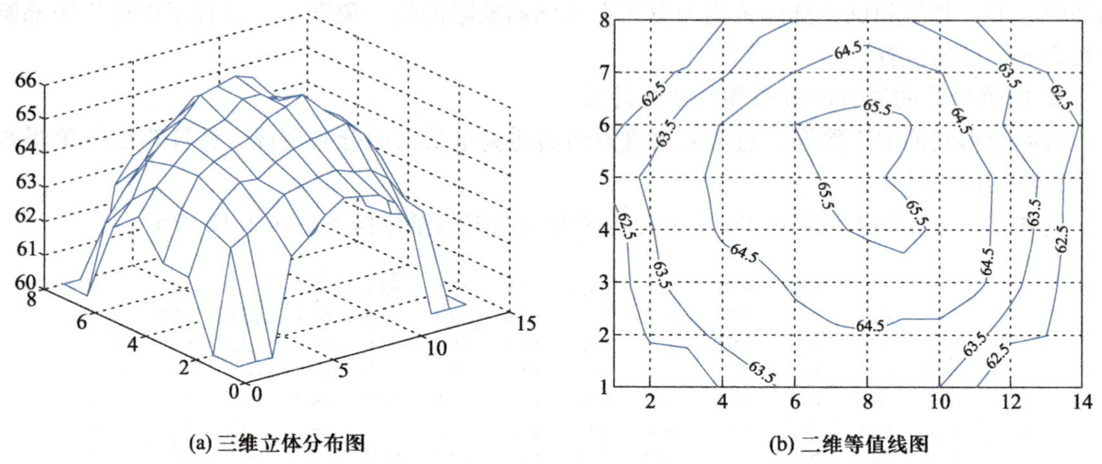

图 6.2.20　描述无源基区方块电阻分布的三维立体分布图和二维等值线图

6.3　*Cpk* 评价与 6σ 设计

如 6.1 节所述，高水平工艺线是生产高可靠微电路的前提条件。目前国际上高水平工艺线的标志是单道工序的工艺不合格品率不大于 3.4 ppm（parts per million）。如果生产过程中只采用工艺检验的方法监测工艺加工是否满足规范要求，并不能反映工艺水平的高低。由于工艺检验的样本量有限，即使常规工艺检验都能满足要求，但是并不能表明工艺不合格品率已足够低。

采用工序能力指数可以得到工艺总体的不合格品率，对工艺水平高低做出定量的评价。单道工序的工艺不合格品率不大于 3.4 ppm，对应工序能力指数不应低于 1.5。

本节介绍工序能力指数的基本概念和评价方法。

6.3.1　工序能力与工序能力指数 *Cp*

下面介绍工艺参数一致性与工序能力、工序能力指数 *Cp* 及工艺成品率的关系。

1. 工序能力

（1）规范要求

实际生产中，人们对加工结果的要求称为规范要求。根据工艺情况的不同，有两种不同类型的规范要求。

① 双侧规范

要求工艺参数在规定的范围内，例如氧化工序，对生长的氧化层厚度规定有中心值以及上下公差要求。中心值加上公差为规范范围上限，也称为上规范，记为 T_U，有时也记为 USL (upper specification limit)。中心值减下公差为规范范围下限，也称为下规范，记为 T_L，有时也记为 LSL（lower specification limit）。

上规范与下规范之差称为规范范围，记为 T，即 $T=T_U-T_L$。

规范范围中心值称为规范中心，记为 T_0，即 $T_0=(T_U+T_L)/2$。

在微电子器件生产中，相当多工序的工艺规范要求为双侧规范。例如掺杂工序对方块电阻值的要求、金属化淀积工序对金属化层厚度的要求等均有上下规范限要求。

② 单侧规范

有些工序对表征加工结果的工艺参数只有单侧要求。

例如在微电子器件生产中，内引线键合工序要求内引线的拉力强度大于等于一定的值，这是只有下规范 T_L要求的情况。

元器件生产中，有些工序加工要求工艺参数小于等于某个值，这是只有上规范 T_U要求的情况。例如混合集成电路浆料中采用的玻璃粉加工就要求玻璃粉细度小于等于规定值。

(2) 工艺参数分散性与工艺成品率

如 6.1 节所述，即使工艺条件“保持不变”，由于“随机扰动”的影响，加工结果的工艺参数数据通常也有一定的分散性。对正态分布，用标准偏差 σ 表征参数的分散程度。σ 越小，工艺参数的分布越集中。下面结合实例说明工艺参数分散性对工艺成品率的影响。

现有一批圆柱体零件需要加工，图纸规定零件尺寸要求为(10 ± 0.15) mm。即规范要求为 $T_L=(10-0.15)$ mm，$T_U=(10+0.15)$ mm，规范中心 $T_0=10$ mm，规范范围 $T=0.30$ mm，如图 6.3.1 所示。

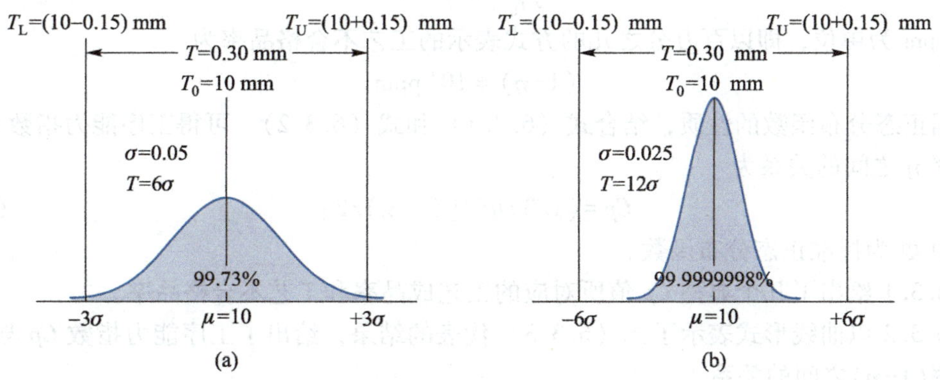

图 6.3.1 工艺参数分散性对工艺成品率的影响

现采用一台车床按上述要求加工出一批这种零件，测得零件直径尺寸平均值为 10 mm，标准偏差 σ 为 0.05 mm，如图 6.3.1（a）所示。这一情况下，规范范围 $T=T_U-T_L=0.30$ mm 对应$\mu\pm3\sigma$，而根据正态分布函数特性（参见图 2.2.4），$\mu\pm3\sigma$ 范围的比例为 99.73%，这就是说，该批零件中有 99.73%的零件的直径尺寸在规范范围内，即采用这种车床加工零件，成品率为 99.73%。

如果采用另一台精度较高的车床加工这种零件，测得零件直径尺寸平均值也为 10 mm，但零件直径的标准偏差 σ 减小了一半，为 0.025 mm，则规范范围 $T=T_U-T_L=0.30$ mm 对应

$\mu\pm6\sigma$，如图 6.3.1（b）所示。由于正态分布函数 $\mu\pm6\sigma$ 范围的比例为 99.999 999 8%，这就是说，采用这种车床加工零件，成品率高达 99.999 999 8%。

由上分析可见，在其他条件不变的情况下，仅仅标准偏差减小一半，成品率就得到大幅度提高。标准偏差变小对应加工出的产品的参数一致性更好。因此工艺参数的一致性直接反映了工艺水平的高低。

（3）工序能力的含义

由以上分析可见，标准偏差一方面代表了工艺参数的集中程度，同时也反映了该工序生产合格产品能力的强弱。对正态分布，绝大部分参数值集中在 $\mu\pm3\sigma$ 范围内（对应 6σ），其比例为 99.73%，代表参数的正常波动范围幅度。因此通常将 6σ 称为工序能力。

2. 工序能力指数 Cp

（1）工序能力指数 Cp 的定义

在工业生产中，为了综合表示工艺水平满足工艺参数规范要求的程度，广泛采用下式定义的工序能力指数：

$$Cp=(T_U-T_L)/6\sigma=T/6\sigma \tag{6.3.1}$$

式中 T_U 和 T_L 分别为工艺参数规范的上、下限，T 为工艺参数规范范围。

（2）工序能力指数 Cp 与工艺成品率

工序能力指数 Cp 值实际上直接反映了工艺成品率的高低，因此就定量地表征了该工序满足工艺规范要求的能力。

根据工艺参数分布和规范要求，采用式（6.3.2）可以计算工艺成品率

$$\eta=\int_{T_L}^{T_U}N(\mu,\sigma^2)\,\mathrm{d}x \tag{6.3.2}$$

用 ppm 为单位，即以百万分之几的方式表示的工艺不合格品率为

$$(1-\eta)*10^6\ \mathrm{ppm}$$

根据正态分布函数的性质，结合式（6.3.1）和式（6.3.2），可得工序能力指数 Cp 与工艺成品率 η 之间的关系为

$$Cp=(1/3)\Phi^{-1}[(1+\eta)/2] \tag{6.3.3}$$

式中 Φ 为标准正态分布函数。

表 6.3.1 给出了几个典型 Cp 值所对应的工艺成品率和工艺不合格品率。

图 6.3.2 以曲线形式表示了式（6.3.3）代表的结果，给出了工序能力指数 Cp 与工艺不合格品率$(1-\eta)$之间的关系。

表 6.3.1　Cp 与工艺成品率以及不合格品率（ppm）的关系

Cp	工艺成品率 η	工艺不合格品率（ppm）
0.67	95.45%	45 500
1.00	99.73%	2 700
1.33	99.993 6%	64
1.67	99.999 942%	0.58

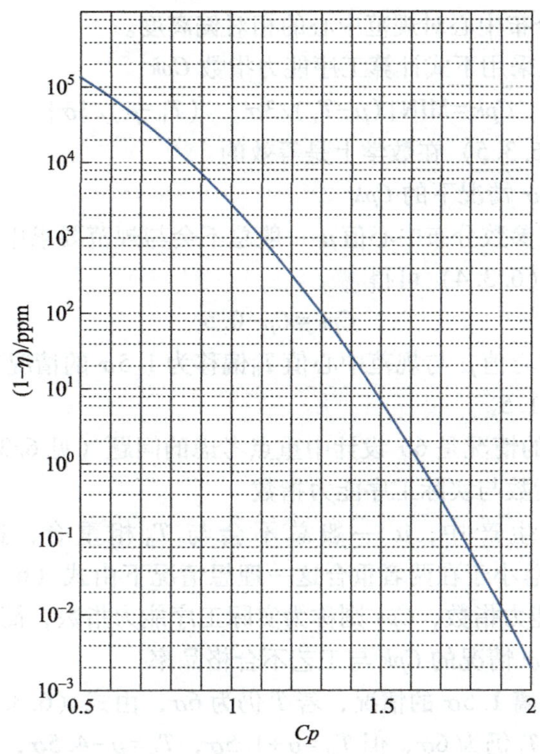

图 6.3.2 工序能力指数 Cp 与工艺不合格品率$(1-\eta)$的关系

6.3.2 实际工序能力指数 *Cpk*

1. 双侧规范情况下的 *Cpk*

在工序能力指数 Cp 的定义和计算公式中，实际上隐含有一个条件，就是工艺参数分布中心 μ 与工艺规范中心值 $T_0=(T_U+T_L)/2$ 相重合。但是，在实际生产中，不可能达到这种重合情况，μ 和 T_0之间总存在一定的偏离。国内外生产实践表明，一般情况下 μ 与 T_0之间的偏移不大于1.5σ。图6.3.3中实线表示的是工艺参数分布中心比规范中心 T_0大1.5σ 的情况。与规范中心重合的理想情况如图中虚线所示。

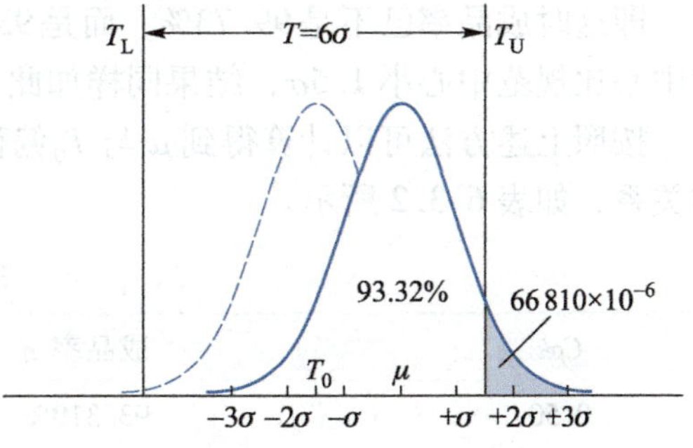

图 6.3.3 μ 比 T_0大1.5σ 的情况

尽管工艺规范和参数分布的标准偏差未变，但是由于 μ 与 T_0之间发生偏离，使工艺不合格品率增加，显然，实际上的工序能力指数将会下降。

(1) *Cpk* 计算公式

在规范中心与参数分布中心不重合的情况下，应该按下式计算实际的工序能力指数，并记为 *Cpk*

$$Cpk=\frac{T}{6\sigma}(1-K)=\frac{(T_U-T_L)}{6\sigma}\left[1-\frac{|\mu-(T_U+T_L)/2|}{(T_U-T_L)/2}\right] \tag{6.3.4}$$

式中 K 为工艺参数分布中心对规范中心的相对偏离度。

生产实践中，也可以采用下式计算工序能力指数 Cpk

$$Cpk = \mathrm{MIN}\{(\mu - T_L)/3\sigma,\quad (T_U - \mu)/3\sigma\} \tag{6.3.5}$$

式（6.3.4）和式（6.3.5）在数学上是等效的。

（2）μ 与 T_0 偏移 1.5σ 情况下的 Cpk

在实际生产中，工艺参数分布中心值 μ 一般总不会与规范要求中心 T_0 相重合。若 μ 与 T_0 之间偏移为 1.5σ，由式（6.3.4）可得

$$Cpk = Cp - 0.5 \tag{6.3.6}$$

即工艺参数分布的中心值 μ 与规范中心值 T_0 偏移为 1.5σ 的情况下，Cpk 要比 Cp 小 0.5。如果 $Cp=2$，则 Cpk 只有 1.5。

μ 与 T_0 偏移为 1.5σ 的情况是 6σ 设计中重点考虑的问题（见 6.3.4 节）。

（3）潜在工序能力指数与实际工序能力指数

如上所述，在实际生产中，μ 一般总不会与 T_0 相重合，这样按式（6.3.4）或式（6.3.5）计算的 Cpk 总小于在两者重合这一理想情况下由式（6.3.1）计算的 Cp 值。因此，Cp 又称为潜在工序能力指数，Cpk 则称为实际工序能力指数，简称为工序能力指数。

（4）μ 与 T_0 偏移 1.5σ 情况的 Cpk 与工艺不合格品率

对于图 6.3.3 所示偏离 1.5σ 的情况，若 T 仍为 6σ，由式（6.3.4）得 $Cpk=0.5$。同时，由图可见，这时尽管 T_U-T_L 仍为 6σ，但 $T_U=\mu+1.5\sigma$，$T_L=\mu-4.5\sigma$，图中阴影表示的那一部分参数已超出规范要求范围。由积分可得

$$\int_{\mu-4.5\sigma}^{\mu+1.5\sigma} N(\mu,\sigma^2)\,\mathrm{d}x = 0.933\,19$$

即这时成品率已不是 99.73%，而是 93.319%，对应不合格品率为 66 810 ppm。若参数分布中心比规范中心小 1.5σ，结果同样如此。

按照上述方法可以计算得到 μ 与 T_0 偏移为 1.5σ 情况下几个典型 Cpk 与工艺不合格品率的关系，如表 6.3.2 所示。

表 6.3.2 $|T_0-\mu| = 1.5\sigma$ 情况下 Cpk 对应的 η 和（$1-\eta$）

Cpk	成品率 η	不合格品率$(1-\eta)$/ppm
0.50	93.319%	66 810
0.67	97.725%	22 750
1.00	99.865%	1 350
1.33	99.996 83%	31.7
1.50	99.999 66%	3.4
1.67	99.999 971%	0.29
2.00	99.999 999 902%	0.000 98

如果其他条件不变，只是 μ 与 T_0 之间偏离程度不同，则上式中的积分限将不同，导致积分结果计算的成品率发生变化。因此成品率大小与 μ 与 T_0 之间偏离程度密切相关。采用上述思路可以计算工艺参数规范中心与工艺参数分布中心重合以及不同偏离情况下，与不同工序

能力指数 Cpk 对应的不合格品率$(1-\eta)$的关系，如图 6.3.4 所示。

在工序能力指数大于 1 的范围内，偏离大于等于 1σ 情况下工艺不合格品率与 Cpk 的关系与偏离为 1.5σ 情况下的结果基本相同。

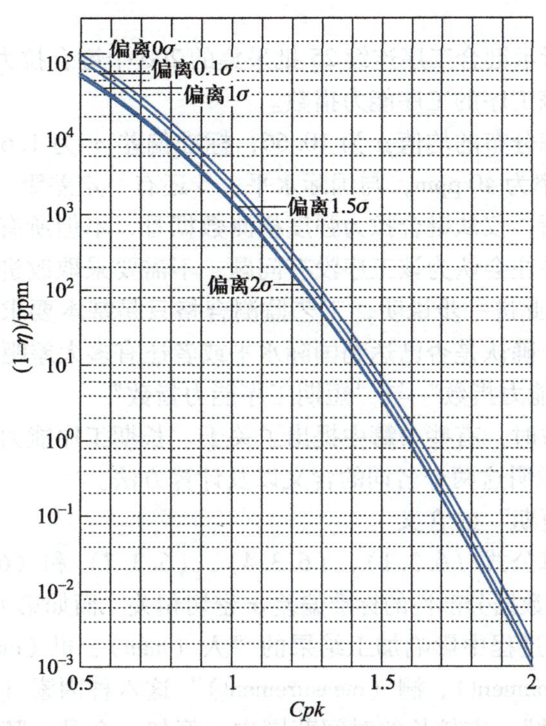

图 6.3.4 工序不合格品率与工序能力指数关系曲线

2. 单侧规范情况下的 Cpk

前面讨论的是同时有上规范和下规范的双侧规范情况。对于只有单侧规范要求的工序，通常将这时的工序能力指数分别记为 C_{PU}和 C_{PL}。

(1) 上侧规范与工序能力指数 C_{PU}

若工艺加工只有上规范 T_U的要求，按下式计算工序能力指数 C_{PU}

$$C_{PU}=(T_U-\mu)/3\sigma \tag{6.3.7}$$

如果工艺参数均值μ 大于规范上限 T_U，则取 C_{PU}为零，表示完全没有工序能力。

(2) 下侧规范与工序能力指数 C_{PL}

若工艺加工只有下规范 T_L的要求，按下式计算工序能力指数 C_{PL}

$$C_{PL}=(\mu-T_L)/3\sigma \tag{6.3.8}$$

如果工艺参数均值μ 小于规范下限 T_L，则取 C_{PL}为零，表示完全没有工序能力。

(3) 单侧规范情况下 Cpk 和工艺不合格品率之间的关系

计算可得，单侧规范情况下工序能力指数 C_{PU}、C_{PL}与工艺不合格品率的关系与双侧规范情况下 μ 与 T_0之间偏离为 1.5σ 时的 Cpk 与工艺不合格品率的关系相同，如表 6.3.2 所示。

3. 工序能力指数计算实例

在前面给出的针对不同规范要求情况的工序能力指数计算公式中，规范要求是已知的值，因此计算工序能力指数的关键是需要知道正态分布的工艺参数的均值和标准偏差。

实际生产中，只要采集一定数目的工艺参数数据（一般不要小于100个），采用点估计的方法或者优化拟合的方法得到均值和标准偏差，就可以代入上面公式计算出工序能力指数。

例如，对表1.3.1所示键合工序连续25批采集的200个键合拉力强度数据，只有下规范要求，$T_L=4$ mm，计算该工序的工序能力指数。

计算得到：母体正态分布的均值μ为10.66，标准偏差σ为1.68。由此得该工序的C_{pL}为1.32，工艺不合格品率为40 ppm，与国际水平1.5还有一定差距。而如6.1节所述，如果不进行工序能力指数分析，仅从键合拉力强度检测数据看，不但所有数据均为合格数据，而且远远超过规范要求，往往会认为该工序没有问题，不需要采取改进措施，实际上这是一种“井底之蛙”的表现。由此进一步说明，工艺监测合格只是基本要求，还应该在此基础上进行工序能力指数的评价，确认是否已达到国际水平或者还有多大差距。

4. 关于“长期工序能力指数”与“短期工序能力指数”

在评价工序能力指数时，有些书籍中提出了关于“长期工序能力指数”与“短期工序能力指数”的概念。下面说明这两个名词的含义以及计算方法。

（1）“长期”与“短期”的含义

由工序能力指数计算公式（6.3.1）、（6.3.4）、（6.3.7）和（6.3.8）可见，工序能力指数大小与描述工艺参数数据分散性的标准偏差σ密切相关。而如第1章分析，决定工艺参数数据分散性大小的是生产过程中影响加工结果的“人（man）、机（machine）、料（material）、法（method）、环（environment）、测（measurement）”这六种因素（又称为5M1E因素）不可避免地存在“随机波动”。在较长的时间范围内，例如一个月，随机扰动的影响得到充分表现，或者说较长时间范围内的数据能够充分反映随机扰动的总体影响。而在较短的时间范围内往往部分因素的随机扰动程度较小，甚至尚未表现出来，对加工结果数据分散性的影响就较小。这样，对同一道工序，正常生产情况下，较短时间范围内工艺参数数据的标准偏差将明显小于较长时间范围内工艺参数数据的标准偏差，由两个不同标准偏差值计算的工序能力指数就不会相同，通常将其分别直观地称为“短期工序能力指数”与“长期工序能力指数”。

需要强调说明的是，“长期”与“短期”在时间角度上并没有明确的定量界限。从概念上说，“长期”是指随机扰动的影响已得到充分表现，或者说采集的数据能够充分反映随机扰动的总体影响。而“短期”则说明某些随机扰动的影响尚不充分。

有时“长期”与“短期”不一定只是一种因素的影响，而是多种因素的综合结果。例如半导体器件生产中的氧化工艺，同一炉氧化的一批晶圆，由于“批内”随机扰动的影响，氧化层厚度服从正态分布，具有一定的标准偏差，对应“短期”情况。而不同批次之间还存在一定的“批间”随机扰动因素影响，将不同批次氧化的所有晶圆氧化层厚度综合在一起，描述其正态分布的标准偏差将大于由单批氧化层厚度计算的标准偏差，这就对应“长期”情况。

因此，计算“长期工序能力指数”和“短期工序能力指数”的关键就在于如何按照反映随机扰动因素影响程度的要求，采用合适的方法计算相应的标准偏差。

（2）长期工序能力指数的计算

按照前面分析，在实际生产中，将多批所有数据合在一起，采用式（2.3.16）计算母体标准偏差的估计值，则由该估计值计算的工序能力指数就是“长期工序能力指数”

$$S=\sqrt{\frac{1}{kn-1}\sum_{j=1}^{kn}(X_j-\overline{X})^2}$$

式中 k 为数据的批次数，n 为每批次数据的个数。

（3）短期工序能力指数的计算

为了计算“短期工序能力指数”，应该采用同一批的数据。实际采集工艺参数数据时，虽然同一批数据量通常较少，但是往往存在有多批数据，因此可以采用式（2.3.18）所示的分组标准偏差法。

首先计算每批数据的标准偏差 S_j（$j=1,2,\cdots,k$，k 为数据的批次数），然后计算多批数据标准偏差的平均值作为单批数据标准偏差，再调用式（2.3.18）计算母体标准偏差的估计值 S，则由该估计值计算的工序能力指数就是“短期工序能力指数”。

（4）计算实例

对第1章表1.3.1所示的25批键合拉力强度数据，每批有8个数据。该工序只有下规范要求，$T_L=4$。

计算得均值为10.66，采用总体标准偏差法［式（2.3.16）］计算的标准偏差为1.680，采用分组标准偏差法［式（2.3.18）］计算的标准偏差为1.634，分别带入 C_{PL} 计算公式（6.3.8），得

长期工序能力指数为1.32，对应的工艺不合格品率为40 ppm；

短期工序能力指数为1.36，对应的工艺不合格品率为23 ppm，优于长期工序能力指数。

（5）说明

总体标准偏差法较充分地反映了随机扰动的总体影响，因此采用总体标准偏差法［式（2.3.16）］计算的标准偏差将大于分组标准偏差法［式（2.3.18）］计算的结果，这就导致计算的“长期工序能力指数”值小于“短期工序能力指数”值，上述实例也说明了这一结论。

因此，在应用中，为了真正表征实际工艺水平，应该采用“长期工序能力指数”。或者说，应该采用总体标准偏差法［式（2.3.16）］计算母体标准偏差的估计值，再计算工序能力指数结果。

对生产方来说，采用分组标准偏差法［式（2.3.18）］计算母体标准偏差的估计值，再计算工序能力指数，即“短期工序能力指数”，将有助于分析工艺薄弱环节，有针对性地采取改进措施，提高工艺水平。正常情况下短期工序能力指数应该优于长期工序能力指数。如果两者差别不大，但是均偏低，例如均小于1.33，则说明同一批加工的数据波动太大。如果计算的“短期工序能力指数”较高，但是“长期工序能力指数”偏低，两者相差太大，则说明同一批加工的数据波动较小，但是不同批次工艺加工之间波动太大。

5. 现代工业生产对工序能力指数的要求

关于质量管理的书籍中往往给出如表6.3.3所示的传统工业生产对工序能力指数 *Cp* 的评价要求。*Cp* 值在1~1.67范围均满足要求。如果 *Cp* 值大于1.67，则认为能力过剩，是一种资源的浪费。但是现代工业生产特别是微电路生产已突破了这一传统观念。

表 6.3.3　传统工业生产对工序能力指数 *Cp* 的评价要求

Cp	≥1.67	1.33～1.67	1～1.33	0.67～1	≤0.67
评价	过剩	充分	尚可	不足	严重不足

在现代工业生产中，特别是以微电子器件为代表的现代元器件生产一般包括有上百道工序。在不合格品率已很低的情况下，产品的不合格品率近似等于各道工序工艺不合格品率的总和。为了保证产品的质量，目前国际上要求单道工序的工艺不合格品率不得大于 3.4 ppm。因此，现代电子工业生产对生产线的要求已提升到工序能力指数 *Cp* 不低于 2.0，这样，即使 T_0 与 μ 偏离 1.5σ，实际工序能力指数 *Cpk* 仍能达到 1.50，对应的工艺不合格品率为 3.4 ppm（见表 6.3.2），才能满足国际上对工艺的高水平要求。

显然，现代电子工业生产对工序能力指数的要求已突破了传统概念的要求。

6.3.3　*Cpk* 的应用以及微电路工艺特殊 *Cpk* 计算问题

1. *Cpk* 的应用

由前面分析可见，工序能力指数 *Cpk* 的大小反映了工艺成品率的高低。实际上目前 *Cpk* 的应用范围已从工艺水平表征扩展到多种采用计量值评价的领域。

（1）可靠性试验结果表征

对于可以给出计量值试验结果的可靠性试验，可以采用 *Cpk* 值作为接收判据。例如关于集成电路的汽车电子标准 AEC Q100 中，C 组试验的 C4、C5 两项试验，接收判据均为 *Cpk*>1.67，如表 6.3.4 所示。而早期版本中这两项试验的接收判据为 0 失效。如第 7 章 7.6 节分析结果，采用 *Cpk* 值作为接收判据提供的信息要比 0 失效精细得多。

表 6.3.4　AEC Q100 中 C4、C5 两项试验的接收判据

编号	试验名称	名称缩写	样本数	接收判据
C4	外形尺寸 （physical dimensions）	PD	15（个产品）×1（批次）	*Cpk*>1.67
C5	焊球剪切强度试验 （solder ball shear）	SBS	5（个球）×10（个产品）×3（批次）	*Cpk*>1.67

（2）器件电参数测试结果表征

关于分立器件的汽车电子标准 AEC Q101 中关于一组器件的电参数测试结果汇总表需要填写的项目如表 6.3.5 所示。对测试的每项电参数，例如特征频率 f_T，除了给出这组器件 f_T 的最小值（MIN）、最大值（MAX）、平均值（MEAN）、标准偏差（STD DEV），还要求给出 *Cpk* 计算结果，表征该组器件电参数满足规范要求的程度。

2. 关于 *Cpk* 与 *Ppk*

在评价工序能力指数时，有些书籍中除了本书前面介绍的 *Cp*、*Cpk*，还引出 *Pp*、*Ppk*。下面说明它们之间的差别，并说明实际应用中应该注意的问题。

表 6.3.5 AEC Q101 关于器件电参数测试结果汇总表的项目

Test Name	Unit	Spec LSL	Spec USL	MIN	MAX	MEAN	STDDEV	*Cpk*

（1）“*Cp* 与 *Pp*、*Cpk* 与 *Ppk*” 的差别

实际上 *Cp* 与 *Pp*、*Cpk* 与 *Ppk* 之间的差别类似“短期工序能力指数”与“长期工序能力指数”之间的差别，在于计算母体标准偏差估计值所采用的方法不同。

由于“总体标准偏差法”较充分地反映了随机扰动的总体影响，或者说表征了工艺的总体性能（performance），因此有些书中将采用“总体标准偏差法”计算的潜在工序能力指数记为 *Pp*，计算的工序能力指数记为 *Ppk*，而将“分组标准偏差法”或者“分组极差法”计算的潜在工序能力指数记为 *Cp*，计算的工序能力指数记为 *Cpk*。

（2）说明

非正态分布工艺参数的 *Cpk* 评价

对于生产过程一线实际进行工艺水平评价人员，没有必要引出 *Pp*、*Ppk*，因为名词符号太多，很容易引起误解或者理解混乱。因此通常没有必要提及 *Pp* 和 *Ppk*，这样处理并不影响 *Cpk* 在生产质量管理中的应用。实际上最近几年国内外相关标准中，例如汽车电子标准“AEC_Q100”和“AEC_Q101”中，涉及工序能力指数问题时也是只引用 *Cpk*，并不出现 *Ppk*，而且将双侧规范以及单侧规范情况下的工序能力指数统称 *Cpk*，如表 6.3.4 和表 6.3.5 实例所示。

3. 微电路工艺中的特殊 *Cpk* 计算问题

（1）工序能力指数传统计算方法的适用条件

6.3.3 节介绍 *Cpk* 计算方法称为传统计算方法，应用时要求满足下面两个前提条件：

① 认为工艺参数为正态分布。

② 表征工艺质量的工艺参数只有一个，而且对该参数只有一个规范要求。

多参数情况 *Cpk* 评价

（2）微电路生产中工序能力指数评价的特殊问题

对现代生产中，特别是对微电路生产情况，存在下面几种情况，不满足计算 *Cpk* 传统方法要求的条件。

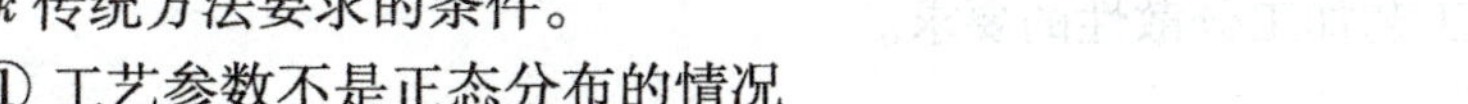

① 工艺参数不是正态分布的情况

说明：扫描二维码，可以查看非正态分布情况 *Cpk* 评价方法和应用实例。

② 多变量工序能力指数的问题

说明：扫描二维码，可以查看多变量 *Cpk* 评价方法和应用实例。

6.3.4　6σ 设计

随着产品质量和可靠性水平的提高，对工艺水平提出了更高的要求。6σ 设计则开辟了产品设计与工艺控制协同努力提高产品质量可靠性的途径。伴随着 6σ 设计技术带来的巨大成效，使该技术得到了迅速发展，并在包括服务行业在内的各个行业都得到广泛应用，将原先对生产工艺的“工艺不合格品率”要求扩展为适合于各行各业的“百万机会缺陷数（defects per million opportunity，DPMO）”要求。本节从工序能力指数评价要求出发，引出 6σ 设计的概念、目标和提升 6σ 设计水平的途径。

1. 为什么称为“6σ”设计

6σ 设计的基本含义就是要求产品设计人员和工艺加工人员共同协同努力，使得基于产品特性要求提出的工艺加工规范要求范围为 $\pm 6\sigma$，其中 σ 为工艺加工中工艺参数分散性的标准偏差。

6σ 设计中的“6σ”就是指产品要求的加工规范范围对应工艺参数分散性范围为 $\pm 6\sigma$。显然需要设计人员和工艺人员协同努力才能实现产品的“6σ 设计”目标。

2. 为什么 6σ 设计目标对应于工艺不合格品率为 3.4 ppm

如 6.3.3 节分析所示，如果达到 6σ 设计要求，加工规范范围对应工艺参数范围为 $\pm 6\sigma$，则工序能力指数达到 $Cp=2$。

但是在实际生产中，工艺参数分布中心 μ 与参数规范中心 T_0 很难完全重合，其结果是实际工序能力指数 Cpk 小于 Cp。大量实践表明，正常情况下 μ 和 T_0 之间的偏离量不会超过 1.5σ。在 μ 和 T_0 之间偏离量为 1.5σ 情况下，由式（6.3.6）可得，Cpk 比 Cp 小 0.5。因此 $Cp=2$ 对应实际工序能力指数为 $Cpk=1.5$。由表 6.3.2，对应的工艺成品率为 99.999 66%，不合格品率仅为 3.4 ppm。

考虑到工艺成品率是表征工艺水平高低的关键指标，因此通常以 μ 和 T_0 之间偏离量为 1.5σ 情况下 6σ 设计达到的工艺成品率作为评价工艺是否满足 6σ 设计要求的参照标准，或者说，不管 μ 与 T_0 的实际偏移量是多大，只要工艺不合格品率不超过 3.4 ppm，就认为该工艺满足 6σ 设计的要求。

3. 实现 6σ 设计目标的技术途径

6σ 设计目标实际上是对工序能力指数的一种特定要求，因此实现 6σ 目标的技术途径与提高工序能力指数、降低工艺不合格品率的技术途径是一致的。

从 Cpk 表达式（6.3.4）可见，提高工序能力指数的技术途径有下述三条，包含了对产品设计人员和工艺人员的协同努力要求。

（1）对产品设计人员的设计能力要求

产品设计人员通过优化设计，使得对工艺加工提出的规范范围 $T=T_U-T_L$ 尽量大，或者说使设计容限尽量大，放宽对工艺加工分散性的要求。

（2）对工艺加工的要求

采用 6.4 节介绍的试验设计（design of experiment，DOE）技术优化工艺和/或更新生产设备，精细调整工艺，使工艺参数的分散性尽量小，减少参数分布的标准偏差 σ，为产品设计人员实现 6σ 设计目标提供了良好的工艺基础。

（3）对工艺操作的要求

应精细操作，使工艺参数分布中心即均值μ与参数规范中心$T_0=(T_U+T_L)/2$之间的偏离尽量小。由Cpk表达式（6.3.4）可得，$Cpk=Cp-(|\mu-T_0|)/3\sigma$，因此，减小$\mu$和$T_0$之间的偏离量也是提高$Cpk$的有效途径。

4. $p\sigma$设计水平与DPMO

（1）$p\sigma$设计水平与Cpk

参照上述引出“6σ设计水平”概念的思路，可以采用工艺规范范围对应的$\pm\sigma$值作为设计水平的标志，若工艺规范范围为$\pm p\sigma$，则称达到$p\sigma$设计水平。同时以μ与T_0偏离1.5σ作为参照条件，计算这时的工艺不合格品率作为$p\sigma$设计水平的评定标志。

由式（6.3.1）和式（6.3.4）可得，若工艺规范范围对应$\pm p\sigma$，在μ与T_0偏离1.5σ的情况下，工序能力指数为

$$Cpk(|\mu-T_0|=1.5\sigma)=Cp-0.5=(2p\sigma/6\sigma)-0.5=p/3-0.5 \tag{6.3.9}$$

（2）$p\sigma$设计水平与工艺不合格品率

$p\sigma$设计水平指工艺规范范围为$\pm p\sigma$，即

$$T_U-T_L=2p\sigma \tag{6.3.10}$$

μ与T_0偏离有μ大于T_0以及μ小于T_0两种情况。若T_0大于μ（见图6.3.5）

$$T_0-\mu=1.5\sigma \tag{6.3.11}$$

由式（6.3.10）和式（6.3.11）可得

$$T_U=\mu+1.5\sigma+p\sigma$$

$$T_L=\mu+1.5\sigma-p\sigma$$

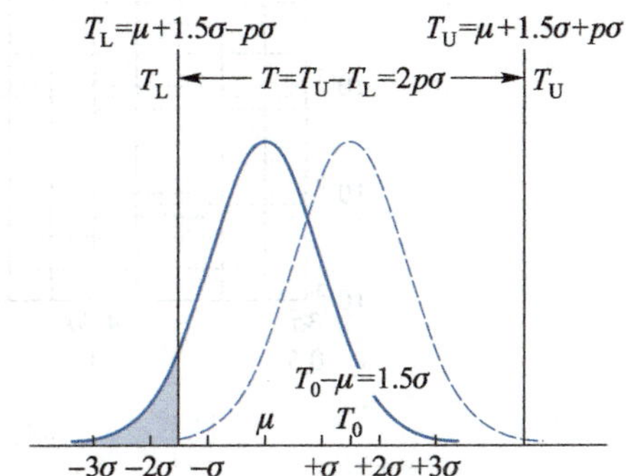

图6.3.5 μ比T_0大1.5σ的正态分布情况

则工艺成品率为

$$\eta=\int_{T_L}^{T_U}N(\mu,\sigma^2)\,dx=\int_{(\mu+1.5\sigma-p\sigma)}^{(\mu+1.5\sigma+p\sigma)}N(\mu,\sigma^2)\,dx$$

根据正态分布函数的定义，由上式得

$$\eta=\Phi(1.5+p)-\Phi(1.5-p) \tag{6.3.12}$$

若偏离情况为T_0小于μ，得到的结果与式（6.3.12）相同。

（3）$p\sigma$设计水平与百万机会缺陷数（defects per million opportunity，$DPMO$）

在现代工业生产中，工艺成品率η与1非常接近。为了方便起见，通常以ppm表示工艺不合格品率，则与η对应的工艺不合格品率为$(1-\eta)10^6$ ppm。随着6σ设计技术在各行各业（包括服务行业）的广泛推广应用，目前广泛采用百万机会缺陷数$DPMO$表示$(1-\eta)10^6$表征“产品”质量水平。

由式（6.3.12）得$p\sigma$设计水平与百万机会缺陷数（$DPMO$）的关系为

$$DPMO=(1-\eta)10^6=\{1-[\Phi(1.5+p)-\Phi(1.5-p)]\}10^6$$

即

$$DPMO=\{\Phi(1.5-p)+[1-\Phi(1.5+p)]\}10^6 \tag{6.3.13}$$

若p大于3，$[1-\Phi(1.5+p)]$值远小于$\Phi(1.5-p)$，则式（6.3.13）简化为

$$DPMO=[\Phi(1.5-p)]\ 10^6 \tag{6.3.14}$$

图6.3.6为$DPMO$与$p\sigma$设计水平的关系，以及对应的$Cpk(|T_0-\mu|=1.5\sigma)$值。

表6.3.6是采用式（6.3.13）计算的从0.1σ到7.9σ范围内$p\sigma$设计水平与*DPMO*对照表。

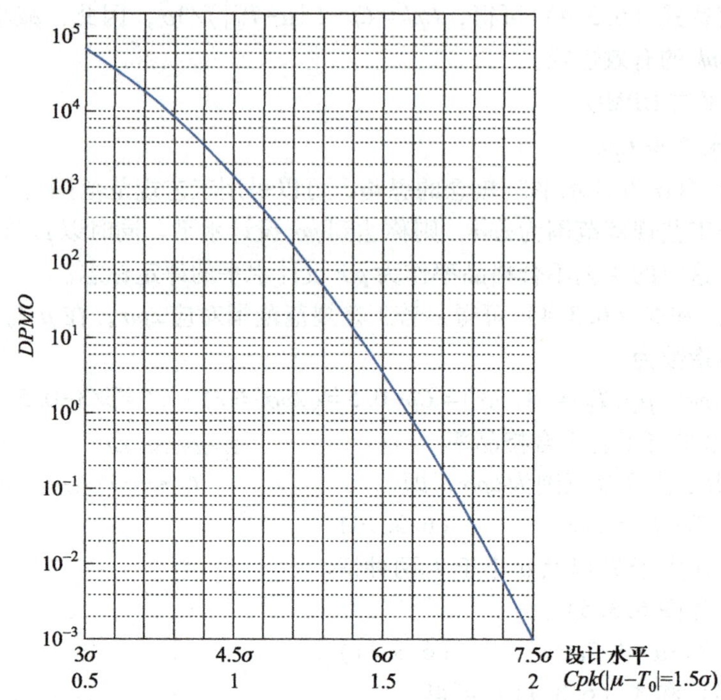

图6.3.6 *DPMO*与$p\sigma$设计水平关系曲线

表6.3.6 $p\sigma$设计水平与*DPMO*对照表

P	.0	.1	.2	.3	.4	.5	.6	.7	.8	.9
0		974 043	947 765	920 861	893 050	864 095	833 804	802 048	768 760	733 944
1	697 672	660 083	621 378	581 815	541 694	501 350	461 140	421 427	382 572	344 915
2	308 770	274 412	242 071	211 928	184 108	158 687	135 687	115 083	96 809	80 762
3	66 811	54 801	44 567	35 931	28 717	22 750	17 865	13 904	10 724	8 198
4	6 210	4 661	3 467	2 555	1 866	1 350	968	687	483	337
5	233	159	108	72	48	31.6	20.7	13.3	8.5	5.4
6	3.40	2.11	1.30	0.793	0.479	0.287	0.170	0.099 6	0.057 9	0.033 3
7	0.019 0	0.010 7	0.005 99	0.003 32	0.001 82	0.000 987	0.000 530	0.000 282	0.000 149	0.000 077 7

5. 集成电路设计中的6σ设计

6σ设计是一项通用技术，在集成电路设计中，同样需要设计人员和工艺人员共同努力，才能实现6σ设计目标。

例如，模拟集成电路设计中，若电阻采用扩散电阻，已知生产工艺中实际方块电阻分布的标准偏差为σ，则在电路设计阶段，电路设计人员应该通过中心值优化设计和容差设计等技术，允许电阻阻值在标称值（中心值）基础上变化范围为±6σ，电路仍然能正常工作，才能达到6σ设计要求。

或者从另一个方面说，如果电路设计人员通过设计努力，为了保证电路正常工作，允许电阻阻值在标称值（中心值）基础上变化范围为Δ，则生产线工艺技术人员应该通过改进工艺，使方块电阻分布的标准偏差不大于（$\Delta/12$），对应阻值在标称值（中心值）基础上变化范围为±6σ，电路仍然能正常工作。

总之，电路设计人员应该通过改进电路设计，使得对工艺加工的规范范围Δ尽量宽，同时工艺人员通过改进工艺，使得工艺参数分布标准偏差σ尽量小，在双方共同努力下，达到$\Delta \geqslant 12\sigma$，实现6$\sigma$要求。

6.4 试验设计（DOE）与工艺优化

如6.3节所述，提高工序能力指数进而达到6σ设计水平的关键是尽量提高工艺参数数据的一致性，即减小其标准偏差σ。采用试验设计（design of experiment，DOE）技术优化工艺条件，是减小工艺参数数据标准偏差的重要技术途径。

本节结合实例介绍DOE的含义以及实施DOE涉及的主要技术。

6.4.1 DOE的含义和实施流程

1. 什么是DOE

如图6.1.1所示，作为一个生产过程输入的工艺条件（又称为输入因子，factor）的设置值直接决定了工艺输出结果（又称为目标值）的大小，而制造过程中存在的随机扰动则是导致工艺参数分散性的主要原因。表征工艺结果的目标值、分散性等统称为输出响应变量（response）。DOE的作用就是设计一组工艺试验方案，实现对工艺的统计表征与优化。

本节结合微电路加工中的等离子刻蚀工艺，介绍实施DOE优化确定工艺条件的过程。

2. DOE的作用

采用DOE技术不但使工艺结果参数满足加工要求，而且同时减小工艺参数分布的标准偏差σ，这样就必然提高工序能力指数Cpk，即提升生产成品率，不但带来明显的经济效应，而且也同时提高了合格产品的质量和可靠性水平。

2000年美国Keki R. Bhote & Adi K. Bhote出版的一本关于DOE技术的书籍名称“*World Class Quality: Using Design of Experiments to Make It Happen*”就概括说明了DOE的作用。下面是从该书中摘引的部分实例，具体说明了实施DOE技术取得的效果。

一家半导体存储器生产厂家，产品成品率总是低于75%，应用DOE技术后使成品率超过95%。

一条肖特基二极管生产线，成品率为82%，采用DOE技术后，经过17次工艺试验，优化了温度和时间这两个关键工艺条件，使成品率提高到94%。

某环氧树脂固化工艺，由于固化中出现裂缝，不合格品率高达10%，采用DOE技术后，优化了固化时间、环氧树脂黏度、环氧树脂用量等关键参数，使固化中因出现裂缝导致的不合格品率几乎趋于零。

一家生产玻璃屏幕的工厂，由于存在气泡，缺陷率达到 13%，采用 DOE 技术后，优化了关键工艺条件，最终将气泡导致的缺陷率减少到几乎趋于零。

3. 实施 DOE 技术的基本流程

实施 DOE 技术的基本流程如图 6.4.1 所示，包括八步工作。

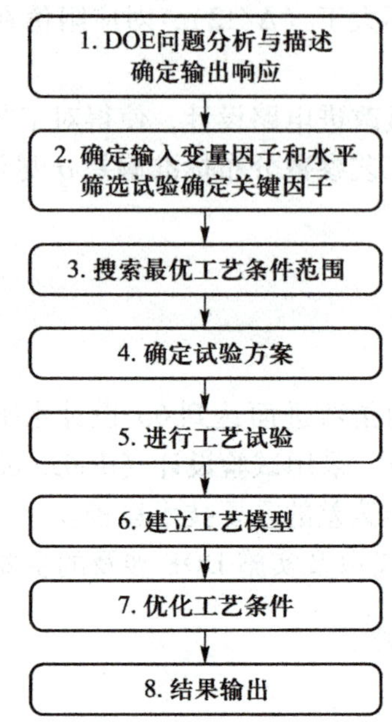

图 6.4.1 实施 DOE 技术的基本流程

（1）DOE 问题分析与描述并确定输出响应变量

实施 DOE 的第一步工作是应该明确目前工艺需要解决的是什么问题以及通过实施 DOE 希望达到什么目标这两个问题。

同时选定能充分反映工艺特性信息的响应变量。通常采用工艺输出结果参数的均值和/或标准偏差作为响应变量，有时可能涉及多个响应。

（2）确定输入变量因子和水平

基于工艺原理以及已有的工艺实践经验，可以确定影响响应变量值的工艺输入变量、取值范围以及试验中可以采用的设置值水平。应尽量避免遗漏掉一些因子，在试验初始阶段或者对尚不够成熟的工艺容易出现这一问题。

根据需要可能要进行一次筛选试验确定关键因子。

上述两步往往同时进行。

（3）进行一次试验设计确定最优工艺条件的范围

基于工艺原理和实践经验确定了每个因子的水平范围，进行 DOE 前还应分析满足优化目标的最优工艺条件是否已包含在该范围内。如果不是或者不能确定，则需要进行一次搜索试验，确定能够包含最优工艺条件的水平范围。

（4）确定试验方案

这是实施 DOE 的核心内容之一。按照试验设计的条件、要求和目的不同，试验设计方案可分多种类型供选用。

为了选用合适的试验方案，需要对不同类型试验设计的特点、适用情况以及方案制订方法有较深入的理解。试验方案选用是否恰当，既关系到试验能否提供响应变量随输入因子变化的信息，而且还会影响试验精度、试验分析结论的可信度。这是一项涉及较多数理统计原理的工作。

（5）进行工艺试验

应该保证是按照已经设计的试验方案进行工艺试验，并在每次试验后认真测量数据。同时应该注意试验顺序的随机性，以尽量减小不同试验之间的影响。

（6）建立工艺模型

采用统计方法分析试验结果数据是实施 DOE 的核心内容之一。分析试验结果数据的首要工作是建立工艺模型。针对不同的目的，DOE 中常用的分析方法有基本统计分析、回归分析、方差分析、统计建模等。这是 DOE 中涉及较多数理统计原理的第二项工作。

（7）优化工艺条件

基于建立的工艺模型，按照确定的 DOE 目标，采用优化算法确定最优工艺条件。这方面涉及多种最优化算法，有时采用图形描述方式有助于对数据的解读。

目前有多种统计分析软件供采用。但是要能顺利使用软件并得到正确有用的结论需要具有一定的数理统计理论基础。

（8）结果输出

针对不同的 DOE 目的，一方面应明确得到的结论。例如，筛选试验应该确定哪几个是关键因子，响应曲面试验应给出建立的工艺模型。同时有可能需要进行追加试验，验证结论的正确性，并根据验证结果提出建议。

4. 等离子刻蚀工艺 DOE

本节结合微电路加工中的等离子刻蚀工艺，介绍 DOE 实施过程以及涉及的相关技术，并不是对 DOE 原理的全面介绍。

（1）等离子刻蚀工艺问题分析

表征等离子刻蚀工艺的主要特性参数为刻蚀速率。目前该工艺存在的问题是刻蚀速率偏低，而同一片晶圆范围内刻蚀速率分散性偏大，需要通过实施 DOE，优化工艺条件，解决存在的问题。

（2）输出响应目标的确定

对该等离子刻蚀工艺实施 DOE，采用同一片晶圆上不同位置刻蚀速率数据的平均值和标准偏差作为输出效应，描述刻蚀速率的高低以及分散性的大小。通过采用 DOE 优化确定工艺条件，使得刻蚀速率达到 1 100～1 150 Å/min，同时使得晶圆上刻蚀速率的标准偏差不大于 80 Å/min。

6.4.2 确定关键因子

1. 输入因子和范围

基于对等离子刻蚀工艺原理的理解以及以往的工艺实践经验，该工艺中影响优化目标的工艺条件即输入变量因子有电极间距 *gap*（记为 A）、压强 *pressure*（记为 B）、C_2F_6 气体流量（记为 C）以及功率 *power*（记为 D）四个。实施 DOE 之前这四个因子的取值范围如表 6.4.1 所示。

表 6.4.1　等离子刻蚀工艺的输入变量因子和取值范围

	工艺条件 A 电极间距/cm	工艺条件 B 压强（mTorr）	工艺条件 C C_2F_6流量（SCCM）	工艺条件 D 功率/W
下限	0.80	450	125	275
上限	1.20	550	200	325

为了提高 DOE 效率，应该在第一步确定的输入变量因子列表中进一步确定对输出响应影响明显的因子，称为关键因子。实施 DOE 过程中只需优化确定这些关键因子的取值。

2. 筛选试验与关键因子分析

确定关键因子包含三个步骤。

（1）进行全因子或者部分因子试验

对于常见的 2^k设计问题，即存在 k 个变量、每个变量取 2 水平的情况，这 k 个变量的取值有 2^k不同的组合，全因子试验就是对每种组合，分别进行一次工艺试验，又称为全因子试验。如果变量个数过多，则可以采用部分因子设计。

（2）主效应与交互效应分析

根据各工艺试验得到的输出响应结果，分析不同变量的主效应以及不同变量之间的交互效应。

（3）确定关键因子

根据上述分析结果，取主效应和交互效应显著的变量和变量组合为关键因子。

上述过程的目的是从所有因子中筛选出关键因子，又称为筛选试验。

3. 因子主效应的概念与描述方式

下面以只存在两个变量，而且每个变量只取两个水平这种最简单的情况为例，说明主效应的概念和描述方法。

图 6.4.2 是一个 2^2设计问题的工艺实例。横坐标为因子 A，取“+”和“-”两个水平。纵坐标为因子 B，也只取“+”和“-”两个水平。对这种 2^2设计问题，输入 A 和 B 两个因子共有 $2^2=4$ 个不同组合。对每种输入因子组合，试验得到的工艺输出结果如图 6.4.2 中数字所示。

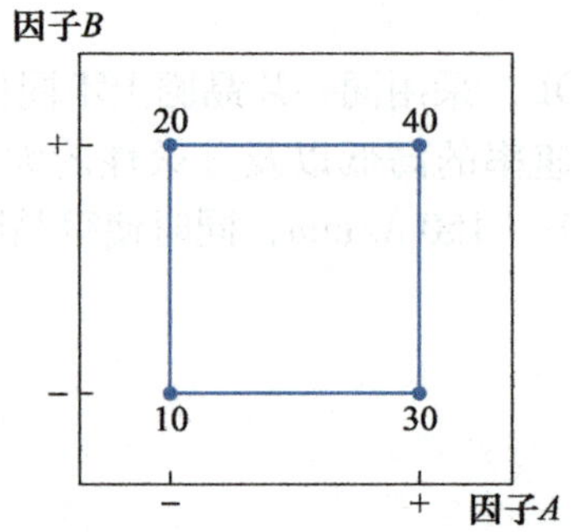

图 6.4.2　说明主效应的 2^2设计问题实例

某个因子的主效应定义为该因子取值变化时引起的响应结果变化量。引起响应结果发生明显变化的因子称为关键因子。

对图6.4.2所示实例，由于因子A的每个水平值对应有因子B高、低两种取值情况，因此因子A的主效应表示为A因子取高水平值“+”时响应的平均值与A因子取低水平值“-”时响应平均值之差

$$A=\bar{y}_{A+}-\bar{y}_{A-}=\frac{30+40}{2}-\frac{10+20}{2}=20$$

即因子A从低水平值“-”变为高水平值“+”时引起效应增加平均值为20。

同样可得因子B的主效应为

$$B=\bar{y}_{B+}-\bar{y}_{B-}=\frac{20+40}{2}-\frac{10+30}{2}=10$$

因此，对图6.4.2所示实例，因子A的主效应大于因子B。

4. 因子交互效应的概念与描述方式

（1）因子交互效应分析

对2因子情况，如果对因子B的不同水平值（例如“+”和“-”两个水平），因子A高、低水平对应的响应值之差不同，则表明这两个因子之间存在交互效应。

例如对图6.4.3所示的另一个2^2设计问题的工艺实例，对应因子B的低水平，因子A高、低水平下的响应值之差为

$$A(B=\text{“}-\text{”})=30-10=20$$

而对应因子B的高水平，因子A高、低水平下的响应值之差为

$$A(B=\text{“}+\text{”})=0-20=-20$$

由于因子A的效应与因子B的水平取值密切相关，这就说明在因子A和B之间存在交互效应。

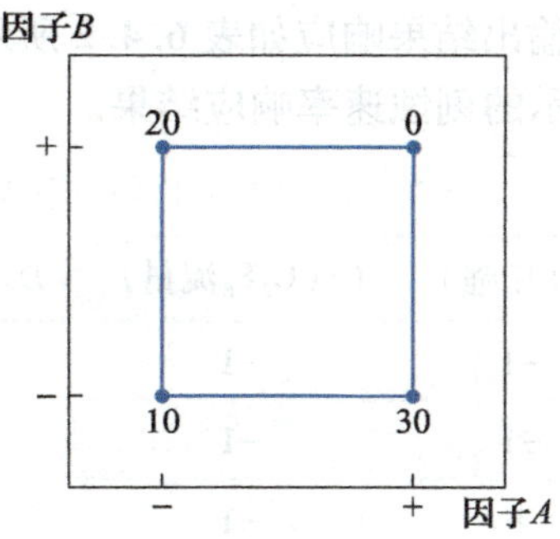

图6.4.3 说明交互效应的2^2设计问题实例

而对图6.4.3所示实例，因子A的主效应为

$$A=\frac{30+0}{2}-\frac{10+20}{2}=0$$

因子B的主效应为

$$B=\frac{20+0}{2}-\frac{10+30}{2}=-10$$

这就说明图6.4.3所示实例中因子A与因子B的交互效应明显大于单个因子的主效应。

（2）因子交互效应概念的图像描述

采用图 6.4.4 描述方式可以直观显示交互效应的大小。该图描述了响应与因子 *A* 之间的关系，以因子 *B* 的水平取值为参变量。其中图（a）对应图 6.4.2 的情况，图中与因子 *B* 两个水平值对应的两条线相互平行，说明因子 *A* 与因子 *B* 之间基本没有相互效应。而图（b）对应图 6.4.3 所示情况，图中与因子 *B* 两个水平取值对应的线条不平行，说明因子 *A* 与因子 *B* 之间存在相互效应。

这种图像描述方式对工艺试验后直观分析是否存在交互效应有较大作用。

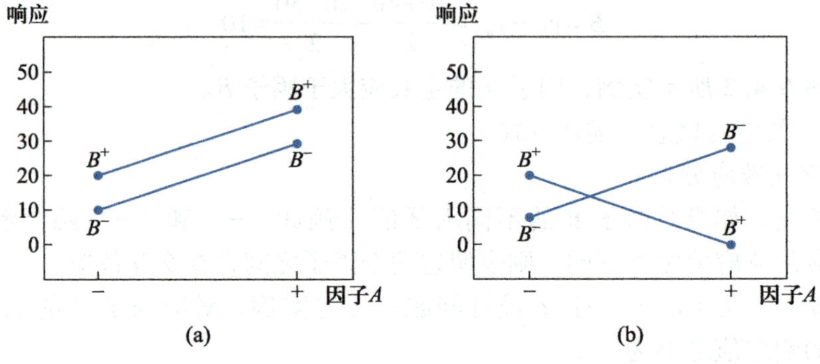

图 6.4.4　描述交互效应大小的图示实例

5. 等离子刻蚀工艺的筛选试验

（1）全因子试验

对表 6.4.1 所示等离子刻蚀工艺的四个因子，如果每个因子只取上限和下限两个值，这就是一个 4 因子 2 水平问题，对应有 $2^4=16$ 组全因子试验条件组合。采用不同组合工艺条件进行工艺试验，得到的刻蚀速率输出结果响应如表 6.4.2 所示。

图 6.4.5 则是在因子空间表示的刻蚀速率响应结果。

表 6.4.2　等离子刻蚀工艺的全因子 2^4 试验

批　次	*A*（电极间距）	*B*（压强）	*C*（C_2F_6流量）	*D*（功率）	刻蚀速率/(Å · min^{-1})
1	−1	−1	−1	−1	550
2	1	−1	−1	−1	669
3	−1	1	−1	−1	604
4	1	1	−1	−1	650
5	−1	−1	1	−1	633
6	1	−1	1	−1	642
7	−1	1	1	−1	601
8	1	1	1	−1	635
9	−1	−1	−1	1	1 037
10	1	−1	−1	1	749
11	−1	1	−1	1	1 052

续表

批次	A（电极间距）	B（压强）	C（C_2F_6流量）	D（功率）	刻蚀速率/(Å · min^{-1})
12	1	1	−1	1	868
13	−1	−1	1	1	1 075
14	1	−1	1	1	860
15	−1	1	1	1	1 063
16	1	1	1	1	729

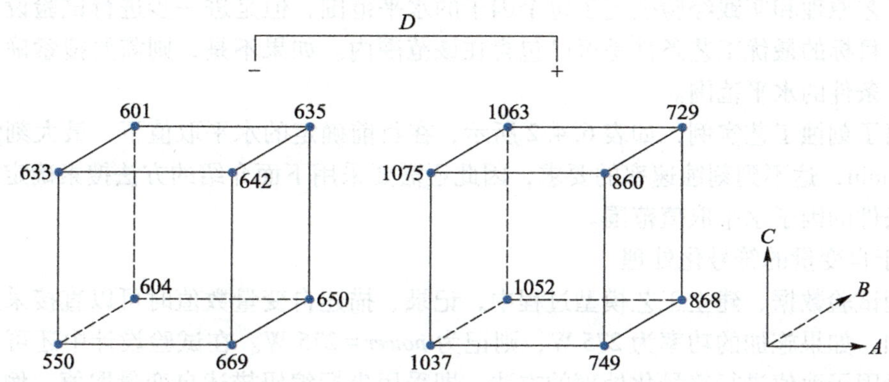

图 6.4.5 等离子刻蚀工艺全因子 2^4 试验的图示

（2）主效应和交互效应分析

针对等离子刻蚀工艺 4 个因子的主效应分析以及不同因子之间的交互效应分析结果如下所示。

A=	−101.625	AD=	−153.625
B=	−1.625	BD=	−0.625
AB=	−7.875	ABD=	4.125
C=	7.375	CD=	−2.125
AC=	−24.875	ACD=	5.625
BC=	−43.875	BCD=	−25.375
ABC=	−15.625	$ABCD$=	−40.125
D=	306.125		

结果表明，因子 A 和因子 D 的主效应明显大于其他因子，代表这两个因子之间交互效应的 AD 值也较大，说明因子 A 和因子 D 之间的交互效应也明显。

图 6.4.6 则以图像形式直观描述了因子 A 和因子 D 之间存在明显的交互效应。

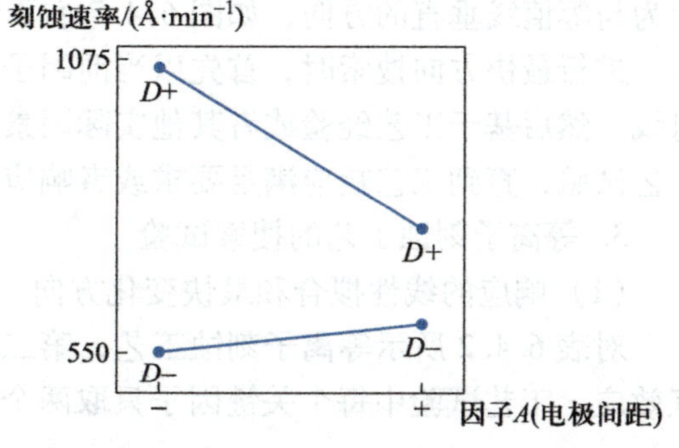

图 6.4.6 因子 A 和 D 交互效应的图示

（3）确定关键因子

基于上述主效应和交互效应分析，确定该等离子刻蚀工艺中的关键因子为因子 A（间距

gap）、因子 *D*（功率 *power*）以及这两个因子之间的交互作用 *AD*。

因子 *A* 的主效应为负说明阳极与阴极之间间距 *gap* 的增加将导致刻蚀速率降低。因子 *D* 的主效应为正说明增大功率将提高刻蚀速率。图 6.4.6 则表明因子 *A* 和 *D* 交互效应 *AD* 导致的刻蚀速率变化不是单调的。在较低功率下，改变间距 *gap* 对刻蚀速率的影响虽然较小，但是刻蚀速率随着 *gap* 的增大略有增加。而在较高的功率下，增大间距 *gap* 将会导致刻蚀速率明显降低。因此在高功率情况下减小间距可以获得较高的刻蚀速率。

6.4.3 "最优"条件范围的搜索

基于工艺原理和实践经验确定了每个因子的水平范围，但是进一步进行试验设计前应分析满足优化目标的最优工艺条件是否已包含在该范围内。如果不是，则需要搜索确定能够包含最优工艺条件的水平范围。

对等离子刻蚀工艺实例，如表 6.4.2 所示，在目前确定的水平取值下，最大刻蚀速率不到 1 100 Å/min，达不到刻蚀速率的要求，因此还需要采用下面介绍的方法搜索确定能够包含最优工艺条件的因子水平取值范围。

1. 关于自变量的符号化处理

在处理试验数据、建立工艺模型过程中，记录、描述自变量数值时可以直接采用常规的单位。例如，如果施加的功率为 275 W，则记为 *power* = 275 W。在试验设计中还可以采用一种对自变量因子取值进行符号化处理的方法，即采用坐标编码描述自变量取值。例如，对于表 6.4.1 所示等离子刻蚀实例，第四个变量功率（记为 x_4）取值范围是 275~325 W，则可以将功率 275 W 记为 $x_4=-1$，将功率 325 W 记为 $x_4=1$，按照这种符号化处理方式 $x_4=0$ 对应 300 W，相当于 x_4坐标的间隔对应 25 W。同样，用 x_1代表第一个变量 *gap*，$x_1=-1$ 对应 *gap* = 0.8 cm，$x_1=1$ 对应 *gap* = 1.2 cm，即 x_1坐标的间隔为 0.2 cm。图 6.4.7 同时显示了上述两种描述方法。

2. 最快变化方向与搜索试验

搜索试验的目的是尽快查找最优工艺条件所在范围，并不是确定最优条件值，因此可以降低对试验的分辨率要求，提高搜索效率。一种简便而有效的方法是采用下式所示的一阶线性模型近似描述响应与因子之间的关系：

$$\hat{y}=\hat{\beta}_0+\sum_{i=1}^{k}\hat{\beta}_i x_i \tag{6.4.1}$$

对于简单的 2^2试验设计情况，描述响应的等值线为相互平行的斜线，响应最快变化方向即为与等值线垂直的方向，如图 6.4.7 右下角方框内图像所示。

进行最快方向搜索时，首先以当前因子水平的中心点为起点沿着最快变化方向绘制一条射线，然后基于工艺经验或者其他实际因素考虑确定步长，沿着最快方向取几个试验点进行工艺试验，直到工艺响应满足要求或者响应达到极值，结束搜索试验。

3. 等离子刻蚀工艺的搜索试验

（1）响应的线性拟合和最快变化方向

对表 6.4.2 所示等离子刻蚀工艺，第二步筛选试验已确定关键因子为 *gap*、*power* 及其交互效应，工艺试验中每个关键因子只取两个水平值，因此这是一个全因子 2^2试验问题。对试验结果采用线性模型拟合得到的刻蚀速率响应$\hat{Y}$与作为关键因子的 *gap*（记为 x_1）以及 *power*

（记为 x_4）之间的关系如式（6.4.2）所示

$$\hat{Y}=776.0625-50.8125x_1+153.0625x_4 \tag{6.4.2}$$

注意式中 x_1 和 x_4 采用的是对因子值作符号化处理后的坐标刻度值，而不是间距 *gap* 和功率 *power* 的实际值。

图 6.4.7 右下角方框内图像描述了上述线性拟合结果。图中还按照前面说明的方法，从原先因子水平取值范围中心点 0（横坐标 $x_1=0$ 对应 *gap*=1.00 cm，纵坐标 $x_4=0$ 对应 *power*=300 W）出发，绘出了代表最快变化方向的射线。

（2）搜索试验

由图 6.4.7 可见，在原先因子水平范围内，最大刻蚀速率位于 *gap*=0.8 cm、*power*=325 W 位置，对应 $x_1=-1$、$x_4=+1$，将其代入式（6.4.2），得到刻蚀速率约为 980 Å/m，不能满足对刻蚀速率达到（1 100~1 150）Å/min 的要求，需要进行搜索试验。

沿着最快变化方向，确定以 *power* = 25 W 为步长改变试验条件，采用几何关系由式（6.4.2）可得对应 *gap* 的步长为（−0.067），分别取 *A*、*B*、*C* 三点进行搜索试验，得到刻蚀速率分别为 945 Å/min、1 075 Å/min 和 1 163 Å/min，在 *C* 点处刻蚀速率已能够满足要求，最佳工艺条件应该在 *C* 点附近。

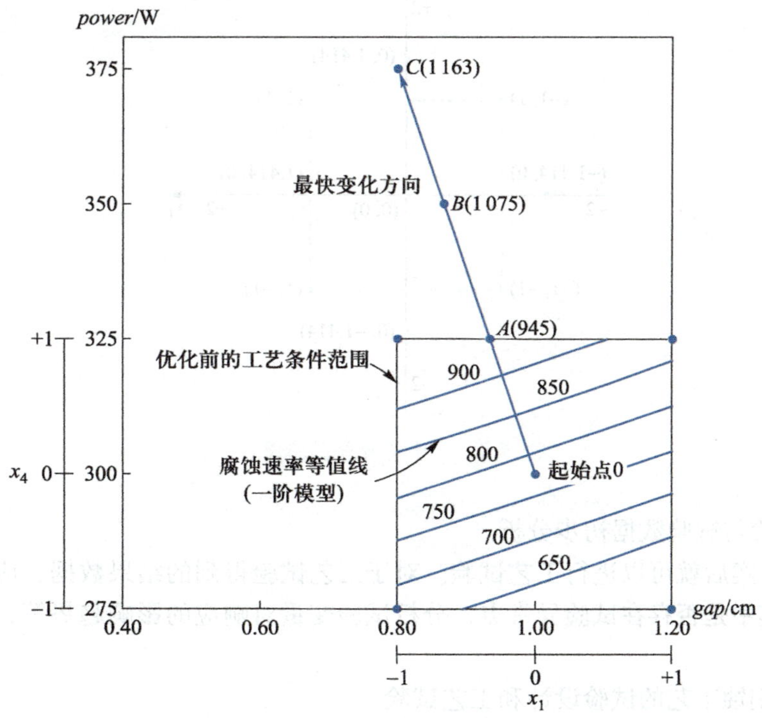

图 6.4.7　等离子刻蚀工艺沿最快变化方向的搜索试验实例

6.4.4　试验设计与工艺试验

初步确定能够满足响应目标的最优工艺条件范围后，需要进一步进行试验设计，制订进行试验的方案，并具体实施工艺试验。

1. 试验设计

如何制订合适的试验方案是 DOE 的关键技术之一，目前已提出的试验设计类型包括全因子设计、2^k因子设计、2^k部分因子设计、筛选设计、响应曲面设计、混料设计等，不同方法有各自不同的特点，适用于不同的应用需求，需要依据试验目的、试验对象、试验条件的不同选取合适的设计类型。

为了配合下一步采用的响应曲面工艺模型建模方法（见 6.4.6 节），这里采用响应曲面设计中的中心复合试验设计方案。

对于简单的 2 因子问题（如本节讨论的等离子刻蚀工艺实例），中心复合试验设计方案如图 6.4.8 所示，试验条件包括下述三类共九种组合：

（1）x_1和 x_4分别取（-1）与（+1）值的四种工艺条件组合；

（2）x_1轴和 x_4轴上的±1.414 四个点工艺条件组合；

（3）坐标轴中心原点（0，0）。

为了估计试验误差方差，通常对坐标轴中心原点（0，0）代表的工艺条件重复进行多次（通常取 3~5 次）工艺试验。

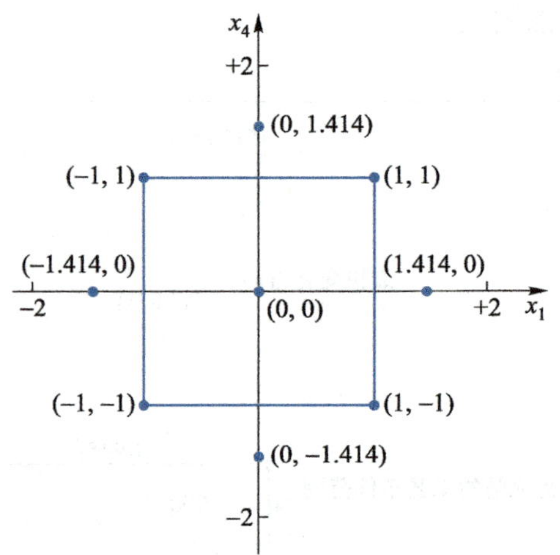

图 6.4.8　中心复合试验设计

2. 工艺试验与试验数据初步分析

确定试验方案后就可以进行工艺试验。对于工艺试验得到的结果数据，应该对其进行初步分析，确定其中是否存在试验异常点，分析试验变量对响应的影响趋势等，为拟合模型提供依据。

3. 等离子刻蚀工艺的试验设计和工艺试验

通过 6.4.3 节介绍的筛选试验确定等离子刻蚀工艺的关键因子是 *gap* 和 *power* 及其交互效应，成为一个典型的 2 因子设计问题。通过 6.4.4 节介绍的搜索试验确认 *gap* = 0.8 cm、*power* = 375 W 处刻蚀速率已达到 1 163 Å/min，基本满足刻蚀速率为（1 100~1 150）Å/min 的要求，因此确定以该点为中心（对应 $x_1=0$、$x_4=0$），采用图 6.4.8 所示中心复合试验设计方案进行工艺试验，其中在中心点处重复进行四次试验，因此一共进行 12 次试验。每次试验的试验条件以及由试验数据得到的刻蚀速率平均值和标准偏差如表 6.4.3 所示。

表 6.4.3 等离子刻蚀工艺的中心复合试验设计及试验结果

试验编号	*gap* x_1/cm	*power* x_4/W	符号化代码		刻蚀速率均值 $y_1/(\text{Å}\cdot\text{min}^{-1})$	标准偏差 $y_2/(\text{Å}\cdot\text{min}^{-1})$
			x_1	x_4		
1	0.600	350.0	−1.000	−1.000	1 054.0	79.6
2	1.000	350.0	1.000	−1.000	936.0	81.3
3	0.600	400.0	−1.000	1.000	1 179.0	78.5
4	1.000	400.0	1.000	1.000	1 417.0	97.7
5	0.517	375.0	−1.414	0.000	1 049.0	76.4
6	1.083	375.0	1.414	0.000	1 287.0	88.1
7	0.800	339.6	0.000	−1.414	927.0	78.5
8	0.800	410.4	0.000	1.414	1 345.0	92.3
9	0.800	375.0	0.000	0.000	1 151.0	90.1
10	0.800	375.0	0.000	0.000	1 150.0	88.3
11	0.800	375.0	0.000	0.000	1 177.0	88.6
12	0.800	375.0	0.000	0.000	1 196.0	90.1

6.4.5 建立工艺模型

工艺试验后就应该根据试验结果数据，采用数理统计方法建立工艺模型，描述输出响应与输入工艺条件之间的关系。

1. 建立工艺模型的响应曲面方法（RSM）

目前广泛使用的建模方法是采用一个高阶多项式描述输出响应与输入工艺条件之间的关系，通常称为响应曲面方法（response surface methodology，RSM）。6.4.4 节采用的线性模型是最简单的一阶响应曲面模型。实际情况下响应与输入因子之间关系不会如此简单，使用较多的是采用式（6.4.3）所示的二阶响应曲面模型

$$y=\beta_0+\sum_{i=1}^{k}\beta_i x_i+\sum_{i=1}^{k}\beta_{ii}x_i^2+\sum_{i<j}\sum_{j=2}^{k}\beta_{ij}x_i x_j+\varepsilon \tag{6.4.3}$$

虽然实际情况下响应与输入因子之间关系也不会完全呈现二阶多项式形式。但是按照响应目标寻找最优工艺条件可以类比于“盲人爬山”，目标是攀登山顶。在“山顶”附近区域，响应曲面则与二阶多项式符合较好。

对于本节引用的等离子刻蚀工艺，关键因子为 *gap*（记为 x_1）、*power*（记为 x_4）及其交互效应，二阶响应曲面模型的具体形式为

$$Y=\beta_0+\beta_1x_1+\beta_2x_2+\beta_{11}(x_1)^2+\beta_{44}(x_4)^2+\beta_{14}x_1x_4 \tag{6.4.4}$$

2. 模型系数的确定和模型确认

确定了工艺模型的形式后，就可以根据试验结果数据，采用最小二乘回归拟合等数学方

法确定模型中的各个系数β，建立适合于当前工艺情况的工艺模型。

通常首先对模型进行方差分析，确定模型表达式中是否存在统计意义上的非显著项。如果存在，则可以将其剔除，确定最终采用的模型形式，然后利用回归方法拟合估计模型系数。

3. 等离子刻蚀工艺的响应曲面模型

根据表6.4.3所示试验结果数据，采用式（6.4.4）所示二阶多项式模型，通过回归拟合方法得到刻蚀速率Y_1（单位为Å/min）以及标准偏差Y_2（单位为Å/min）与*gap*（单位为cm）以及*power*（单位为W）的关系如式（6.4.5）所示。其中通过方差分析已确定Y_1表达式中的二次项$(gap)^2$和$(power)^2$均为统计意义上的非显著项，已将其剔除

$$\begin{aligned} Y_1 &= 4\,022.74-6\,389.64(gap)-8.254\,29(power)+17.8(gap)\times(power) \\ Y_2 &= -197.253-168.721(gap)+1.664\,08(power)-85(gap)^2 \\ &\quad -0.002\,92(power)^2+0.875(gap)\times(power) \end{aligned} \tag{6.4.5}$$

说明，如果采用对因子取值进行了符号化处理方法，也可以采用坐标编码建立等离子刻蚀工艺的二阶响应曲面模型，x_1代表*gap*，$x_1=0$对应$gap=0.8$ cm，$x_1=1$对应$gap=1.0$ cm，即x_1坐标的间隔为0.2 cm。同样用x_4代表*power*，$x_4=0$对应$power=375$，$x_4=1$对应$power=400$ W，即x_4坐标的间隔为25 W。则得刻蚀速率Y_1（单位为Å/min）以及标准偏差Y_2（单位为Å/min）与x_1以及x_4的关系如式（6.4.6）所示。其中x_1以及x_4取坐标编码值，而不是*gap*和*power*实际值

$$\begin{aligned} \hat{y}_1 &= 1\,155.7+57.1x_1+149.7x_4+89x_1x_4 \\ \hat{y}_2 &= 89.275+4.681x_1+4.352x_4-3.400x_1^2-1.825x_4^2+4.375x_1x_4 \end{aligned} \tag{6.4.6}$$

4. 工艺模型的图像描述

对于2因子情况，可以用三维立体图或者二维等值线图直观显示响应随因子的变化情况。图6.4.9采用等值线图描述了上述等离子刻蚀工艺的刻蚀速率模型。图6.4.10则同时用三维立体图和二维等值线图描述了刻蚀速率均匀性模型。

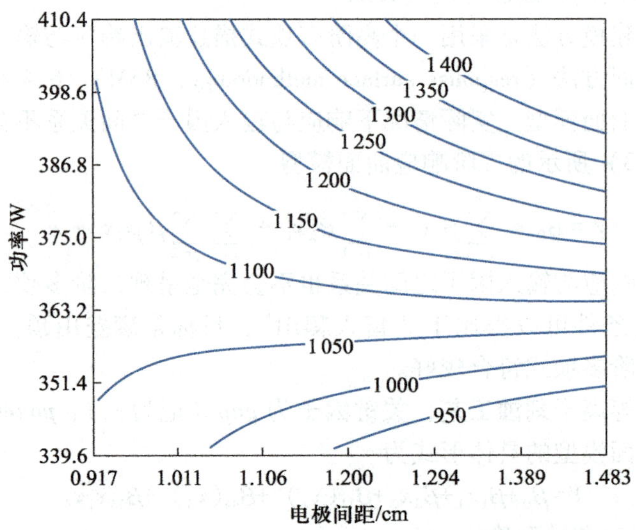

图6.4.9 刻蚀速率模型的等值线描述

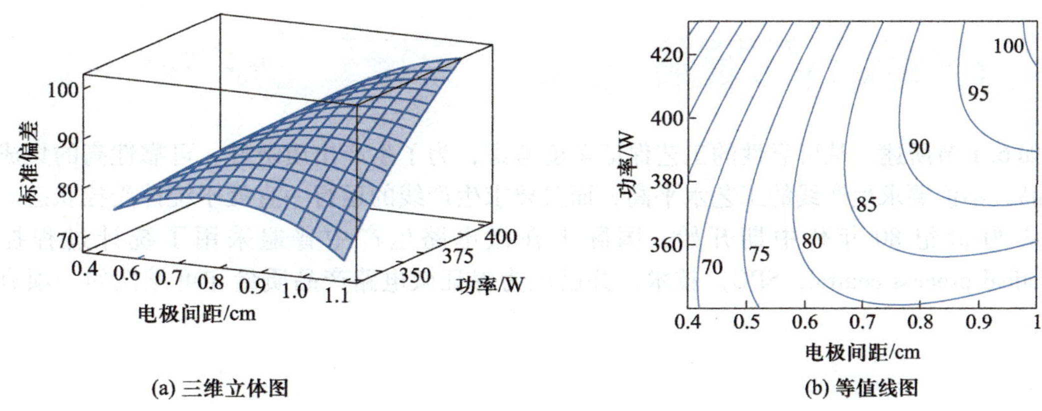

(a) 三维立体图　　(b) 等值线图

图 6.4.10　刻蚀速率均匀性模型的立体图和等值线图描述

6.4.6　工艺条件优化

建立工艺模型后，就可以根据响应目标要求采用“优化算法”确定最佳的工艺条件。

1. 工艺条件优化方法

根据不同情况，可以根据响应目标要求，采用优化算法、图形优化方法等确定最佳的工艺条件。一般情况下这是一种多目标优化问题，可以采用相应优化方法求解。

2. 等离子刻蚀工艺条件优化确定

等离子刻蚀工艺一共有两个目标要求，即刻蚀速率达到（1 100～1 150）Å/min、晶圆上刻蚀速率分布的标准偏差不大于 80 Å/min，这是一个多目标优化问题，可以采用相应最优化算法求解方程（6.4.5）或者（6.4.6），确定 *gap* 和 *power* 这两个工艺条件的最佳取值。

对于这种只有两个关键因子的问题，可以采用图形方法直观显示最佳工艺条件的确定。在图 6.4.9 和图 6.4.10 所示的刻蚀速率以及刻蚀速率标准偏差的等值线图中，用灰色标识出不满足目标的范围，如图 6.4.11（a）和（b）所示。如果将这两个图重叠在一起，即显示出同时满足这两个响应目标的因子范围，如图 6.4.11（c）所示。只要在该范围内选择工艺条件取值，就可以保证刻蚀速率和均匀性同时满足目标要求。用户可以根据实际情况，例如 *gap* 和 *power* 的可调节程度、更加侧重于刻蚀速率还是均匀性等，最终选择一组实际采用的最优工艺条件。

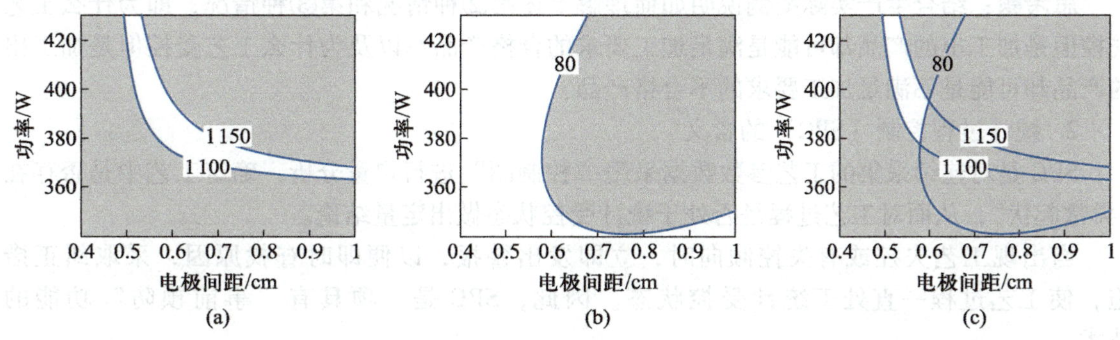

图 6.4.11　采用等值线图直观显示最优工艺条件的范围

6.5　统计过程控制（SPC）

如6.1节所述，从可靠性的工艺保证角度考虑，为了生产出质量好、可靠性高的集成电路产品，不但要求生产线的工艺水平高，而且要求生产线的运行一直处于统计受控状态。为此，从20世纪80年代中期开始，国际上在微电路生产中普遍采用了统计过程控制（statistical process control，SPC）技术，并已成为保证微电路产品质量和可靠性的一项有效手段。

6.5.1　SPC与控制图

本节介绍与SPC相关的几个概念。

1.“工艺受控”的概念

如图6.1.1所示，工艺加工过程中，即使工艺条件保持不变，但是存在着影响工艺加工结果参数一致性和稳定性的“随机扰动”和“异常扰动”。

若工艺中只存在由随机扰动引起的起伏，不存在异常扰动，则称工艺处于统计受控状态。或者说，如果过程中存在异常原因的影响，则称过程处于失控状态。

需要强调指出的是，“工艺受控”与“工艺满足加工规范要求”是两回事。“工艺是否受控”是考虑生产过程是否存在“异常扰动”，这是SPC技术解决的问题。而工艺是否满足加工规范要求反映的是工艺水平的高低，这是6.3节介绍的工序能力指数*Cpk*评价要解决的问题。

由于“工艺受控状态”实际存在“受控”与“失控”两种可能，“工艺是否满足加工规范要求”也存在“满足要求”与“不满足要求”两种可能，因此现实生产中下述四种情况都可能存在：

① 加工结果合格同时工艺受控；

② 加工结果合格但是工艺失控；

③ 加工结果不合格但是工艺受控；

④ 加工结果不合格同时工艺失控。

当然实际生产中我们希望的是第一种情况，即在统计受控的状态下生产成品率高的产品，为此在生产过程中需要同时实施*Cpk*评价和SPC两项技术，不可能相互替代。

思考题：结合生产实际案例说明如何理解上述第②种情况和第③种情况，即为什么工艺失控但是加工出的产品却可能是满足加工要求的合格产品？以及为什么工艺受控但是加工出的产品却可能是不满足加工要求的不合格产品？

2. 统计过程控制（SPC）的含义

SPC是对连续采集的工艺参数数据采用“控制图”进行定量分析，确定工艺中是否存在“异常起伏”，从而对工艺过程是否处于统计受控状态做出定量结论。

当出现工艺失控或有失控倾向时，立即发出警报，以便即时查找原因，采取纠正措施，使工艺过程一直处于统计受控状态。因此，SPC是一项具有“事前预防”功能的技术。

3. 控制图的结构构成

实施 SPC 的基本工具是“控制图”。下面以使用最广泛的“均值-标准偏差控制图”为例说明控制图的基本结构组成。

图 6.5.1 是采用“均值-标准偏差控制图”分析表 1.3.1 所示 25 批键合拉力强度数据用于评价键合工序是否处于统计受控状态的实例。

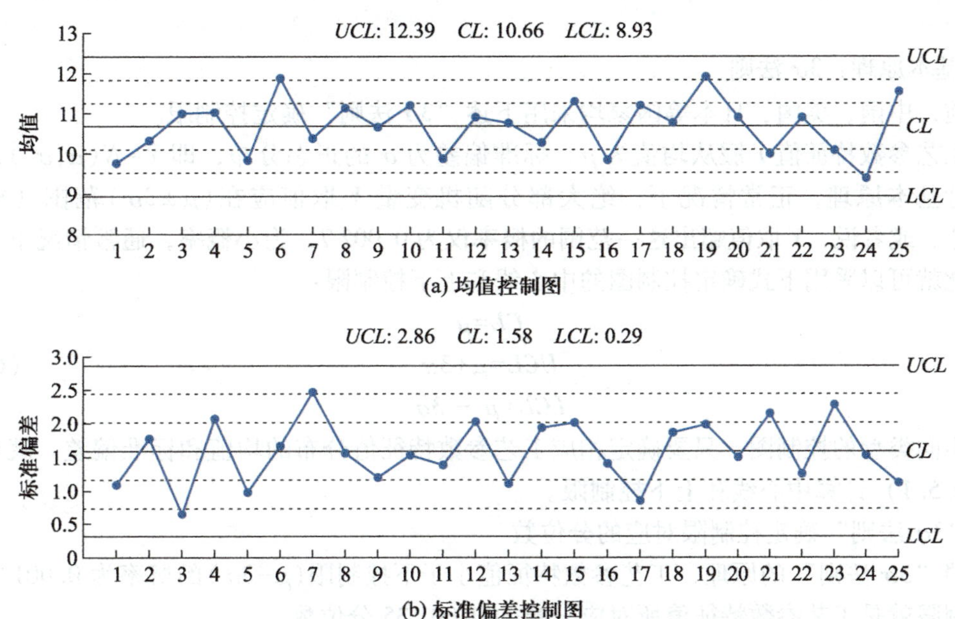

图 6.5.1 均值-标准偏差控制图实例

在均值控制图中，用折线连接的是每批数据的均值，反映了不同批次数据均值的波动情况。图中还有三条水平线：*UCL*（upper control limit）为上控制限、*LCL*（lower control limit）为下控制限、*CL*（center line）为中心线。通过确定一组判断规则，对比分析图中均值数据点相对控制限和中心线的位置关系和波动特点，就能够定量判断导致这些均值数据的波动起伏中是否存在“异常原因”，从而定量确定生产过程是否处于统计受控状态。

标准偏差控制图的结构与均值控制图类似，只是图中数据点是每批数据的标准偏差。

因此控制图就是在具有控制限的坐标系中用折线表示工艺参数特征值（如均值、标准偏差）随批次的变化情况，并根据数理统计原理从图形上分析工艺过程是否处于统计受控状态。

采用均值-标准偏差控制图就可以分别从每批数据的中心值和分散性两方面确定导致数据的波动起伏中是否存在“异常原因”，从而定量确定生产过程是否处于统计受控状态。

4. 控制图技术的核心问题

由上述分析可见，控制图中数据点直接由监测的工艺参数数据计算得到。为了使用控制图确定工艺参数数据的波动原因中是否存在异常原因引起的波动，需要解决两个关键问题：

(1) 计算确定控制限。6.5.2 节将介绍根据监测的工艺参数数据计算控制限的基本原理。

（2）确定一组受控/失控判断规则，从控制图上数据点的波动情况判断工艺过程是否处于统计受控状态。

6.5.3 节将介绍确定判断规则的基本原理以及常用的判断规则，用于判断工艺过程是否处于统计受控状态。

6.5.2 确定控制限的“3σ 法则”

1. 基本原理：3σ 法则

目前，中国、美国、日本等国家均采用下述“3σ 法则”确定控制限。

若工艺参数特征值 Y 服从均值为 μ、标准偏差为 σ 的正态分布，即 $Y \sim N(\mu, \sigma^2)$，根据数理统计基本原理，正常情况下，绝大部分随机变量 Y 取值应在 $(\mu \pm 3\sigma)$ 范围（概率为 99.73%）。或者说，Y 取值超出这一范围的概率仅为 0.002 7，为小概率，通常情况下不会发生。因此就可以采用下式确定控制图的中心线和上下控制限：

$$
\begin{aligned}
CL &= \mu \\
UCL &= \mu + 3\sigma \\
LCL &= \mu - 3\sigma
\end{aligned}
\tag{6.5.1}
$$

对不同类型的控制图，只要确定相应工艺参数特征值分布的均值和标准偏差，就可以采用式（6.5.1）计算中心线和上下控制限。

2. “3σ 法则”确定控制限对应的分位数

按照“3σ 法则”的原理，工艺参数特征值小于下控制限$(\mu-3\sigma)$的概率为 0.001 35，因此下控制限就是工艺参数特征值所对应分布的 0.001 35 分位数。

工艺参数特征值大于上控制限$(\mu+3\sigma)$的概率也为 0.001 35，则工艺参数特征值小于上控制限$(\mu+3\sigma)$的概率为$(1-0.001\ 35)=0.998\ 65$，因此上控制限就是工艺参数特征值所对应分布的 0.998 65 分位数。

上述控制限与分位数关系的结论虽然是根据正态分布情况得到的，但是其基本思想是“按照超出上、下控制限的概率均为 0.001 35 这个概率值确定控制限”。因此采用分位数描述的控制限确定方法可以拓宽应用于各种非正态分布情况。

说明：按照 3σ 法则，工艺参数特征值大于$(\mu+3\sigma)$的概率以及小于$(\mu-3\sigma)$的概率均为 0.001 35。目前西欧一些国家以概率值 0.001 作为确定控制限的出发点。概率值 0.001 对应于工艺参数特征值大于$(\mu+3.09\sigma)$的概率以及小于$(\mu-3.09\sigma)$的概率，因此西欧国家计算控制限的公式相当于将式（6.5.1）中的 3σ 改为 3.09σ。

6.5.3 工艺过程受控/失控的判断规则

1. 确定判断规则的基本原理

是否有数据点超出控制限并非是从控制图上判断工艺过程是否处于统计受控状态的唯一准则。从“小概率事件在一般情况下不应出现”的原理出发，根据数据点与控制限的相互关系以及数据点的排列形式，人们推导出了多条具体的“小概率”事件情况。在工艺过程处于统计受控状态的正常情况下，这些小概率事件不应出现。因此可以将这些小概率事件作为准则来比照控制图。如果控制图上出现了这些小概率事件，说明“工艺过程处于统计受控状态”的假设实际不成立，即工艺出现了失控情况。

2. 判断规则

根据“在正常情况下小概率事件不应出现”的原理，可以推导出多条判断规则。不同公司采用的判断规则不完全相同，应结合生产工艺特点选用。

国家标准《GB/T 4091—2001 常规控制图》给出下述 8 条基本判定规则，即如果出现下述情况之一，则判断生产过程失控。

为了便于理解判定规则，可以将控制图上控制限范围分为 6 个区间，如图 6.5.2 所示。由于上下控制限分别对应中心线 $CL+3\sigma$ 以及中心线 $CL-3\sigma$，因此每个区间对应一个 σ。

图 6.5.2 控制限范围的区域分区

（1）规则 1：控制图上有一个点位于控制限以外；

说明：如果出现超出控制限的数据点，说明控制参数发生了较大幅度的波动，使得该工序出现失控状态，因此这是应该选择使用的一条基本判断规则。

（2）规则 2：连续 9 点落在中心线的同一侧；

（3）规则 3：连续 6 点递增或者递减；

说明：对于生产过程中设备零部件/材料存在磨损/耗减的工序，例如键合工序键合台采用的劈刀、冲床上的模具、硼扩散中采用的固态源薄片等情况，当零部件/材料因磨损/耗减到一定程度需要更换时，控制图上将会出现连续多点递增或者递减的情况，因此对于这类工序，应该选用规则 3。

（4）规则 4：连续 14 点中相邻点交替上下；

（5）规则 5：连续 3 点中有两点落在中心线同一侧的 B 区以外；

（6）规则 6：连续 5 点中有 4 点落在中心线同一侧的 C 区以外；

（7）规则 7：连续 15 点落在中心线两侧的 C 区内；

（8）规则 8：连续 8 点落在中心线两侧且无一点在 C 区内。

上述规则适用于所有的控制图，包括 6.5.4 节介绍的常规控制图以及 6.5.5 节介绍的特殊控制图。

6.5.4 常规控制图

1. 常规控制图的类型

国家标准 GB/T 4091 规定了制造过程中可以选用的多种常规控制图（参见表 6.5.1），它们适用于不同类型的工艺参数。根据参数统计属性的不同，控制图分为计量值控制图和计数值控制图两类。

计量值控制图适用于其值可连续变化的计量值参数，如方块电阻、键合拉力强度等。

计数值控制图适用于其值只能取离散值的计数值参数，如氧化层针孔缺陷个数，封装中不合格的个数等。

使用计量值控制图时，通常从均值控制图和中位数控制图中选用一个来表征参数中心值的波动变化情况，同时从标准偏差控制图和极差控制图中选用一个来表征参数分散性的波动情况。使用较多效果较好的组合是均值-标准偏差控制图（记为$\bar{x}$-S控制图）。

计数值控制图又分为以计件值为对象的不合格品数 np 控制图和不合格品率 p 控制图，以及以计点值为对象的缺陷数 c 控制图和单位“产品”中缺陷数 u 控制图共四类。

表 6.5.1　常规控制图的分类

数据类型		数据分布规律	适用的控制图	控制图名称
计量值		正态分布	均值-标准偏差控制图	$\bar{x}$-S 控制图
			均值-极差控制图	$\bar{x}$-R 控制图
			中位数-极差控制图	$\tilde{x}$-R 控制图
			单值-移动极差控制图	x-R_S控制图
计数值	计件值	二项分布	不合格品率控制图	p 控制图
			不合格品数控制图	np 控制图
	计点值	泊松分布	单位缺陷数控制图	u 控制图
			缺陷数控制图	c 控制图

本节结合计量值$\bar{x}$-S控制图、计件值 p 控制图以及缺陷数 c 控制图介绍典型控制图的控制限计算方法，为6.5.5节引出的微电路生产中特殊控制图提供对比分析的基础。

2. $\bar{x}$-S 控制图的控制限公式

下面结合典型的$\bar{x}$-S 控制图介绍如何基于 3σ 法则计算控制限。

设某一工艺参数 x 的总体服从均值为 μ、标准偏差为 σ 的正态分布，$x \sim N(\mu,\sigma^2)$，若定期抽取容量为 n 的子样，$x_1,\cdots,x_n$，则每组样本的均值和标准差分别为

$$\bar{x} = \frac{1}{n}\sum_{i=1}^{n} x_i,\quad S = \sqrt{\frac{1}{n-1}\sum_{i=1}^{n}(x_i-\bar{x})^2} \tag{6.5.2}$$

根据数理统计基本原理，均值$\bar{x}$服从的分布为$\bar{x} \sim N(\mu,\sigma^2/n)$，即$\bar{x}$也服从正态分布，只是其标准差为母体标准差 σ 的（$1/\sqrt{n}$）。

根据式（6.5.1）所示确定控制限的“3σ 法则”，即可得$\bar{x}$控制图中的控制限和中心值计算公式为（见图6.5.3）

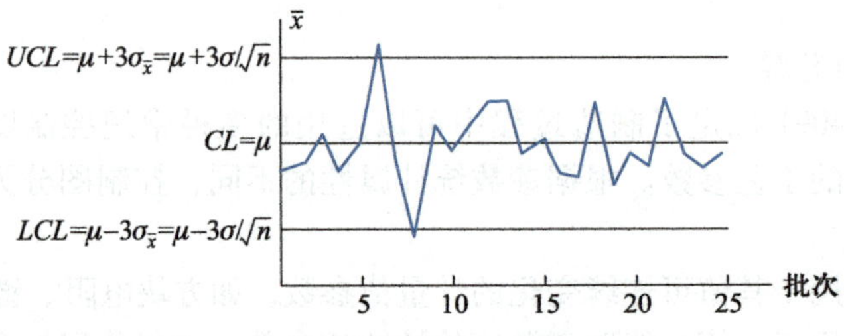

图 6.5.3　$\bar{x}$控制图的控制限

$\bar{x}$控制图

$$CL=\mu$$
$$UCL=\mu+3\sigma/\sqrt{n} \tag{6.5.3}$$
$$LCL=\mu-3\sigma/\sqrt{n}$$

同样，对每组子样的标准偏差 S 也可绘制相应的 S 控制图。其中心线及上、下控制限为

$$CL=\mu_S$$
$$UCL=\mu_S+3\sigma_S \tag{6.5.4}$$
$$LCL=\mu_S-3\sigma_S$$

由 S 控制图可以监测工艺参数分散性的起伏变化情况。

在确定$\bar{x}$、S 控制图中心线和控制限的式（6.5.3）和式（6.5.4）中，x 分布的 μ、σ 以及 S 分布中的 μ_S、σ_S 均未知。下面给出如何由工艺监测数据，即 K 组子样的均值和标准差数值（$\bar{x}_j$、S_j）$(j=1,2,\cdots,k)$ 推算这几个参数。

（1）μ 和 μ_S

根据数理统计理论，只要子样组数足够多（一般要求大于25），可用多批子样的均值$\bar{x}$的平均值 $\overline{(\bar{x})}$ 作为 μ 的估计值

$$\mu=\overline{(\bar{x})}=\frac{1}{k}\sum_{j=1}^{k}(\bar{x})_j \tag{6.5.5}$$

同理，可用多批子样的标准差 S 的平均值$\bar{S}$作为 μ_S 的估计值

$$\mu_S=\bar{S}=\frac{1}{k}\sum_{j=1}^{k}S_j \tag{6.5.6}$$

（2）σ 和 σ_S

根据第2章式（2.3.10）和式（2.3.11），样本标准偏差 S 的期望值$\bar{S}=C_2(n)\sigma$，S 的标准偏差 $\sigma_S=C_3(n)\sigma$，其中 $C_2(n)$ 和 $C_3(n)$ 是与子样个数 n 有关的常数（见表2.3.2），因此有

$$\sigma=\frac{\bar{S}}{C_2(n)} \tag{6.5.7}$$

$$\sigma_S=C_3(n)\sigma=\frac{C_3(n)}{C_2(n)}\bar{S} \tag{6.5.8}$$

根据上述表达式，就可以由各组子样测量数据的标准偏差 S 的均值$\bar{S}$求得 σ 和 σ_S。

（3）$\bar{x}-S$ 图控制限计算式

将式（6.5.5）~式（6.5.8）代入式（6.5.3）和式（6.5.4），可得$\bar{x}-S$ 图中心线和控制限计算公式为

$\bar{x}$控制图：

$$CL=\mu=\overline{(\bar{x})}$$
$$UCL=\mu+3\sigma/\sqrt{n}=\overline{(\bar{x})}+3\bar{S}/(\sqrt{n}\cdot C_2)=\overline{(\bar{x})}+A_S\cdot\bar{S} \tag{6.5.9}$$
$$LCL=\mu-3\sigma/\sqrt{n}=\overline{(\bar{x})}-3\bar{S}/(\sqrt{n}\cdot C_2)=\overline{(\bar{x})}-A_S\cdot\bar{S}$$

S 控制图：

$$CL=\mu_S=\bar{S}$$
$$UCL=\mu_S+3\sigma_S=\bar{S}+(3C_3/C_2)\bar{S}=B_U\bar{S} \tag{6.5.10}$$
$$LCL=\mu_S-3\sigma_S=\bar{S}-(3C_3/C_2)\bar{S}=B_L\bar{S}$$

其中系数A_S、B_U、B_L只与每组子样数n有关。表6.5.2给出了一部分系数值。

表6.5.2 $\bar{x}-S$控制图用系数表

样本量n	$\bar{x}-S$控制图		
	A_S	B_U	B_L
2	2.659	3.267	0
3	1.954	2.568	0
4	1.628	2.266	0
5	1.427	2.089	0
6	1.287	1.970	0.030
7	1.182	1.882	0.118
8	1.099	1.815	0.185
9	1.032	1.761	0.239
10	0.975	1.716	0.284
11	0.927	1.679	0.321
12	0.866	1.646	0.354
13	0.850	1.618	0.382
14	0.817	1.594	0.406
15	0.789	1.572	0.428
16	0.763	1.552	0.448
17	0.739	1.534	0.466
18	0.718	1.518	0.482
19	0.698	1.503	0.497
20	0.680	1.490	0.510
21	0.663	1.477	0.523
22	0.647	1.466	0.534
23	0.633	1.455	0.545
24	0.619	1.445	0.555
25	0.606	1.435	0.565

3. 控制图的使用步骤

下面结合表1.3.1所示计量值键合拉力强度数据，说明使用均值-标准偏差控制图判断该工序是否处于统计受控状态的步骤。应用不同类型控制图只是控制限计算公式不同，应用步骤，包括采用的受控/失控判断规则均相同。

（1）测试、汇总数据

按照检测方案，每个班次抽取 8 根键合丝进行破坏性键合拉力强度试验，获得 8 个拉力强度数据作为一批数据。连续采集的 25 批数据如表 1.3.1 所示。

（2）根据控制限计算要求，对原始测试数据进行予处理

现在准备采用均值-标准偏差控制图，因此对每批 8 个数据，分别计算其均值和标准偏差，然后再分别计算这 25 个均值的平均值以及 25 个标准偏差的平均值，供计算控制限时使用：

$$\bar{x}=10.65,\quad \bar{s}=1.63$$

（3）计算控制限

对表 1.3.1 实例，每组包含 8 个数据，即 $n=8$，查表 6.5.2 得

$$A_S(8)=1.099;\quad B_U(8)=1.815;\quad B_L(8)=0.185$$

代入式（6.5.9）和式（6.5.10）得

$\bar{x}$控制图：

$$CL=\mu=\overline{(\bar{x})}=10.65$$

$$UCL=\overline{(\bar{x})}+A_S\cdot\bar{S}=12.44$$

$$LCL=\overline{(\bar{x})}-A_S\cdot\bar{S}=8.86$$

S 控制图：

$$CL=\mu_S=\bar{S}=1.63$$

$$UCL=B_U\bar{S}=2.96$$

$$LCL=B_L\bar{S}=0.30$$

（4）绘制控制图

在控制图上画出控制限，同时将每批数据的均值和标准偏差值分别标示在$\bar{x}$控制图和 S 控制图上，即完成控制图的绘制。图 6.5.1 所示控制图实例就是对表 1.3.1 所示数据绘制的$\bar{x}$控制图和 S 控制图。

（5）工艺过程统计受控状态的判断

按照 6.5.3 节给出的判断规则，对照绘制的$\bar{x}$控制图和 S 控制图，查看是否有存在判断规则所列举的失控情况。对图 6.5.1 所示控制图，判断结果是否有违反规则的情况。

4. 常规计点值缺陷数控制图（c 控制图）

生产过程中经常要分析生产中出现的缺陷数变化情况，监测工艺过程是否处于统计受控状态。下面结合缺陷数控制图，介绍计点值控制图的控制限计算方法。

缺陷数控制图用于监测工艺过程中产生的缺陷数变化情况，特别适用于每批检测对象数目相同的情况。确定缺陷数控制图控制限的方法就是 6.5.2 节介绍的控制限确定方法，即 3σ 法则。

一般情况下缺陷数服从泊松分布。若已知描述泊松分布的参数 λ，如第 2 章 2.2.5 节所述，泊松分布的均值等于参数 λ，标准偏差为$\sqrt{\lambda}$，因此按照 6.5.2 节介绍的控制限确定原则，即 3σ 法则，缺陷数控制图（c 控制图）的控制限为

$$\left.\begin{aligned}UCL&=\lambda+3\sqrt{\lambda}\\CL&=\lambda\\LCL&=\lambda-3\sqrt{\lambda}\end{aligned}\right\}$$

一般情况下并不知道参数 λ，可以按下述方法，根据采集的数据计算 λ 的估计值。

设一共检验 m 批产品，每一批产品中发现的缺陷数分别为 $c_i, i=1,2,\cdots,m$，则可以用这些缺陷数的平均值作为参数 λ 的估计值

$$\lambda = \bar{c} = \frac{1}{m}\sum_{i=1}^{m} c_i$$

由此得控制限为

$$\left.\begin{aligned} UCL &= \bar{c}+3\sqrt{\bar{c}} \\ CL &= \bar{c} \\ LCL &= \bar{c}-3\sqrt{\bar{c}} \end{aligned}\right\} \tag{6.5.11}$$

缺陷数控制图

由于缺陷数不可能为负数，若计算的下控制限 LCL 为负值，则取 $LCL=0$。

说明 1：缺陷数控制图应用步骤与前面介绍控制图应用步骤相同。扫描二维码，可以查看缺陷数控制图的应用实例。

说明 2：若每批检测对象数目不相同，则需要进行数据预处理，采用单位缺陷数控制图或者通用单位缺陷数控制图。控制限确定法则不变。

u 控制图与 u_T 控制图

扫描二维码，可以查看单位缺陷数控制图以及通用单位缺陷数控制图的控制限计算方法和应用实例。

5. 常规计件值不合格品数控制图（np 控制图）

微电路生产中，例如封装工序，经常要分析不合格品数或者不合格品率的变化情况，从封装成品率的角度监测工艺过程是否处于统计受控状态。这类检测数据称为计件值，属于计数值的类别。下面结合不合格品数控制图（np 控制图）介绍计件值控制图的控制限计算方法。

np 控制图用于监测工艺过程中不合格品数的起伏变化是否处于统计受控状态，一般用于每批样本数 n 固定不变的情况。由于受监测的不合格品数等于每批样本大小 n 与不合格品率 p 的乘积 np，因此不合格品数控制图又称为 np 控制图。

确定不合格品数控制图控制限的方法就是 6.5.2 介绍的控制限确定方法，即 3σ 法则。

一般情况下不合格品数服从二项分布。根据第 2 章 2.2.6 节介绍的式（2.2.36）和式（2.2.37），不合格品数随机变量 D 的均值 $\mu_D=np$，标准偏差 $\sigma_D=\sqrt{np(1-p)}$，因此不合格品数控制图（np 控制图）的中心线和上、下控制限分别为

$$\left.\begin{aligned} UCL &= np+3\sqrt{np(1-p)} \\ CL &= np \\ LCL &= np-3\sqrt{np(1-p)} \end{aligned}\right\}$$

一般情况下并不知道参数 p。可以按下述方法，根据采集的数据确定 p 的估计值。

设一共检验 m 批产品，每一批产品包括的样本数和不合格品数分别为 n_i 和 $D_i(i=1,2,\cdots,m)$，则可以用总的不合格品数除以总的样本数得到的 $\bar{p}$ 作为参数 p 的估计值

$$\bar{p} = \frac{\sum_{i=1}^{m} D_i}{\sum_{i=1}^{m} n_i}$$

若每批样本量相同，均为 n，则可以用每批产品的不合格品率 $p_i=D_i/n(i=1,2,\cdots,m)$ 的平均值$\bar{p}$作为参数 p 的估计值。

因此，不合格品数控制图的中心线和控制限为

$$\left.\begin{aligned}UCL&=n\bar{p}+3\sqrt{n\bar{p}(1-\bar{p})}\\CL&=n\bar{p}\\LCL&=n\bar{p}-3\sqrt{n\bar{p}(1-\bar{p})}\end{aligned}\right\}\tag{6.5.12}$$

不合格品数控制图

由于不合格品数不可能为负数，若计算的下控制限为负值，则取 $LCL=0$。

说明 1：不合格品数控制图应用步骤与前面介绍控制图应用步骤相同。扫描二维码，可以查看不合格品数控制图的应用实例。

p 控制图与 p_T 控制图

说明 2：若每批检测对象数目不相同，例如每批封装的器件数不相同，则需要采用不合格品率控制图或者通用不合格品率控制图。控制限确定法则不变，但是需要对原始数据进行预处理。

扫描二维码，可以查看不合格品率控制图以及通用不合格品率控制图的控制限计算方法和应用实例。

6.5.5 适用于微电路生产的特殊控制图

采用 6.5.4 节介绍的常规控制图要求被分析的工艺参数数据满足一定的条件。但是微电路生产中，特别是芯片生产过程，存在不满足常规控制图适用条件的情况，需要采用特殊控制图。

本节介绍微电路生产过程中几种典型情况的特殊控制图。

1. 常规控制图的适用条件

采用国家标准《GB/T 4091—2001 常规控制图》要求被分析的工艺参数数据满足一定的条件。

（1）常规计量值控制图要求的 IIND 条件

采用 6.5.4 节介绍的常规计量值控制图要求被分析的关键工序以及关键工艺参数数据应该满足 IIND（independently & identically normally distributed）条件，实际上包含了数据相互独立、数据服从正态分布而且是服从同一个正态分布三个因素。

例如，固定键合同一种直径内引线的键合工序，关键工艺参数只有一个，为键合拉力强度。键合丝是一根一根键合的，因此每根键合丝的拉力强度值是相互独立的，而且所有键合丝的拉力强度服从同一个正态分布，满足 IIND 条件，因此可以采用常规计量值控制图分析其统计受控状态。第 1 章表 1.3.1 显示的就是满足上述 IIND 条件的 25 批键合拉力强度数据，图 6.5.1 就是采用常规均值-标准偏差控制图分析这 25 批数据的结果。

（2）常规计点值控制图的适用条件

对计点值缺陷数据，使用常规缺陷数控制图要求缺陷数服从泊松分布，即每个缺陷的出现是相互独立的，一个缺陷的出现与目前已经出现的缺陷情况没有任何关系。

例如，织布机生产的布匹上出现的疵点缺陷就满足这一条件，因此可以采用常规缺陷数控制图分析织布机的运行是否处于统计受控状态。

2. 特殊控制图的基本原理

微电路生产中，不少工序特别是芯片加工过程的大部分工序，不满足上述常规控制图的

使用条件，因此就不能直接采用常规控制图，而需要采用特殊的 SPC 控制图。理论分析和应用结果均表明，如果不管条件是否满足常规控制图的使用条件，任何情况下，都采用常规控制图，将会出现错误的判断结论。

实际上特殊控制图也是一种控制图，依据的还是 6.5.2 节和 6.5.3 节介绍的两条基本原理：

（1）按照正态分布 3σ 原理及其对应的概率值确定控制限。

（2）根据“正常情况下小概率事件不会出现”的原理制订失控/受控的判断规则。6.5.3 节常规控制图采用的判断规则也完全适用于特殊控制图。

因此，为了构建特殊控制图，需要分析不同情况下数据的分布规律，采用不同的处理方法按照 3σ 原理及其对应的概率值确定控制限。

本节介绍几种典型情况特殊控制图的原理和应用。

3. 不满足“同一个分布”的情况与“回归控制图”

（1）不满足“同一个分布”的情况

在生产过程中，有时一台设备的加工条件不可能固定不变，而是按照生产调度要求，会有几种不同的加工要求，这就是通常说的“多品种”问题。例如，微电路内引线键合工序，同一台键合设备可能在键合一种直径内引线产品后，又改换键合另一批采用不同直径内引线的产品。正常情况下同一种直径内引线拉力强度数据服从同一个正态分布，例如表 1.3.1 所示情况。而不同直径内引线拉力强度数据则分别服从不同的正态分布，这就不满足 IIND 中第二个 I 即不满足“同一个”分布的要求。

半导体器件生产过程中，相当多工序的工艺条件并非一直固定不变，而是经常取几种不同的条件，都存在这种“多品种”特点。

（2）“回归控制图”

针对这种多品种情况，可以采用“回归”技术，对服从不同正态分布的数据进行“预处理”，使不同批次的数据“回归”到满足“同一个分布”的条件，然后就可以采用常规控制图分析经过预处理的数据，确定工序的统计受控状态。

对原始数据进行“回归”预处理后再调用常规控制图的过程又称为回归控制图技术。

适用于多品种工艺的回归控制图

对多品种情况，针对数据特点，可以采用不同的数据预处理方法，其目的都是为了使得处理后的数据满足同一个正态分布的条件。扫描二维码可以查看适用于微电路生产中多品种特点的“回归控制图”原理与应用实例。

说明：对待“多品种”问题，有人认为，既然同一台设备上加工的同一个品种工艺参数数据服从同一个正态分布，因此可以采用一张控制图进行分析，不同品种分别采用不同控制图。其结果是同一台设备加工几个品种就存在几张控制图。

需要强调指出这种处理方法是不正确的，其结果违背了 SPC 基本原理。

4. 不满足“数据相互独立”的情况与“嵌套控制图”

（1）芯片加工阶段工艺参数不满足“数据相互独立”的情况

在微电路芯片加工工序，采用控制图进行评价的数据通常都存在“数据是同时加工产生的”，因此“同一批几个数据之间并非相互独立而是同时偏大或者同时偏小”的特点。

例如，半导体器件生产中通常采用“方块电阻”参数表征掺杂工序的状态。掺杂后通常在同时掺杂的一批晶圆中抽取一片，在晶圆的中间和上、下、左、右五个位置测量方块电阻数据作为一批数据，计算这五个数据的均值和标准偏差，得到控制图上的一个均值数据点和一个标准偏差数据点。

表 6.5.3 是某掺杂工序连续采集的 20 批方块电阻数据。每批五个数据来自同一片晶圆的中间和上、下、左、右五个位置。

表 6.5.3 方块电阻数据 （单位：Ω/□）

批次	x_1	x_2	x_3	x_4	x_5
1	215	213	208	212	210
2	202	201	206	205	208
3	213	212	210	211	208
4	204	201	210	211	209
5	216	217	213	218	210
6	204	206	200	210	208
7	204	202	201	200	205
8	213	210	210	215	213
9	200	203	208	207	208
10	204	208	209	210	201
11	215	213	214	209	208
12	203	206	205	201	200
13	205	203	205	209	208
14	208	204	205	201	208
15	214	213	210	210	208
16	206	208	205	203	209
17	205	203	208	201	204
18	203	208	204	200	203
19	216	213	210	213	212
20	206	203	204	209	210

剖析这些数据可见，第一批五个数据反映所在晶圆的方块电阻平均值在 212Ω/□左右，因此这五个数据表现为围绕 212 的波动。而第二批五个数据反映所在晶圆的方块电阻平均值在 204Ω/□左右，因此这五个数据表现为围绕 204 的波动。第一批晶圆方块电阻的平均值大于第二批晶圆，导致第一批五个数据总体而言大于第二批五个数据，表现为同一批数据并不相互独立。

（2）数据分布“嵌套性”

从数学上考虑，同一片晶圆上同时生成的一批数据服从一个正态分布，且标准偏差较小，而不同批次数据的“均值”又服从另一个标准偏差相对较大的正态分布，在数学上这是一种“嵌套”正态分布情况，显然这类数据不满足 IIND 中第一个 I 即不满足“数据完全相互独立”的条件。

如果控制图上一个数据点所代表的一批数据是“同时生成的”，往往都具有这种嵌套特点。在以半导体器件芯片为代表的元器件生产过程中，相当多的工序都具有这一特点。例如氧化工序的氧化层厚度、扩散掺杂和离子注入掺杂工序的方块电阻、金属化层淀积工序的金属层厚度等，都是在同一片晶圆上几个不同位置测量数据构成控制图上的一个数据点，因此具有“批加工”特点的工序，工艺参数数据都具有嵌套性特点。

数据分布“嵌套性”的判断

数学上可以定量分析判断数据是否具有嵌套性。扫描二维码可以查看数据分布“嵌套性”的判断方法。

(3) 嵌套控制图

对于具有“嵌套性”特点的工艺参数数据，不能直接采用常规 $\bar{x}-S$ 控制图的控制限计算公式，否则会出现误判结果。

扫描二维码可以查看“嵌套控制图”控制限计算方法与应用实例。

嵌套控制图

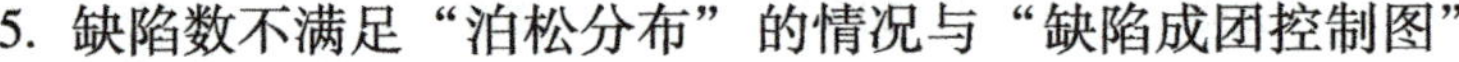

5. 缺陷数不满足“泊松分布”的情况与“缺陷成团控制图”

(1) 缺陷成团效应

生产过程中，有些工序加工产生的缺陷数不服从泊松分布。例如半导体器件生产中，一片晶圆上同时生成多个器件芯片，又称为管芯。不合格的芯片相当于是一个“缺陷”。图 6.5.4 为半导体器件生产中晶圆上不合格管芯分布情况的两个实例。图中黑色为没有功能的废管芯，灰色为参数不合格的管芯。这些不合格管芯出现的位置明显地显示出“成团效应”，因此就不能采用只适用于缺陷数相互独立情况下依据泊松分布建立的常规缺陷数控制图。

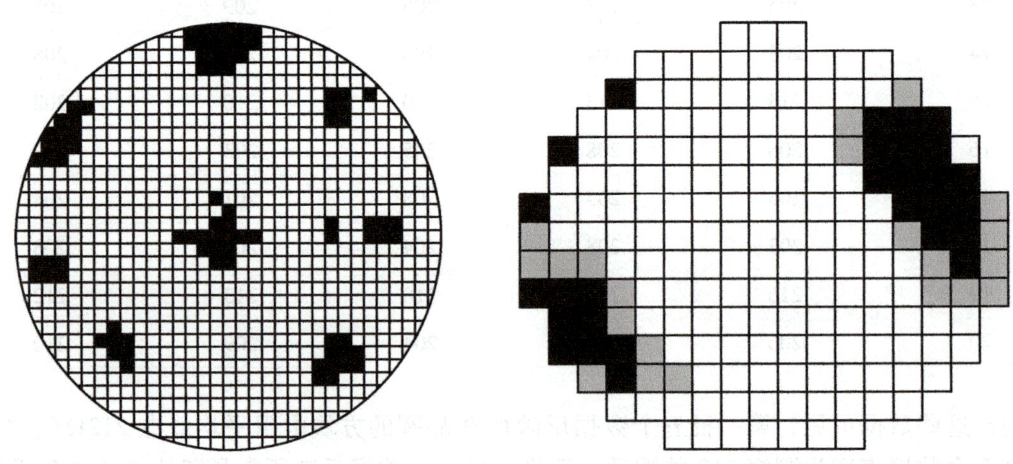

图 6.5.4 “缺陷成团”效应

(2) 缺陷成团控制图

对表现为“成团效应”的缺陷数，应该采用缺陷成团控制图。否则可能将处于“统计受控状态”的生产过程误判为失控。

思考题与习题

1. 为什么说微电路生产过程控制与微电路产品可靠性具有相关关系？

2. 针对 n 阱 CMOS 工艺，设计测量 n 阱、pMOS 管源漏、nMOS 管源漏掺杂方块电阻的测试图形。

3. 针对典型双极 IC 工艺，设计可分别测试发射区接触电阻和集电区接触电阻的测试图形。

4. 如果一道工序的工艺水平较高，工艺不合格品率已降至只有百万分之几的水平，在常规生产工艺检验中，每批只抽取几个样本进行检测，几乎不会出现不合格的情况。为什么根据这些检验“合格样本”的数据能评价出该工序的“不合格品率”水平？

5. 说明“6σ 设计”技术与工序能力指数之间的关系。

6. 如果工艺参数不是正态分布，如何计算工序能力指数来评价工艺能力？

7. 某薄膜生长工艺对厚度尺寸加工要求为 450±20。连续采集的 25 批（每批 4 个）样本膜厚尺寸如表 T6. 1 所示。计算该工序的工序能力指数 *Cpk*。

表 T6. 1

批次	x_1	x_2	x_3	x_4
1	459	449	435	450
2	443	440	442	442
3	457	444	449	444
4	469	463	453	438
5	443	457	445	454
6	444	456	456	457
7	445	449	450	445
8	446	455	449	452
9	444	452	457	440
10	432	463	463	443
11	445	452	453	438
12	456	457	436	457
13	459	445	441	447
14	441	465	438	450
15	460	453	457	438
16	453	444	451	435
17	451	460	450	457
18	422	431	437	429

续表

批次	x_1	x_2	x_3	x_4
19	444	446	448	467
20	450	450	454	454
21	454	449	443	461
22	449	441	444	455
23	442	442	442	450
24	443	452	438	430
25	446	459	457	457

8. 实施SPC与工序能力指数评价之间有什么关系？就工艺过程评价而言，SPC和*Cpk*分别起什么作用？

9. 说明工艺过程统计受控的含义。工艺处于统计受控状态与工艺加工结果满足要求有什么关系？

10. 举例说明微电路生产中哪些工艺参数不能用常规控制图分析其统计受控状态。

11. 在工艺参数呈现嵌套分布的情况下，为什么不应该采用常规控制图？

第 7 章　可靠性试验与评价

为了保证元器件产品的应用可靠性，产品在出厂前必须通过规定的试验和参数测试评价，才能提交给市场。本章介绍可靠性试验的作用、试验项目类型、实施要求，以及出厂产品质量评价方法。同时结合实例介绍涉及的数学原理以及数据分析方法。

7.1　可靠性试验概述

本节针对微电子器件产品，介绍可靠性试验的作用、实施可靠性试验需要考虑的问题以及可靠性试验相关标准。

7.1.1　可靠性试验的作用与关键问题

1. 可靠性试验的含义与作用

顾名思义，可靠性试验是指与产品可靠性相关的试验，包括：了解并分析产品存在的可靠性问题、评价产品可靠性水平、促使产品可靠性水平增长等。

在产品寿命全周期中，可靠性试验主要起到下述作用：

① 筛选：其作用是剔除早期失效的元器件产品。

② 可靠性鉴定：验证产品是否符合规定的可靠性要求。

③ 质量一致性检验：验证常规生产的产品是否维持鉴定时达到的可靠性水平。

④ 可靠性增长和失效分析：暴露产品的可靠性缺陷、分析失效原因，为改进设计和工艺控制、提高产品可靠性提供依据。

⑤ 可靠性验收：验证交付的产品是否满足用户对产品的可靠性要求。

2. 正确实施可靠性试验的关键问题

为了达到可靠性试验的目标，需要考虑实施可靠性试验涉及的下述四方面问题。

（1）如何确定试验样品的数量

可以根据 7.5 节介绍的抽样理论，确定试验样本量的选定。

（2）需要实施哪些可靠性试验项目

7.1.2 节介绍的相关标准明确规定了针对什么可靠性目标应该选择实施哪些可靠性试验项目，可供参照执行。

（3）可靠性试验中应该采用什么试验条件

7.1.2 节介绍的相关标准也同时明确规定了针对什么可靠性目标实施可靠性试验时应该采用什么试验条件，可供参照执行。

（4）如何给出试验结论

对于大部分可靠性试验，7.1.2 节介绍的相关标准均针对不同的可靠性试验项目明确规定了通过可靠性试验的判据，可供参照执行。

对于可靠性寿命试验、可靠性模型参数提取试验等涉及大量数据的可靠性试验，则需要采用第 2 章介绍的可靠性数学相关原理和方法，对试验数据进行处理分析，才能给出试验结论。7.4 节将结合典型实例，介绍几种典型情况的试验数据处理方法。

7.1.2 微电子器件可靠性试验标准

目前针对微电子器件可靠性试验的标准可分为两类。

1. 针对微电子器件产品可靠性试验的综合性标准

在关于微电子器件产品可靠性试验的综合性标准中，典型代表是我国标准“GJB548”、“GJB7400”以及美国汽车电子委员会（AEC）标准“AEC-Q100”等。

（1）“GJB548 微电子器件试验方法和程序”

GJB548 是我国关于军用微电子器件可靠性试验的军用标准，采用数字编号方式规定了针对不同评价目标应该实施的可靠性试验项目，以及单项试验应该选用的试验条件。

标准中规定的单项试验方法包括：环境试验、机械试验以及试验程序。

标准中对不同类型试验采用的编号范围分别为

① 环境试验编号范围为 1001—1999，包括 1001 低气压试验、1004 抗潮湿试验、1009 盐雾试验、1010 温度循环试验、1014 密封试验、1016 寿命/可靠性试验、1017 中子试验等 28 项试验的试验方法和应该选用的试验条件。

② 机械试验编号范围为 2001—2999，包括 2001 恒定加速度试验、2011 键合强度（破坏性键合拉力试验）、2013 破坏性物理分析（DPA）的内部目检、2023 非破坏性键合拉力试验、2027 芯片粘接强度试验等 35 项试验的试验方法和应该选用的试验条件。

③ 试验程序编号范围为 5001—5999，规定了针对不同目标应该实施的可靠性试验项目和采用的试验条件。

例如“方法 5004 筛选程序”规定了 B 级（军级）以及 S 级（宇航级）两个级别微电路的筛选应该实施哪些试验项目以及每项试验应该采用的试验条件（参见 7.2.1 节）。

“方法 5005 鉴定和质量一致性检验程序”规定了 B 级（军级）以及 S 级（宇航级）两个级别微电路的鉴定以及质量一致性检验应该实施哪些试验项目以及每项试验应该采用的试验条件（参见 7.3.1 节和 7.3.2 节）

（2）“GJB7400 合格制造厂认证用半导体集成电路通用规范”

GJB7400 是关于对集成电路制造厂进行全面认证的标准，除了关于可靠性试验方面的规定外，还包括对设计能力、制造能力的认证要求。

（3）“AEC-Q100 Failure Mechanism Based Stress Test Qualification for Integrated Circuits”

AEC-Q100 是美国 AEC 颁布的关于汽车用集成电路的鉴定试验标准，基本覆盖了常用的单项可靠性试验项目。与 GJB548 相比，进行可靠性鉴定试验的基本思路以及需进行的试验项目差别不大，只是由于应用场景不同，关于试验条件等具体要求有所差别。

2. 单项试验标准

由于可靠性筛选、鉴定与质量一致性检验等涉及多个单项可靠性试验，为了规范试验方法和试验条件，我国颁布了相关的单项可靠性试验国家标准（GB 标准）以及国家军用标准（GJB 标准）。国际上不同组织和协会也颁布了类似标准，在集成电路领域影响较大的是 JEDEC 系列标准。

7.1.3 单项试验项目作用与分类

微电子器件从芯片加工、组装/封装到筛选测试的不同阶段，都可能对产品带来潜在缺陷，影响产品质量可靠性。不同的可靠性试验项目的作用就是用于监测、评价不同潜在缺陷对质量可靠性的影响程度。AEC-Q100 规定了汽车用集成电路鉴定试验包括的 41 项可靠性试验，按照其功能以及应用场景不同，分为七类，采用字母 A、B、……、G 表示，如图 7.1.1 所示。

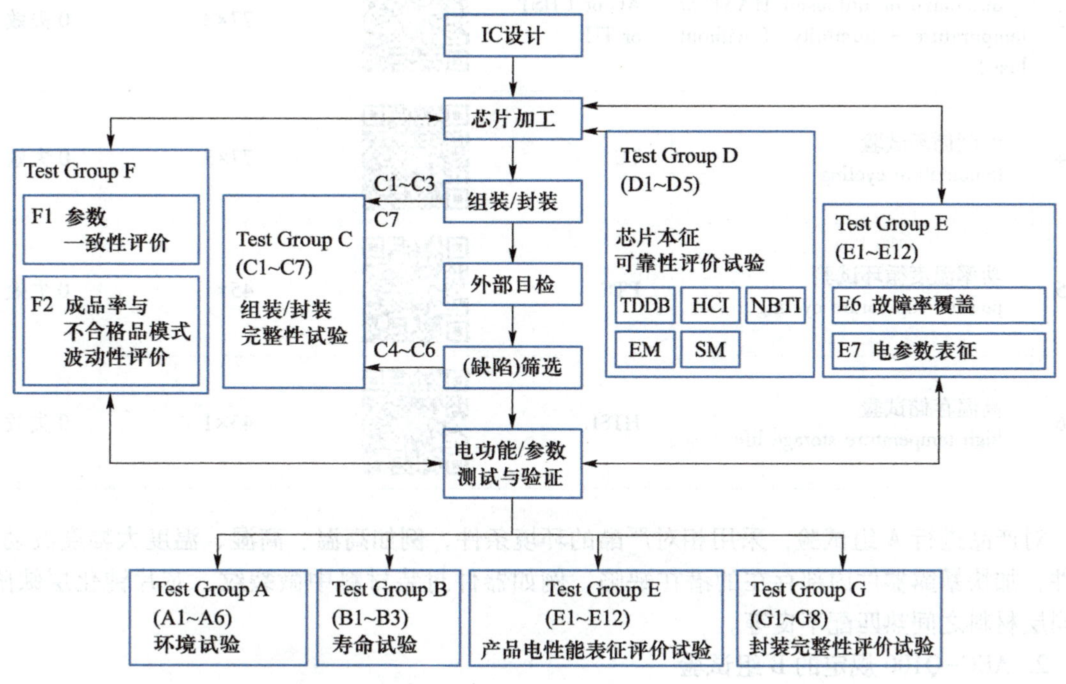

图 7.1.1 AEC-Q100 规定的鉴定试验项目

本节介绍这七类可靠性试验的基本功能和应用（见表 7.1.1~表 7.1.7）。由于应用场景不同，GJB548 以及 GJB7400 等标准的规定与 AEC-Q100 不完全相同，但是可靠性鉴定试验的基本思路以及需要进行的试验项目差别不大。

扫描单项试验名称所在行的二维码，可以查看对该项试验简要介绍的短视频。

1. AEC-Q100 规定的 A 组试验

AEC-Q100 的 A 组试验是一组“环境试验”，包括 6 项试验，如表 7.1.1 所示。

表 7.1.1 AEC-Q100 的 A 组试验（环境试验）

编号	试验名称	名称缩写	样本数（每批样本数×批次数）	接收判据
A1	预处理 preconditioning	PC	77×3	0 失效

续表

编号	试验名称	名称缩写	样本数（每批样本数×批次数）	接收判据
A2	偏置温湿度试验 temperature - humidity - bias or biased HAST	THB or HAST	77×3	0 失效
A3	无偏置高温高湿试验 autoclave or unbiased HAST or temperature - humidity (without bias)	AC or UHST or TH	77×3	0 失效
A4	温度循环试验 temperature cycling	TC	77×3	0 失效
A5	功率温度循环试验 power temperature cycling	PTC	45×1	0 失效
A6	高温存储试验 high temperature storage life	HTSL	45×1	0 失效

对产品进行 A 组试验，采用相对严酷的环境条件，例如高温、高湿、温度大幅度波动等条件，加快暴露器件内部存在的潜在缺陷，例如器件封装材料中微裂纹、芯片钝化层缺陷、不同层材料之间热匹配不良等。

2. AEC-Q100 规定的 B 组试验

AEC-Q100 规定的 B 组试验是一组“寿命试验”，包括 3 项试验，如表 7. 1. 2 所示。

表 7. 1. 2　AEC-Q100 的 B 组试验（寿命试验）

编号	试验名称	名称缩写	样本数（每批样本数×批次数）	接收判据
B1	高温工作寿命试验（1 000 h） high temperature operating life	HTOL	77×3	0 失效
B2	早期（48 h/24 h）失效率评价 early life failure rate	ELFR	800×3	0 失效
B3	NVM 数据保持耐久性试验 NVM endurance data retention, and operational life	EDR	77×3	0 失效

对一般产品，B 组试验采用高温工作 1 000h、高温/偏置 48h/24h 两项试验表征器件寿命。对非易失性存储器，进行 B3 试验，评价其数据保持能力和工作寿命。

3. AEC-Q100 规定的 C 组试验

AEC-Q100 规定的 C 组试验是一组“组装/封装完整性试验”，包括 7 项试验，主要评价内引线/焊球的连接强度、外引线牢固性和可焊性以及外形尺寸，如表 7.1.3 所示。

表 7.1.3 AEC-Q100 规定的 C 组试验（组装/封装完整性试验）

编号	试验名称	名称缩写	样本数（每批样本数×批次数）	接收判据
C1	键合剪切强度试验 wire bond shear	WBS	至少 5 个产品中每个产品抽取 30 根内引线	*Cpk*>1.67
C2	键合拉力强度试验 wire bond pull	WBP		*Cpk*>1.67
C3	可焊性试验 solderability	SD	15×1	引线焊料覆盖率大于 95%
C4	器件外形尺寸（PD）一致性评价 physical dimensions	PD	10×3	*Cpk*>1.67
C5	焊球剪切强度试验 solder ball shear	SBS	至少 10 个产品，每个产品抽取 5 个焊球	*Cpk*>1.67
C6	引线牢固性试验 lead integrity	LI	5 个产品，每个产品抽取 10 根引线	引线无断裂
C7	突点剪切强度试验 bump shear test	BST	至少 5 个产品，每个产品抽取 20 个突点/柱	*Cpk*>1.67

其中对于内引线拉力/剪切力、球焊剪切力、外形尺寸等计量型检测数据，采用 6.2 节介绍的 *Cpk* 指数值作为接收判据。*Cpk* 大于 1.67，对应不满足规范要求的概率小于百万分之 0.3。

4. AEC-Q100 规定的 D 组试验

AEC-Q100 规定的 D 组试验是一组“芯片本征可靠性评价试验”，包括 5 项试验，如表 7.1.4 所示。其作用是表征芯片工艺加工的可靠性保证水平。

表 7.1.4　AEC-Q100 的 D 组试验（芯片本征可靠性评价试验）

编号	试验名称	名称缩写	备注
D1	电迁移 electromigration	EM	对工艺线定期（可以每年一次）进行 D 组试验。
D2	经时介质击穿 time dependent dielectric breakdown	TDDB	
D3	热载流子注入 hot carrier injection	HCI	
D4	负偏温度不稳定性 negative bias temperature instability	NBTI	
D5	应力迁移 stress migration	SM	

7.4.4 节将结合实例介绍“芯片本征可靠性评价试验”的试验方案和数据处理方法。

5. AEC-Q100 规定的 E 组试验

AEC-Q100 规定的 E 组试验是一组“产品电性能表征评价试验”，包括 11 项试验，如表 7.1.5 所示（注意：无 E8 编号试验）。其作用是从多方面表征芯片和产品的多种（电）性能。

表 7.1.5　AEC-Q100 规定的 E 组试验（产品电性能表征评价试验）

编号	试验名称	名称缩写	样本数（每批样本数×批次数）	接收判据
E1	应力试验前后电参数测试 pre- and post-stress function/parameter	TEST	全部	0 失效
E2	静电放电人体模型 electrostatic discharge human body model	HBM		评价产品抗静电损伤等级
E3	带电器件放电模型 electrostatic discharge charged device model	CDM		
E4	闩锁效应检测 latch-up	LU	6×1	0 失效
E5	电参数分布测试 electrical distributions	ED	30×3	Cpk>1.67（适用时）
E6	故障率覆盖 fault grading	FG		
E7	电参数表征 characterization	CHAR		

续表

编号	试验名称	名称缩写	样本数（每批样本数×批次数）	接收判据
E9	电磁兼容性试验 electromagnetic compatibility	EMC	1×1	
E10	短路表征试验 short circuit characterization	SC	10×3	0 失效
E11	软误差评价试验 soft error rate	SER	3×1	
E12	无铅镀层表征试验 lead（Pb）free	LF		

6. AEC-Q100 规定的 F 组试验

AEC-Q100 规定的 F 组试验是一组“缺陷筛选试验”，包括 2 项试验，如表 7.1.6 所示，适用于芯片和成品的“筛选”。针对这两项试验 AEC 还专门颁布了两个标准。其作用原理和实施方法将分别在 7.6.1 节和 7.6.2 节介绍。

表 7.1.6　AEC-Q100 的 F 组试验（缺陷筛选试验）

编号	试验名称	名称缩写	备　注
F1	参数一致性评价 process average testing	PAT	100%产品进行评价 可以在晶圆级、产品级进行
F2	成品率与不合格品模式波动性评价 statistical bin/yield analysis	SBA	

7. AEC-Q100 规定的 G 组试验

目前绝大部分民用集成电路产品都是“塑封器件”，封装为实心结构，即封装体内部没有空腔。对于质量可靠性要求较高的应用场景，“塑封”不能满足要求，需要采用“气密性”封装，例如陶瓷外壳或者金属封装，这种“气密性”封装器件不是实心结构，内部存在“空腔”。

AEC-Q100 的 G 组试验就是针对具有内空腔产品的一组“封装完整性评价试验”，包括 8 项试验，如表 7.1.7 所示。

表 7.1.7　AEC-Q100 的 G 组试验（内空腔产品的“封装完整性评价试验”）

编号	试验名称	名称缩写	样本数（每批样本数×批次数）	接收判据
G1	机械冲击试验 mechanical shock	MS	15×1	0 失效
G2	变频振动试验 variable frequency vibration	VFV	15×1	0 失效

续表

编号	试验名称	名称缩写	样本数（每批样本数×批次数）	接收判据
G3	恒定加速度试验 constant acceleration	CA	15×1	0 失效
G4	粗/细检漏试验 gross/fine leak	GFL	15×1	0 失效
G5	跌落试验 package drop	DROP	5×1	0 失效
G6	盖板扭矩试验 lid torque	LT	5×1	0 失效
G7	芯片剪切强度试验 die shear	DS	5×1	0 失效
G8	内部水汽含量 internal water vapor	IWV	5×1	0 失效

7.2 可靠性筛选

筛选试验的目的是剔除早期失效的元器件，因此相关标准规定，可靠性要求较高的元器件出厂前必须进行 100%的筛选，并规定了应该进行的筛选试验项目和试验条件。

经过多年的技术进步，针对元器件质量可靠性的实际情况，目前应该也可能对传统筛选试验项目进行优化调整。本节解读筛选试验的作用和试验要求，分析筛选试验优化调整的思路，并结合实例说明优化确定老炼时间的方法。

7.2.1 集成电路筛选试验的作用与要求

下面结合 GJB548 标准规定的筛选试验要求，说明筛选试验的作用和要求。

1. 筛选试验的作用

第 1 章图 1.1.3 介绍了描述元器件产品失效率 $\lambda(t)$ 随时间变化关系的浴盆曲线。

在早期失效阶段，元器件失效的主要原因是由原材料和制造工艺等因素导致一部分元器件内部存在“缺陷”，例如金属互连线严重变窄、芯片有源区明显划伤等，因此元器件刚开始工作时这部分内部存在缺陷的元器件很快失效，表现为这批元器件刚开始工作时，失效率较高。但是随着工作时间的增加，存在明显缺陷的产品已全部失效后，失效率明显下降，恢复常态。

针对存在早期失效而且早期失效率较高的客观情况，对质量可靠性要求较高的应用场景，例如航天、航空应用领域，要求元器件生产厂家在完成工艺加工后，必须通过筛选试验，给器件施加合适的热电压力，使得这部分存在先天缺陷的早期失效元器件尽快失效被剔除掉，然后对通过筛选的元器件进行参数测试，将满足要求的合格元器件提交给用户。

2. 筛选试验要求

相关标准，例如我国的 GJB548 标准中，规定军用元器件出厂前必须进行 100%的筛选，并规定了应该进行的筛选试验项目和试验条件。表 7.2.1 是 GJB548 规定的 S 级（宇航级）和 B 级（军级）微电路筛选试验要求。表 7.2.2 是 GJB7400 关于塑封微电路的筛选试验要求。

表 7.2.1 GJB548 规定的微电路筛选试验要求

筛　　选	S 级		B 级	
	试验方法和条件	要求	试验方法和条件	要求
1 晶圆批验收	5007	所有批		—
2 非破坏性键合拉力	2023	100%		—
3 内部目检	2010 试验条件 A	100%	2010 试验条件 B	100%
4 温度循环	1010 试验条件 C	100%	1010 试验条件 C	100%
5 恒定加速度	2001 试验条件 E（至少），仅 Y1 方向	100%	2001 试验条件 E（至少），仅 Y1 方向	100%
6 目检		100%		100%
7 粒子碰撞噪声检测（PIND）	2020 试验条件 A	100%		—
8 编序列号		100%		—
9 老炼前电测试	按适用的器件规范	100%	按适用的器件规范	100%
10 老炼	1015[i]，240 h，至少 125℃	100%	1015，160 h，至少 125℃	100%
11 中间（老炼后）电测试	按适用的器件规范	100%		—
12 反偏老炼	1015，试验条件 A 或 C，至少 150℃下 72 h	100%		—
13 中间（老炼后）电测试	按适用的器件规范	100%	按适用的器件规范	100%
14 允许不合格品率（PDA）计算	5%（静态参数测试）；3%（25℃功能参数）	所有批	5%	所有批
15 最终电测试	按适用的器件规范	100%	按适用的器件规范	100%
16 密封（细/粗检漏）	1014	100%	1014	100%
17 X 射线照相	2012 两个视图	100%		—
18 鉴定或质量一致性检验试验的样品选择		—		—
19 外部目检	2009	100%	2009	100%
20 辐射锁定	1020	100%	1020	100%

表 7. 2. 2　GJB7400 规定的塑封微电路筛选试验要求

项　目	GJB 548 的试验方法和条件	
	N1 级	N 级
1 内部目检	方法 2010 或按承制方内部规程	
2 温度循环	方法 1010，条件 C，至少 20 次	方法 1010，条件 C，至少 50 次
3 编序列号	按器件详细规范	
4 老炼前中间电测试	按器件详细规范	
5 老炼	方法 1015，至少 125℃，160 h	
6 老炼后中间电测试	按器件详细规范	
7 PDA 计算	1%	
8 终点电测试	按器件详细规范	
9 X 射线	方法 2012，要求顶视面检查内引线及其他明显缺陷，例如“分层”	
10 超声检测	方法 2030，要求顶视面检查芯片表面及引出端焊线键合区的严重缺陷	
11 外部目检	方法 2009 或承制方内部规程	

如表 7. 2. 1 和表 7. 2. 2 所示，筛选试验实际上包括一组单项试验，每项单项试验分别针对微电路内部存在的不同类型缺陷，起筛选作用。

说明：表 7. 2. 1 中第 10 项“老炼”本身的属性是“工艺”，或者说“老炼”实际上是最后一道工艺，其目的是释放掉整个工艺加工过程中产生的应力，使器件处于稳定状态。在筛选中实际上是利用老炼的应力使得早期失效的器件呈现失效状态，起到剔除早期失效器件的作用。

除了下面几项外，表中大部分单项可靠性试验项目已在 7. 1. 3 节介绍。

表 7. 2. 1 中第 7 项试验“粒子碰撞噪声检测（particle impact noise detection，PIND）”的作用是检测具有内空腔封装的产品在空腔中是否存在可动多余物。

表 7. 2. 1 中第 14 项是“允许不合格品率（percent defective allowable，PDA）计算”，规定老炼中被剔除的元器件数不得超过一定比例，否则说明早期失效严重，整批元器件将不得作为正常产品提交。

表 7. 2. 1 中第 20 项“辐照锁定”是针对有抗辐照要求的微电路产品的试验。

3. 对筛选试验的几点解读

（1）正确认识筛选的作用

筛选试验包括的不同筛选试验项目是为了筛选掉存在不同类型“先天缺陷”的元器件。如果不进行筛选试验，这部分失效率较高的早期失效元器件将作为合格产品交给用户。如果进行筛选试验时采用的筛选试验应力/时间不足，存在“先天缺陷”的元器件未被全部筛选掉，一部分早期失效器件也会作为正常产品交付用户使用，这些问题都将明显影响元器件的使用可靠性。

但是需要注意的是，浴盆曲线上处于第 2 阶段，即偶然失效阶段的元器件，其失效率的高低完全取决于“产品设计”和“工艺水平与过程控制”状态，与筛选试验没有关系。或者说，无论如何进行筛选试验，都不可能起到降低偶然失效的失效率进而提高元器件固有可靠性的作用。

（2）正确评价“二次筛选”

有些用户对生产方提供的已进行了筛选的元器件产品，还要再次进行“二次筛选”甚至多次筛选。应该基于筛选试验的目的评价“二次筛选”。

如果元器件生产厂家筛选工作不到位，或者用户因特殊的使用环境要求，需要增加筛选项目，例如需要进行生产厂家筛选试验中未包括的冷/热/超高真空筛选，这些情况下，用户进行一次“二次筛选”，可以起到进一步把关的作用。

如果不是上述情况，用户进行二次筛选将起不到作用。如果二次筛选应力过大，还可能使合格的元器件受到潜在的损伤。

（3）不进行筛选试验的情况

目前也存在不进行筛选的应用场景。

① 综合考虑生产效率和经济效益：如果不进行筛选，早期失效产品提交给用户，导致少量产品使用时很快失效，用户会要求更换。如果随着元器件总体水平的提高，早期失效数明显降低，给用户更换早期失效产品所花费的费用低于筛选试验的支出，则不进行筛选试验经济效益更高，因此通常就不进行筛选试验。

目前有些批量特别大的民用元器件，例如 LED 发光二极管，出厂前通常不进行筛选。

② 如果通过鉴定试验，例如早期失效率定量评价试验，证明早期失效率已下降到允许的水平，能够满足用户的应用要求，也可以免去筛选试验。

7.2.2 筛选试验的优化

目前各种元器件相关标准中关于筛选试验的规定都是多年前制订的。经过多年的技术进步，如何针对当前元器件质量可靠性的实际情况，进行筛选试验项目的优化调整，必然对提高筛选效率、保证元器件质量可靠性起到很大作用。

1. 筛选试验优化的必要性和可行性分析

随着工艺技术进步导致元器件质量可靠性水平的提高，元器件浴盆曲线也会发生图 7.2.1 所示的相应变化，呈现下述特点：

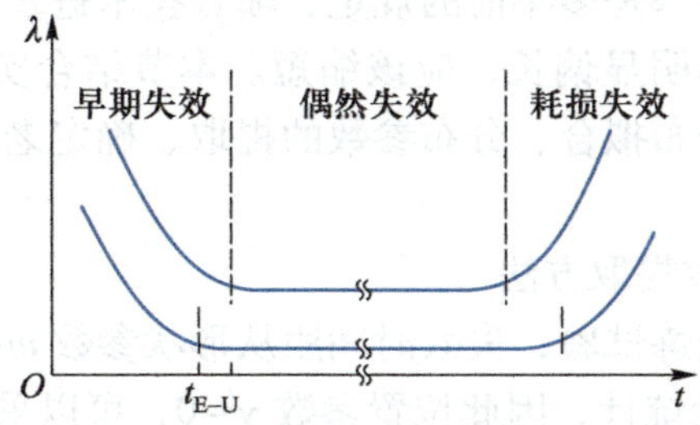

图 7.2.1 不同可靠性水平元器件呈现的浴盆曲线对比

每一阶段的失效率都会下降，同时早期失效与偶然失效阶段的分界时间点 t_{E-U} 前移，耗损失效出现的时间则推后。因此应该针对不同元器件类型以及不同设计和工艺实际情况，对筛选试验项目进行优化调整。

2. 筛选试验优化的途径

筛选试验项目优化调整包括下述几种情况：

（1）筛选试验项目的免除

如果相关工序具有较高的工艺水平，某种缺陷已得到很好控制，而且实施 SPC 保证工序运行处于统计受控状态，则由这些工序产生的缺陷所造成的早期失效问题就已得到很好的控制，无须通过专门的筛选项目来保证元器件质量可靠性，针对这类缺陷的筛选试验项目就可以免除。

例如，若键合工序工艺水平已提升到很高水平，并且通过实施 SPC，证明键合工序一直处于统计受控状态，则可以免去表 7.2.1 中对 S 级微电路规定必须进行的“100%非破坏性键合拉力强度试验”。

如果芯片粘接、内引线键合工序实现统计过程控制，确认相关工序具有较高的工艺水平，基本不存在相关缺陷问题，而且工序运行处于统计受控状态，则可以免除表 7.2.1 中规定的“恒定加速度”筛选试验。

（2）减少应力强度和/或筛选试验时间

随着可靠性水平的提高，早期失效与偶然失效阶段的分界时间点 t_{E-U} 前移，则与应力强度、筛选试验时间相关的筛选试验项目，如温度循环、老炼等，就可以减少应力强度和/或筛选试验时间，提升筛选试验效率。

7.2.3 节将结合老炼试验，说明优化老炼试验时间的方法。

（3）根据需要增加必要的筛选试验项目

为了保证筛选试验优化的效果，适应新情况下元器件质量可靠性保证的需要，也可能需要增加新的筛选试验项目。

例如，表 7.1.6 所示美国汽车电子集成电路试验标准 AEC-Q100 中，F 组包括的两项试验，即参数一致性评价和元器件成品率与不合格品模式波动性评价，就是新增加的筛选项目。

7.6.1 节和 7.6.2 节介绍这两项筛选试验的原理和实施方法。

7.2.3 基于威布尔分布拟合的老炼时间优化

筛选试验项目中，施加热电应力进行的老炼试验是一项比较费时费力的试验，特别是目前相关标准中要求的老炼时间都是多年前的规定，随着技术进步和元器件实际可靠性水平的提高，多年前规定的老炼时间明显偏长，应该缩短。本节结合实例介绍老炼时间优化方法，包括：早期失效时间威布尔分布拟合、分布参数的提取、确定老炼目标要求、定量确定优化的老炼时间。

1. 威布尔分布拟合和参数提取方法

针对微电路早期失效的老炼试验，失效时间服从形状参数 $m<1$ 的威布尔分布。

由于失效时间从 $t=0$ 开始统计，因此位置参数 $\gamma=0$，可以采用二参数威布尔分布描述早期失效时间分布。

由式（2.2.21），二参数威布尔分布的累积分布函数为

$$F(t)=1-\mathrm{e}^{-(t/\eta)^m} \tag{7.2.1}$$

即

$$\frac{1}{1-F(t)}=\mathrm{e}^{(t/\eta)^m}$$

式中 η 为模型参数，又称为尺度参数。

两边连续两次取对数，得

$$\ln\ln\left[\frac{1}{1-F(t)}\right]=m\ln(t)-m\ln(\eta) \tag{7.2.2}$$

引人中间变量参数

$$y=\ln\ln\left[\frac{1}{1-F(t)}\right],\quad x=\ln(t) \tag{7.2.3}$$

则式（7.2.2）成为式（7.2.4）描述的线性关系

$$y=Ax+B \tag{7.2.4}$$

其中

$$A=m,\quad B=-m\ln(\eta) \tag{7.2.5}$$

式（7.2.4）说明，由累积失效概率估计值 $F(t)$ 组成的计算式 $\ln\ln\{1/[1-F(t)]\}$ 与失效时间 t 的对数 $[\ln(t)]$ 之间为线性关系，斜率为 A，就是形状参数 m。由得到的参数 m 值以及截距 B 可以进一步得到模型参数 η。

若将老炼试验得到的 n 个早期失效时间数据按照从小到大排序为 $t_i(i=1,2,\cdots,n)$，采用2.3.2节式（2.3.6）~式（2.3.8）经验累积分布函数计算公式，可以得到 n 组描述不同时间 t_i 对应的累积分布函数值 $F(t_i)$ 的数据 $[F(t_i),t_i(i=1,2,\cdots,n)]$，再采用式（7.2.3）转化为 n 组中间变量参数 $[y_i,x_i(i=1,2,\cdots,n)]$，就可以采用最小二乘法等算法由式（7.2.4）提取得到参数 A 和 B

$$A=\frac{\sum_{i=1}^{n}x_iy_i-\frac{1}{n}\left(\sum_{i=1}^{n}x_i\right)\left(\sum_{i=1}^{n}y_i\right)}{\sum_{i=1}^{n}x_i^2-\frac{1}{n}\left(\sum_{i=1}^{n}x_i\right)^2} \tag{7.2.6}$$

$$B=\frac{1}{n}\sum_{i=1}^{n}y_i-\frac{A}{n}\sum_{i=1}^{n}x_i$$

采用式（7.2.5），可以由得到的 A、B 结果得到形状参数 m 和尺度参数 η。

2. 威布尔分布拟合和分布参数提取步骤

依据上述原理，可以按照下述步骤对早期失效时间数据进行威布尔分布拟合，并提取形状参数 m 和尺度参数 η。

① 将早期失效时间数据按照从小到大顺序排序为 $[t_i(i=1,2,\cdots,n)]$。

② 采用2.3.2节式（2.3.6）~式（2.3.8），得到描述不同时间对应的累积分布函数值的 n 组数据 $[F(t_i),t_i(i=1,2,\cdots,n)]$。

③ 采用式（7.2.3），由 $[F(t_i),t_i(i=1,2,\cdots,n)]$ 得到 n 组数据 $[y_i,x_i(i=1,2,\cdots,n)]$。

④ 对 n 组数据 $[y_i,x_i(i=1,2,\cdots,n)]$ 进行线性拟合，采用式（7.2.5）计算得到参数 A 和 B 数值。

⑤ 采用式（7.2.5）由参数 A、B 值转换得到形状参数 m 和尺度参数 η。

实例：对表7.2.3所示30个失效时间数据，进行威布尔分布拟合，提取形状参数 m 和尺度参数 η。

表 7.2.3　早期失效时间数据（实例）

序号 i	1	2	3	4	5	6	7	8	9	10
失效时间 t_i/h	0.01	0.04	0.11	0.22	0.47	0.76	1.32	1.32	1.43	1.56
序号 i	11	12	13	14	15	16	17	18	19	20
失效时间 t_i/h	1.75	1.92	2.33	2.36	2.61	2.77	2.79	3.37	4.56	4.92
序号 i	21	22	23	24	25	26	27	28	29	30
失效时间 t_i/h	5.42	5.45	5.69	6.46	8.62	13.10	13.96	15.66	18.05	20.67

图 7.2.2 描述了采用前面介绍的方法，根据 30 个早期失效时间数据变换得到的 30 组中间变量数据$[y_i, x_i(i=1,2,\cdots,n)]$进行线性拟合的结果。

线性拟合结果为：$y=0.7x-1.08$，即 $A=0.7$，$B=-1.08$。

计算结果得形状参数 $m=0.7$，尺度参数为 $\eta=4.7$。

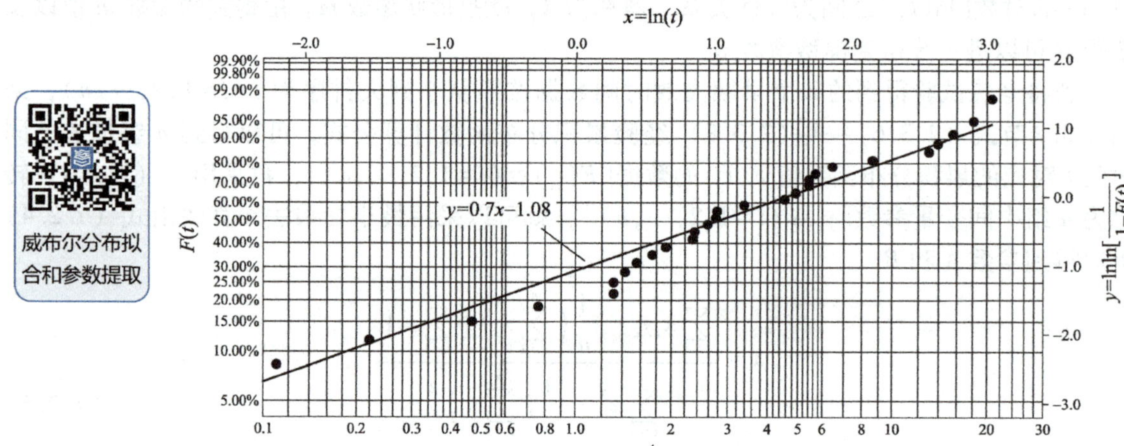

图 7.2.2　威布尔分布拟合

3. 老炼目标的确定

从概念上说，老炼的目标是剔除掉所有早期失效的元器件。但是从数学角度分析，早期失效时间服从形状参数 $m<1$ 的威布尔分布，失效时间分布范围从 0 到无穷大。因此采用数学语言描述的优化老炼时间 t_S 应该是：通过 t_S 时长的老炼，早期失效元器件的累积失效概率 $F(t_S)$ 应该达到相当高的值，或者说，通过 t_S 时长的老炼，尚未失效的概率，也就是“漏筛”的概率$[1-F(t_S)]$，已经相当低，例如只有 100 ppm，即万分之一。

通常生产的一批元器件中，早期失效元器件数只有几个到几十个，很少达到上百个，因此，如果“漏筛”概率低至 100 ppm，即万分之一，从工程应用的角度考虑，应该认为早期失效的元器件实际上已被剔除。

当然，“漏筛”概率值目标可以由生产方和用户协商确定。

4. 老炼时间的优化确定

如果通过威布尔分布拟合，已经由以往老炼试验的失效时间数据提取得到威布尔分布的形状参数 m 和尺度参数 η，就可以根据允许的“漏筛”概率$[1-F(t_S)]$值，代入式（7.2.2），确定老炼时间 t_S。

例如，对表 7.2.3 所示数据实例，提取得到威布尔分布的形状参数 $m=0.679\,65$，尺度参数为 $\eta=4.762\,31$。若允许的“漏筛”概率值$[1-F(t_S)]$为 100 ppm，则代入式（7.2.2），计算得到老炼时间 t_S为 31 h。

如果将允许的“漏筛”概率值$[1-F(t_S)]$减少到 1 ppm，则代入式（7.2.2），确定老炼时间 t_S为 53 h。

显然，允许的“漏筛”概率值越低，需要进行的老炼时间越长。

7.3 鉴定与质量一致性检验

正如 7.2 节分析，并不是所有应用场景都要求对微电路产品进行 100%筛选。但是为了表征产品质量水平，所有微电路产品都需要进行产品鉴定和质量一致性检验。

7.3.1 “鉴定”与“质量一致性检验”关系

1. 作用

微电路产品正式推向市场前，需要进行“鉴定试验”，确认产品满足可靠性要求。

通过鉴定的产品，可以正常供货。为了验证常规生产的产品仍然维持鉴定时达到的可靠性水平，则需要进行“质量一致性检验”。

GJB548 标准中试验方法 5005 就是规定的微电路鉴定和质量一致性检验程序。

2. 鉴定与质量一致性检验的试验要求

“鉴定试验”与“质量一致性检验”需要进行的试验项目相同，GJB548 试验方法 5005 规定的试验一共包括 A、B、C、D、E 五个分组试验。进行“鉴定试验”时，每项试验均要求进行。而对“质量一致性检验”，A、B 组为逐批进行，C、D 组则只需定期进行。E 组是只适用于有辐射强度等级要求的鉴定和质量一致性检验程序。

7.3.2 GJB548 规定的“鉴定与质量一致性检验”试验项目

按照 GJB548 中试验方法 5005 规定，微电路鉴定和质量一致性检验程序包括的试验类别分为 A、B、C、D、E 五个分组。有的分组试验中对 S 级（宇航级）和 B 级（军级）微电路的试验项目以及试验条件不完全相同。

1. A 组试验

（1）A 组试验规定

A 组试验是关于器件电参数测试要求，共 12 个分组测试，包括在 25℃、最高额定工作温度以及最低额定工作温度下，分别进行静态特性测试、动态特性测试、功能测试以及开关特性测试，因此又称为三温测试，如表 7.3.1 所示。

表 7.3.1　A 组试验

分　组	测　试
1 分组	25℃下的静态测试
2 分组	最高额定工作温度下的静态测试

续表

分　组	测　试
3 分组	最低额定工作温度下的静态测试
4 分组	25℃下的动态测试
5 分组	最高额定工作温度下的动态测试
6 分组	最低额定工作温度下的动态测试
7 分组	25℃下的功能测试
8A 分组	最高额定工作温度下的功能测试
8B 分组	最低额定工作温度下的功能测试
9 分组	25℃下的开关测试
10 分组	最高额定工作温度下的开关测试
11 分组	最低额定工作温度下的开关测试

（2）合格判据

A 组试验的抽样方案与合格判据为 116(0)，即抽取 116 个器件进行测试，不允许出现失效。

若批量小于 116，则 100%进行 A 组试验。

2. B 组试验

B 组试验是一组机械和环境试验要求。对 S 级微电路，B 组试验包括八个分组，有些分组又包括几项检验，如表 7.3.2 所示。

表 7.3.2　S 级微电路的 B 组试验

试 验 分 组	试验方法	样品数/接收数
1 分组：a. 物理尺寸	2016	2(0)
b. 内部气氛含量	1018	3(0)或 5(1)
2 分组：a. 耐溶剂性	2015	3(0)
b. 内部目检及机械试验	2013 及 2014	2(0)
c. 键合强度	2011	22(0)
d. 芯片剪切或与基底附着力试验	2019 或 2027	3(0)
3 分组：a. 可焊性	2003	22(0)
4 分组：a. 外引线牢固性	2004	45(0)
b. 密封	1014	
c. 帽盖扭矩	2024	
5 分组：a. 终点电测试		45(0)
b. 稳态寿命		
c. 终点电测试	1005	

续表

试验分组	试验方法	样品数/接收数
6分组：a. 终点电测试		15(0)
b. 温度循环	1010	
c. 恒定加速度	2001	
d. 密封	1014	
e. 终点电测试		
7分组：a. 静电放电敏感度	3015	3(0)
8分组：a. 锁定试验		3(0)

表中还同时给出各项试验的合格判据，包括样本数以及合格判据。

3. C组试验

C组试验是一组仅针对B级微电路的稳态寿命试验要求，如表7.3.3所示。对S级微电路，稳态寿命试验是要求每批都要进行的试验，因此已作为每批均要进行的B组5分组试验要求。

表7.3.3 C组试验（仅对B级微电路）

试验分组	试验方法	样品数/接收数
1分组：a. 稳态寿命试验	1005	45(0)
b. 终点电测试		
2分组：a. 耐久和数据保持试验	1033	10(0)

4. D组试验

D组试验是一组针对封装的试验要求。对S级和B级微电路，D组试验要求相同。

对气密性封装，包括9个分组试验如表7.3.4所示。

表7.3.4 气密性封装微电路D组试验

试验分组	试验方法	样品数/接收数
1分组：a. 物理尺寸	2016	15(0)
2分组：a. 引线牢固性	2004	45(0)
b. 密封	1014	
3分组：a. 热冲击	1011	15(0)
b. 温度循环	1010	
c. 耐湿	1004	
d. 目检		
e. 密封	1014	
f. 终点电测试		

续表

试验分组	试验方法	样品数/接收数
4 分组：a. 机械冲击 b. 变频振动 c. 恒定加速度 d. 密封 e. 目检 f. 终点电测试	2002 2007 2001 1014	15（0）
5 分组：a. 盐雾 b. 目检 c. 密封	1009 1014	15(0)
6 分组：a. 内部气氛含量	1018	3(0)或 5(1)
7 分组：a. 引线涂覆附着强度	2025	15(0)
8 分组：a. 封盖扭矩	2024	5(0)
9 分组：a. 耐焊接热 b. 密封 c. 目检 d. 终点电测试	2036 1014 2009	3(0)

5. E 组试验

E 组试验是一组针对有辐射强度等级要求的微电路鉴定和质量一致性检验的试验要求，包括中子辐照、稳态总剂量辐照、瞬态电离辐照剂量率、感应锁定、单粒子效应五个分组试验。对 S 级和 B 级微电路，E 组试验要求基本相同。

7. 3. 3　GJB7400 规定的 TCV 评价

第 3 章介绍的多种失效机理，例如热载流子注入效应、互连线电迁移失效、氧化层经时击穿（TDDB）、温度不稳定性等微电路芯片本征失效机理已成为微电路失效率浴盆曲线上进入第三阶段即耗损失效阶段的主要因素，是确定微电路可靠性水平的重要因素。为此 GJB7400 标准中明确要求实施 TCV 技术，定量表征芯片本征失效机理对微电路可靠性的影响情况。AEC-Q100 标准也将其作为 D 组试验的内容。

本节介绍 TCV 的含义和要求。7. 4. 4 节将结合实例说明 TCV 试验方法，以及如何对试验数据进行分析处理，得到 TCV 评价结论。

1. TCV 的含义

GJB7400 中的 TCV 是英文 technology characterization vehicle 的缩写，实际含义是采用设计的测试结构，通过加速试验方法，确定单一失效机理决定的器件寿命、以及表征单一失效机理的模型参数（如激活能等），进而表征这些固有可靠性失效机理对微电路器件的影响程度。

2. GJB7400 中关于 TCV 程序的要求

按照 GJB7400 要求，为了正确地实施 TCV，应制订包括下述内容的 TCV 程序。第 7 章 7. 4. 4 节将结合实例说明如何实施 TCV。

(1) TCV 表征对象

采用 TCV 表征的单一失效机理应包括：热载流子效应、互连线电迁移失效、氧化层经时击穿（TDDB）、欧姆接触退化以及 GaAs 器件的侧栅/背栅与栅下沉效应等。

有辐射加固要求时，应在 TCV 程序中加入特殊结构，以表征辐射加固达到的能力。

(2) TCV 测试结构

应设计用于 TCV 表征的测试结构，也可以根据情况采用工艺监测图形、标准评估电路甚至实际器件。

(3) 试验方法

应针对不同的失效机理，确定加速试验方法，包括应力类别和应力水平。试验可以在晶圆级进行，也可以采用组装好的样本。

(4) TCV 试验数据的分析

应通过试验数据分析，给出最坏工作条件情况下每种失效机理的失效时间分布以及特征失效时间的估计值，预测最坏情况寿命或最坏情况失效率，包括评价激活能、基于电流/电压/温度/频率等的加速因子、长期可靠性、已知的失效机理和对策。

当有辐射加固要求时，应采用一定的辐射剂量进行 TCV 试验，以确定失效模式和失效机理。通过在最坏情况下的偏置、退火和温度条件，确定辐射响应的极限。

7.4 加速寿命试验与数据处理

在各种可靠性试验中，加速寿命试验是涉及因素较多的一类，而且需要对数据进行相对复杂的分析处理，才能得到最终结论。本节在介绍加速寿命试验和加速因子基础上，结合指数分布情况失效率/寿命的计算评价、威布尔分布情况累计失效概率计算评价、可靠性模型参数优化提取三种典型情况，介绍加速寿命试验方案的制订和数据分析方法。

7.4.1 加速寿命试验

为了在较短的时间内确定元器件在常规应力条件下的寿命，需要在寿命评价试验中增大元器件受到的热、电应力强度，“加速”元器件尽快失效。本节介绍加速寿命试验的原理、加速因子的含义以及加速寿命试验的基本步骤。

1. 加速寿命试验的原理

理论分析和实际结果表明，元器件失效与承受的热电应力密切相关。

例如：3.3 节介绍的微电路电迁移导致的互连线失效中位寿命 $t_{0.5}$ 与试验温度 T 以及流过的电流密度 J 的关系为

$$t_{0.5}=A_0J^{-n}\exp\frac{E_a}{kT} \tag{7.4.1}$$

其中 A_0、n、E_a 是可靠性模型参数。

因此，可以在寿命试验中增大元器件受到的热电应力强度，使元器件尽快失效。再根据可靠性模型，由高应力条件下的寿命试验结果，计算得到常规应力作用下的元器件特征寿命。

2. 加速寿命试验的应力选取

显然应力越强，试验时间越短。但是一定要保证高应力作用下与常规应力下的失效机理相同。否则加速寿命试验就不能正确给出常规应力作用下的元器件特征寿命结果。

3. 加速因子

如果在高热电应力 S_i作用下经过 t_A时间，器件的累积失效概率函数为 $F_i(t_A)$与常规工作应力 S_0作用下器件工作时间 t_U时的累积失效概率函数 $F_0(t_U)$相同，则 t_U与 t_A的比值称为加速因子，又称为加速系数，记为 A：

$$A=t_U/t_A \tag{7.4.2}$$

因此元器件经历 t_A时间加速试验所发生的失效情况等效于器件在常规工作条件下工作时间 $A\times t_A$时的失效，即

$$t_U=A\times t_A \tag{7.4.3}$$

4. 加速模型与加速因子

在加速寿命试验中加速因子对试验时间的缩短以及试验结果的可信度均起关键作用。而确定加速因子离不开可靠性模型，并需要选定模型参数值。

(1) 温度加速模型和电压加速模型

定量描述可靠性试验中元器件中位失效时间 $t_{0.5}$与热电应力之间的关系式称为可靠性模型。目前微电路加速寿命试验中通常提升工作温度、增大电压应力，因此应用较多的可靠性模型是温度加速模型和电压加速模型。

① 温度加速模型

温度加速模型是广泛采用的 Arrhenius 方程，描述中位失效时间 $t_{0.5}$与温度 T 之间的关系

$$t_{0.5}=A_o\exp(E_a/kT) \tag{7.4.4}$$

式中 A_o是与材料以及工艺过程相关的系数；E_a是描述温度加速作用强弱的一个模型参数，称为激活能。

按照温度加速模型，中位失效时间随着温度增加而呈指数降低。因此提高试验温度可以取得明显的加速效果。电迁移失效模型的式（7.4.1）中与温度的关系就对应 Arrhenius 方程。

② 电压加速模型

电压加速模型描述中位失效时间 $t_{0.5}$与电压应力 V 之间的关系，实际应用中存在指数模型和逆幂模型两种形式

指数模型：

$$t_{0.5}=A_o\exp(-\gamma V) \tag{7.4.5}$$

逆幂模型：

$$t_{0.5}=A_oV^{-\gamma} \tag{7.4.6}$$

式中 A_o是与材料以及工艺过程相关的系数；γ 是电压加速模型参数。

指数模型适用于工作电压 V_U较小（例如 $V_U<1.5V$）情况。逆幂模型适用于工作电压 V_U较大（例如 $V_U>5V$）情况。

(2) 加速因子

① 温度加速因子 A_T

由 Arrhenius 方程式（7.4.4），在应力温度 T_A和常规工作温度 T_U两种情况下，中位失效

时间$(t_{0.5})_A$和$(t_{0.5})_U$分别为

$$(t_{0.5})_A = A_o \exp(E_a/kT_A)$$

$$(t_{0.5})_U = A_o \exp(E_a/kT_U)$$

根据式（7.4.2）定义的加速因子：$A_T=(t_{0.5})_U/(t_{0.5})_A$，得温度加速因子$A_T$为

$$A_T = \exp[(E_a/k)\times((1/T_U)-(1/T_A))] \quad (7.4.7)$$

式中E_a是模型参数激活能。

T_U是常规工作条件下的器件结温，T_A是加速试验条件下的器件结温，均采用开尔文绝对温度表示。

② 电压加速因子A_V

由指数形式电压加速模型，得电压加速因子为

$$A_{V1} = \exp[\gamma_V(V_A - V_U)] \quad (7.4.8)$$

由幂形式电压加速模型，得电压加速因子为

$$A_{V2} = (V_A/V_U)^{\gamma_V} \quad (7.4.9)$$

式中γ_V是电压加速模型参数；V_A是加速试验中施加的应力电压；V_U为器件工作电压。

③ 总加速因子A

总加速因子A等于各个应力加速因子的乘积

$$A = A_T \times A_V \quad (7.4.10)$$

5. 加速模型参数

（1）对加速模型参数的解读

器件的常规工作热电应力是已知的，加速寿命试验中采用的高热电压力也是试验方案中确定的，因此加速因子的大小完全取决于加速模型参数激活能E_a以及电压加速模型参数γ_V。加速因子计算结果是否正确，或者说加速寿命试验结论是否正确，取决于采用的加速模型参数E_a和γ_V是否正确。

由于模型参数值与器件材料和工艺技术水平相关，因此对不同工艺线生产的器件，即使器件型号相同，相应的模型参数值也不会完全相同。

对同一种可靠性模型，例如温度加速模型，不同失效机理对应的模型参数典型值并不相同。例如，对 MOS 集成电路，栅氧化层失效的E_a典型值为 0.7 eV 左右，Al 金属层电迁移失效的激活能E_a典型值为 0.5 eV 左右。

（2）加速模型参数的优化提取

为了保证加速模型参数值的正确性，每条工艺线应该针对采用的工艺技术，通过试验，优化提取确定加速模型参数值。7.4.4 节将结合实例详细介绍模型参数优化提取方法。

如果不具备优化提取的条件，可以采用相关标准和文献推荐的模型参数典型值。虽然典型值与实际情况存在一定偏差，但是还是可以对器件可靠性水平做出基本评价。

7.4.2 指数分布情况寿命/失效率的评价

对可靠性要求较高的应用场景，需要确定微电路的寿命/失效率数据。通常情况下，通过筛选试验剔除了早期失效的器件，微电路处于浴盆曲线的“偶然失效”阶段，失效时间服从指数分布，失效率基本为常数。本节介绍指数分布情况微电路器件的寿命/失效率评价方法，并说明实际应用中需要注意的问题。

1. 微电路寿命/失效率的点估计方法

(1) 失效率点估计近似

如果对 N 个器件样本进行加速试验，加速因子为 A，试验持续时间为 t_A，试验结束时的失效器件数为 f，则对应常规工作条件下累计的器件小时数为 $(N\times A\times t_A)$。

由失效器件数 f 得常规工作条件下失效率的点估计值为

$$\lambda_{point}=f/(N\times A\times t_A) \tag{7.4.11}$$

(2) 采用置信水平失效率上限值描述的可靠性水平

失效率评价是一种统计分析的结果，不是精确值，因此实际应用中一般采用置信水平（置信度）为 $c\%$ 的失效率上界值表示可靠性水平，记为 $\lambda(c\%)$。

由数理统计理论可以推得，如果失效时间分布服从指数分布，则常规工作条件下置信水平为 $c\%$ 的失效率上限值 $\lambda(c\%)$ 为

$$\lambda(c\%)=\lambda_{point}\times[\chi^2_{c\%,d}/(2\times f)]=\chi^2_{c\%,d}/(2\times N\times A\times t_A) \tag{7.4.12}$$

式中：$\chi^2_{c\%,d}$ 为卡方函数，其值可查表，如表 7.4.1 所示。

卡方函数下标 $c\%$ 描述置信水平（通常 $c\%$ 采用 60%，或者 90%）。

卡方函数下标 d 代表自由度，与失效器件数 f 的关系为 $d=2\times f+2$。

表 7.4.1　卡方函数表

失效个数 f	自由度 $d=2f+2$	卡方函数值 $\chi^2_{c\%,d}$						
		$c=99\%$	$c=95\%$	$c=90\%$	$c=80\%$	$c=70\%$	$c=60\%$	$c=50\%$
0	2	9.21	5.99	4.61	3.22	2.41	1.83	1.39
1	4	13.28	9.49	7.78	5.99	4.88	4.04	3.36
2	6	16.81	12.59	10.64	8.56	7.23	6.21	5.35
3	8	20.09	15.51	13.36	11.03	9.52	8.35	7.34
4	10	23.21	18.31	15.99	13.44	11.78	10.47	9.34
5	12	26.22	21.03	18.55	15.81	14.01	12.58	11.34
6	14	29.14	23.68	21.06	18.15	16.22	14.69	13.34
7	16	32.00	26.30	23.54	20.47	18.42	16.78	15.34
8	18	34.81	28.87	25.99	22.76	20.60	18.87	17.34
9	20	37.57	31.41	28.41	25.04	22.77	20.95	19.34
10	22	40.29	33.92	30.81	27.30	24.94	23.03	21.34
11	24	42.98	36.42	33.20	29.55	27.10	25.11	23.34
12	26	45.64	38.89	35.56	31.79	29.25	27.18	25.34
13	28	48.28	41.34	37.92	34.03	31.39	29.25	27.34
14	30	50.89	43.77	40.26	36.25	33.53	31.32	29.34
15	32	53.49	46.19	42.58	38.47	35.66	33.38	31.34

续表

失效个数 f	自由度 $d=2f+2$	卡方函数值$\chi^2_{c\%,d}$						
		$c=99\%$	$c=95\%$	$c=90\%$	$c=80\%$	$c=70\%$	$c=60\%$	$c=50\%$
16	34	56.06	48.60	44.90	40.68	37.80	35.44	33.34
17	36	58.62	51.00	47.21	42.88	39.92	37.50	35.34
18	38	61.16	53.38	49.51	45.08	42.05	39.56	37.34
19	40	63.69	55.76	51.81	47.27	44.16	41.62	39.34
20	42	66.21	58.12	54.09	49.46	46.28	43.68	41.34

式（7.4.12）中 N 为器件数，试验时间 t_A 的单位为时，因此式（7.4.12）表示的失效率 λ 的单位为［1/(器件·小时)］。

失效率计算公式–指数分布情况

由于 1 FIT $=10^{-9}$/(器件·小时)，因此通常采用的以 FIT 为单位的失效率表达式为

$$\lambda(c\%)=10^9\times[\chi^2_{c\%,d}/(2\times A\times N\times t_A)]\text{FIT} \tag{7.4.13}$$

上式表达的含义是：按照试验结果数据，可以有 $c\%$ 的置信度保证，该批器件的失效率不会大于 $\lambda(c\%)$，不要误解为该批器件的实际失效率就等于 $\lambda(c\%)$。

（3）平均寿命 $MTTF(c\%)$

对失效时间服从指数分布的情况，平均寿命为失效率的倒数。因此得到置信水平为 $c\%$ 的失效率上限值 $\lambda(c\%)$后，取倒数就得到置信水平为 $c\%$的平均寿命下限值 $MTTF(c\%)$。

由于 1FIT $=10^{-9}$/(器件·小时)，若 $\lambda(c\%)$单位为 FIT，则以小时为单位的平均寿命为

$$MTTF(c\%)(\text{hrs})=10^9/[\lambda(c\%)(\text{in FIT})] \tag{7.4.14}$$

一年为 8760 小时，如果平均寿命以年为单位，可得

失效率为 1FIT 对应平均寿命为 1.14×10^5年

（4）采用累积失效概率描述的可靠性水平

实际应用中，也可以采用置信水平为 $c\%$描述的一定工作时间段 t_{ELF}范围内的累积失效概率 $F(t_{ELF},c\%)$上界值表示可靠性水平。

若失效率单位为 FIT，时间单位为时，推导可得，以 ppm 为单位的 $F(t_{ELF},c\%)$为

$$F(t_{ELF},c\%)=[10^{-3}\times\lambda(c\%)(\text{in FIT})\times t_{ELF}(\text{in hr})]\text{ppm} \tag{7.4.15}$$

上式表示，有 $c\%$的概率保证，该批器件在工作时间段 t_{ELF}范围内的累积失效概率不会大于 $F(t_{ELF},c\%)$ppm。

2. 失效率（寿命）/累积失效概率评价步骤

下面介绍定量评价一批微电路器件失效率（寿命）/累积失效概率水平的基本步骤。

（1）确定试验采用的样本器件数 N

（2）确定加速试验采用的温度 T 和电应力并结合常规工作条件计算加速因子 A

元器件寿命试验评价中，提高热电应力可以减少试验时间，提高试验效率。但是，提高热电应力要保证加速试验中失效器件的失效机理一定与常规工作条件下器件失效机理相同，才能由加速试验结果真正反映器件在常规工作条件下的可靠性水平。因此必须注意在高强度应力作用下不会给样本器件带来新的失效机理，否则加速试验的结果是不可信的。

（3）确定加速试验的试验持续时间 t_A

试验中采用的器件小时数，即样本数 N 与试验持续时间 t_A 的乘积，决定了能够评价多小的失效率值。或者说，为了以一定置信度评价可靠性足够高即失效率足够低的水平，必须采用足够大的器件小时数。关于这一问题的详细分析见后面“5. 加速寿命试验要求的最低器件小时数”。

（4）进行加速试验，统计失效器件数 f

注意：失效器件数 f 指器件本身失效机理导致的失效器件数。如果是由过电应力（EOS）、静电损伤（ESD）、机械损伤等导致的失效器件不应计入 f。

（5）数据分析

将试验参数 N、t_A、A 以及试验结果失效器件数 f 值代入式（7.4.13）~式（7.4.15），计算失效率（平均寿命）和/或累积失效概率，表征器件的可靠性水平。

3. 失效率（寿命）/累积失效概率评价实例

（1）实例一

对一批器件，评价置信水平为90%的失效率上限值 $\lambda(90\%)$/平均寿命下限值 $MTTF(90\%)$。

① 寿命试验方案和试验结果：如表7.4.2所示。

表7.4.2　实例一采用的试验方案与试验结果

试验方案	试验电压 $V_A=5.5$ V （工作电压 $V_U=5.5$ V）
	试验温度 $T_A=150$℃（423 K） ［工作温度 $T_U=125$℃（398 K）］
	试验持续时间 $t_A=1\ 000$ hrs
	样本数 $N=116$
试验结果	失效器件数 $f=0$
采用的模型参数	激活能 $E_a=0.7$ eV
	电压加速参数 $\gamma_V=1\ \mathrm{V}^{-1}$

② 计算 χ^2 函数值：由 $f=0$ 得自由度 $d=2$，查表7.4.1中 $c=90\%$ 列，得 $\chi^2_{90\%,2}=4.61$。

③ 计算加速因子：

温度加速因子：由式（7.4.7）得 $A_T=\exp[(0.7/k)\times(1/398-1/423)]=3.34$

电压加速因子：由于试验采用的电压与工作电压相同，因此电压加速因子 $A_V=1$

总的加速因子：$A=A_T\times A_V=3.34$

④ 计算 $\lambda(90\%)$/平均寿命下限值 $MTTF(90\%)$

由式（7.4.13）计算以FIT为单位的失效率：

$\lambda(90\%)=10^9\times[\chi^2_{c\%,d}/(2\times A\times N\times t_A)]=10^9\times4.61/(2\times3.34\times116\times1\ 000)\text{FIT}=5\ 947\ \text{FIT}$

由式（7.4.14）计算平均寿命：

$$MTTF(90\%)=1/\lambda(90\%)=(10^9/5\ 947)\text{hrs}=168\ 144\ \text{hrs}（对应19.2年）$$

（2）实例二

对一批微电路器件，评价置信水平60%的失效率上限值 $\lambda(60\%)$、平均寿命下限值

$MTTF(60\%)$以及工作 8 个月（5 840 hrs）的累积失效概率上限值。

① 寿命试验方案和试验结果：如表 7.4.3 所示。

表 7.4.3 实例二采用的试验方案与试验结果

试验方案	试验电压 $V_A=1.6$ V （工作电压 $V_U=1.2$ V）
	试验温度 $T_A=130℃$（403 K） ［工作温度 $T_U=70℃$（343 K）］
	试验持续时间 $t_A=48$ hrs
	样本数 $N=3\ 000$
试验结果	失效器件数 $f=2$
采用的模型参数	激活能 $E_a=0.65$ eV
	电压加速参数 $\gamma_V=5.5\ V^{-1}$

② 计算χ^2函数值：由$f=2$，得自由度$d=6$，查表 7.4.1 中$c=60\%$列，得$\chi^2_{60\%,6}=6.21$

③ 计算加速因子：

温度加速因子：由式（7.4.7）得 $A_T=\exp[(0.65/k)\times(1/343-1/403)]=26.4$

电压加速因子：由式（7.4.8）得 $A_V=\exp[5.5\times(1.6-1.2)]=9.03$

因此总的加速因子：$A=A_T\times A_V=238.5$

④ 计算以 FIT 为单位的失效率：由式（7.4.13）得

$\lambda(60\%)=10^9\times[\chi^2_{c\%,d}/(2\times A\times N\times t_A)]=10^9\times6.21/(2\times238.5\times3\ 000\times48)\text{FIT}=90\text{ FIT}$

由式（7.4.14）计算平均寿命：

$MTTF(60\%)=1/\lambda(60\%)=(10^9/90)\text{hrs}=11\ 111\ 111\text{ hrs}$(对应 1268 年)

⑤ 由式（7.4.15）计算在常规工作条件下工作 8 个月（5 840 hrs）时的累积失效概率：

$F(t_{ELF},c\%)=[10^{-3}\times\lambda(c\%)(\text{in FIT})\times t_{ELF}(\text{in hr})]=10^{-3}\times90\times5\ 840\text{ ppm}=526\text{ ppm}$

4.“寿命试验”的两种应用模式

根据评价目的不同，实际存在下面两种“寿命试验”应用模式。

（1）寿命试验考核

在各种元器件鉴定试验中均包括多项关于寿命试验的项目，明确规定试验应该采用的热电应力、试验持续时间、试验采用的样本量和允许的失效数。只要求元器件通过寿命试验项目考核，并不要求确定寿命值。

例如，我国标准 GJB7400 中，稳态工作寿命试验项目规定，采用 45 个器件样本，在额定工作条件和 125℃温度下进行 1 000 hrs 寿命试验考核，合格判据为 0 失效。

AEC-Q100 中，高温工作寿命试验“High Temperature Operating Life”项目规定，采用 3 批（每批 77 个器件）共 231 个器件样本，接受 $V_{CC(max)}$ 和规定温度下的 1 000 hrs 寿命试验考核。试验结束时，若失效数为 0，则判为通过高温工作寿命试验。如果出现失效器件，则判定为未能通过试验考核。

所有这些“寿命试验”的特点是，同一类不同型号元器件的考核条件相同，只要求元器件能够通过规定条件的试验考核，并未给出元器件的平均寿命值要求。

许多标准规定的元器件鉴定试验中，多个试验项目也采用加速试验的方法，但是试验规定的应力条件以及试验持续时间只是相关标准基于应用可靠性要求，规定执行的一种基本要求。显然不同类型、不同批次元器件，其平均寿命不可能相同，但是对它们的寿命考核试验要求则相同。因此这些用于鉴定试验的寿命试验项目只是针对一定应用环境提出的一种基本要求，与实际寿命值没有直接对应关系。

（2）失效率确认试验

实际应用中，元器件用户往往要求供货方保证所提供的元器件寿命达到多少年，对应失效率小于多少 FIT。这种情况下，供货方就需要按照前面介绍的加速寿命试验步骤，正确制订寿命试验方案，通过失效率确认试验，确认提供的元器件寿命/失效率能否满足用户要求。

需要注意的是，应该正确解读试验结果给出的结论。

通过加速寿命试验给出的评价结果只是在一定置信度下元器件失效率/累积失效概率的上界值，或者元器件平均寿命的下界值，而不是该批元器件失效率/累积失效概率或者元器件平均寿命的实际值。

例如，7.4.2 节实例一评价结果为平均寿命 19.2 年，只是说有 90%的概率保证，该批微电路的寿命不会小于 19.2 年，并不是说有 90%的概率保证，该批器件的寿命就等于 19.2 年。该批元器件实际平均寿命可能远大于 19.2 年。

5. 加速寿命试验要求的最低器件小时数

（1）试验样本数以及试验持续时间对加速寿命试验结果的影响

对 7.4.2 节实例一，试验持续时间 t_A 为 1 000 hrs，试验中失效器件数为 0，由式（7.4.13）计算得 $\lambda(90\%)=5\,947$ FIT，对应平均寿命 19.2 年。

如果其他条件不变，只是将试验持续时间减少为原方案的十分之一，100 hrs，显然失效器件数必然还是 0，这时由式（7.4.13）计算得 $\lambda(90\%)=59\,470$ FIT，是 1 000 hrs 试验结果的 10 倍。对应平均寿命仅为 1.92 年，是 1 000 hrs 试验结果的十分之一。

显然，对同一批元器件对象进行寿命试验，仅仅试验持续时间不同，评价结果却出现巨大差别。

参看式（7.4.13），持续时间 t_A 和样本量 N 都出现在分母，它们对失效率计算结果的影响作用相同。或者说，如果保持持续时间 t_A 为 1 000 hrs 不变，也会出现不同样本量 N 情况下试验结果计算得到的失效率/寿命明显不同。

上述实例说明，对于同一个评价对象，采用不同的样本数 N/试验持续时间 t_A 将给出不同的失效率计算结果，试验样本数 N 和/或试验时间 t_A 越小，计算的失效率值越大。这一结果并不是说计算方法不对，而是说明，为了以一定置信度评价可靠性足够高即失效率足够低的水平，必须采用足够大的样本数 N/试验持续时间 t_A 数。或者说，如果采用的 N 和/或 t_A 很小，不可能评价较高的可靠性水平。

对前面分析结果应该理解为：如果试验持续时间为 1 000 hrs，试验结果 0 失效，说明可以有 90%的置信度保证，该批器件失效率不会大于 5 947 FIT，或者说平均寿命不会低于 19.2 年。

如果试验持续时间只有 100 hrs，试验结果 0 失效，只是说明有 90%的置信度保证，该批器件失效率不会大于 59 470 FIT，或者说平均寿命不会低于 1.92 年。

因此为了确认失效率是否低到一定程度，试验中采用的样本数 N/试验持续时间 t_A 就不能小于一定值。需要确认的失效率越低，必须采用的 N 和/或 t_A 就要越高，这就是失效率确认试验中如何确定采用的最低 N/t_A 问题。

（2）最低器件小时数的计算

针对待确认的失效率要求 $\lambda(c\%)$，由失效率计算公式（7.4.13）得

$$N\times t_A=10^9\times\chi^2_{c\%,d}/[2\lambda(90\%)\times A] \tag{7.4.16}$$

因此，按照用户提出的置信度 $c\%$ 以及失效率 $\lambda(c\%)$ 要求，基于允许的失效器件数 f，并根据试验应力和常规工作应力计算加速因子 A，就可以采用式（7.4.16）计算失效率确认试验中必须采用的最低的样本数 N 与试验持续时间 t_A 乘积，或者称为最低器件小时数。

如果再固定试验持续时间 t_A，就可以确定试验中必须采用的最小的样本数 N。

（3）计算实例

根据试验应力和常规工作应力，若采用可靠性模型得寿命试验的加速因子为 $A=18$。如果将试验时间定为 $t_A=1\,000$ hrs，要求置信度 $c\%$ 为 90%，确定评价失效率 $\lambda(90\%)$ 是否不大于 1 000 FIT 所需的最小样本量。

根据试验中允许出现的失效样本数 f 不同，对最小样本量的要求也不同。

① 若 $f=0$，即试验中不允许出现失效器件

由 $f=0$ 得自由度 $d=2$，查表得 χ^2 函数 $\chi^2_{90\%,2}=4.61$。

将 χ^2 函数值与 $\lambda(90\%)=1\,000$ FIT、$A=18$、$t_A=1\,000$ hrs 一起代入式（7.4.16），得：$N=128$，即采用 128 个样本进行 1 000 hrs 寿命试验，只要试验中未出现失效样本，就可以有 90%的把握说，该批元器件失效率不大于 1 000 FIT。

② 若 $f=1$，即试验中允许出现一个失效器件

采用同样方法可以计算得：$N=216$，即采用 216 个样本进行 1 000 hrs 寿命试验，尽管试验中出现了一个失效样本，但是仍然可以有 90%的把握说，该批元器件失效率不大于 1 000 FIT。

③ 若 $f=2$，即试验中允许出现两个失效器件

采用同样方法可以计算得：$N=296$，即采用 296 个样本进行 1 000 hrs 寿命试验，尽管试验中出现了两个失效样本，但是仍然可以有 90%的把握说，该批元器件失效率不大于 1 000 FIT。

结合式（7.4.16）可见，评价失效率 $\lambda(90\%)$ 是否不大于 100 FIT、10 FIT 所需确定的最小样本量应该分别是评价 1 000 FIT 情况的 10 倍、100 倍。

汇总上述分析结果，加速因子 $A=18$、置信度 $c\%=90\%$、试验时间 $t_A=1\,000$ hrs 情况下验证不同失效率水平所需的最小样本数 N 如表 7.4.4 所示。

表 7.4.4 验证不同失效率 $\lambda(90\%)$ 所需的最小样本数 N（$A=18$、$c\%=90\%$、$t_A=1\,000$ hrs）

失效率水平	允许 0 失效	允许 1 个失效	允许 2 个失效
1 000 FIT	128	216	296
100 FIT	1 280	2 160	2 960
10 FIT	12 800	21 600	29 600

对上述情况，如果将置信度降低为 60%，采用同样计算方法可以计算失效率确认试验所需的最低样本量，如表 7.4.5 所示。

表 7.4.5　验证不同失效率 $\lambda(60\%)$ 所需的最小样本数 N （$A=18$、$c\%=60\%$、$t_A=1\ 000$ hrs）

失效率水平	允许 0 失效	允许 1 个失效	允许 2 个失效
1 000 FIT	51	112	173
100 FIT	510	1 120	1 730
10 FIT	5 100	11 200	17 300

由上述实例可见，随着可靠性水平的不断提升，失效率越来越低。为了确认失效率是否下降到一个很低的值，进行失效率确认试验需要的样本量将越来越多。

此外，为了验证一定的失效率水平，置信水平 $c\%$ 越高，需要的样本量越大。这也是保证较高置信水平需要付出的代价。

（4）最低“等效器件小时数（$A\times N\times t_A$）”

由式（7.4.16）可见，如果能够提高试验中采用的应力进而提高加速因子 A 值，就可以降低必须采用的试验样本量 N。加速因子增加一倍，试验样本量可以减少一半。

表 7.4.4、表 7.4.5 是针对加速因子为 18、试验持续时间为 1 000 hrs 的实例，说明失效率确认试验对最低样本量的要求。显然，对不同的加速因子和不同的试验持续时间，确认同一个失效率水平需要的样本量不会相同。

由式（7.4.13）可得

$$A\times N\times t_A(\text{in Devices-hrs})=10^9\times\chi^2_{c\%,d}/[(2\times\lambda(c\%)(\text{in FIT})]$$

式中以（Devices-hrs）为单位的（$A\times N\times t_A$）称为等效器件-小时数。给定需要确认的失效率 $\lambda(c\%)$（in FIT），就可以针对不同的置信水平和允许失效数 f，计算得到最低等效器件-小时数的要求，如表 7.4.6 和表 7.4.7 所示。

表 7.4.6　验证不同失效率 $\lambda(90\%)$ 所需的最低“等效器件小时数（$A\times N\times t_A$）”

失效率水平 $\lambda(90\%)$	所需的最低 $A\times N\times t_A$		
	允许 0 失效	允许 1 个失效	允许 2 个失效
1 000 FIT	2.31×10^6	3.89×10^6	5.33×10^6
100 FIT	2.31×10^7	3.89×10^7	5.33×10^7
10 FIT	2.31×10^8	3.89×10^8	5.33×10^8

表 7.4.7　验证不同失效率水平 $\lambda(60\%)$ 所需的最低“等效器件小时数（$A\times N\times t_A$）”

失效率水平 $\lambda(60\%)$	所需的最低 $A\times N\times t_A$		
	允许 0 失效	允许 1 个失效	允许 2 个失效
1 000 FIT	9.18×10^5	2.02×10^6	3.15×10^6
100 FIT	9.18×10^6	2.02×10^7	3.15×10^7
10 FIT	9.18×10^7	2.02×10^8	3.15×10^8

表 7.4.6 和表 7.4.7 可以作为安排失效率确认试验的出发点：根据要求确认的失效率水平，由表中得到失效率确认试验要求的最低等效器件-小时数，再除以由试验中拟采用的热电压力值计算的加速因子，就是要求的最低器件-小时数，由此就可以权衡器件成本和试验成本，确定器件数和试验持续时间。

7.4.3 基于威布尔分布的累积失效概率评价

民用微电路通常不进行 7.2 节介绍的可靠性筛选，因此提交给用户的产品中包含有早期失效的器件。为此 AEC-Q100 中 B2 组规定进行早期失效率评价试验（参见表 7.1.2）。

1. 累积失效概率 $F(t_{ELF})$ 计算的基本原理

早期失效阶段器件失效时间服从形状参数 $m<1$ 的威布尔分布，失效率不是常数，因此通常采用以 ppm 为单位的早期工作时间段 t_{ELF} 范围内的累积失效概率 $F(t_{ELF})$ 描述器件早期工作可靠性水平。

由于累积失效概率是一种统计分析的结果，实际应用中一般采用置信水平为 $c\%$ 的累积失效概率上界值 $F(t_{ELF},c\%)$ 描述可靠性水平。

由式（2.2.21），二参数威布尔分布的累积失效概率为

$$F(t)=1-\exp[-(t/\eta)^{m}] \tag{7.4.17}$$

式中 m 和 η 是描述威布尔分布的两个特征参数，分别称为形状参数和尺度参数。

由上式可知，在常规工作条件下，器件工作到 t_{ELF} 时间段范围内的累积失效概率为

$$F(t_{ELF})=1-\exp[-(t_{ELF}/\eta_{U})^{m_U}] \tag{7.4.18}$$

式中带有下标 U 的 m_U 和 η_U 是描述常规工作条件下威布尔分布的两个特征参数。

显然，为了计算 $F(t_{ELF})$，需要确定常规工作条件下的威布尔分布形状参数 m_U 和尺度参数 η_U。

2. 参数 m_U 和 η_U 的确定

（1）常规工作条件下的形状参数 m

威布尔分布形状参数 m 只与失效机理有关，而与应力条件无关，因此常规工作条件下形状参数 m_U 与加速应力作用下的 m_A 相同，可以统一记为 m。

说明：考虑到采用的是加速试验的数据，因此将特征寿命 η 写为 η_A。

如 7.2.3 节指出，只要有多个失效样本的失效时间数据，就可以采用最小二乘法等优化算法提取得到参数 m 的值。

进行加速试验以及从试验结果数据提取参数 m 和 η_A 需要较大的付出，实际应用中通常根据已有知识和积累的数据，选用合适的参数 m 值。对早期失效阶段，通常取 $m\approx0.3\sim0.6$。

（2）常规工作条件下尺度参数 η_U 的确定

基于数理统计原理可以推得，在加速试验条件下，从 $t=0$ 到加速试验结束（$t=t_A$）时间段范围，置信水平为 $c\%$ 的累积失效概率上界值 $F(t_A,c\%)$ 为

$$F(t_A,c\%)=\chi^2_{c,d}/(2\times N) \tag{7.4.19}$$

按照加速因子定义，这也就是常规工作条件下器件工作到时间 $t_U=A\times t_A$ 时置信水平为 $c\%$ 的累积失效概率上界值，即

$$F(t_U,c\%)=\chi^2_{c,d}/(2\times N)$$

代入式（7.4.18），得

$$\{1-\exp[-(t_U/\eta_U)^m]\}=[\chi^2_{c,d}/(2\times N)]$$

其中 $t_U=A\times t_A$，解得

$$\eta_U=t_U/\{-\ln[1-\chi^2_{c,d}/(2\times N)]\}^{1/m}=(t_A\times A)\times\{\ln[1-\chi^2_{c,d}/(2\times N)]\}^{-1/m} \quad (7.4.20)$$

3. 常规工作条件下累积失效概率的计算

由式（7.4.18），常规工作条件下，早期工作时间段 t_{ELF} 范围内置信度为 $c\%$ 的器件累积失效概率置信上限值（以 ppm 为单位）为

$$F(t_{ELF},c\%)=10^6\{1-\exp[-(t_{ELF}/\eta_U)^m]\}\ \text{ppm} \quad (7.4.21)$$

式中常规工作条件下的特征寿命 η_U 为［参见式（7.4.20）］

$$\eta_U=(t_A\times A)/\{\ln[1-\chi^2_{c,d}/(2\times N)]\}^{-1/m} \quad (7.4.22)$$

4. 计算实例

对一批器件，评价工作 48 h 时置信水平为 60% 的累积失效概率上限值 $F(t_{ELF},60\%)$。

① 试验方案和试验结果：如表 7.4.8 所示。

表 7.4.8　采用的试验方案与试验结果

试验方案	试验电压 $V_A=1.6$ V（工作电压 $V_U=1.2$ V）
	试验温度 $T_A=130$℃（403 K）［工作温度 $T_U=70$℃（343 K）］
	试验持续时间 $t_A=48$ hrs
	样本数 $N=3\,000$
试验结果	失效器件数 $f=2$
采用的模型参数	激活能 $E_a=0.65$ eV
	电压加速参数 $\gamma_V=5.5\ \text{V}^{-1}$

② 试验结果数据分析计算

计算 χ^2 函数值：由 $c=60\%$、$f=2$，得自由度 $d=6$，查表得 $\chi^2_{60\%,6}=6.21$

计算加速因子：$A_T=\exp[(0.65/k)\times(1/343-1/403)]=26.4$

$A_V=\exp[5.5\times(1.6-1.2)]=9.03$

总的加速因子：$A=A_T\times A_V=238.5$

确定形状参数 m：根据以往经验数据，选取 $m=0.4$

计算特征寿命 η_U：$\eta_U=(48\times238.5)\times\{\ln[1/(1-6.21/(2\times3\,000))]\}^{-1/0.4}\ \text{hrs}=3.317\times10^{11}\ \text{hrs}$

计算累积失效概率：$F(t_{ELF},c\%)=10^6\times\{1-\exp[-(5\,840/(3.317\times10^{11}))^{0.4}]\}\ \text{ppm}=791\ \text{ppm}$

7.4.4　可靠性模型参数的优化提取

半导体器件本征失效机理，例如 HCI（热载流子注入效应）、TDDB（氧化层经时击穿）、EM（电迁移）、NBTI（负偏温度不稳定性）、SM（应力迁移）等与器件设计、工艺制造水平等因素密切相关，因此对不同工艺线生产的器件，即使器件型号相同，描述这些失效机理的模型参数值也不会完全相同。因此可靠性模型参数能够从可靠性保障角度直接表征工艺水平高低。同时模型参数值的大小也直接表征了由本征失效机理决定的微电路可靠性水平的高

低，可用于预测微电路正常工作条件下由本征失效机理决定的工作寿命。

为了保证微电路可靠性，应该对工艺线通过可靠性试验，确定可靠性模型参数值。GJB7400 标准规定的 TCV 评价、AEC-Q100 标准中 D 组可靠性试验（参见表 7.1.4）都是关于本征可靠性评价试验要求。而且按照规定，如果工艺过程发生重大改变，可靠性模型参数应重新确定。本节结合 EM 实例，介绍可靠性模型参数提取原理、加速试验方案设计以及试验数据分析方法。

1. 可靠性模型参数提取原理

不同本征失效机理模型以及模型参数互不相同，但是可靠性模型参数提取的思路基本一样，就是采用 2.3.4 节介绍的两种方法。

本节结合电迁移模型具体介绍可靠性模型参数提取原理和方法。

(1) 基于线性回归拟合方法

首先对可靠性模型进行适当数学变换，通常是两边取对数，将可靠性模型变换为线性方程。然后通过加速寿命试验，得到 N 组数据，采用线性回归数学分析方法，计算得到可靠性模型参数值。

如 3.4 节所述，电迁移导致的互连线中位失效时间 $t_{0.5}$ 与电流密度 J 以及温度 T 之间的关系如式（7.4.23）所述，又称为描述电迁移失效的 Black 模型。

$$t_{0.5}=A_0J^{-n}\exp\frac{E_a}{kT} \tag{7.4.23}$$

式中电流密度的指数因子 n 和激活能 E_a 就是表征电迁移失效的两个可靠性模型参数。

电迁移模型参数 n 和 E_a 的大小直接表征了互连线可靠性水平的高低，而且可用于预测微电路正常工作条件下由电迁移决定的互连线工作寿命。可以通过电迁移可靠性试验，采用不同方式提取电迁移模型参数 n 和 E_a。

如果试验中只施加电流应力或者只施加温度应力，用于提取 n 或者 E_a 一个模型参数的样本估计值，采用的是一元线性回归方法。如果试验中电流密度和温度同时变化，用于同时提取 n 和 E_a 这两个模型参数的样本估计值，则采用二元线性回归方法。

① 模型参数 n 的优化提取：适用于温度应力 T 不变的情况

由公式（7.4.23），若在 N 组电迁移应力组合试验中，温度保持不变，只改变电流密度，则 t_{50} 与（$1/J^n$）成正比。对公式（7.4.23）两边取对数得

$$\ln t_{50}=-n\ln J+B \tag{7.4.24}$$

因此 $\ln t_{50}$ 与 $\ln J$ 之间基本为一条斜直线，其斜率为（$-n$），对应模型参数 n，如图 7.4.1 所示。式中 B 是常数，代表电迁移模型中 A 和 E_a 的作用。

对 N 组电流密度应力不同的电迁移试验中得到 N 组中位失效时间 t_{50} 与电流密度 J 关系数据$[(\ln t_{50})_i\sim(\ln J)_i(i=1,2,\cdots,N)]$，根据一元线性回归分析结论，就可以从斜率值得到模型参数 n 的最小二乘样本估计。

② 模型参数 E_a 的优化提取：适用于电流密度应力 J 不变的情况

由公式（7.4.23）可知，若在 N 组电迁移应力组合试验中，电流密度保持不变，只改变温度 T，则 t_{50} 与 $\exp(E_a/kT)$ 成正比。对公式（7.4.23）两边取对数得

$$\ln t_{50}=\frac{E_a}{k}\times\frac{1}{T}+C \tag{7.4.25}$$

因此 $\ln t_{50}$ 与 $1/T$ 之间为线性关系，其斜率（E_a/k）就为模型参数 E_a 与玻耳兹曼常数 k 之比，如图 7.4.2 所示。

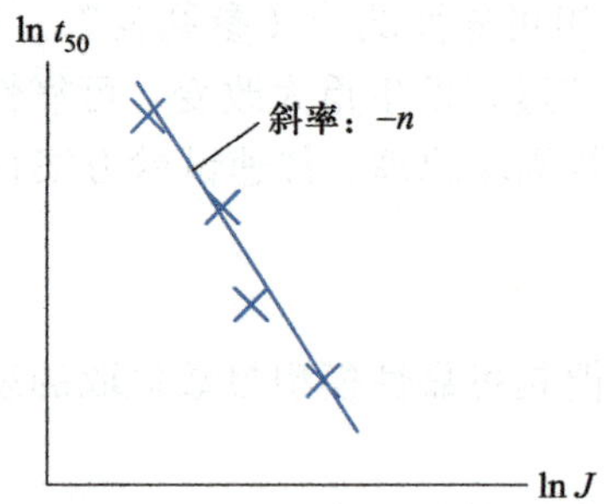

图 7.4.1　$\ln(t_{50})\sim\ln J$ 之间关系曲线

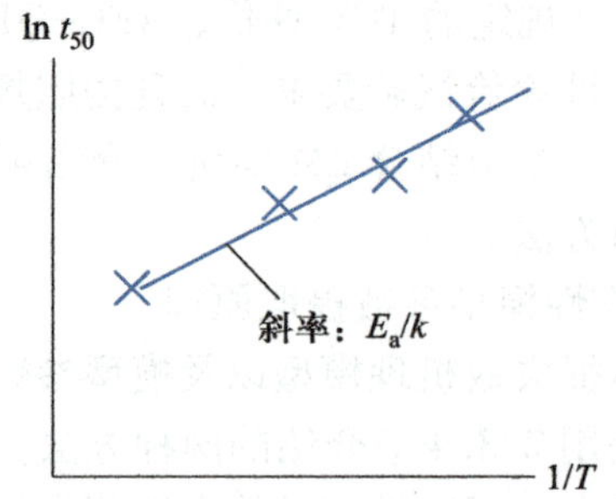

图 7.4.2　$\ln(t_{50})\sim\ln(1/T)$ 之间关系曲线

从 N 组温度应力不同的电迁移试验中得到 N 组中位失效时间与温度关系数据$[(\ln(t_{50})_i, (1/T)_i), i=1,2,\cdots,N]$，进行一元线性回归分析，就可以从最佳直线拟合的斜率 E_a/k 得到模型参数 E_a 的最小二乘样本估计。

③ 模型参数 n 和 E_a 的优化提取：适用于 J 和 T 均变化的情况

对公式（7.4.23）两边取对数得

$$\ln t_{50} = -n(\ln J) + \frac{E_a}{k}\frac{1}{T} + \ln A \tag{7.4.26}$$

如果将电流密度的对数作为自变量 x_1，温度倒数作为自变量 x_2，每组试验得到的中位失效时间取对数后作为因变量 y，则 y 与自变量 x_1、x_2 之间为线性关系，可以采用二元线性回归方法从 N 组数据$[(t_{50})_i, J_i, T_i, (i=1,2,\cdots,N)]$同时优化提取出电迁移模型参数 n 和 E_a。

（2）构造目标函数的优化拟合方法

记可靠性试验中热电压力$[(J_i, T_i)\ (i=1,2,\cdots,N)]$作用下互连线中位失效时间为$[(t_{50})_i\ (i=1,2,\cdots,N)]$，采用式（7.4.23）所示电迁移模型计算热电压力(J_i, T_i)作用下的互连线中位失效时间为

$$\left(A_0 J_i^{-n}\exp\frac{E_a}{kT_i}\right)$$

如果模型和模型参数绝对精确，则这两个值应该相等，即

$$(t_{0.5})_i = \left(A_0 J_i^{-n}\exp\frac{E_a}{kT_i}\right)$$

由于实际测量数据存在误差，试验数据服从的分布规律不一定与选择的分布函数完全一致，因此上述等式不可能完全成立。但是如果电迁移模型是正确的，试验数据误差在允许的工程误差范围，则电迁移试验得到的中位寿命与采用电迁移模型计算的中位寿命之差应该比较小。考虑到不同热电应力条件下，两者之差可能为正也可能是负，因此为了表征两者之间偏差大小，可以对每组热电压力下中位寿命试验值与计算结果之差进行平方后再对 N 组热电压力情况叠加。显然，累加结果大小与式中模型参数 n、E_a 取值密切相关。如果取值就是电迁移模型参数实际值，则累加和应该最小。由此构成表达式

$$\mathrm{MIN}\left\{\sum_{i=1}^{N}\left[(t_{0.5})_i - \left(A_0 J_i^{-n}\exp\frac{E_a}{kT_i}\right)\right]^2\right\} \tag{7.4.27}$$

在最优化数学原理中这就是一种“目标函数”。根据数学最优化算法原理，只要知道 N 组热电压力[$(J_i,T_i)(i=1,2,\cdots,N)$]作用下互连线中位失效时间[$((t_{50})_i(i=1,2,\cdots,N)$]，就可以采用优化算法从式（7.4.27）所示目标函数中确定模型参数 n、E_a值。

2. 可靠性模型参数提取步骤

由可靠性模型参数提取原理可见，提取模型参数基本包括设计试验用样本、确定试验条件、实施试验、试验数据分析处理共四方面工作。

下面结合电迁移模型参数提取，分别介绍每步操作方法。

3. 步骤一：设计可靠性试验样本

对不同的本征失效机理，提取可靠性模型参数需要采用不同的可靠性试验样本。例如提取 TDDB 模型参数采用氧化层电容结构，提取 HCI 模型参数通常采用 MOS 器件结构，提取电迁移模型参数则采用互连线电阻条。

图 7.4.3 是电迁移测试结构示例，包括试验用条形互连线、采用 Kelvin 结构的施加电流应力的焊盘和电压检测端、检测互连线中金属原子堆积产生侧向触须的环形互连线以及漏电流检测端。

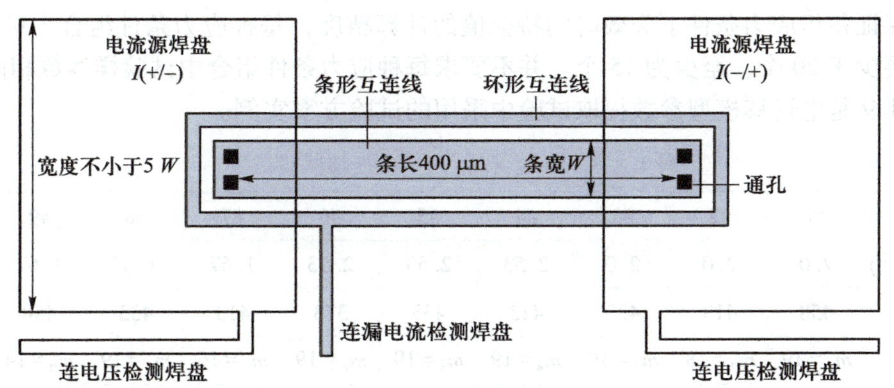

图 7.4.3 电迁移测试结构示例

为了减少电流源焊盘金属层对互连线电迁移的影响，电流源焊盘的宽度至少为互连线条宽的 5 倍。检测电压的引出线不应直接与试验互连线相连，否则会影响试验结果。

沿着试验互连线长度方向以及两端放置的环形细金属条，用于监测是否存在因互连线金属原子堆积使得互连线侧向生长触须导致互连线之间产生漏电流甚至发生短路。

细金属条的宽度取设计规则允许的最小金属条条宽，细金属条与试验互连线之间的间距取设计规则允许的最小间距。

从环形互连线引出的漏电流检测端用于检测环形互连线与互连线之间是否存在因互连线侧向生长触须而导致的互连线之间产生漏电流甚至发生短路。

除另有规定外，测试结构中互连线的条长应不小于 400 μm。

为了表征不同宽度互连线的电迁移特性，应采用不同宽度的测试结构。

窄互连线应按照设计规则，采用单个接触/通孔和最小条宽设计测试结构。

对于宽互连线的测试结构，试验用互连线的宽度方向应包含有多个金属晶粒。如果已知 Al/Cu 晶粒的中位尺寸，试验互连线条宽至少是晶粒中位尺寸的三倍，实际条宽应不小于 3 μm。

4. 步骤二：确定试验方案

提取可靠性模型参数的试验方案主要包括确定热电应力的大小、应力条件的组合数 N 以及每组应力条件试验采用的样本数 m。

（1）热电应力大小

增大应力水平可以加快样本失效过程，减少需要的试验时间。但是必须注意，试验中采用的高应力一定不得诱发新的失效模式，也不得使材料结构发生明显变化，否则将严重影响试验结果的正确性。

对电迁移，试验中施加的热电应力是温度和电流密度。

铝互连线温度应力范围取 150℃～300℃；铜互连线温度应力范围取 250℃～400℃。

铝互连线试验用电流密度范围取（10～50）mA/μm²，对应（1×10^6～5×10^6）A/cm²；

铜互连线试验用电流密度范围取（20～100）mA/μm²，对应（2×10^6～10×10^6）A/cm²。

（2）应力条件组合数 N

每种应力至少选用三个值，交叉组合组成不同试验条件。

（3）每组应力条件试验采用的样本数 m

为了保证每组应力条件下失效时间特征值的计算精度，每种应力条件组合中试验样本数 m 最好不要少于 20 个，至少为 15 个。并不要求每种应力条件组合中试验样本数相同。

表 7.4.9 是电迁移模型参数提取试验中采用的试验方案实例。

表 7.4.9　10 组（N=10）电迁移试验信息

试验编组	#1	#2	#3	#4	#5	#6	#7	#8	#9	#10
$J/(\mathrm{MA\cdot cm^{-2}})$	2.0	2.0	2.0	2.53	2.53	2.53	1.67	1.67	1.67	2.53
T/K	458	413	433	413	433	373	413	433	458	458
样本量 m	$m_1=19$	$m_2=18$	$m_3=19$	$m_4=19$	$m_5=19$	$m_6=19$	$m_7=16$	$m_8=19$	$m_9=14$	$m_{10}=19$

5. 步骤三：实施可靠性试验

可靠性试验中注意两个问题。

（1）失效判据

应根据失效机理产生的影响，确定失效判据。

对电迁移失效机理，可能在互连线中会产生空洞，导致互连线阻值增大甚至出现开路，因此可以采用测试结构中互连线电阻条阻值的相对变化作为表征电迁移失效的标志。通常选择阻值的变化达到 20%，即认为发生了电迁移失效，而不是要求线条完全开路。

此外，电迁移在互连线中会产生原子堆积导致互连线侧向产生触须，使得互连线之间形成漏电流通道甚至短路，因此对于采用图 7.4.3 所示测试结构的试验样本，可以通过检测试验互连线与其四周环状金属条之间的漏电流，监测触须生成导致的失效。应根据工艺加工要求确定作为失效判据的漏电流值。

（2）试验终止控制

应记录试验中失效样本的失效时间数据 t_f。

若某组应力条件下的所有样本全部失效，则该组应力条件的试验自然结束，称之为完整试验。

如果超过 50%样本失效且失效样本数不少于 12 个，也可以在样本尚未全部失效的情况下终止该组应力条件的电迁移试验，称之为截尾试验。

对表 7.4.9 所示电迁移模型参数提取试验，试验结束后每个样本的失效时间如表 7.4.10 所示。

表 7.4.10　电迁移加速寿命试验数据

试验编组	#1	#2	#3	#4	#5	#6	#7	#8	#9	#10
$J/(\mathrm{MA\cdot cm^{-2}})$	2.0	2.0	2.0	2.53	2.53	2.53	1.67	1.67	1.67	2.53
T/K	458	413	433	413	433	373	413	433	458	458
样本量 m	$m_1=19$	$m_2=18$	$m_3=19$	$m_4=19$	$m_5=19$	$m_6=19$	$m_7=16$	$m_8=19$	$m_9=14$	$m_{10}=19$
失效时间 t_f/h	1.246	3.040	2.009	1.132	1.166	7.534	8.353	3.143	1.860	0.773
	1.264	3.215	2.151	3.320	1.171	9.759	8.686	3.589	2.052	0.800
	1.717	4.262	2.486	3.402	1.289	9.857	9.331	4.144	2.767	0.923
	1.899	5.376	2.972	3.506	1.428	12.293	10.045	4.144	3.298	0.956
	1.958	6.016	3.155	3.521	1.572	12.321	10.303	4.471	3.387	1.054
	2.284	6.651	3.256	3.762	2.204	12.413	11.524	5.246	3.626	1.102
	2.298	6.680	4.086	4.134	2.429	12.625	12.496	5.709	3.869	1.152
	2.401	6.766	4.088	4.265	2.699	12.807	13.054	6.259	4.011	1.179
	2.415	6.934	4.090	4.338	2.853	12.998	13.069	6.354	4.224	1.348
	2.446	7.138	4.287	4.430	3.118	13.491	13.706	6.699	4.534	1.388
	2.519	7.516	4.491	4.932	3.438	16.201	13.878	7.064	4.695	1.394
	2.599	7.620	4.851	5.309	3.518	17.061	14.328	7.506	7.211	1.431
	2.616	8.421	4.926	6.462	3.872	17.151	19.428	7.740	8.564	1.562
	2.761	9.002	5.512	6.469	4.346	17.648	22.641	7.885	8.752	1.854
	3.264	9.242	5.967	6.941	5.035	18.068	23.446	8.866		1.883
	3.274	11.815	6.477	6.959	5.100	20.158	25.246	8.969		1.904
	3.984	14.092	6.838	6.998	5.371	20.377		9.657		1.966
	3.986	14.417	7.099	7.824	5.394	22.845		10.234		2.300
	3.987		7.369	9.337	8.795	23.658		10.333		2.798

6. 步骤四：试验数据分析

完成所有 N 个应力组合的试验得到失效时间数据后，应基于可靠性模型，采用合适的数理统计方法提取计算可靠性模型参数。

对电迁移试验，数据分析包括每组应力作用下失效时间分布拟合和特征失效时间 t' 计算以及电迁移特征参数 n 和 E_a 的提取。

（1）失效时间分布拟合和特征失效时间 t' 计算

电迁移导致的互连线失效时间通常服从对数正态分布或者威布尔分布。对数正态分布一般采用中位失效时间 t_{50} 代表特征失效时间 t'，威布尔分布则通常采用特征寿命 t_0，因为特征寿命就是威布尔分布的一个参数：尺度参数。

为了方便起见，可以调用数学分析软件工具进行分布拟合和分布拟合优度检验，确认数据服从某种分布，并同时得到描述分布的参数。

对表 7.4.10 中第一组应力试验的 19 个数据采用 MATLAB 工具进行威布尔分布拟合并通过卡方检验，结果如图 7.4.4 所示。特征寿命为 $t_0=2.8642$ h。

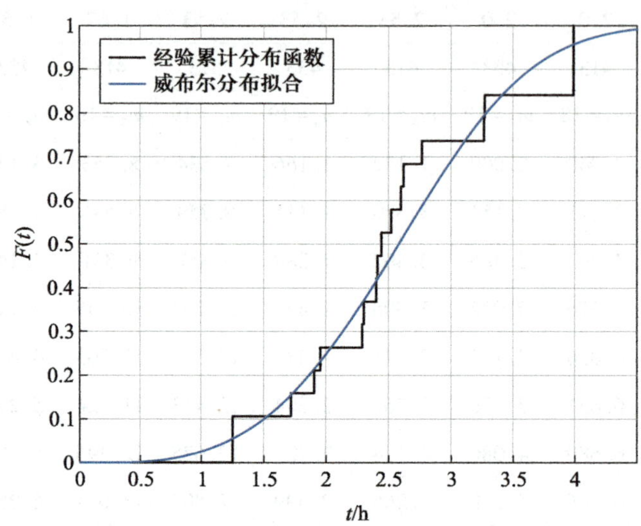

图 7.4.4　第一组应力试验失效数据的分布拟合

对其他 9 种应力组合试验结果采用同样方法进行分布拟合、卡方检验，得到特征寿命值，结果如表 7.4.11 所示。

表 7.4.11　不同应力组合试验结果特征寿命

试验编组	#1	#2	#3	#4	#5	#6	#7	#8	#9	#10
$J/(\mathrm{MA\cdot cm^{-2}})$	2.0	2.0	2.0	2.53	2.53	2.53	1.67	1.67	1.67	2.53
T/K	458	413	433	413	433	373	413	433	458	458
样本量 m	$m_1=19$	$m_2=18$	$m_3=19$	$m_4=19$	$m_5=19$	$m_6=19$	$m_7=16$	$m_8=19$	$m_9=14$	$m_{10}=19$
特征寿命/h	2.864 2	8.655 4	5.082 9	5.727 8	3.863 4	16.861 1	16.124 1	7.515 3	5.092 4	1.639 6

基于中位寿命提取 EM 模型参数

(2) 可靠性模型参数提取

得到 N 组数据 $[(t_0)_i, J_i, T_i, (i=1,2,\cdots,N)]$ 后，就可以根据式（7.4.26）所示多元线性回归方法，或者式（7.4.27）所示目标函数优化提取方法计算电迁移特征参数 n 和 E_a。

与分布拟合情况一样，这两种方法也都可以调用数学分析软件工具完成。

调用 MATLAB 求解式（7.4.27）所示目标函数，得到电迁移可靠性模型参数如图 7.4.5 所示。

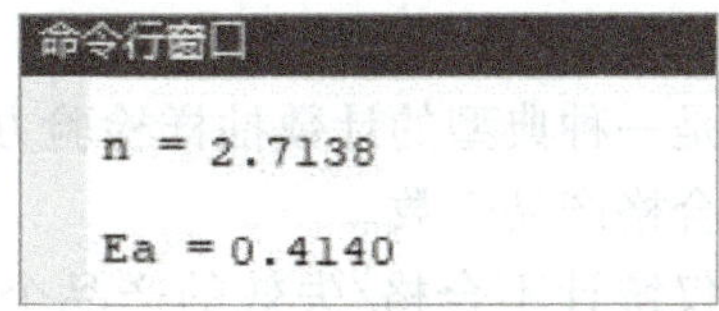

图 7.4.5 电迁移模型参数计算结果

说明：电迁移导致的互连线失效时间通常服从对数正态分布或者威布尔分布。图 7.4.4 和表 7.4.11 是采用威布尔分布拟合的结果。扫描二维码，可以查看对表 7.4.10 中数据进行对数正态分布拟合提取中位寿命 t_{50}，以及最终提取计算电迁移可靠性模型参数的过程。

7. 其他本征失效机理模型参数的提取

与电迁移相比，其他本征失效机理只是模型和模型参数不同，模型参数优化提取思路以及方法与电迁移一样。

7.5 抽样技术

为了保证和评价产品质量可靠性，需要进行产品检验、试验。但是，有些试验是破坏性的，不可能进行 100% 检验。有的产品批量特别大，很难进行百分之百检验……。因此“抽样检验”是质量检验中不可缺少的一项技术。

本节介绍抽样检验概念和基本原理，以及抽样方案的制订方法，并简要介绍计量抽样技术的概念和特点。

7.5.1 抽样检验作用和风险

1. 抽样检验

所谓抽样检验就是从一批产品中随机抽取部分样品进行检验，并根据这一部分样品的质量检验结果推测全部产品的质量情况。其核心是以“用尽量少的样本量来尽量准确地推测总体”。

抽样检验技术可用于集成电路产品生产、研制全过程中，包括工艺过程参数检测、产品检验、产品质量可靠性评价等方面。

为了保证采用抽样检验方法能够给出正确的判断结论，必须满足三个条件。

① 制订合适的抽样检验方案，保证基于样品的质量检验情况能够以大概率正确推测全部产品的质量情况。

② 抽样产品和母体产品经受的是相同的生产过程，并且生产过程处于稳定受控状态（参见 6.5 节），保证产品质量一致性。

③ 应该是“随机”抽取样本，保证样本评价结果能代表母体情况。

2. “抽样检验”方法分类

可以按照不同方式对抽样检验方法进行分类。

（1） 按照质量特性参数属性划分

由于产品质量特性参数属性分为计数值和计量值两类，抽样检验方法也分为计数抽样检验、计量抽样检验两类。

本节介绍的一次抽样检验就是一种典型的计数抽样检验方法。在抽样检验过程中，按照合格与否，统计检验中出现的不合格产品个数。

计量抽样检验的特点是，不仅统计不合格/失效的产品个数，同时要记录每个样品的参数值数据，并且不是按照是否有不合格品或者不合格品的个数，而是根据对计量值数据分析结果，确定总体产品是否通过检验。

（2）按照抽样次数划分

包括一次抽样检验、二次抽样检验、多次抽样检验、序贯抽样检验等。

（3）按照抽样方式调整情况划分

包括正常抽样检验、加严抽样检验、放宽抽样检验等。

下面结合“一次抽样检验”技术，介绍抽样方案的制订方法。

3. 一次抽样检验

一次性抽样检验方法如图 7.5.1 所示。从包含 N 个产品的母体中随机抽取 n 个样品进行检验，从 n 个样品中检验出的不合格品数为 d，若检验出的不合格品数 d 大于预先确定的合格判断数 c，则判断该批产品未能通过检验。若不合格品数 d 小于等于预先确定的合格判断数 c，则判断该批产品通过检验。

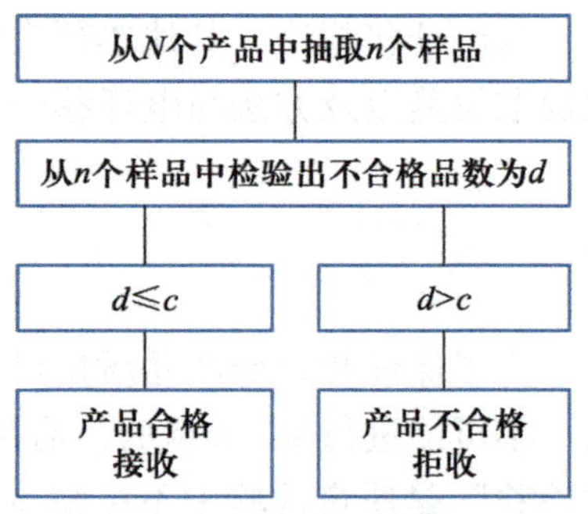

图 7.5.1　一次抽样检验方法

上述一次性抽样方案又称为(N,n,c)方案或者(n,c)方案。

显然，抽样理论的关键是对于包含 N 个产品的一批产品，如何确定抽样方案中的 n 和 c，保证抽样检验的效果。

例如：抽样方案(20,1,0)表示对包含 20 个产品的母体，又抽取一个样品进行检验，合格判断数 $c=0$。若抽取的这个样品检验合格，即不合格品数 d 为 0，未大于合格判断数，该批产品通过检验。若抽取的这个样品检验不合格，即不合格品数 d 为 1，大于合格判断数 0，则判断该批产品未能通过检验。这就是说，按照抽样方案(20,1,0)进行检验，抽取的这个样品是否合格就决定了整批 20 个产品能否通过检验。

4. 两类错误及其风险

由于不是 100%全检，只是根据抽取样本的检验结果来确定总体是否合格，就必然会带来误判的风险。

（1）第一类错误

第一类错误指将实际上是合格的一批产品判为不合格。用 α 表示犯第一类错误的概率，又称为生产方风险。

通常取抽样方案的 α 为 0.01、0.05、0.10 等，表示采用该抽样方案对产品进行验收时，生产方合格的产品被判为不合格的风险为 1%、5%或 10%

（2）第二类错误

第二类错误指将实际上不合格的一批产品判为合格。用 β 表示犯第二类错误的概率，又称为使用方风险。

通常取抽样方案的 β 为 0.05、0.10、0.20 等，表示采用该抽样方案对产品进行验收时，

将实际上不合格的产品作为合格产品接收的风险为5%、10%或20%

一个抽样方案的好坏，就在于误判风险的高低。理想的抽样方案是 α 和 β 全为零。显然这是不可能的。

7.5.2 接收概率与抽样特性

通过计算抽样方案的接收概率引入抽样特性曲线，可以分析一次抽样方案 (N,n,c) 与两类风险 α、β 的关系，对抽样方案的好坏做出评价。也可以按照对两类风险 α、β 的要求，制订满足要求的抽样方案。

1. 接收概率与 OC 曲线

(1) 接收概率

设从 N 个产品中抽取 n 个样品，该批产品能通过检验的判据是其中检验出的不合格品数 d 不能超过 c，所以事件“$d\leqslant c$”的概率即为接收概率。

显然，对一个抽样方案，接收概率与该批产品的实际不合格品率 p 有关。

(2) 抽样特性函数

记接收概率为 $L(p)=P(d\leqslant c;p)$，并称函数 $L(p)$ 为抽样特性函数，简称 OC 函数(operating characteristics)。

(3) 抽样特性曲线

描述 $L(p)$ 与 p 之间关系的曲线称为抽样特性曲线，简称 OC 曲线。显然不同的抽样方案有不同的抽样特性曲线。

(4) 理想 OC 曲线

设一批产品中不合格品率不大于 p_0 为合格，应该接收，则理想 OC 曲线应为

若实际 $p\leqslant P_0$，则接收概率记为 $L(p)=1$；

若实际 $p>P_0$，则接收概率记为 $L(p)=0$；

即理想 OC 曲线为阶跃函数。

2. 接收概率的计算

(1) 数学基础：超几何分布

在批量为 N 的一批产品中，不合格品件数为 D。若从中随机抽取 n 件，其中不合格品数为 d 的概率服从超几何分布

$$P(x=d)=\frac{\binom{D}{d}\binom{N-D}{n-d}}{\binom{N}{n}} \tag{7.5.1}$$

(2) 接收概率 $L(p)$

若接收判据为不合格品数不得大于 c，则接收概率为

$$L(p)=\sum_{d=0}^{c}P(x=d) \tag{7.5.2}$$

3. 不同抽样方案的效果比较

下面结合实例对比分析不同抽样方案的抽样特性差别。

（1）例 1：分析评价抽样方案(20,1,0)的抽样特性曲线

对于产品中实际不合格品率 $p\%$值，可以计算该批产品中实际存在的不合格品数，可以计算得到按照抽样方案(20,1,0)进行检验的接收概率 $L(p)$，如表 7.5.1 所示。

表 7.5.1　抽样方案(20,1,0)的接收概率 $L(p)$

产品的不合格品率 $p/\%$	不合格品个数 $D=Np$	接收概率 $L(p)$
0	0	1.00
5	1	0.95
10	2	0.90
15	3	0.85
20	4	0.80
25	5	0.75
30	6	0.70
⋮	⋮	⋮
100	20	0.00

根据表 7.5.1 数据可得接收概率 $L(p)=P(d\leqslant c;p)=1-p$，其 OC 特性曲线为直线，如图 7.5.2 所示。

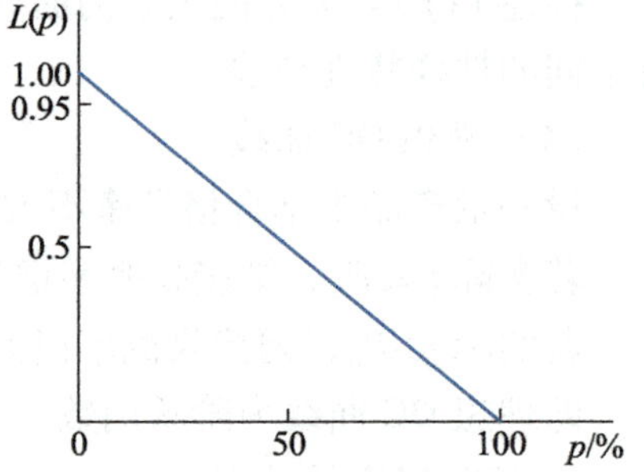

图 7.5.2　抽样方案(20,1,0)的 OC 特性曲线

下面分析该抽样方案的第一类风险 α 和第二类风险 β 的大小，进而对抽样方案的好坏做出评价。

如果产品批的不合格品率 $p\leqslant 10\%$时产品批才是合格，可以接收，如何评价上述抽样方案？

若实际的 $p\leqslant 10\%$，则该批应该合格。实际上该批被判为不合格的概率（生产方风险）$\alpha=1-L(p)\leqslant 10\%$，并不大。

若实际的 p 达 20%，则该批应该为不合格。但是这种不合格批被判为合格的概率（使用方风险）$\beta=L(p)=1-p$ 高达 80%。

如果实际的 p 高达 50%，则该批产品质量很差。但是这种不合格批被判为合格的概率（使用方风险）$\beta=L(p)=1-p$ 仍然高达 50%。

显然，这种抽样方案非常不好。

（2）例 2：分析评价抽样方案(20,5,1)的抽样特性曲线

如果检验目标与例 1 相同，即产品批的不合格品率 $p\leqslant 10\%$时产品批才是合格，可以接收，下面对比分析该方案与例 1 方案的特性好坏。

采用接收概率计算公式（7.5.1）和式（7.5.2），可以计算得到与不同 p 值对应的接收概率，如表 7.5.2 所示。

表 7.5.2 两种抽样方案的接收概率 $L(p)$

p	0	0.1	0.2	0.3	0.4	0.5
方案(20,1,0)的 $L(p)$	1.000	0.900	0.800	0.700	0.600	0.500
方案(20,5,1)的 $L(p)$	1.000	0.948	0.751	0.516	0.306	0.151

若实际的 $p\leqslant 10\%$，则该批应该合格。实际上该批被判为不合格的概率（生产方风险）$\alpha=1-L(p)\leqslant 5.2\%$，比例 1 方案低。

若实际的 p 达 20%，则该批应该为不合格。虽然采用本方案该批被判为合格的概率（使用方风险）$\beta=L(p)$ 高达 75.1%，但是还是比例 1 方案低。

若实际的 p 高达 50%，则该批产品质量很差。但是被判为合格的概率（使用方风险）$\beta=L(p)$ 为 15.1%，比例 1 方案低得多。

显然，这种抽样方案优于例 1 方案。

7.5.3 抽样方案的制订

1. 改进的抽样方案

（1）问题分析

前面两个不同的抽样方案实例特性互不相同，但是都不满意。分析其原因是生产方和使用方规定同一个不合格品率 p_0 作为判断产品是否合格的依据，总会出现使 α 或者 β 太大而不能忍受的情况，如图 7.5.3（a）所示。

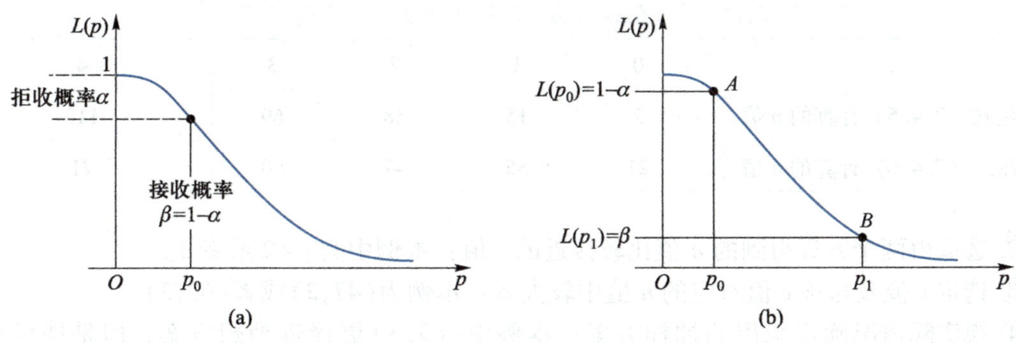

图 7.5.3 制订抽样方案的不同思路

（2）改进思路

如果协商规定双方可以承受的风险 α、β，以及两个不合格品率 p_0 和 p_1。

当实际 $p\leqslant p_0$ 时，以大概率接收该批产品，即要求 $p\leqslant p_0$ 时，$L(p)\geqslant 1-\alpha$。特别是 $p=p_0$ 时，$L(p_0)=1-\alpha$。

当实际 $p\geqslant p_1$ 时，以大概率拒收该批产品，即要求 $p\geqslant p_1$ 时，$L(p)\leqslant \beta$。特别是 $p=p_1$ 时，$L(p_1)=\beta$。

然后构造一个抽样方案(n,c)，使得该抽样方案的 OC 曲线通过 A、B 两点，如图 7.5.3（b）所示。

2. 抽样方案的制订

制订抽样方案(n,c)，归结为在给定 α、β、p_0 和 p_1 的条件下，求解满足下述方程组的 n

和 c

$$L(p_0)=1-\alpha \tag{7.5.3}$$

$$L(p_1)=\beta \tag{7.5.4}$$

这是一个超越方程组，只能用试探法求解。

例：对批量为 $N=200$ 的一批产品，试制订 $\alpha=0.05$、$\beta=0.10$、$p_0=0.025$、$p_1=0.10$ 的一次抽样方案，即确定抽样数 n、允许的不合格品数 c。

解：由 $D_0=N\times p_0=5$，$D_1=N\times p_1=20$，则应该求解下述方程组得到(n,c)

$$\sum_{d=0}^{c}\frac{\binom{5}{d}\binom{200-5}{n-d}}{\binom{200}{n}}=0.95 \tag{7.5.5}$$

$$\sum_{d=0}^{c}\frac{\binom{20}{d}\binom{200-20}{n-d}}{\binom{200}{n}}=0.10 \tag{7.5.6}$$

这是超越方程组，可以按照下述步骤采用试探法求解：

① 依次取 $c=0$、1、2、…，分别用式（7.5.5）和式（7.5.6）计算对应的 n 值。

对同一个 c 值，得到两个 n 值，如表 7.5.3 所示。

表 7.5.3 对同一个 c 值采用式（7.5.5）和式（7.5.6）计算的 n 值

c	0	1	2	3	4
采用式（7.4.5）计算的 n 值	2	15	38	69	110
采用式（7.4.6）计算的 n 值	21	35	47	60	71

② 选取由两个方程得到的 n 值比较接近的 c 值：本例中为 $c=2$ 或者 3。

③ 选定 c 值及与该 c 值对应的 n 值中较大者：本例为(47,2)或者(69,3)。

④ 视实际情况确定采用的抽样方案：本例中(69,3)更接近理想方案，但是抽样量比(47,2)方案大。

3. AQL 与 LTPD

方程（7.5.3）和（7.5.4）中 α 和 β 分别为生产方风险和用户风险，p_0和 p_1则分别称为接收质量水平 AQL 和批允许不合格品率 LTPD。

（1）接收质量水平 AQL

p_0称为合格质量水平，又称为接收质量水平 AQL（acceptable quality level），这是合格产品批中允许的不合格品率上界，即合格批中的不合格品率小于等于 p_0。

（2）批允许不合格品率 LTPD

p_1称为极限质量水平，又称为批允许不合格品率 LTPD（lot tolerance percent defective），这是不合格产品批中不合格品率的下界，即不合格批中的不合格品率大于等于 p_1。

4. 抽样方案表

为了方便实际应用，相关标准中都附有抽样方案表，针对一批产品数 N，根据选定的生产方风险 α 和用户风险 β 以及接收质量水平 AQL 和批允许不合格品率 LTPD，可以查表确定抽样数 n 以及合格判定数 c。

7.5.4 计量值抽样方法

7.3.3 节介绍的抽样方案是统计样本经过试验后出现的失效数，确定是否通过试验，是一种“计数型抽样方案”。本节分析“计数型抽样方案”的缺点，介绍“计量型抽样方案”的概念、原理与应用。

1. “计数型抽样方案”的缺点

应用计数型抽样时，有“计数型抽样方案表”供使用，不需要复杂的计算，因此使用方便。但是也存在一定缺点。主要问题是，如果 p_0 和 p_1 较低，则要求的样本量明显增大，带来经济上和操作方面的困难。

例如，制订抽样方案，评价某键合工序的工艺不合格品率是否满足要求，选定 $\alpha=0.05$、$\beta=0.1$，以及 $p_0=2\times10^{-5}=20$ ppm、$p_1=10^{-4}=100$ ppm，这就是说，若键合拉力不合格品率小于等于 20 ppm，则以 95%以上的概率接收。若键合拉力不合格品率大于等于 100 ppm，则以 90%以上的概率拒收。这里 p_0 和 p_1 都很低，为 ppm 量级。

如果采用计数型抽样方案，通过查表得到，抽样方案为(2 302,0)，即需要抽取样本量超过 2 000，且要求 0 失效。

2. 计量型抽样方案(n,k)

图 7.5.4 对比描述了计数型抽样方案与计量型抽样方案的差别。

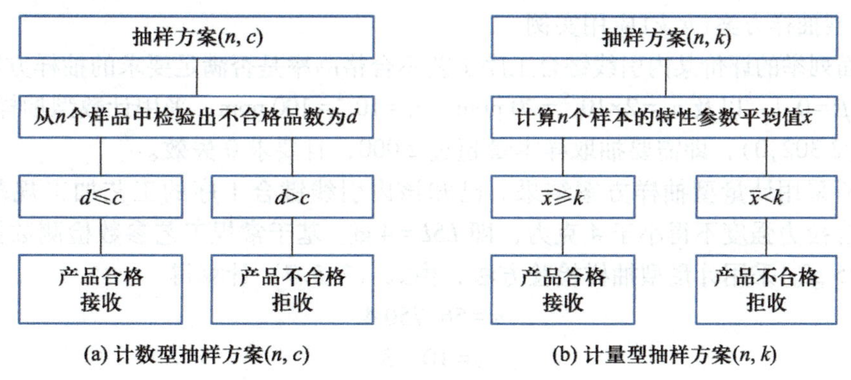

(a) 计数型抽样方案(n, c)　　(b) 计量型抽样方案(n, k)

图 7.5.4 计数型抽样与计量型抽样

计量型抽样方案表示为(n,k)，其中 n 为样本量大小，k 为接收常数。若 n 个样本的特性参数平均值大于等于接收常数 k，则该批产品通过检验，为接收。如果 n 个样本的特性参数平均值小于接收常数 k，则该批产品未通过检验，应予拒收。

3. 计量型抽样方案(n,k)的制订

显然，制订计量型抽样方案的关键是确定样本量 n 以及接收常数 k。基于数理统计基本原理可以建立确定抽样方案参数 n 和 k 的数学模型。

在计量抽样检验中，用以衡量批质量的参数为计量值，通常是均值、不合格品率等。样

本的特性参数规范要求可能是单侧上规范、单侧下规范或者双侧规范三种不同情况，特性参数分布标准偏差存在已知或者未知两种情况。不同情况下确定抽样方案参数 n 和 k 的数学模型不完全相同。

因此计量型抽样检验需要较复杂的计算，不如计数型抽样检验便利，所以使用远不如计数抽样检验广泛。

但是由后面应用实例可见，由于计量型抽样能够充分利用样本的计量值数值信息，因此采用计量型抽样检验需要的样本量比计数型抽样检验少得多。

本节结合样本参数为不合格品率、只有下侧规范 *LSL* 要求、参数分布标准偏差为已知这一情况说明计量型抽样方案(n,k)的制订。其他情况下计量型抽样方案(n,k)的制订方法与此相同，只是结果表达式有所不同。

与 7.5.3 节计数型抽样方案制订情况一样，制订抽样方案的出发点是基于生产方风险 α 和用户方风险 β，以及两个不合格品率 p_0 和 p_1。这四个参数的含义与计数抽样方案情况相同。

当实际 $p \leqslant p_0$ 时，以大概率接收该批产品，即要求 $p \leqslant p_0$ 时，$L(p) \geqslant 1-\alpha$。特别是 $p=p_0$ 时，$L(p_0)=1-\alpha$。

当实际 $p \geqslant p_1$ 时，以大概率拒收该批产品，即要求 $p \geqslant p_1$ 时，$L(p) \leqslant \beta$。特别是 $p=p_1$ 时，$L(p_1)=\beta$。

基于数理统计基本原理，可以确定计量型抽样方案中参数 n、k 的数学模型为

$$\begin{cases} n=\left[\dfrac{\Phi^{-1}(\alpha)+\Phi^{-1}(\beta)}{\Phi^{-1}(p_0)-\Phi^{-1}(p_1)}\right]^2 \\ k=LSL+\dfrac{\Phi^{-1}(\alpha)\Phi^{-1}(p_1)+\Phi^{-1}(\beta)\Phi^{-1}(p_0)}{\Phi^{-1}(\alpha)+\Phi^{-1}(\beta)}\sigma \end{cases} \tag{7.5.7}$$

4. 计量型抽样方案(n,k)应用实例

对于前面列举的评价某内引线键合工序工艺不合格品率是否满足要求的抽样方案实例，选定 $\alpha=0.05$、$\beta=0.1$，以及 $p_0=2\times10^{-5}=20$ ppm、$p_1=10^{-4}=100$ ppm。采用计数型抽样检验方法，抽样方案为(2 302,0)，即需要抽取样本量超过 2 000，且要求 0 失效。

下面分析采用计量型抽样方案结果。已知该内引线键合工序的工艺加工规范只有下规范，要求键合拉力强度不得小于 4 克力，即 $LSL=4$ gf。基于常规工艺参数检测数据，计算得到 $\sigma=1.679\,5$ gf。采用计量型抽样检验方法，由式（7.5.7）计算得

$$n=56.750\,4$$

$$k=10.53$$

即只需抽取 57 根内引线样本进行检验。若 57 根内引线的拉力强度平均值大于 10.53 gf，则该工序通过检验，为接收。

显然对该工序的工艺不合格品率评价，采用计量型抽样检验方法需要的样本数只要 57 根内引线，远远少于计数型抽样检验方法需要的 2 302 根。

7.6　集成电路出厂产品质量评价

按照可靠性基本理念，保证和评价产品可靠性的主要技术途径是采用第 5 章可靠性设计、第 6 章工艺可靠性保证以及本章前几节介绍的可靠性试验。随着元器件产品质量可靠性

水平的进一步提高，采用本节介绍的三种技术对出厂合格产品进行评价和筛选，可以进一步保证产品质量可靠性。

7.6.1 微电路参数一致性筛选

1. 基本原理

统计受控条件下生产的器件，其特性参数将服从同一种分布，通常为正态分布，称为母体基本分布。但是，如果生产过程受到异常因素的影响，将导致一部分器件的特性参数偏离基本分布。如图 7.6.1 所示。

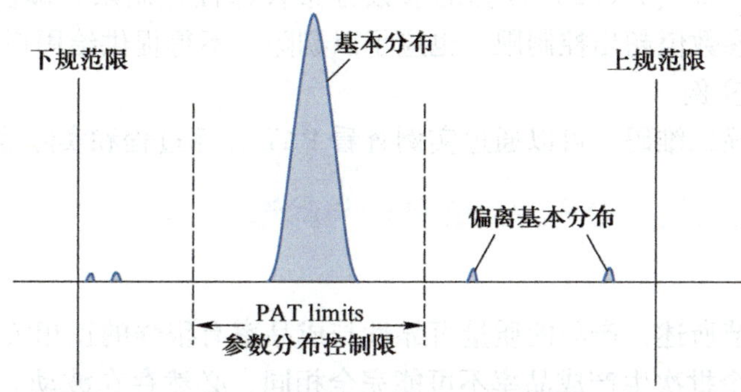

图 7.6.1 满足规范要求但是参数值偏离基本分布

实践情况表明，对于其功能和电参数满足规范要求因此是常规含义的“合格”器件产品，如果其中个别产品存在特性参数值偏离基本分布的情况，则在实际使用中将会明显发生质量可靠性问题。

因此不能仅仅满足于器件是满足规范要求的“合格”器件，还应该剔除掉合格器件中特性参数数据偏离基本分布的那些器件。

AEC Q001 标准规定了称为 PAT（part average testing）方法，基于统计分析方法，根据器件电学特性测试数据建立 PAT 控制限（PAT limits），从性能合格的半导体器件产品中进一步剔除掉那些特性参数值偏离基本分布的器件，保证提交给用户的器件均为服从基本分布的器件，保证参数一致性。

因此 PAT 技术称为“参数分布一致性的筛选测试”。这项筛选试验方法同时适用于封装器件产品测试筛选以及晶圆级芯片筛选。

2. 参数分布一致性筛选步骤

对满足产品规范的合格产品，应根据供需双方协商确认的关键器件参数，按照下述步骤进行参数分布一致性筛选测试，从中剔除不满足参数分布要求的“合格”产品。

（1）计算鲁棒均值和鲁棒标准偏差

如果一组数据中存在个别异常分布数据，与基本分布的数据相比，其值明显偏大/偏小，必然导致按照常规方法计算的均值和标准偏差值的结果受这些异常分布数据的影响很大。

而采用分位数计算的均值和标准偏差数值不需要采用这组数据中最大以及最小的几个数据，因此均值和标准偏差计算结果基本不受异常分布数据的影响。为了突出描述这一特性，将采用分位数计算的均值和标准偏差称之为鲁棒均值（参见式 2.3.15）与鲁棒标准偏差

（参见式 2.3.17），它们描述了基本分布数据的均值与标准偏差。

$$robust\ mean = Q_{0.5} \tag{7.6.1}$$

$$robust\ sigma = (Q_{0.75} - Q_{0.25})/1.35 \tag{7.6.2}$$

式中 $Q_{0.75}$、$Q_{0.5}$和 $Q_{0.25}$分别是 75%分位数、50%分位数和 25%分位数。

（2）计算满足参数分布鲁棒性的参数分布控制限（PAT Limits）

AEC-Q001 标准规定采用 6σ 要求计算参数分布控制限，如图 7.6.1 所示。

$$robust\ mean \pm 6\ robust\ sigma \tag{7.6.3}$$

参数一致性筛选应用实例

（3）剔除不满足参数一致性要求的“合格”产品

对照式（7.6.3）计算的参数分布鲁棒性控制限，即使是“合格”产品，只要其参数值超出控制限，也应予以剔除，不得提供给用户。

3. 实例

扫描二维码，可以通过实例查看 PAT 计算过程和实际效果。

7.6.2 成品率与失效模式分布波动性评价与筛选

1. 基本原理

如第 1 章 1.3.2 节所述，产品的质量可靠性与成品率有很强的正相关关系。

实际生产中，每个批次生产成品率不可能完全相同，必然存在波动。但是，如果某批产品成品率表现为不正常的低，不合格品中典型模式表现为不正常的高，则表明该批合格产品的质量可靠性也必然受到影响。

基于上述理念，AEC-Q002 标准规定了判断成品率不正常低、不合格品中典型模式不正常高的定量判据，分别称为成品率下控制限 SYL（statistical yield limits）和不合格品模式上控制限 SBL（statistical bin limits）。如果成品率低于 SYL，不合格品模式超过 SBL，则说明产品成品率和不合格品模式的波动为异常，可以拒收该批次产品，保证采用的器件具有高质量和可靠性。

2. 筛选方法

（1）计算均值和标准偏差

以晶圆、晶圆批、封装批为对象，统计每批的成品率 Y 以及供需双方协商一致确认的主要不合格品模式 B 的数值，分别计算其均值和标准偏差

$$mean(Y)\ 和\ sigma(Y)、mean(B)\ 和\ sigma(B)$$

（2）若出现下式情况的晶圆、晶圆批或者封装批，则给出警示，需要进行质量分析：

$$Y < SYL1 = [mean(Y) - 3sigma(Y)] \tag{7.6.4}$$

或者

$$B > SBL1 = [mean(B) + 3sigma(B)] \tag{7.6.5}$$

（3）若出现下述情况，相应产品应予隔离，供货方应进行风险分析、查找原因并提出改进措施

$$Y < SYL2 = [mean(Y) - 4sigma(Y)] \tag{7.6.6}$$

或者

$$B > SBL2 = [mean(B) + 4sigma(B)] \tag{7.6.7}$$

7.6.3 出厂产品平均质量水平 PPM 评价

PPM 是 parts per million 的缩写，表示以百万分之一作为计数单位。本节介绍出厂产品平均质量水平 PPM 评价的含义、原理和评价方法。

1. PPM 评价的含义

元器件生产方提供给市场的合格产品是在生产方已通过筛选试验和成品测试后完全满足规范要求的元器件。但是这类产品在用户方开始使用时总会出现少量不是由于用户方使用不当而出现的不满足产品规范要求的不合格品。

元器件产品出厂平均质量水平 PPM 评价就是用 PPM 值，即百万分之几的方式表示出厂产品中这种不合格元器件所占的比例。

PPM 评价的作用是根据 PPM 值的高低反映了出厂产品的总体平均质量水平。

采用第 1 章 1.1.3 节介绍的“浴盆曲线”，可以理解为什么在出厂的“合格”产品中还会出现不合格品，并且其值的高低能够反映出厂产品的总体平均质量水平。

如图 1.1.3 浴盆曲线所示，在产品的寿命全周期分为早期失效阶段、偶然失效阶段和耗损失效三个阶段。在出厂前，通过 7.2 节介绍的筛选，剔除了早期失效的元器件，提交给用户的元器件已处于偶然失效阶段，失效率较低，能够满足用户要求。

但是由浴盆曲线可见，任何时刻元器件都存在一定的失效率，失效率值与偶然失效阶段失效率存在一定对应关系。这就是为什么用户使用的“合格”产品，刚开始时也会出现不合格产品的原因，而且这种不合格产品所占比例的高低能够反映产品总体质量可靠性水平的高低。

随着产品质量水平的提高，在“批接收率”接近 100%的情况下，采用抽样检验的传统方式已无法反映出采购的产品中存在的质量问题，也无法区分不同厂家产品质量水平的差别。而应该按照本节介绍的方法对出厂产品进行 PPM 评价，反映出厂产品总体质量水平的高低。PPM 值的大小也综合反映了元器件生产厂家在设计、制造和管理方面的综合水平。

采用 PPM 描述产品平均质量一方面带来方便。例如，出厂产品中开始使用时出现不合格的比例为 10 PPM，即百万分之十，显然要比用 0.001%表示更加方便、简洁。

需要指出的是，PPM 不仅仅是表示质量水平时在数量表示方式上的变化，而具有“质变”的意义。在质量水平很高的情况下，PPM 方法提供了对极低不合格品率微小变化的定量统计分析方法，主要用于表征批量大、质量稳定、成品率高的产品在一段时间内的平均质量水平。

2. 对 PPM 评价结果的要求

为了保证产品质量可靠性，目前国际上要求出厂产品平均质量水平 PPM 评价的结果值不大于 3.4 PPM。

为了统一评价方法，目前已颁布有相关标准，包括我国标准“GJB2823”和美国标准“JESD16”。

3. 出厂产品平均质量水平 PPM 评定方法

（1）数学基础

根据数理统计基本原理，从一个无限大的母体中随机抽取 N 个样品进行检验，若检出的不合格品只有 D 个，则可推得，上置信限为 50%的母体不合格品率为

$$p=1/[1+((N-D)/(D+1))\cdot F_{0.5}(2N-2D,2D+2)] \tag{7.6.8}$$

式中，$F_{0.5}(2N-2D,2D+2)$ 表示分子自由度为 $2N-2D$，分母自由度为 $2D+2$ 的 F 分布与

下侧概率 0.5 对应的分位数。其值可由 F 分布表查得。

若 $N>250$，$D<0.1N$，则式（7.6.8）可用下式近似

$$p=(0.7+D)/N \tag{7.6.9}$$

例如：若 $N=500$，$D=2$，查表得 $F_{0.5}(996,6)=1.12$

由（7.6.8）式得 $p=1/[1+(498/3)(1.12)]=0.005\,35$

将 N、D 值直接代入式（7.6.9）得 $p=(0.7+2)/500=0.005\,4$

因此从工程应用角度考虑，只要满足样本量 N 大于 250，而其中不合格品率小于 10%，就可以根据检测的不合格品数 D，采用式（7.6.10），很方便地计算得到用 PPM 描述的母体不合格品率

$$p=[(0.7+D)/N]10^6(\text{in PPM}) \tag{7.6.10}$$

（2）PPM 分类

为了分类表示出厂元器件产品的不合格类型，按标准规定，用 PPM 表示的出厂电子元器件不合格情况分为下述五类：

PPM-1：只是功能不合格品；

PPM-2：指电特性不合格品；

PPM-3：外观和机械特性不合格品；

PPM-4：不符合规定的密封要求的产品；

PPM-5：不符合规范要求的不合格品，包括不符合电特性、外观和机械特性、密封要求以及规范中其他要求的元器件产品。

用 PPM 表示电子元器件质量水平时，必须同时给出相应的 PPM 类别，即应该给出 PPM-# 的结果。

（3）PPM 计算方法

若从 m 批产品中每批随机抽取 $n_i(i=1,\cdots,m)$ 个元器件样品进行检验，检出的第#类不合格品数为 $d_i(i=1,\cdots,m)$，则由式（7.6.10）可得产品中第#类不合格品的 PPM 值为

$$\left[\left(0.7+\sum_{i=1}^{m}d_i\right)\Big/\sum_{i=1}^{m}n_i\right]\cdot 10^6 \tag{7.6.11}$$

即 $[(0.7+\text{不合格品总数})/\text{接受检验的产品总数}]\times 10^6$

注意：对出厂产品进行抽样检验时，通常按照不合格类别分别统计。计算 PPM-5 统计第 5 类不合格品总数时，不能简单地将前几类不合格品数累加。因为可能同一个元器件呈现几类质量问题，因此在前几类中可能都已包含有同一个元器件，在计算第 5 类不合格品总数时不应出现重复计数的问题。

说明：如果由于某种原因，出现了不合格品数 D 明显偏大的批次，相关标准中允许剔除这类“不正常”批次数据，再计算 PPM 值的方法。但是相关标准中明确规定了剔除这类“不正常”批次数据要求满足的条件，以及这种情况的 PPM 值计算方法。

思考题与习题

1. 说明可靠性试验的含义与作用。
2. 说明筛选的含义与作用。如何针对筛选目标对筛选试验项目以及试验条件进行优化？

3. 从试验目的、试验实施要求两方面说明鉴定试验与质量一致性检验的异同。

4. 说明加速寿命试验的原理以及加速因子的含义与作用。

5. 如何正确理解寿命试验的结果？器件实际寿命与寿命试验给出的寿命值之间有什么关系？

6. 以一次抽样为例说明抽样检验的含义与作用。解释抽样检验中第一类风险 α、第二类风险 β、接收质量水平 AQL、批允许不合格品率 LTPD 的含义以及相互关系。

7. 对比说明计数值抽样以及计量值抽样方法的优缺点。

8. 为什么参数满足规范要求的合格产品，可靠性不一定高？说明对合格产品进行参数一致性筛选的作用原理。

9. 从可靠性角度考虑，为什么需要对微电路生产成品率以及不合格品模式波动性进行评价？

10. 参考 PPM 评价原理，解释为什么一批产品检验结果即使为 0 失效，但是并不一定说明这批产品可靠性高。

参考文献